초월

모든 종을 뛰어넘어 정점에 선 존재, 인간

TRANSCENDENCE

초월

가이아 빈스 지음 | 우진하 옮김

쌤앤파커스

일러두기
· 지은이 주 중 일부는 본문에 각주 처리되어 있다.
· 옮긴이 주는 본문의 해당 내용 옆에 방주 처리하고 '옮긴이'로 표시했다.

나를 낳아주시고 길러주신
부모님께 감사의 마음을 전하며

차례

WORD   언어

BEAUTY   미

TIME 시간

인간은 어떻게 모든 종을
초월한 존재가 되었는가?

2004년, 닐 하비슨은 영국 국적의 여권을 갱신하려다 사진 때문에 곤란한 상황에 처했다. 영국의 여권 규정에 따르면 "여권용 사진에는 본인 이외에 다른 사람이나 사물이 함께 있어서는 안 되며 모자를 쓰거나 색이 짙게 들어간 안경을 써서도 안 된다"고 되어 있다. 그런데 '안테나'에 대한 규정은 어디에서도 찾아볼 수 없었다. 그럼에도 불구하고 하비슨은 자신의 머리에 연결된 장식품, 혹은 부속품을 제거한 뒤 새로 사진을 찍어 제출하라는 권고를 받았다. 하비슨은 머리에 연결된 안테나는 단순한 장식이나 부속이 아니며 "두뇌와 직접 연결된 신체의 일부"라고 설명하면서 외과 수술을 통해 이식했기 때문에 제거할 수 없다고 설명했다. 결국 하비슨은 안테나를 제거하지 않은 사진으로 여권을 새로 발급받을 수 있었다. 이렇게 해서 닐 하비슨은 세계 최초로 공식적으로 인정받은 사이보그cyborg(생물과 기계 장치의 결합체. - 옮긴이)가 되었다.

하비슨은 자신을 최초의 '초월종trans-species'이라고 소개한다. 하비슨은 기술을 통해 다른 존재로 진화했다. 생물학적 인간, 자연 그대로의 인간을 넘어선 다른 존재가 된 것이다.

하비슨은 머리에 꽂힌 안테나를 통해서 색깔을 듣는 일종의 초감각 능력을 지니게 되었다. 하비슨은 드문 유전적 결함 때문에 색을 전혀 구분하지 못하는 전색맹으로 태어났다. 하비슨의 눈에 비친 이 세상은 흑백이나 회색일 뿐이다. 하비슨은 미술을 공부하던 스물한 살 무렵, 컴퓨터 소프트웨어 개발자와 음악가 등 몇몇 사람들의 도움을 받아 음표나 화음을 통해 색깔을 인지할 수 있는 전자 장치를 개발하게 된다. 그리고 2004년, 지난한 과정을 거쳐 익명 보장을 조건으로 장치를 뇌에 이식해줄 의사도 찾아낼 수 있었다.

하비슨의 안테나는 원하는 대로 구부렸다 펼 수 있는 검은색 막대 형태이다. 뒤통수 아래에서 솟아나와 머리를 따라 이마 앞까지 뻗어 있다. 하비슨의 헤어스타일은 마치 바가지를 뒤집어쓴 것처럼 정리했고 뒤통수쪽은 귀 근처까지 깨끗하게 밀었다. 이 모습은 마치 안전모라도 뒤집어쓴 것처럼 보여서 인간과 기계의 경계를 더욱 모호하게 만들었다. 안테나의 앞쪽 끝에는 일종의 전자 '눈'이 달려 있다. 이 눈은 사물의 색깔을 감지해 하비슨의 두개골에 이식된 마이크로칩에 전달한다. 정보를 수신한 마이크로칩이 소리로 전환하면 하비슨은 자신을 둘러싸고 있는 세상의 색깔들을 들을 수 있다.

하비슨은 안테나를 이식한 직후 밀려오는 엄청난 양의 정보를 감당하기 버거워했지만, 이윽고 소리에 따라 색깔을 구분하고 기억할 수 있게 되었다. 이후 15년이 흐른 뒤, 하비슨은 그야말로 환상적인 총천연색 교향곡 속에 살고 있다. 심지어 꿈까지 총천연색으로 꾼다고 한다. 하비슨의 생물학적 두뇌는 소프트웨어와 완벽하게 하나로 결합되어 있어서 여러 소리, 말, 신호음 등을 색깔로 인식하는 경험까지 하고 있다. 하비슨은 다른 사람의 목소리는 물론이고 모차르트에서 레이디 가가에 이르기까지 음악을 그림으로 표현하기 시작했다. 그러면서 자신의 예술적 영역을 인간의 영역 밖으로까지 확장시키겠다는 결심을 굳혔다. 하비슨은 적외선과 자외선까지 인지할 수 있기 때문에 어둠 속에서도 물체를 '볼' 수 있다. 또한 특별히 신체적 능력을 강화하지 않은 보통의 인간들에게는 보이지 않는 형상도 감지할 수 있다. 심지어 동물 오줌과 관련한 자외선 흔적까지도 감지한다. 마이크로칩을 개량해 인터넷 접속까지 가능하게 된 하비슨은 인공위성에 연결하거나 외부 장치로부터 색깔에 대한 정보를 받아볼 수 있게 되었다. 하비슨은 이 장치가 계속해서 진화하고 있는 자신의 또 다른 신체 기관이나 다름없다고 말한다.

2018년, 하비슨은 일종의 나침반 장치를 무릎에 이식해 지표면의 자기장을 감지할 수 있게 되었다. 하비슨은 왕관 형태를 한 시간과 관련한 인공 기관을 직접 설계해 이식할 것이라고 한다. 이 인공 기관은 뇌에 연결되어 두개골 주위를 24시간 주기로 맴돌면서 열을 발산하는 지점을 만들어낼 예정이다. 하비슨은 이를 통해 시간을, 실제로는 지구의 자전을 감지할 수 있게 된다. 하비슨은 자신의 뇌가 이 인공 기관을 신체의 일부로 완전히 받아들이면 열 발산 지점이 움직이는 속도를 조정해 시간에 대한 개념을 확장하거나 시간이 흐르는 속도를 조정할 수 있을 것으로 예상하고 있다. 예컨대 지금 이 순간을 좀 더 길게 이어가고 싶다면 열 발산 지점이 움직이는 속도를 느리게 조정할 것이다. 어쩌면 하비슨은 시간에 대한 상대적 경험을 조작해 노화에 대한 감각마저 바꿔 170세까지 살 수 있게 될지도 모른다. 하비슨은 "우리는 시각과 관련한 기관을 갖고 있기 때문에 그와 관련해 일종의 착시 현상을 만들어낼 수 있다. 같은 이치로 우리에게 시간을 느끼는 기관이 생긴다면 시간에 대한 착각도 만들어낼 수 있지 않을까?"라고 설명한다.

'사이보그'라는 용어는 미국의 과학자 맨프레드 클라인즈와 네이선 클라인이 처음 소개했다. 1960년, 두 사람은 신체 능력이 강화되어 지구 밖 외계 환경 속에서도 생존할 수 있는 인류에 대한 이상을 설명하며 이 용어를 도입했다.* 이제 닐 하비슨을 통해 공

* 그렇지만 사이보그라는 개념 자체는 최소한 한 세기 전에 이미 등장했다. 공포 및 괴기물을 주로 발표했던 미국 작가 에드거 앨런 포는 1848년 자신의 작품 속에서 일종의 인공 기관을 달게 된 남자에 대해 묘사한 바 있다.

상 과학물에 불과하던 개념이 실현되었다. 이 밖에도 이미 수억 명이 넘는 사람들은 콘택트렌즈를 착용하고 있고 달팽이관이나 인공 심장 판막을 이식하기도 하며 기타 여러 생체 공학 장치를 통해 신체 능력을 개선하거나 강화하고 있다. 이러한 장비나 장치를 신체에 직접 이식했는지 여부와 상관없이 인간은 도구나 장치를 통해 놀라운 능력을 발휘하고 있다. 인간은 날개 없이도 하늘을 날 수 있으며 아가미가 없어도 물속에서 활동할 수 있고 심지어 사망에 이른 후에도 다시 소생할 수 있다. 그리고 우리가 살고 있는 지구를 벗어나 달에 발을 내딛을 수도 있었다. 좀 더 현실적인 비유를 들자면, 인간은 치아와 손톱을 대신할 칼을 만들어 사냥감을 사냥했고 발바닥을 대신할 신발을 만들어 딱딱한 땅 위를 빠르게 내달릴 수 있었다. 어떻게 보면 인간은 모두 사이보그라고 할 수 있다. 기술적 진보나 발명이 없었다면 인류는 절대로 지금까지 생존할 수 없었을 것이기 때문이다.

그렇다고 인류를 단순히 멋진 도구를 손에 쥔 똑똑한 침팬지 취급해서는 안 된다. 인류의 정말 특별한 점은 무엇인지, 우리가 이 행성을 운영하는 방식이 어떠한지 모르고 하는 소리나 마찬가지이기 때문이다. 인류가 놀라울 정도로 다양하고 복잡한 도구를 발전시켜온 것은 분명한 사실이다. 동시에 언어, 예술 작품, 사회, 유전자, 지형, 먹을거리 그리고 신념 체계는 물론 그 밖에 수없이 많은 것들을 진화시키고 발전시켰다. 사실상 인류는 세상 전체, 즉 사회적 운영 체계를 발전시켜왔다. 이러한 발전과 진화가 없었다면 하비슷의 안테나 같은 것은 존재할 수도 없었을뿐더러 의미도 가질 수 없었을 것이다. 기술에 의미를 부여하고 새로운 것을 발명하도록 동기를 부여하는 것이 바로 인간 세상이기 때문이다. 인간은 단순히 진화한 사이보그보다 훨씬 더 큰 의미가 있는 존재이다.

지금 이 책을 읽고 있는 여러분은 아프리카의 어느 밀림 속에서 나무 위에 벌거벗고 앉아 있지 않을 것이다. 나와 마찬가지로 옷을 단정히 차려입었을 것이다. 여러분의 옷은 수천 킬로미터도 더 떨어진 곳에서 자란 식물을 가공해 옷감으로 짜 염색을 하고 재단한 뒤 몇 가지 기계의 도움을 받아 여러 사람의 바느질을 거쳐 만든 것이리라. 어딘가에 사는 누군가의 도안을 따라 만든 이 옷은 여러 운송 수단에 실려 다른 곳으로 옮겨졌을 것이다. 가격표가 붙여진 후 시장에 선보였을 텐데 거기서 다시 여러 단계의 주문 과정을 거쳐 마침내 여러분의 손에 들어오게 되었을 것이다. 인간은 짐승들의 털가죽을 대신해 자신만의 고유한 의지에 따라 옷을 골라 맵시 있게 몸을 감싼다. 어쩌면 여러분 중 일부는 플라스틱 의자에 앉아 있을 것이다. 그 의자는 오래전에 소멸해버린 짐승의 사체가 만들어낸 물질, 그러니까 원유를 가공한 것이다. 그 의자를 지지하고 있는 것은 채굴한 광석에서 만들어진 강철 다리일 것이다. 이처럼 수많은 사람이 따로 모여 여러 단계를 거쳐 손에 쥔 재료를 다듬고 가공하고 조립해 필요한 구조물을 만들어낸다. 지금 우리가 앉아 있는 의자는 수천, 아니 수백만 번의 고민과 개선 과정을 거쳐 만들어진 산물이다.

지금 여러분이 어디에 있든 이 글은 마치 내가 직접 귀에 대고 속삭이는 것처럼 여러분의 머릿속에서 재생되고 있을 것이다. 나의 생각이 책을 읽고 있는 여러분의 머리와 직접 연결된 것이다. 이 글을 다른 장소, 다른 시간에 그리고 어쩌면 다른 언어로 썼을지라도 말이다. 심지어 여러분이 책을 읽을 시점에 내가 살아 있지 않더라도 이러한 연결이 가능하다.

　인간이 아무리 영리하고 똑똑하다 할지라도 홀로 있으면 분명 무력한 존재가 될 수밖에 없다. 우리는 생존을 위해 셀 수 없이 많은 타인에게 의존하며 하루하루를 살아간다. 누군지도 모를 남자와 여자들이 모여 내가 먹는 음식, 입는 옷, 가구, 사는 집, 도로, 도시, 국가 그리고 이 세계가 만들어지는데 필요한 것들을 찾아내고 하나로 합치기 위해 쉬지 않고 분투했다. 이렇게 서로 협조하고 힘을 합치는 수많은 타인 역시 수없이 많은 또 다른 타인에게 생존을 의탁했다. 그들이 살아 있든, 이미 죽었든 수많은 타인에게 지금 현재를 살아가는 방식이 만들어지도록 의존해온 것이다. 그렇지만 지구상 75억 명에 달하는 생명이 살아가는 과정에는 그 어떠한 계약이나 계획 혹은 공동의 목표 같은 건 존재하지 않았다.

　지금 인류가 보고 있는 모든 것들, 그러니까 각자 독립적으로 보이지만 사실 수십억 명의 사람들이 서로 완전하게 얽혀 살고 있는 분주한 모습이 어떠한 계획도 없이 만들어질 수 있다는 사실이 새삼 놀랍게 느껴진다면 이것을 한번 생각해보자. 눈동자에서 손톱과 발톱 그리고 모든 것을 인지하는 두뇌에 이르기까지 이 놀라운 인체는 단일 세포로부터 불과 몇 주만에 형성되었다. 수정된 난자가 분열을 시작하면 하나의 세포가 다능성 혹은 만능 세포가 된다. 다시 말해 생물학적인 형성 과정에 따라 신체를 구성하는 어떤 세포로도 만들어질 수 있는 가능성을 갖게 되었다는 뜻이다. 따라서 난자는 분열하면서 척수에서 신경 세포로 형성될 수도 있으며 형성 과정에 따라 심장 세포가 될 수도 있다. 진화는 하나의 세포로부터 서로 협력하는 각 신체 기관과 세포들, 즉 인간이 제 기능을 하며 움직일 수 있는 구조를 만들어냈다.

인간은 각자 자신만의 동기와 욕망을 가지고 있지만, 그렇다고 완전히 독립적으로 움직인다는 생각은 환상에 불과하다. 인간은 문화적 '형성 과정'에서 만들어졌으며 그 속에서 스스로의 모습을 만들고 유지한다. 이 과정은 비록 어떤 목적이나 지향점이 없는 거대한 사회적 계획이라고 할 수 있지만, 그럼에도 불구하고 이 지구상에서 가장 성공적으로 생존할 수 있었던 생명체를 만들어 낸 것이다.

인간은 이제 그 어느 때보다 더 오래 그리고 더 나은 삶을 누리게 되었다. 인간은 지구상에 생존하고 있는 대형 생명체 중 개체 수가 가장 많다. 한편, 우리 인간과 가장 가까운 친척 관계에 있으면서 멸종 위기에 몰린 침팬지가 사는 모습은 수백만 년 전과 크게 달라지지 않았다. 인간은 다른 동물과 다르다. 그렇지만 인간도 같은 과정을 거쳐 진화했다. 그렇다면 우리 인간은 어떤 존재란 말인가?

나는 이 질문에 깊이 매료되었다. 그리고 우리 인간의 비범하고 놀라운 본질과 유인원으로부터 지금의 인간을 만들어낸 자연의 연금술에 대해 이해하려고 애를 쓰기 시작했다. 또 이러한 과정에서 나를 완전히 사로잡은 것은 진화라는 놀라운 이야기였다. 이 이야기는 인간의 유전자, 환경, 문화 사이의 특별한 관계를 바탕으로 하고 있다. 나는 유전자, 환경, 문화 이 세 가지를 '인간 진화의 3요소'로 부르기로 했다. 상호 보완적 존재인 3요소는 놀라운 인간의 본질을 만들어냈다. 인간은 단지 변화하는 우주의 객체가 아니라 스스로 변화의 주체가 될 수 있는 역량을 지닌 생명체이다. 인간은 다른 모든 생명체가 따랐던 진화의 길에서 벗어났고 지금의 인간은 훨씬 더 대단하고 불가사의한 존재로서 그 정점에 서 있다. 인간을 만들어낸 환경이 인간에 의해 변화되기 때문에 우리가 이뤄낸 가장 위대한 초월의 시작점에는 바로 인간이 있다고 말할 수 있다.

인간은 지구에 속한 생명체다. 지구에서 태어나 살아가고 있다. 지구라는 행성을 스스로 변화시키고 있는 생명체를 만들어내는 데 있어 지구의 역할이 그리 크게 인정받지 못하지만, 오늘날 인류를 만들어낸 것은 분명 우리를 둘러싼 지구라는 환경이다. 결국 우리 인간이 두 발로 걷고, 소리를 내어 말을 하고, 독감 바이러스에 대한 면역력을 갖게 되고, 문화를 발전시키게 된 것은 모두 환경에 대응하는 과정에서 이루어진 것이다. 따라서 지금부터 내가 하려는 이야기는 우리 인류의 **발생**genesis과 관련한 지질학적 기원으로부터 시작한다. 모든 생명체는 우주를 구성하는 것과 같은 물질로 이루어져 있으며 인간은 근본적으로 거대한 우주의 축소판이라고 할 수 있다. 바닷가 석회암 절벽의 칼슘은 인간의 몸을 구성하는 뼈에도 들어 있다. 어느 쪽이든 그 기원은 외계의 다른 행성들이다. 지구의 강줄기를 따라 흐르는 물은 혈관을 따라 흐르는 혈액과 비슷하다고 볼 수 있는데 이 역시 기원은 외계에서 온 혜성이다.

다른 모든 생명체와 마찬가지로 인간 또한 생물학적 진화를 거쳐 이 세상에 등장했다. 생명체 종種이 시간이 지나면서 변하는 것은 무작위로 발생하는 유전적 차이가 세대를 거치며 개체군 안에 쌓이기 때문이다. 주어진 환경 안에서 좀 더 성공적으로 적응할 수 있도록 도와주는 유전자를 지닌 유기체들은 당연히 생존과 번식에 더 유리하다. 따라서 다음 세대에도 그 유전자를 계속해서 전달하게 된다. 이렇게 해서 생명 활동은 환경적인 변화와 압박에 대응해 발전하고 종은 점차 진화해 지구상의 모든 지역에 뿌리를 내리고 살게 되었다.◆

지성을 갖춘 사회적 동물이었던 인간의 조상은 살아남기 위해 주어진 환경에 따라 적응의 형태를 진화시켰다. 그런 적응의 형태 중 하나가 바로 '문화'이다. 문화를 이해하고 받아들이는 방식은 대단히 다양하지만, 나는 이 용어가 인간의 도구, 기술, 행동을 통해 엿볼 수 있는 '학습된 정보'를 의미하고 있다고 보기로 했다. 인

◆ 살아 있는 개체들은 생리적, 행동적 변화를 통해 환경의 도전에 대응하고 적응한다. 이러한 경험들은 유전적으로 각인되어 다음 세대로 이어지고, 본능으로 남게 된다.

간의 문화는 결국 타인에게서 무엇인가를 배우고 그 지식을 스스로 나타낼 수 있는 능력을 기반으로 하고 있다. 문화를 발전 혹은 진화시키는 것은 인간만 할 수 있는 일은 아니지만, 인간의 문화는 훨씬 더 유연하고 적응성이 뛰어나다. 인간의 문화는 계속 축적되며 스스로 진화한다. 인간의 축적된 문화는 세대를 이어가며 그 복잡성과 다양성을 증가시키고 직면하는 도전에 대한 더 효과적인 해결책을 만들어낸다.

이렇게 축적된 문화적 진화는 분명 이 지구상에 생존하고 있는 생명체의 역사에서 대단히 중요한 역할을 했다. 인간의 생물학적 진화는 단지 환경이나 유전적 변화에 의해서만 진행되는 것이 아니라 문화에 의해서도 영향을 받는다. 문화의 진화는 생물학적 진화와 많은 부분을 공유하고 있기 때문이다. 유전적 진화는 변이, 전이 그리고 이른바 차등 생존differential survival(같은 종 내에서 경쟁을 거쳐 가장 잘 적응한 개체만 살아남는 것.—옮긴이)을 기반으로 하고 있으며 이 세 가지 요소 곁에는 항상 문화의 진화가 함께 한다. 한 가지 중요한 차이점이 있다면 생물학적 진화는 각 개체의 수준에 크게 영향을 받지만, 문화의 진화는 뒤에서 살펴볼 것처럼 집단의 선택이 중요하게 작용한다. 우리를 더 똑똑하게 만들어주는 것은 개인의 지성보다 인류의 집단적 문화이다.

현생 인류는 이러한 진화의 과정을 거친 유일한 종은 아니다. 곧 인간의 사촌을 만나보게 되겠지만, 우리가 지금까지 생존할 수 있었던 유일한 종이라는 사실은 분명하다. 지금으로부터 수십만 년 전, 인류의 조상은 문화를 이용해 태어난 환경을 벗어나기 시작했다. 창의적이지 못한 삶 속에 우리를 포함해서 다른 생명체의 종을 가두고 있는 물리적 그리고 생물학적 한계를 넘어서기 위해서였다. 그러한 우리의 놀라운 진화 과정의 핵심에는 다음과 같은 네 가지 요소들이 있다. 이 책에서 네 개의 파트로 나누어 살펴볼 핵심 주제이기도 한 **불**, **언어**, **미**美, **시간**이다.

인간은 본래 가지고 있는 능력 외에 불이라는 또 다른 힘을 빌려 생물학적 한계를 극복하고 신체적 역량을 확장시킬 수 있었다. 언어를 통해서는 성공의 비결을 서로 공유했다. 또한 복잡한 문화적 지식을 정확하게 전달하고 저장하며 서로 마음에 품고 있는 좋은 생각을 나누기 위해 언어를 사용했다. 언어는 일종의 사회적 접착제로 공통된 이야기를 통해 공동체를 하나로 묶어준다. 이를 통해 더 나은 예측을 하고 타인의 평판에 근거해 누구를 더 신뢰할 수 있는지 판단할 수 있다. 미는 우리의 활동이 갖고 있는 의미의 중요성을 집약해 보여준다. 우리는 아름다움을 통해 공통의 신념과 정체성을 중심으로 하나로 융합될 수 있다. 예술적 표현은 이해관계나 지역 등을 기반으로 형성되는 커뮤니티의 기반이 되는 일종의 문화적 종 분화speciation(하나의 종이 둘 이상으로 나뉘는 진화의 기본 과정.—옮긴이)를 만들기도 하지만, 동시에 유전적 종 분화의 걸림돌이 되는 자원, 유전자, 사상의 교류를 가능하게 만들어 한층 뛰어난 기술과 함께 더 크고 연결된 사회를 형성한다. 마지막으로 시간은 자연의 작동 원리를 객관적이고 합리적으로 해석하는 기반이 된다. 지식과 호기심의 결합을 통해 우리는 다른 어떤 동물들보다 앞서나갈 수 있었다. 우리는 이 세상과 그 안에 있는 우리의 공간을 지배할 수 있는 과학을 발전시켜왔고 결국 상호 연결된 하나의 인류가 되었다.

이 네 개의 줄기가 한데 얽히며 인간의 놀라운 특성을 만들어내고 우리가 무엇을 할 때마다 어떻게 기능하는지 설명한다. 왜 도시에 사는 사람이 더 창의적인지, 왜 종교를 가진 사람이 불안을 덜 느끼는지, 왜 특정 직업을 가진 사람이 이성에게 더 인기가 있는지, 왜 이민자가 조현병에 걸릴 확률이 훨씬 높은지, 왜 서양인과 동아시아인은 사물을 바라보는 관점이 다른지 알 수 있는 것이다. 유전자, 환경, 문화라는 인간 진화의 3요소는 서로 연결되어 있다. 여러분의 친구 중 두 사람이 서로 친구일 확률, 그러니까 이 행성transitivity(예를 들어, a가 b를 알고, b가 c를 알고 있다면 a가 c를 알고 있을 확률이 높다. 사회관계망이 복잡할수록 높은 이행성을 보인다. —옮긴이)이라고 불리는 이 확률은 집단의 성과와 마찬가지로 나 자신의 개인적 운명에 영향을 미친다.[1] 그렇지만 이 이행성은 또한 환경에 의해 영향을 받는다. 고립된 마을의 경우 높은 이행성을 보이는 것이 그 예다. 여기에 더해서, 친구의 수는 유전자에 의해서도 영향을 받는다.[2] 그리고 이런 상황을 좌우하는 것은 다름 아닌 우연이다. 누가, 어디에서, 언제 태어났는가 하는 문제는 장차 하게 되는 그 어떤 선택보다 훨씬 더 중요한 영향을 끼친다.

지금이야말로 어떻게 인간이 이런 놀라운 종으로 진화할 수 있었는지에 대한 근본적 질문을 던지기에 가장 적당한 때다. 집단 유전학, 고고학, 고생물학, 인류학, 심리학, 생태학, 사회학의 놀라운 발전으로 인간이 어떻게 발전해왔는지에 대한 이해와 관련된 근본적인 변화가 일어났고 동시에 인간 역사에 대한 새로운 통찰이 드러나기 시작했다. 이른바 행동학적으로 볼 때 현생 인류가 인지적 혹은 유전적 혁명을 거쳐 불과 2만 년, 혹은 4만 년 전에 나타났다고 보았던 종전의 개념은 도전을 받고 있다. 최초로 인간의 개별 유전체를 나열할 수 있게 된 것은 2007년의 일이다. 이후 수많은 사람들이 자신만의 독특한 유전적 역사를 해석할 수 있게 되었다. 이 과정에서 인간의 집단적 역사, 즉 인간이 가장 가까운 사촌과 어떻게 연결되어 있고 또 연결을 하고 있는지 이해하는 데 도움을 받았다. 그러는 사이 고고학자들은 새로운 연대 측정 기술을 활용해 인간의 가장 오래된 기술이나 예술 작품에 대한 놀라운 발견을 했다. 또한 고생물학자들은 인간의 등장과 부상에 대한 교과서의 단순한 설명이 결코 그렇게 단순할 수 없다는 사실도 보여주었다.

인류는 협동과 협조의 새로운 시대에 들어서고 있다. 지금까지 굳건하게 독립된 영역을 지켜왔던 여러 분야의 연구진이 대화를 나누기 시작했다. 동시에 오랫동안 공고하게 지켜왔던 원칙이 흔들리며 엄청난 분량의 자료, 통찰력, 경험이 만들어지기 시작했다. 자연과학과 사회과학의 만남을 통해 왜 인간은 생물학적으로 대단히 흡사하면서도 왜 그렇게 서로 다르게 행동해왔는지를 풀어낼 실마리를 찾게 되었다. 인류는 새로운 시각으로 자신을 바라보게 되었으며 생명 활동, 문화, 환경을 오가는 중요한 관계를 알아차리게 되었다.

차차 확인하게 되겠지만, 인간은 문화적 진화를 통해 적응 문제 같은 수많은 문제를 빠르게 해결할 수 있었다. 그것도 종 분화 같은 유전적 진화 과정을 거치지 않고도 말이다. 이처럼 인간은 유전자, 환경, 문화라는 진화의 3요소를 통해 스스로를 끊임없이 변화시키고 있다. 이제 인간은 스스로 운명을 개척해나갈 수 있는 특별한 종이 되고 있다. 인간이 개체 수와 지리적 활동 범위를 확장시키며 상호 보완을 통해 문화적 진화가 더 크고 정교하게 진행되도록 박차를 가할 수 있는 것 또한 바로 우리가 특별한 종이기 때문이다.

오늘날 인류의 규모와 연결은 상상을 초월한 수준까지 도달했다. 동시에 지구의 환경도 극적으로 변화시켰다. 이렇게 지구를 계속 몰아붙인 결과 인류는 완전히 새로운 지질학적 시대에 접어들었다. 이른바 인류세人類世, Anthropocene epoch, 즉 인간의 시대이다. 총 중량이 30조 톤에 달하는 도로, 건물 등 인간이 만들어낸 모든 인공 시설물과 지금까지 만들어온 경작지 등 물질적 변화 덕분에 90억에서 최대 100억 명이 서로 완전히 연결된 상태로 지낼 수 있게 되었다.[*] 지금 우리 주변을 한번 살펴보자. 인간이라는 지적 생명체는 눈에 보이는 모든 것들을 설계하고 만들었다. 이 지구상에 인간의 손길이 닿지 않은 곳은 없다. 심지어 지구라는 공간과 환경을 어지럽히고 있기도 하다.

　이제 여러분은 나는 함께 인간이라는 독특한 종이 어떻게 스스로 변화시켜왔는지 확인하는 여정을 시작하게 될 것이다. 그리고 변화의 과정에서 자연과 인간의 관계는 어떻게 재정립되었는지도 살펴볼 것이다.

　인류는 단 한 사람도 예외 없이 특별한 상황을 맞이하고 있다. 인간의 문화, 생명 활동, 환경의 상호 작용은 인간의 초협력적인 관계 속에서 새로운 피조물을 창조하고 있다. 우리는 일종의 초유기체가 되어가고 있다. 이것을 '전능한 인간'이라는 뜻의 **호모 옴니포텐스**Homo omnipotens라고 부르도록 하자.

　이제부터 초월하는 인간의 이야기 속으로 들어가보자.

◆　이와 같은 인공적인 거주 환경이 없었다면 지구상의 인구는 겨우 1000만 명 남짓 했던 석기 시대 수준으로 퇴보했을 것이다.

GENESIS

기원

GENESIS

모든 문화에는 우리의 기원에 대한 실마리를 찾을 수 있는 창조 신화가 존재한다. 말하는 유인원의 왕성한 호기심이 창조 신화를 만들어낸 것이다. 이 신화는 그들이 가졌던 믿기 힘든 독창성이 어디에서 비롯되었는지 이해하도록 도와준다. 그런데 신화 뒤에 숨은 진실에는 놀라운 이야기들이 가득하다.

하늘의 별들을 한번 보자. 우리 눈에 보이는 별들은 현재의 모습이 아니라 사실 수백만 년 전의 모습이다. 우리는 시간을 거슬러 지구상에 인류가 등장하기도 전이었을 때의 빛과 형상을 보고 있다. 어쩌면 이미 오래전에 소멸해버렸을지도 모를 무언가를 감상하고 있는 것이다.

우리는 주로 역사의 기록을 통해서 우리 인류가 시작된 시간과 지점을 돌아보지만, 이전의 어떤 존재로부터 지금의 인간이 만들어졌는지 확인하기 위해서는 과학이 필요하다. 내 뺨의 보조개가 고조할머니에게 물려받은 흔적이라든지, 고대 어느 전투를 기점으로 내가 살고 있는 국가의 정치 체계가 시작되었다든지 하는 사실을 추적하는 것과 마찬가지로 지금의 세상을 만들어내는 데 일조한 구조와 기술, 그리고 행동의 기원을 이해하기 위해 우리는 반드시 조상의 계보를 거슬러 올라가는 여정을 떠나야 한다.

이런 과정을 통해 궁극적으로 드러나게 되는 건 우리의 진짜 조상이라고 할 수 있는 태양과 인간과의 깊은 연관성일 것이다. 인간의 발생은 물리학, 화학, 생물학과 관련되어 있다. 이 발생을 통해 앞서 언급한 세 가지를 모두 통제할 수 있는 무언가가 만들어졌다. 인류와 지구상에 있는 모든 생명체, 그리고 지구 자체와 우주에 존재하는 모든 은하계들은 서로 깊이 연결되어 있다. 이 모든 것들을 거슬러 올라가면 140억 년 전에 있었던 어느 한 지점으로 모인다.

I

모든 것의 시작

140억 년 전, 빅뱅big bang이 일어나면서 지금 우리가 보고 있는 모든 것이 탄생했다.

모든 물질과 에너지가 한 점에서 폭발한 이후 찬란한 무질서는 지금도 계속 확대되고 있다. 여기 지구에서는 우주에서 유일하게 생명체로 알려진 존재가 예측불허의 상황 속에서도 고에너지 입자로부터 복잡한 구조를 만들어가면서 혼돈 속에서 질서를 창조했다.

에너지는 원자로 이루어진 물질을 만들어냈다. 이 작은 물질의 중심에 있는 양성자 수에 따라 쇳덩어리나 코끼리의 귀, 열대우림의 향취가 될 수도 있다. 수소 원자는 하나의 양성자만 가지고 있지만, 납 원자는 82개의 양성자를 가지고 있다. 수소와 납의 차이와 우리에게 필요한 유용성을 결정하는 것은 대부분 원자가 에너지를 전달하는 방식에 달려 있다. 이것은 원자핵 바깥을 돌며 양자역학의 기묘한 법칙을 따르는 전자에 의해 결정된다.

전자 하나가 여러 원자 내부나 사이에서 움직일 때마다 발생하는 에너지의 교환이나 이동은 DNA 복제에서부터 아기의 웃음소리에 이르기까지 지구상에서 일어나는 모든 반응과 반작용의 기초가 된다. 예컨대 아침 식사에 들어 있던 전자가 점심 식사 때는 씹어 삼키는 에너지를 제공하는 식이다. 이러한 전자의 이동을 통해 원자들이 화학적으로 결합해 형성되는 분자가 바로 살아 있는 세포의 구성 요소이며 우리의 구성 요소이다.

우주에 존재하는 물질의 약 90퍼센트는 수소다. 이 외에 5퍼센트 정도는 2개의 양성자를 가진 불활성 기체인 헬륨으로 채워져 있다. 수소와 헬륨은 빅뱅 이후에 탄생했다. 별이 빛을 낼 때 수소 원자와 함께 좀 더 무거운 원소인 산소, 탄소, 질소 등이 융합되면서 우주에서는 찾아보기 힘들지만, 인체의 대부분을 구성하는 물질을 만들어낸다. 이렇게 인체의 구성 요소를 만들어내는 격렬한 반응은 인간이 귀하게 여기는 물질도 만들어냈다. 만일 여러분이 지니고 있는 장신구가 금으로 만들어졌다면 그 금은 말 그대로 우주 전체를 뒤흔든 대변동이라 할 수 있는 별들의 충돌로 생성된 천체의 부스러기일 가능성이 높다.

중력은 엄청난 힘으로 수소, 헬륨, 우주 먼지로 이루어진 성간

구름, 즉 성운星雲들을 하나로 융합하면서 엄청난 양의 에너지와 새로운 별을 탄생시켰다. 인류 역사에서 가장 중요한 별인 태양은 우주 먼지 속에서 수소를 태우는 거대한 원자로의 역할로 약 46억 년 전에 탄생했다. 사납게 타오르는 태양 바깥쪽에서는 광물질 덩어리들이 회전을 하다가 하나로 뭉쳐졌다. 말하자면 우리가 살고 있는 지구는 태양이 뱉어낸 세 번째 돌덩어리인 셈이다. 그로부터 얼마 지나지 않아 지구는 거대한 소행성 하나와 충돌했고 이로 인해 지표면에서 떨어져 나간 커다란 덩어리 하나가 달이 되었다. 이때 지구의 자전축이 오늘날처럼 비스듬히 기울어졌다. 자전축이 기울어지면서 사계절의 변화와 조수 간만의 차이가 발생하게 되었으며 바다에는 달의 영향을 받아 조류의 흐름이 만들어졌다. 지구의 위치, 목성의 인력,[1] 태양으로부터의 방향 등 모든 상황과 조건이 각자 제 역할을 하면서 우주에는 가장 위대한 실험이 진행될 수 있는 일종의 실험실이 만들어졌다.

물은 지구에 존재하는 모든 분자 중 300만 분의 1에 불과하지만, 대부분 지표면에 몰려 있게 되면서 모든 것을 바꾸었다. 약 40억 년 전 바다에서는 혜성에서 무수하게 쏟아진 DNA와 아미노산이 지구의 다른 요소와 결합하면서 생명의 놀라운 탄생이 시작되었다. 질량이 너무 작아 중력이 거의 영향을 미치지 못하는 나노 크기의 원자는 분자 사이에서 서로 끌어당기기고 미는 힘에 영향을 받는다. 여기에서 주목해야 할 가장 중요한 사실은 특정한 화학적 과정이 자기 복제를 한다는 것이다. 이렇게 해서 DNA 분자 중 하나가 증식해 새로운 생명체를 만들어냈다. 이런 기적 같은 일이 그저 단 한 번, 혹은 몇 번만 일어났을까? 어쩌면 당시의 정확한 상황은 영원히 알 수 없을지도 모르지만, 스스로 복제하는 세포의 마법은 생명체의 놀라운 다양성을 진화시켰고 이렇게 탄생한 생명체 중 하나인 인간은 금단의 지식까지 손에 넣으면서 이제는 자연 그 자체를 창조하는 것도 가능하게 되었다.

진화에는 특별한 목적이나 방향성 같은 것이 존재하지 않는다. 보고, 걷고, 날 수 있는 능력은 수많은 생명체 사이에서 다종다양하게 나타났다 사라지고는 했다. 대신 복잡한 진화 과정이 진행되기 위해서는 시간이 필요하다. 인간과 비슷한 생명체가 탄생하기까지는 수십억 년에 달하는 생물학적, 환경적 진화의 시간이 필요했다. 처음 지구의 대기에는 수소와 수증기 밖에는 존재하지 않았다. 이 때문에 어떠한 생명체도 호흡을 할 수 없었다. 이후에도 생명체가 살아 숨 쉴 수 있는 조건이 조성되기까지 20억 년이 넘는 세월이 흘러야 했다. 고대 남조식물(원시 광합성 생물을 이르는 말. - 옮긴이)이 태양으로부터 에너지를 받아 이산화탄소로부터 당분을 만들었고 이 과정에서 발생한 일종의 폐기물 같은 부산물이 바로 산소였다.

광합성과 호흡, 화산 폭발과 지각 변동, 자전축 변화로 인한 태양과의 거리 변화 등 모든 상황이 지구 대기 중 가열된 이산화탄소와 생명의 근원이 되는 산소 사이의 균형에 지속적으로 영향을 미쳤다. 또한 바다의 화학적, 생물학적 작용과 함께 기후도 변화했다. 지구는 탄생 이후 처음 35억 년 동안 얼음으로 뒤덮였다 녹기를 반복했다. 이 시기가 끝나자 마침내 복잡한 다세포 생명체가 지구를 가득 덮게 된다.

이러한 생명체의 출현으로 지구의 물리적 체계는 근본적으로 뒤바뀌게 되었고 살아 숨 쉴 수 있는 구조로 탈바꿈했다. 식물이 진화하면서 뿌리가 바위를 부수면서 자라났고 이렇게 생긴 균열로 형성된 길은 오늘날 강의 기원이 되었다. 광합성은 지구의 생명 활동이 진행될 수 있는 일종의 화학 에너지를 제공했으며 동물이 식물을 섭취함으로써 이 화학 에너지를 가열된 이산화탄소 형태로 변환해 방출했다. 그리고 생을 다한 동물이 죽으면서 지표면의 암석층 위에 또 다른 퇴적층으로 덮이게 되었다.

그 대신 지구의 물리적 상황은 생명체에 또 다른 영향을 미쳤다. 생명체는 지질학적, 물리적, 화학적 조건에 반응하면서 진화하기 때문이다. 지난 5억 년 동안 대규모 화산 폭발, 지각 변동, 소행성 충돌, 거대한 기후 변화 등을 원인으로 5번의 대규모 멸절 사태가 있었다. 이런 일이 벌어질 때마다 살아남은 생명체는 다시 몸을 추스르며 개체 수를 늘렸고 세대를 지나면서 예측할 수 없는 유전적 돌연변이를 일으키며 진화해갔다. 생명체가 진화할 수밖에 없도록 환경이 일종의 압력을 가하면 생명체는 상황에 맞춰 선택적으로 진화를 하게 된다. 이러한 진화의 과정은 양방향으로 이루어진다. 예를 들어 유전적 변화로 사막 기후에 맞춰 생존하도록 진화한 식물은 사막을 이전보다 덜 건조한 초목 지대로 바꾼다.

이렇게 바뀐 환경은 다시 그곳에서 살아남은 종과 유전자에 영향을 미치게 된다.

　인간의 진화를 돌이켜보면 정해진 길을 따라 진행된 것처럼 보일 수 있지만, 인간이 지적 생명체로서 반드시 존재해야 하는 이유는 찾을 수 없다. 그저 헤아릴 수 없을 정도로 많은 크고 작은 우연의 일치가 영겁 같은 시간을 거치면서 마구 뒤섞여 일어나 누구도 예상하지 못한 결과로 하나둘 나타난 것뿐이다. 마치 문어와 인간처럼 전혀 다른 두 존재가 우연히 같은 시공간에 머물다가 수수께끼를 함께 풀어낸 것 같은 유쾌한 일이 가능해진 것이라고 할 수 있다.

　무엇보다 우리는 인간의 진화 과정에서 일어난 가장 중요한 사건과 관련해 하늘에 대고 감사를 해야 할지도 모르겠다. 지금으로부터 6600만 년 전 6월 하순,[2] 에베레스트산도 우습게 보일 만큼 거대한 운석 하나가 총알보다 20배 빠른 속도인 초속 14킬로미터로 멕시코가 위치한 유카탄yucatan 반도에 떨어졌다.[3] 운석의 속도가 너무나 빨랐고 대기권 진입도 눈 깜빡할 사이에 일어났기 때문에 운석은 그야말로 본 모습 그대로 지구에 닿을 수 있었다. 운석이 지구에 가까워지자 제일 먼저 대기권에 엄청난 충격파가 일어났고 지표면은 충돌 전부터 이미 붕괴하기 시작했다. 잠시 뒤 충돌이 일어나자 운석은 지각을 뚫고 무려 30킬로미터가 넘는 깊이로 파고들었다. 이 충격파는 지구 전체로 퍼져 화산 폭발, 지진, 산사태, 대형 화재를 연이어 발생시켰다. 운석의 충돌에서 살아남은 생명체는 뒤이어 일어난 전 세계적인 기후 변화 때문에 대부분 멸종하게 된다. 이때 수백만 년에 걸쳐 지구를 지배했던 공룡이 멸종하고 말았다. 공룡의 멸종으로 발생한 생태학적 공백을 채운 것은 다름 아닌 인간의 포유류 선조들이었다.

운석 충돌 이후 약 1000만 년이 지나자 급격한 기후 변화로 기온과 습도가 올라갔다. 그리고 열대 우림, 홍수림, 야자나무 등이 북쪽으로는 영국과 캐나다까지, 남쪽으로는 뉴질랜드까지 퍼져나갔다. 북극해의 수온이 섭씨 20도 이상 올라갔지만, 대신 조류의 흐름이 멈췄다. 전 세계적으로 해수면이 상승했고 동물과 식물을 가리지 않고 엄청난 규모의 이주와 멸절이 일어났다. 포유류가 다양하게 등장했고 오늘날 일반적으로 볼 수 있는 대다수 종의 선조들이 이때 모습을 드러냈다. 여기에는 진정한 의미에서 최초의 영장류도 포함되어 있었다. 지금으로부터 약 2000만 년 전, 당시의 인도 대륙과 아시아 대륙의 지각판이 서로 충돌했다. 충돌 시 발생한 엄청난 충격으로 땅이 치솟아 오르며 오늘날 볼 수 있는 히말라야산맥과 티베트고원이 만들어졌다. 이후 인도와 아시아 대륙의 지질학적 변화는 지금도 진행 중이다. 새롭게 형성된 지형은 해당 지역의 기후와 생물에 극적인 영향을 미쳤다. 훗날 이때 나뉜 유인원 종을 구세계와 신세계로 계보를 구분하게 되었고 동남아시아에서 전형적으로 나타나는 몬순 기후도 이때 등장했다. 한편, 아프리카 대륙 북동부 지역의 화산은 대륙의 동쪽에 남북으로 엄청난 균열을 만들고 있었다. 이 때문에 그 사이에는 산맥과 깊은 골짜기가 생겨났고 지형 자체가 뒤바뀌면서 기후 변화도 일어났다. 이러한 극적인 환경 변화 역시 진화 과정에서 수없이 많은 새로운 기회를 불러왔다.

인간이 가진 색상에 대한 탁월한 지각 능력을 생각해보자. 우리의 선조라고 할 수 있는 유인원은 먹을 것을 찾아 돌아다니다 새로운 시각 추상 세포와 관련한 유전적 돌연변이를 얻게 되었다. 이 덕분에 대부분의 원숭이가 파란색과 초록색 정도만 구분할 수 있는데 비해 빨간색도 구분할 수 있게 되었다. 새로운 색을 구분할 수 있게 되면서 독성이 있는 식물을 피하고 더 많은 열량을 가진 잘 익은 과일을 찾아낼 수 있었다. 결국 소화하는 데 소모되는 체력을 아낄 수 있었고 더 많은 영양분을 공급받으면서 두뇌도 성장할 수 있었다.[*] 과일을 섭취하는 유인원의 두뇌 세포 조직은 풀이나 나뭇잎을 먹는 유인원에 비해 25퍼센트 정도 더 많았다.[4]

조상들이 살던 곳이 숲에서 초원으로 바뀌게 된 것도 인간의 진화 과정에서 본다면 또 다른 중요한 전환점이었다. 약 300만 년 전, 지금의 파나마 지역 인근에서 남아메리카 대륙이 움직이면서 북아메리카 대륙과 충돌을 일으킨 것이 근본적인 원인이었다. 이

---

[*] 진화에서 환경의 역할은 지능과 같은 생물학적 특성과 아무런 연관성이 없어 보여서 간과하기 쉽다. 하지만 식물이 유전적으로 적응하고 진화할수록 열매는 더 빨갛고 달콤하게 익어간다는 사실을 생각해보자. 이것은 결국 동물들을 더 많이 끌어들여 씨앗을 더 많이 퍼트리기 위함이다. 그리고 영장류는 환경이 준비한 식사를 즐길 수 있도록 유전적으로 진화해온 것이다. 환경은 우리를 만들었고 우리는 환경을 만들었다.

충돌로 인해 해류의 흐름이 뒤바뀌며 태평양이 갈라져 대서양 동쪽과 카리브해가 만들어졌다. 열대 지방에서 흘러온 따뜻한 물이 북극해 쪽으로 올라갔다가 다시 수온이 떨어지면서 이른바 해양 컨베이어 벨트the global ocean conveyor(지구 전체를 돌고 있는 거대한 해류의 흐름.-옮긴이)로 알려진 길을 따라 남쪽으로 흘러내려 왔다. 세계 기후의 대부분은 이 사건을 계기로 만들어졌다. 멕시코 만류도 이때 만들어져서 북극 지방이 얼어붙도록 습기를 제공했고 이로 인해 지구에는 몇 차례의 빙하기가 찾아왔다. 또 강수량에도 변화가 생기면서 아프리카 대륙 동부에는 강수량 감소로 새로운 초원 지대가 형성되었다.

수십만 년의 세월에 걸쳐 인간은 초원 지대에 적응했고 기후 변화로 전에 살던 숲도 점점 줄었다. 초원 지대에서는 1년 중 대부분의 기간 동안 과일이나 열매를 찾아볼 수 없었기 때문에 인간은 단백질을 얻기 위해 나무 뿌리나 구근 등을 아주 오랜 시간에 걸쳐 씹어 삼켜야만 했다. 그리고 생존을 위해 점점 더 많이 사회적 집단을 구성했고 의존하게 되었다. 자가 증식하는 이런 화학 물질의 특별한 조합을 바탕으로 한 생명체 종이 이른바 자기 사회화의 과정을 시작할 준비를 갖추게 되었다.

II

인간의 탄생

유럽 남쪽 끝에는 지브롤터Gibraltar라고 부르는 거대한 석회암이 솟아 있다. 아프리카에서도 지중해를 가로질러 볼 수 있는 백색의 장엄한 지질학적 상징물이다. 그 절벽의 아랫부분에는 눈물방울을 닮은 거대한 틈이 하나 있는데 안으로 들어가 위를 보면 높이 뚫려 있다. 이곳의 이름은 고람Gorham 동굴이다. 마치 성당 같은 이 드넓은 공간에서는 어떤 일들이 벌어졌을까? 누가 이곳에서 살았을까? 어떤 공동체가 살고, 사랑하며, 일하고, 번성하다가 이 고대의 바닷가 절벽 안 동굴에서 일생을 마쳤을까? 고람 동굴은 인간의 또 다른 조상인 **네안데르탈인**(1856년 독일 네안데르 계곡에서 화석이 발견된 고대 인류. 유럽을 중심으로 서아시아, 중앙아시아, 북아프리카 지역에 살았다. - 옮긴이)이 수십만 년 전 살았던 마지막 보금자리다.

지금으로부터 3만 5000년 전으로 거슬러 올라가보자. 유럽은 빙하기라는 어려운 시절을 맞아 발이 묶여 있었다. 더 따뜻한 땅을 찾아 떠나지 못한 네안데르탈인은 주변의 다른 동식물과 마찬가지로 멸종 위기에 처했다. 이런 엄혹한 시절, 고람 동굴은 그야말로 이상적인 피난처였을 것이다. 해수면이 몇 미터 정도 낮아져 광활한 사냥터가 바다 저 멀리까지 펼쳐졌다.[1] 선발대가 절벽 위에 오르면 사냥감은 물론 유럽 사자 같은 포식자들의 위치를 수월하게 파악할 수 있어 동료들과 정보를 나누었다. 동굴 입구 앞에는 풀이 자라 있는 모래 언덕과 지하수가 솟아나와 만들어진 호수도 있어서 습지를 찾는 새나 풀을 뜯으려는 사슴이 모여들었다. 좀 더 멀리 살펴보면 조개 군락지나 도구로 쓸 수 있는 단단한 돌무더기도 찾을 수 있었다. 근처 동굴에는 다른 어느 곳보다 많은 네안데르탈인이 집중적으로 모여 살았다.

하루하루 살아가느라 바빴을 이들의 일상을 상상해보자. 바닷가에서는 아이들이 떠내려온 잡목을 주워 모으고 있다. 들판에서는 두 명의 여성이 숨어 있다가 화려한 검은색 깃털을 가진 독수리를 잡아 동굴로 돌아오고 있다. 이 여성들을 따라 동굴로 들어가보자. 중심부라고 할 수 있는 널쩍한 공터에는 커다랗게 화톳불을 지펴놓았고 사람들이 모여 각자 잡다한 일을 하고 있다. 여기저기에서 가족끼리 모여 그날 있었던 일에 대해 이야기를 나누며 식사를 준비한다. 도구를 손보거나 옷을 만들기도 한다. 이십 대쯤 되어 보이는 갈색으로 몸이 그을린 덩치 큰 남성이 돌칼을 사용해 길쭉한 포플러 가지 끝을 날카롭게 다듬고 있다. 부스러기가 나오자 불 쪽으로 걷어찬다. 이 남성 옆에는 붉은 머리카락을 가진 땅딸막한 여성이 조개를 열고 날카롭게 간 뼈로 속살을 꺼낸다. 예전 같았으면 부드러운 조갯살은 아이가 먼저 맛보았겠지만, 얼마 전 세상을 떠나고 말았다. 그 대신 건강이 좋지 않은 그의 이모가 제일 먼저 맛보게 될 것 같다.

음식이 만들어지는 동안 부족의 무당으로 보이는 나이 든 남성은 자신에게 바쳐진 독수리의 검고 아름다운 깃털을 모아 몸에 두를 겉옷과 머리 장식을 만들고 있다. 동굴 사람들의 삶은 풍요롭다. 예술 작품을 구상하고 만들 시간적 여유도 충분한 것 같다. 동굴 안쪽으로 더 깊이 들어가니 잠을 자는 장소가 나온다. 그곳에는 각자 따로 사용하기 위한 불을 피워두었다. 한쪽 구석에 움푹 들어간 벽에는 무언가를 정성스럽게 새겨놓았다. 나란히 그어 놓은 몇 개의 선 주변을 긁어 음영을 넣은 것 같다. 이것의 상징적인 의미는 시간이 흐르면서 점점 희미해진다. 여기보다 북쪽에 살고 있는 또 다른 네안데르탈인의 작품은 훗날 보아도 비교적 쉽게 해석할 수 있을 형태를 가지고 있다. 황토색으로 동물의 모습을 그리고, 손도장도 찍었으며, 독수리의 발톱을 모아 목걸이 같은 장신구도 만들었다. 이들은 조개껍데기 안에 일종의 화장품 같은 것을 보관하기도 했다.

동굴에 살던 이들은 도저히 알 길이 없었겠지만, 아프리카를 벗어나 진화를 거쳐 앞선 문화와 생존 기술을 갈고 닦았던 이들은 안타깝게도 지구상 최후의 네안데르탈인이 될 것이다. 한 사람의 일생 정도의 시간 동안 이어진 가뭄은 익숙했던 숲 사냥터를 낯선 초원으로 바꾸어놓았다. 이러한 변화에서도 얼마 되지 않는 이들이 살아남았지만, 갈수록 늘어나는 사산死産과 치명적인 질병에 시달리게 되었다. 어쩌면 그들은 더 큰 규모로 이주해온, 현생 인류에 좀 더 가까운 모습을 한 무리를 이미 만났을지도 모른다. 이 주자들은 지난 수천 년 동안 네안데르탈인이 가꾸며 살아온 땅을 손쉽게 차지해버렸다. 생명체란 얼마나 나약한 존재인가. 지금 이 자리에 오래전 멸종한 그들의 후손이 아닌, 여러분이 있게 된 것은 그 얼마나 대단한 우연인가.

만일 "그 일은 인간에게 어떤 의미인가?"라는 질문에 답을 해야 한다면 인간이 살아가는 방식과 문화가 동물과 다른 이유가 무엇인지 먼저 생각해야 한다. 인간은 대단히 예외적인 생명체이다. 다른 동물도 놀라운 모습을 많이 보여주지만, 그 어떤 동물의 문화도 인간만큼 복잡하거나 유연하지 않다. 대부분의 동물은 서로 가르치고 배우는 학습을 통해서 생존하는 것이 아니라 내재된 본능이 알려주는 기술에 의존해 생존한다. 이러한 동물의 문화는 인간과 달리 시간이 흐른다고 해서 축적되지 않는다. 동물이 사용하는 간단한 도구는 몇백만 년의 세월이 흘렀음에도 특별히 달라진 것처럼 보이지 않는다.

그럼에도 불구하고 다양한 동물이 사회적으로 문화를 전파한 것 같은 모습을 보여준다. 이런 종이라면 분명 학습을 할 수 있을 만큼 지능이 뛰어나며 학습한 내용을 서로 전달할 수 있을 만큼의 사회성도 갖추고 있을 것이다. 가장 정교한 도구를 사용하는 동물 은 다름 아닌 인간과 가장 가까운 친척인 침팬지다. (600만 년 전에 살았던 인간은 침팬지와 현생 인류의 마지막 공동 조상이기도 하다.) 영장류 를 연구하는 학자들은 아프리카에 살고 있는 침팬지가 39가지의 습관을 보여준다는 사실을 밝혀냈다. 자주 보이는 습관은 20가지 정도였는데 그중에서 가장 복잡하고 정교한 것은 열매의 껍질을 부수는 일이었다.

문화를 제대로 축적하고 전달한다는 것, 그러니까 시간이 지남 에 따라 적절한 행동이나 습관만을 선택하고 개량해 천천히 쌓아 간다는 것은 훨씬 복잡한 작업이다. 어느 침팬지 한 마리가 돌을 내리쳐서 단단한 열매의 껍질을 부수는 데 성공했다고 하자. 다른 침팬지도 이 문화를 배울 수는 있겠지만, 어떤 종류의 돌을 사용 해야 하는지, 어떤 방식으로 내리쳐야 하는지는 크게 중요하지는 않다. 어떤 식으로든 결국 껍질은 부서지게 될 것이다. 기술을 발 전시켜 좀 더 효율적으로 껍질을 부수고 싶다면 특별한 형태의 돌 을 찾거나 아예 돌을 다듬는 방향으로 행동 습관이 진화되어야 한 다. 차근차근 일련의 단계를 밟아야 하고 각각의 단계를 순서대로 정확하게 기억한 뒤 다른 침팬지에게 보여줘야만 가능한 일이다.

그러면 이 기술을 배운 침팬지가 또 다른 침팬지에게 전파하게 된다. 이렇게 시간이 지나다 보면 기술이 개선되거나 새로운 단계가 추가되면서 좀 더 현대적인 방식으로 진화하게 된다. 유전적 진화와 마찬가지로 문화적 진화도 정확한 복제 행위가 충분히 반복됨으로써 실현될 수 있으며 성공적인 수정과 개선도 가능해진다. 예컨대 적당한 돌을 선택하는 과정도 계속해서 개선되어야 발전할 수 있다. 침팬지는 이런 일을 해낼 수 없지만 인간은 그 이상의 일도 할 수 있다.

과연 놀라운 문화적 진화를 바탕으로 한 이 동물의 진화는 언제 일어났을까?

특별한 종

어린 시절에 찍은 사진과 거울에 비친 모습에서 비슷한 부분을 찾기란 생각보다 쉽지 않다. 같은 사람이지만 시간이 흐르면서 머리에는 지식이, 몸에는 경험이 쌓여 현재 모습이 만들어졌기 때문이다.

시간을 거슬러 지금으로부터 수백, 수천 세대 이전에 살았던 인간의 모습을 그려보기 위해서는 상상력은 물론이고 감정 이입 측면에서도 대단한 노력이 필요하다. 그렇지만 당시 인간의 모습은 지금과 그리 다르지 않다. 그들 역시 먹을거리와 안전한 거처의 필요에 따라 움직였고, 함께할 동료를 찾아 헤맸을 것이며, 사회적 또는 기술적 난제를 해결하기 위해 애를 썼다. 어떻게 보면 간단하다고 할 수 있을 만큼 손쉽게 성공하기도 했다. 지금으로부터 100만 년 전, 성공의 경험을 쌓으면서 진화한 결과가 바로 **호모 에렉투스**(호모 사피엔스의 직계 조상으로 추정하는 고대 인류. - 옮긴이)다. 우리는 오래전에 사라져버린 또 다른 조상의 모습을 거의 알지 못하지만, 그들은 분명히 실재했다. 똑바로 서서 움직이도록 몸을 지탱해주던 넓적다리뼈나 높은 지성을 갖춘 두뇌를 보호했던 두개골 등을 찾아낸 것이다. 신체와 관련한 증거보다 더 깊은 인상을 남긴 것은 호모 에렉투스가 보여준 인간성의 흔적이다. 그들은 적합한 도구를 만들어 사용했고 그들이 살았던 동굴 벽에는 오직 인간만이 할 수 있는 표시를 남겼다. 이 표시는 무언가를 표현하고 싶어한 그들의 본능을 말없이 증명하고 있다.

호모 에렉투스 외에 수백만 명에 달했을 다른 조상들은 아무런 흔적도 남기지 못했다. 그들도 동물의 뼈, 가죽, 식물을 이용해 옷이나 도구를 만들었을 테지만, 모두 썩어 없어지고 말았다. 육신 또한 태어나게 해준 자연으로 다시 돌아갔다. 우리의 DNA, 고유한 특성, 인간 사이의 상호 작용 등을 살펴보면 문화적 조상이자 새로운 존재 방식을 개척하고 사라진 조상의 흔적을 찾아낼 수 있다.

고생물학자, 인류학자, 지질학자, 기후학자 등으로 구성된 전문가 집단은 주어진 단서를 바탕으로 이 지구에 각기 다른 십여 종의 인간이 살았던 시대를 재현하기 위해 애를 쓰고 있다. 그중에서도 특히 루돌프 잘링거가 1965년에 완성한 〈인류의 발전March of Progress〉라는 그림이 유명하다. 이 작품에는 유인원부터 각기 다른 인류의 조상이 현생 인류까지 차례로 묘사되어 있어 마치 인간이 걸어가면서 진화하는 듯한 모습을 흥미롭게 보여준다.✦ 제일 왼쪽부터 가장 오래전 조상이며 오른쪽으로 갈수록 현생 인류에 가까워지는 것이다. 최근 고생물학이나 유전학 분야의 연구 결과가 알려주는 것처럼 사실 이 그림에서 사실이라고 말할 수 있는 것은 역시 제일 오른쪽뿐이다. 왼쪽에 그려진 여러 조상은 그림처럼 순서대로 나타나고 사라졌다기보다 같은 시대에 공존하며 서로 교배했을 가능성이 있다. 다른 호미닌 사이의 성관계로 유전적인 혼합이 이루어지는 것은 현재까지의 연구에 따르면 흔히 벌어졌을 것으로 판단된다. 진화적 발생 과정 어디쯤에서 특별한 문화가 발생했는지 추적하는 것은 인류의 조상이 함께 공유하는 과거를 돌아봄으로써 또 다른 실마리를 찾으려는 노력의 일환이라고 할 수 있다.

지구상에 가장 최초로 모습을 드러낸 인간의 직계 조상이라고 알려진 것은 약 180만 년 전에 출현한 호모 에렉투스다. 이 무렵 호미닌의 두뇌 크기는 600cc에서 1300cc로 2배가 넘게 커졌다. 이 영리한 친 사회적 무리는 여러 단계를 거쳐야 하는 문제 해결 과정을 기억할 수 있었다.[2] 이들이 다른 누구의 영향을 받지 않고 스스로 궁리해 만든 도구는 놀라울 정도로 정교해서 300만 년 전 초기 호미니드가 만든 단순한 도구와는 크게 다르다. 호모 에렉투

✦ 여기에서 이야기하는 인류의 조상은 '호미니드hominid'로 지금까지 살아 있거나 멸종한 종을 모두 포함한 용어이다. 반면, '호미닌hominin'은 지금으로부터 200만 년 전에 최초로 출현했다고 하는 인류의 직계 조상인 영장목 사람과 중 **사람속** Homo genus만을 뜻한다.

기원

스는 놀라울 정도로 능숙하게 불을 피웠고 도구를 사용할 줄 알았다. 집단으로 사냥을 하며 아프리카에서부터 아시아에 이르는 넓은 땅을 호령했고 유럽 일부 지역까지도 진출했다. 이들은 언어도 사용했을 것으로 추정된다. 단순한 형태였지만, 놀랍게도 바다를 항해할 수 있는 탈것을 만들어 섬 사이를 오갔다고도 한다. 유전적으로 볼 때 호모 에렉투스는 대단히 다양한 모습들을 보여준다. 각기 다른 개체군이 넓은 지역에 퍼져 생활하면서 수십만 년에 걸쳐 친척뻘이라고 할 수 있는 다른 호미닌과 교배를 했다. 그러다가 지금으로부터 120만 년 전, 기후 변화의 영향 때문인지 호모 에렉투스는 거의 멸종 단계에 이르러 전 세계적으로 고작 1만 8500명 정도만 남게 된다.[3] 인간은 이후 약 100만 년 동안 현재 침팬지나 고릴라가 겪고 있는 멸종 위기보다 더 심각한 상황에 빠졌다. 호미닌의 다양성을 감소시킨 인구 병목 현상이 어쩌면 인류라는 종의 진화를 가속화했는지도 모른다.

과거에 얼마나 많은 종*의 인간이 존재했는지, 얼마나 많은 인종으로 나뉘어 있었는지 정확히 알 수 없지만, 50만 년 전 **하이**

---

* 나는 이 책에서 호모 사피엔스, 네안데르탈인, 데니소바인(2008년 러시아 데니소바 동굴에서 화석이 발견되며 알려진 고대 인류. - 옮긴이) 등 인간의 사촌격인 종들을 다른 인종처럼 묘사하고 있다. 이들은 서로 아무 문제없이 교배를 했으며 많은 자손을 남길 만큼 유전적으로 유사했기 때문이다. 무리 안에서 근친 교배를 했던 것이 분명한 개별 호미닌 무리는 다양성이 부족했을 수도 있지만, 호미닌 전체에서 보여준 다양성은 실로 대단했다. 대부분의 인류 역사에서 호모 사피엔스는 다른 많은 종과 함께 존재해왔다. 지금은 유전적으로 단 하나의 종만 존재하는 셈인데 그것이 바로 현생 인류다.

델베르크인(1907년 독일 하이델베르크시 교외에서 화석이 발견된 고대 인류. -옮긴이)이 기후 변화의 결과로 당시 거주하던 아프리카 대륙이 점차 푸르게 변하자 유럽과 그 너머까지 이동했음을 보여주는 흔적이 남아 있다. 하지만 30만 년 전부터 갑자기 유럽으로의 이주가 중단되었다. 아마도 혹독한 빙하기 이후 사하라 지역에 도저히 건너갈 수 없는 사막 지대가 만들어진 것이 원인이었던 것 같다. 결국 아프리카에 살고 있던 부족은 다른 부족과 교류가 끊어져 격리되었다. 이러한 격리를 통해 각 개체군이나 부족 사이의 유전적 차이가 진화해 마침내 서로 다른 인종이 형성되었다. 해부학적으로 현생 인류의 뿌리로 보는 **호모 사피엔스**가 아프리카에서 출현한 것이 바로 이 무렵이다.[4] 호모 사피엔스는 최근 발견된 **호모 날레디** Homo naledi(2013년 남아프리카공화국에서 화석이 발견된 고대 인류. -옮긴이)처럼 멸종한 다른 인종과 섞이면서 문화를 발전시키고 번식했다. 아프리카를 떠난 호미닌 중 기온이 낮은 북부 유럽에 정착한 개체군이 네안데르탈인, **데니소바인** 등 오직 유전학을 통해서만 존재의 흔적을 확인할 수 있는 인류로 진화하게 된다.

지금으로부터 약 8만 년 전, 현생 인류의 몇몇 가족이 최초로 아프리카 대륙을 떠났을 무렵 네안데르탈인은 지금의 시베리아에서 스페인 남부 지역에 걸쳐 크게 번성해 있었다.[5] 어디에서든 다른 인간을 만날 때마다 친근감을 느끼는 것이 우리 유전자 속에 살아 있는 그들의 흔적이다.[6] 나를 포함해 오늘날 유럽에 살고 있는 모든 사람의 유전적 구조 안에는 네안데르탈인의 DNA가 일부 포함되어 있다. 여전히 유럽인의 20퍼센트 이상은 네안데르탈인의 유전체를 다음 세대로 전해주고 있다. 어쩌면 이런 이유로 유럽에서 살아남을 수 있었을지도 모른다.♦

다른 고대 인종 역시 현대인에게 유전적 유산을 남겼다. 오스트레일리아 원주민은 데니소바인의 유전자를 물려받았는데, 아쉽게도 데니소바인에 대해서는 밝혀진 바가 거의 없다. 또한 아직까지 정확하게 파악되지 않은 다른 고대 인종도 2만 년 전 아프리카에 살던 이들을 포함한 전 세계 인간에게 유전적 영향을 미쳤다.[7] 어쩌면 다른 인종에 흥미를 느끼고 번식을 중요하게 여기는 인간 본성이 우리의 조상으로 하여금 다양한 호미닌의 좋은 유전자를 수집하게 만들었고 이 유전자는 환경에 상관없이 전 세계로 퍼져나가 성공적으로 정착하는 데 도움을 주었을 것이다.

우리의 조상이 완전히 다른 인종과 조우하는 모습을 상상해보자. 물론 세부적인 모습은 달랐겠지만, 이들은 모두 비슷한 문화적 경험을 시도하고 있었을 것이다. 이런 상황에서 인간은 얼마나 연약한 존재였을까. "달걀을 한 바구니에 담지 말라"는 격언처럼 생존과 관련한 문화적 경험이 대동소이한 상태에서 무시무시한 포

♦ 네안데르탈인으로부터 물려받은 유전자의 상당수는 피부와 모발 안의 단백질인 케라틴keratin과 관련이 있다. 네안데르탈인의 모발은 붉은색을 띠었는데 이렇게 눈에 띄는 모습은 조상들에게 성적인 매력으로 다가왔을 것이다. 어쩌면 아프리카계 이주민들의 단단한 피부와 관련한 유전자는 춥고 해가 짧은 유럽의 환경에 적응하는 데 도움이 되었을 수도 있다. 일부 네안데르탈인의 유전자는 현대에 이르러 문제를 일으키기도 한다. 한때 식량이 부족했을 때 도움이 되었을지도 모를 이러한 유전자는 현대 유럽인이 2형 당뇨병 같은 질병에 많이 걸리는 원인이 되고 있다.

식자나 혹독한 기후에 맞서게 되었으니 진화 과정은 늘 여러 위협에 시달렸을 것이다. 애초부터 인간이 혹독한 환경에 맞설 수 있을 만큼 신체적 능력이 뛰어났던 시기는 역사를 샅샅이 뒤져봐도 찾아볼 수 없다. 인간의 생존 가능성은 언제나 한 치 앞을 알 수 없는 아슬아슬한 상황이었다. 예를 들어 지금으로부터 불과 7만 4000년 전, 지금의 인도네시아 토바Toba에서 대규모 화산 폭발이 발생했다. 이후 살아남은 우리 조상의 개체 수는 불과 몇천 정도에 불과해 멸종 위기에 처하기도 했다. 이중 오늘날까지 살아남은 것은 몇 종에 그친 유인원과 단 한 종의 인간이었다.

도박과도 같은 문화적 변화 속에서 오직 현생 인류만 살아남았다. 비슷한 능력을 가졌던 다른 사촌격 종들도 지구에서 수십만 년 이상 생존했지만, 단편적인 흔적만 남겼을 뿐이다. 우리가 지금까지 전 세계에 퍼져 살아남을 수 있었던 것은 문화 덕분이었다. 우리가 거둔 영광스러운 성취인 문화가 거저 주어진 것이 아니라는 사실을 깨달아야 한다. 이 문제와 관련해 네안데르탈인의 비극적인 최후보다 분명한 사례는 찾을 수 없을 것이다. 네안데르탈인도 고유한 문화를 가지고 있었고 현생 인류와 비교했을 때 두뇌 용량도 더 컸으며 신체적 조건도 우월해 추운 기후에서 더 잘 생존할 수 있었다. 그런데도 그들은 멸종했고 우리는 어떻게 생존할 수 있었을까?

어쩌면 운도 따랐을 것이다. 어떤 면에서 기후의 변화는 초원에서 온 사냥꾼에게 유리하게 작용했을 것이다. 그리고 우리의 조상이 유럽으로 이주하면서 먼저 자리를 잡았던 원주민은 감당하지 못할 질병을 가지고 왔을 수도 있다. 하지만 가장 중요한 사실은 따로 있다. 당시 네안데르탈인은 근친 교배를 거듭한데다[8] 개체 수도 이주민에 비해 10분의 1 정도에 불과했다. 유전학자들은 네안데르탈인의 경우 한 종이 생존하고 번식할 수 있는 능력인 진화적 적응력이 현생 인류와 비교했을 때 최소 40퍼센트 이상 뒤떨어져 있었을 것이라고 추측한다. 이렇게 적응력이 떨어지면 개체 수는 물론 유전적 다양성도 줄어들 수밖에 없다. 연구자들이 구석기 시대의 개체 수, 이주 형태, 생태적 요소 등을 입력해 당시 상황을 재현해보니 네안데르탈인은 이주민과 처음 만나고 1만 2000년 정도 후에 멸종했다는 결과가 도출되었다.[9]

진화의 성공 여부를 궁극적으로 판단할 수 있는 기준은 개체 수이다. 그렇다면 유럽으로 조금씩 이주한 현생 인류는 개체 수로 네안데르탈인을 압도했다는 것인데 무엇이 개체 수 증가의 결정적 원인이 되었을까? 흔히 알고 있는 것처럼 우리 조상의 지능이 다른 종에 비해 훨씬 뛰어났기 때문일까? 물론 이러한 추측도 가능하다. 그렇지만 두뇌 용량이나 사용했던 도구 등 모든 증거를 종합해 비교하면 멸종한 네안데르탈인과 거의 차이가 없었다. 그럼에도 불구하고 호모 사피엔스의 어떠한 생물학적 혹은 문화적 요소가 네안데르탈인을 압도할 수 있도록 했고 지표면의 3분의 1이 얼음으로 뒤덮일 정도로 혹독한 환경에서도 훨씬 더 유연하게 대처하도록 했다는 것은 분명하다.

나는 유전자 풀gene pool(동일한 종 내 모든 개체가 가지고 있는 유전자의 총합.-옮긴이)의 규모와 다양성이 우리 문화의 규모와 다양성에 숨겨진 더 큰 진실을 알려줄 열쇠를 가지고 있다고 생각한다. 우리는 개체 수도 더 많았을뿐더러 서로 잘 연결되어 있었기 때문에 조상들이 물려주려고 했던 문화적 지식을 힘을 합쳐 더 많이 받아들일 수 있었다. 네안데르탈인을 압도한 우리의 조상은 어쩌면 사회화가 더 진행되어 있었고 학습 능력이 더 발달했으며 이 세상에 대한 호기심이 더 강했던 것은 아니었을까? 바로 이런 이유로 네안데르탈인이 수십만 년 동안 생존하는 동안 고향을 벗어나지 못했던 반면, 우리의 조상은 전 세계를 떠돌아다닐 수 있었다고 생각한다. 셀 수 없이 많은 다양한 생명체의 화석이 증명하듯 넓은 지역으로 더 많이 퍼져나갔을 때 지구에 큰 재앙이 닥쳐도 멸종하지 않고 살아남을 수 있는 확률이 높아진다.

이어서 계속 살펴보겠지만, 하나의 종으로서 인간이 지금까지 생존해온 것은 자연 환경의 변화는 물론이고 사회의 규모 및 형태와 아주 오래전부터 밀접한 관계를 맺고 있다. 이러한 요소는 서로 연결되어 있다. 예컨대 급격한 기후 변화나 개체 수의 증가 혹은 감소는 혁신과 활발한 문화적 활동의 동력이 된다. 이러한 모든 상황을 겪으며 인간은 생존과 관련한 기술을 끊임없이 시도하고 익히며 서로 가르쳤다. 그렇게 인간은 전 세계로 퍼져나갔고 지구 곳곳의 다양한 지형에서도 살 수 있게 되면서 유전자 역시 적응해갔다. 인간은 전적으로 지구에 의해 선택되고 태어난 종이다. 인간은 문화를 발전시키면서 지구라는 터전을 바꿔나갔고 생식도 통제하면서 운명을 스스로 결정할 수 있는 유일한 종이 되었다.

이제부터는 네 가지 핵심 요소를 통해 변화 과정을 확인해보도록 하자. 먼저 문화적 진화의 출발점이라고 할 수 있는 불에 대한 이야기부터 시작하자.

FIRE

모든 생명체는 제 기능을 발휘하기 위해 음식물을 섭취해 필요한 에너지를 얻는다. 지구에게는 태양이 에너지의 근원이 된다. 인간은 야생 형태로 존재하는 에너지를 자유롭게 다룰 수 있는 능력을 가지고 있다. 결국 이 능력이 모든 차이를 만들었다. 인간이 지금까지 생존할 수 있었던 것은 필요한 에너지를 음식물 외에 다른 곳에서도 얻어 환경의 제약을 뛰어넘고 신체적 역량을 확대했기 때문이다 그렇다면 인간은 어떻게 환경, 생명 활동, 문화 사이에서 새로운 관계를 만들 수 있었을까?

III

환경의 변화

오스트레일리아 퀸즈랜드queensland의 12월은 무척 덥다. 확트인 관목숲 지대를 통과해 사탕수수밭을 지나 퍼시픽 하이웨이를 따라 차를 몰고 내려가니 뜨거운 열기로 인해 아스팔트 위로 피어오르는 아지랑이에 장단이라도 맞추듯 매미들의 울음소리가 단조롭게 울려 퍼진다. 달아오른 바람이 평평한 들판을 가로질러 강하게 불어닥친다. 사탕수수밭에서 풍겨오는 달짝지근한 향이 어느 정도 옅어지면서 녹색 카말라나무의 강렬한 향기와 유칼립투스나무의 톡 쏘는 향기가 주변을 가득 채운다. 이제 사방에서 덤불이나 관목이 아닌 곧게 자란 나무들이 보이기 시작한다. 도마뱀이나 새들의 죽은 사체가 빠르게 스쳐 지나간다. 도로는 이따금

불

굽어지기도 하지만, 이내 곧게 뻗어 나간다. 몇 시간에 걸쳐 포장된 도로를 따라 시속 80킬로미터를 유지하며 남쪽을 향해 달린다.

미처 제대로 알아차리기도 전에 도로 양쪽에 보이던 건조한 녹색의 풍경이 검게 변해버렸다. 이러한 주변 환경의 변화가 심각하게 보이지는 않는다. 사방이 갑자기 고요해진 것은 마음이 조금 쓰인다. 좀 더 멀리 차를 몰고 가다 보니 연기가 보인다. 회색 먼지가 피어올라 불에 탄 땅을 감싸고 있다. 저 앞에는 새들로 가득하다. 검은 까마귀와 맹금류가 고속도로를 따라 맴돌며 불에 탄 초목 사이로 도망치는 짐승을 쫓고 있다. 사방이 온통 검다. 좀 더 길을 따라갈수록 연기가 더욱 짙어져 이제는 앞이 거의 보이지 않는다. 비정상적일 정도로 어둡고 무채색 일색인 낯설고 기괴한 세계로 접어들었다. 유황 냄새가 더욱 짙어진다. 어둠 속에서 금빛 화염이 번쩍였고 검은 연기를 뿜어대는 불길이 더 잦아지더니 저 멀리 보이는 도로 끝에서는 불의 강이 넘실대고 있다.

혹시 위험한 상황은 아닌 건지 걱정되기 시작했다. 차 안에 틀어박혀 앞 유리와 거울을 통해 밖을 둘러보니 사방의 풍경이 똑같다는 것을 깨달았다. 번쩍이는 화염이 마구잡이로 솟아오르는 짙은 연기를 뚫고 피어오른다. 나는 차의 속도를 줄였다.

길 양쪽에서는 피어오른 불길이 점점 더 많이 보이기 시작한다. 불길은 더 커지며 하나로 합쳐지고 있다. 이제 타는 소리도 들려왔다. 마치 용이 쉭쉭거리며 포효하는 것만 같다. 그러다 갑자기 불이 높이 피어올라 벽처럼 사방을 감싼다. 불길은 나를 내려다보며 주변의 산소를 모조리 빨아들이고 있다. 뜨거운 열기가 대기를 감싸며 빛마저 굴절시킨다. 불길이 만들어내는 포효 때문에 귀가 먹먹할 지경이다. 창문을 꼭 닫았지만 연기는 틈 사이를 뚫고 들어온다. 나는 공포에 빠졌다.

끔찍하게 느껴질 만큼 시간이 느리게 흘러간다. 타는 소리가 잦아들면서 조금씩 길이 보였다. 나는 운전대를 힘껏 움켜쥐고 가속 페달을 거칠게 밟았다. 그렇게 몇 분이 지나고 불길에서 벗어날 수 있었다. 뒤를 돌아보니 사라져가는 불길 위로 연기가 치솟고 있다. 무채색의 세상을 벗어났다. 나는 창문을 내리고 모든 것을 씻어내는 유칼립투스나무의 향을 들이마셨다. 다시 초록빛 숲과 파란 하늘이 보였다. 그리고 두근거리는 심장 박동보다 새들의 지저귐이 귀에 들어오기 시작했다.

인간이 길들이고 만들어낸 세상에서는 야생의 위협을 경험하기 쉽지 않지만, 그럼에도 불구하고 불은 여전히 무서운 위력을 가지고 있다. 불은 우리를 둘러싸고 있는 풍경과 재산을 파괴하며 동시에 사람들의 생명을 앗아가는 주요 원인 중 하나다. 나는 불과 몇 분 동안이었지만, 사방이 불타오르는 지옥 같은 풍경에 갇혔던 경험은 온몸에 깊이 새겨졌다. 불이야말로 태고의 원시적 힘을 고스란히 간직한 존재이다.

그 옛날, 불이 없던 시절이 있었다. 태양의 폭발하는 용광로 속에서 지구가 만들어졌을 때는 스스로 불길을 만들어내고 유지할 만한 것이 아무것도 없었다.

지구가 탄생한 후 첫 10억 년 동안 지구상에 불이 없었던 이유는 태울 만한 것도, 또 불이 만들어지는 데 꼭 필요한 산소도 존재하지 않았기 때문이다. 그러다 광합성을 하는 박테리아가 진화했고 이후 아주 오랜 시간이 지난 뒤 처음으로 숲이 만들어지면서 비로소 불이 피어오를 수 있는 조건이 갖춰졌다. 생명체는 스스로를 파괴하기 위해 그럴만한 환경적 조건을 직접 만들어내야만 한다.

불은 눈으로 볼 수 있는 화학 작용으로 산소와 연료가 합쳐지면서 빛과 열기를 뿜어낸다. 불이 타오르는 모습은 모든 생명체가 음식물을 섭취해 필요한 에너지를 얻어 생명을 이어가는 기본적인 작용과 똑같다. 이때 살아 있는 세포 내부에서 일어나는 작용을 신진대사라고 하는데 불이 강렬한 힘으로 번개처럼 빠르게 연료를 태워버리는 것과 달리 단계를 거쳐 천천히 그리고 느리게 진행된다. 인류의 조상은 가공되지 않은 원형 그대로의 에너지를 붙잡아 원하는 용도에 맞게 다루며 사용하는 방법을 익혔다. 인간은 불을 활용한 최초의 생명체로 불을 통해 환경을 바꾸었고 그렇게 바뀐 환경은 다시 인간에게 영향을 주었다. 인간은 불을 통해 생태적 지위ecological niche(먹이사슬에서 한 개체군이 갖는 위치와 역할.─옮긴이)를 확대함과 동시에 생태 환경과 무작위로 벌어지는 '불가항력적' 일들 사이의 역학관계를 영원히 바꾸었다.

인간이 주어진 신체적 능력을 넘어서 에너지의 근원에 조금씩 다가가게 되면서 생물학적 생명체의 영역을 초월해 완전히 새로운 존재로 거듭나게 되었다. 인체 외부의 또 다른 에너지를 손에 넣은 인간은 어떠한 변화에도 능동적으로 적응할 수 있는 완전히 새로운 능력을 가지게 되었다. 축적된 문화적 진화를 통해 하나의 종으로서 인간의 개념을 다시 정의하게 된 것이다. 인간은 여러 형태의 외부 에너지를 이용하기 위해 문화적 역량을 개발했다. 결과적으로 인지적, 사회적 조건을 개선하고 강화하게 되어 두뇌가 성장했고 더욱 사회적이고 협동적으로 변해갔으며 서로 가르치고 배우는 것에도 능숙해졌다. 에너지 덕분에 한 단계 도약한 인간은 최적의 에너지를 찾기 위한 노력을 하면서 문화적 진화가 촉진되고 유전자가 바뀌면서 새로운 사이보그가 될 것이다.

불과의 조우

모든 것은 수백만 년 전 우연히 일어난 들불로부터 시작되었다.

불은 산과 숲, 삶의 터전과 먹을거리까지 삼켜버렸다. 하지만 동시에 새로운 식물이 자랄 수 있는 환경을 마련했고 동식물의 생존 질서를 재조정하는 효과도 가져왔다. 확 트인 초원 지대에서는 대형 초식 동물의 수가 크게 증가했고 이 초식 동물을 사냥하는 육식 동물의 수도 함께 증가했다.

인간은 주변 환경의 식량 밀도를 바꾸는 불의 힘을 간과하지 않았고 언제부터인가 진화 과정 속에서 불을 사용하기 시작했다. 숲속에 살았던 초기 인간은 불길이 지나간 뒤 숲의 생명체를 손쉽게 얻을 수 있다는 것을 발견했다. 제법 능숙하게 직립 보행을 하게 된 호미니드는 좀 더 넓은 환경으로 나아갈 수 있게 되었고 입맛도 채식에서 육식으로 바뀌었다. 아프리카 에티오피아에서는 340만 년 전 수렵 생활을 하던 **오스트랄로피테쿠스**가 암소나 염소 크기의 동물을 잡아먹었다는 증거가 발견되기도 했다.[1] 이들은 돌로 만든 도구로 날고기를 뜯어내고 골수를 빼기 위해 뼈를 깨트렸다. 다만 이들의 턱과 치아는 고기를 주식으로 삼을 수 있을 정도의 해부학적 적응을 마치지 못한 상태였다.

날고기를 씹고 삼켜 소화시키는 것은 어려운 일이다. 반면, 불에 의해 익은 동물의 사체나 식물은 깨끗하고 맛도 좋았으며 열량을 얻기에도 더 효율적이었다. 불은 먹을거리를 화학적으로 변화시키고 소화시키기 쉽게 만들어주기 때문이다. 음식을 익혀 먹게 되면서 더 건강해졌고 유전자는 물론이고 식습관을 후대에 전해줄 수 있을 만큼 오래 생존할 수 있었다. 불을 사용해 조리하는 일은 인간의 식습관에서 점점 더 중요한 위치를 차지하게 되었다. 또한 불로 인해 만들어진 독특한 모양의 연기는 멀리서도 잘 볼 수 있었다.

이윽고 얼마 시간이 지나지 않아 인간은 불을 활용하기 위해 들불을 가져오고 보관하는 방법을 터득했다. 이것은 불과 인간의 관계에 있어 대단히 중요한 진보였다. 솔개를 비롯한 오스트레일리아의 일부 맹금류가 불을 확산시키는 문화를 갖고 있다는 사실은 특히 주목할만하다. 오스트레일리아의 원주민들이 '불새firehawk'라고 부르는 이 새는 산불이 나면 불이 붙은 나뭇가지를 일부러

다른 곳에 떨어트려 불이 번지게 만든다. 이렇게 하면 불을 피해 도망치는 동물을 쉽게 잡을 수 있기 때문이다. 불새보다 더 똑똑했던 인간의 조상이 이미 수백만 년 전에 이와 비슷한 일을 했다고 상상하는 것은 그리 어렵지 않다. 그들은 한 지역에서 다른 지역으로 이동할 때 당연히 불도 함께 가지고 갔을 것이다. 불이라는 소중한 유산을 계속해서 잘 간직하고 다닐 수 있으려면 서로 믿을 수 있는 잘 정비된 사회적 연결망이 필수적이다. 불에 더 많이 의존하게 될수록 인간은 서로를 더 믿고 의지할 수 있게 된다.

불은 언제든지 믿고 의지할 수 있는 친구 같은 존재였다. 처음 세상에 등장한 인간의 조상이 안전을 위해 나무 위에 새 둥지 같은 잠자리를 마련했다면, 그 후손은 추위나 포식자로부터 자신을 보호하기 위해 불을 이용했다. 이 덕분에 확 트인 초원에서도 편하게 쉴 수 있었다. 다시 말해, 불을 사용하는 문화는 인간이라는 종이 생존을 위해 살아가는 터전의 범위를 확장시켜주었다. 불은 주변 환경을 더 안전하게 만들어주었기 때문에 인간은 유전자에 작용하는 환경적 선택 압력selection pressure(특정한 유전적 형질이 후대에 전달되거나 반대로 도태되도록 강제하는 압력. - 옮긴이)을 스스로 조정할 수 있게 되었다. 물론 인간만이 환경 자체에 관여하는 유일한 동물은 아니다. 그렇지만 대부분의 동물은 그저 본능에 따라 행동할 뿐이며 각각의 종에 따른 고유한 방식 안에서 유전적으로 정해진 대로 주어진 환경에 작은 변화를 줄 뿐이다. 비버는 냇물을 막는 둑을 쌓고 개미는 복잡한 형태의 굴을 파 언덕을 쌓아 올린다. 그렇지만 비버와 개미의 행동이 결코 바뀌지는 않는다. 반면, 인간은 다른 동물과는 완전히 다른 창의성을 가지고 있어 사전에 정해진 방식이 아니라 주어진 환경에 맞춰 어떤 식으로든 변화를 줄 수 있다.[2] 인간의 유전자는 시간이 지남에 따라 문화적으로 바뀐 환경에 적극적으로 대응하며 진화했다. 완전한 직립 보행이 가능해진 인간은 빨리 달릴 수 있는 평평한 발을 얻게 된 대신 나무 위로 올라가는 능력을 잃었다. 이러한 신체적 변화는 전적으로 불에 의해 밤의 안전이 보장되었기 때문에 가능했다.

불을 만들다

이후 인간은 직접 불을 만들어 피우기 시작했다. 이것은 반드시 타인으로부터 배워야 하는 기술이었고 터득한 후에는 이 기술에 전적으로 의존했다. 모든 문화권마다 불을 다루는 기술의 기원을 그럴듯하게 포장해 신화로 잘 다듬는 것이 중요했다. 고대 그리스 신화는 불을 인간에게 주어진 가장 위대한 선물로 표현하며 신들에게서 불을 훔쳐 가져다준 프로메테우스를 영웅으로 묘사한다. 하지만 프로메테우스는 불을 훔친 대가로 바위에 사슬로 묶인 채 매일 독수리에게 간을 뜯기는 형벌을 받게 된다. 북극과 가까운 캐나다 유콘Yukon 지역 원주민은 까마귀가 바다 한가운데 있는 화산에서 불을 훔쳐다 인간에게 주었다고 표현한다. 한편 아프리카 나이지리아 에코이Ekoi 부족에는 오바시 오소우Obassi Osaw 라는 이름의 한 어린 남자 아이가 창조주로부터 불을 훔쳐 사람들에게 불 피우는 방법을 알려주었다가 벌로 절름발이가 되었다는 전설이 있다.

나는 이보다 좀 더 현실적이고 평범한 광경을 상상해보았다. 아주 오래전 필요한 도구를 만들기 위해 돌로 다른 돌을 내리치는 순간 아마도 불꽃이 튀었을 것이다. 바로 이때 처음으로 불을 만들어냈다고 상상하는 것이 그리 큰 비약은 아닐 것이다. 그럼에도 불구하고 우리가 알고 있는 한 이런 발전을 이루어낸 것은 오직 호미닌뿐이다. 인간이 불을 활용한 흔적은 거의 남아 있지 않지만, 그중 가장 오래된 것은 동아프리카 지구대(동아프리카의 지각 일부가 함몰되어 형성된 평균 너비 48~64킬로미터에 달하는 거대한 계곡.-옮긴이)에 위치한 투르카나Turkana 호수의 150만 년 전 유적에서 발견된 것이다.[3]

나무 조각의 패인 홈을 다른 나무 막대기로 반복해 문지르는 단순한 작업만으로도 불을 만들 수 있다. 나는 탄자니아에서 사냥 부족인 하자비Hadzabi 사람들과 기억에 남을 만한 사냥을 마친 후 이 방법으로 직접 불을 피워본 적이 있다. 먼저 널찍하고 평평한 나무 조각 위에 V자 형태로 홈을 만드는 법부터 배웠다. 이렇게 만들어진 '불판'을 바닥에 앉아 양발 사이에 고정시킨다. 그런 다음 끝을 날카롭게 다듬은 연필 비슷하게 생긴 부드럽고 길쭉한 막대기를 손바닥 사이에 끼우고 V자 홈에 강하게 누르면서 마찰이 일어나도록 비비듯 계속해서 돌린다. 그러면 불과 몇 분이 지나지 않아 연기가 피어오른다. 홈 위에 기름기가 많은 나무에서 벗겨낸

마른 나무껍질을 놓으면 불꽃이 옮겨 붙는다. 나를 지도해준 부족 사람은 이 나무껍질을 둥글게 만 손바닥에 올려 숨을 불어넣으며 불을 피웠다.

생각보다 너무 단순해서 믿기지 않았다. 나는 불을 피우는 과정에서 무언가 놓친 것 같은 생각마저 들었다. 이렇게 불을 만들어내는 방법을 어떻게 생각해냈을까 하는 의문이 생겼다. 막대기와 불판을 선택하고 적당한 재료가 있을 법한 장소를 찾는 것은 대수롭지 않아 보여도 아주 중요하다. 하자비 부족의 한 남성은 우리가 익히 알고 있는 것처럼 막대기를 줄로 한 바퀴 두른 후 손바닥 대신 줄을 이용해 막대기를 더 효과적으로 돌렸다. 이 남성은 자신이 배운 방법을 개선한 것이다. 아마도 이 방법을 다른 사람에게 가르쳐줄 수도 있을 것이다. 네안데르탈인과 관련한 프랑스의 여러 유적지에서 발굴된 유물을 분석해보면 불을 피울 때 특별한 방법을 사용했던 것으로 추정된다. 그것은 바로 부드럽고 윤기가 흐르는 광물인 이산화망간을 이용하는 것이다.[4] 이산화망간 가루를 사용하면 발화점을 낮추는 효과를 볼 수 있다. 고고학자들은 이산화망간을 모아 놓았던 널찍한 장소를 찾아냈다. 네안데르탈인은 이 가루를 부싯깃 역할을 하는 마른 이끼 등에 섞어 필요할 때마다 불을 피웠던 것이 분명하다. 현대인이 불을 피울 때 성냥을 사용하는 것과 크게 다르지 않다. 불을 만들기 위해 사용한 방법은 다음 세대로도 전해지는데 그 정보는 사용되는 재료만큼이나 귀중하다.[5]

이 작은 불꽃 하나는 다른 동물과 비교해 호미닌의 결정적인 차이점을 보여준다. 영장류의 문화적 발견을 보고 배워 실생활에 적용하는 것은 그리 어려운 일이 아니었을 것이다. 지능을 가지고 있다면 그 발견을 충분히 개선할 수도 있었을 것이다. 그렇지만 불을 피우는 일은 몇 가지 복잡한 단계를 거쳐야 하는 일이다. 100만 년 전, 호모 에렉투스 시대에 집단적 문화를 통해 만들어진 불 피우기나 도구 제작 같은 것은 수많은 복잡한 기술을 필요로 했기 때문에 한 개인이 평생을 살면서 다 배운다는 것을 불가능했을 것이다. 그 대신 서로 가르치고 배우면서 중요한 내용을 함께 기억하는 방식을 취했고 그렇게 문화적 지식은 축적될 수 있었다. 이렇게 인간의 문화가 만들어지고 진화하면서 인간의 두뇌 역시 문화적 학습에 적합하도록 진화해갔다.

그렇다면 인간의 두뇌가 커지고 지능이 높아지면서 불을 피울 수 있게 된 것일까? 아니면 불을 피울 수 있게 됨으로써 인간의 두뇌가 커질 수 있었던 것일까? 아마도 모두 옳을 것이다. 수십만 년에 걸쳐 인간의 유전자, 문화, 환경이 모두 적절하게 적응하면서 축적된 지식을 통해 진화 과정을 서로 보완하며 만들어낸 결과였기 때문이다. 불은 고대 그리스인의 생각처럼 자연을 이길 수 있는 신과 같은 힘을 인간에게 선사했다. 이 덕분에 호미닌은 주어진 환경을 마음대로 관장할 수 있는 일종의 정원사가 될 수 있었다. 그들은 불이라는 에너지를 이용해 식량으로 삼을 초식 동물을 먹일 목초지를 조성했고 자신들의 필요에 부합하고 생존에 도움이 되는 새로운 생태계를 완성했다.*

우리의 조상은 그들이 의지했던 문화에 유리한 환경적 조건을 스스로 만들었다. 주어진 환경에 더 많이 개입해 통제할수록 세대를 거쳐 그런 문화 정보를 전달하는 작업의 유리함도 더 크게 부각되었다. 인간은 스스로를 창조해가고 있던 것이다.

사냥의 시작

주변의 풍경을 변화시키고 초원 지대로 이주하면서 많은 열량을 섭취할 수 있는 덩치 큰 동물을 좀 더 쉽게 사냥할 수 있었다. 인간이 처음 사냥을 시작했다고 추정하는 약 200만 년 전부터[6] 우리 조상의 신체와 행동 양식을 변화시킬 중요한 문화적 발전도 시작되었다.

호미니드는 수백만 년 동안 주로 채집을 통한 채식을 해왔지만, 문화와 환경이 육식이 가능하도록 변했고 신체도 육식에 적응해갔다. 이 무렵 **인간의 직계 조상**은 지구력이 뛰어난 사냥꾼으로 진화하고 있었다. 발바닥은 가운데가 깊이 파이게 되었고 엉덩이와 골반은 홀쭉해졌으며 허리에는 근육이 단단하게 붙었다. 척추는 S자 형태로 바뀌어 평평한 얼굴을 가진 새로운 형태의 머리를 잘 지탱해주었다. 상체와 양팔은 걷는 동작과 균형을 맞추고 안정성

◆ 이처럼 아주 특별한 개선 과정을 통해 동물을 가축화하고 야생 식물을 재배할 수 있게 되었다. 인위적인 삶의 방식과 새로운 풍경이 만들어지는 과정은 너무도 놀랍고 실제 같지 않아서 마치 가상 현실에서나 벌어질 수 있는 일처럼 생각될 정도다.

을 제공하기 위해 더 길어졌다. 손으로 뭔가를 멀리 집어던질 수 있는 새롭고 놀라운 능력도 개발했다. 물론 일부 영장류도 이따금 손을 이용해 집어 던지고는 한다. 그렇지만 오직 인간만이 속도와 정확성을 신경 쓰며 돌이나 창을 필요에 따라 던질 수 있다. 해부학자들에 따르면 인간의 어깨와 상체가 마치 투석기처럼 진화하게 된 것은 대략 200만 년 전부터라고 한다.[7]

몸에서는 털이 빠지게 되었고 땀샘의 숫자도 놀라울 정도로 크게 늘어나 열대 기후의 열기 속에서 달릴 때도 땀을 흘려 체온을 안정된 수준으로 유지할 수 있게 되었다. 이 덕분에 매일 수 리터에 달하는 땀을 외부로 배출할 수 있었다. 당시 털이 빠지고 어떤 영장류보다 더 많은 땀샘을 갖게 된 것은 어떤 유전자가 작용했기 때문이라고 추정된다.[8] 비슷한 시기에 피부의 색을 어둡게 만드는 유전자도 작용을 하게 되었다. 어두운 색 피부는 태양이 뿜어내는 자외선으로부터 신체를 보호하는 역할을 했다. 인간의 유전자는 문화적 행동에 대응해 초원 지대에서 어떤 동물보다 더 오래 달릴 수 있는 지구력을 선사해 주었고 사냥하려는 동물이 지칠 때까지 따라가 붙잡거나 그렇지 못하더라도 돌이나 창을 던져 닿을 수 있는 거리까지 따라잡을 수 있게 되었다.

식생활 개선에 따라 신체의 적응성을 크게 높여준 해부학적 개선, 즉 환경에 따라 생존력을 높여준 진화적 변화는 인지 능력, 문화, 사회적 변화와 결합되었다. 유전적 진화가 인류가 나아갈 길을 바꿔주었다는 것은 분명한 사실이다. 인간은 초원 지대의 다른 사냥꾼과 달리 신체적 능력이 상대적으로 약했고 치아, 손톱, 발톱도 날카롭지 않았다. 그렇지만 문화적, 해부학적 변화를 통해 가장 무서운 포식자로 군림하게 되었다. 문화적으로 보면 200만 년 전에도 인간의 사냥 도구나 무기는 아주 다양했다. 침팬지는 막대기를 쓰고 돌고래도 해면체를 물고 휘두르며 먹이를 몰아가지만, 끊임없이 개선하고 새롭게 만드는 인간의 도구와는 비교할 수 없다. 다른 동물과 달리 우리 조상들은 여러 도구를 다양하게 사용했다. 사냥 후에는 사냥감을 해체해 뼈, 가죽, 뿔 등을 골라내 다른 용도로 활용했다. 특정 작업에 알맞은 도구를 만들어 사용한다는 것은 언제 어떻게 에너지를 사용하게 될지 예측할 수 없어 우선 저장하는 것보다 훨씬 효율적이다. 사냥은 학습된 문화적 적응 과정이 되었으며 사냥과 관련한 여러 단계의 과정은 수천 세대를 지나며 진화해 지금의 기계화된 육류 가공 산업의 기초가 되었다.[9]

사회성의 발달

사냥은 인간 사회에 근본적인 변화를 가져왔다. 우리 조상들은 사냥과 채집으로 노동을 구분하게 되었고, 한 곳에서 좀 더 오래 정착할 수 있었다. 동시에 불과 인간은 상호 보완적인 관계가 되었다. 부족의 일원으로 여기게 된 불은 굉장한 대식가였다. 불이 계속 타오르게 유지하려면 끊임없이 연료를 공급해야만 했다. 당시 하루하루 겨우 살아가던 그들은 정기적으로 불의 연료를 찾아야 했고 점점 더 길고 위험한 수색을 떠나야 했다. 이 때문에 불을 관리하기 위한 예상하지 못했던 추가 노동에 대응하고 사냥을 효율적으로 진행하기 위해 여러 세대를 아울러 더 큰 집단을 만들기 시작했다.

사냥은 인간을 사회적 동물로 만들었다. 사냥을 제대로 하기 위해서는 서너 명 이상이 함께 움직여야 했고 코끼리 같은 거대한 사냥감을 잡기 위해서는 더 큰 집단이 함께 사냥에 나서야 했다. 이러한 단체 행동이 성공을 거두려면 서로 어떤 생각을 하고 있고 어떤 행동을 할지 예측할 수 있는 능력이 필요했다. 이와 동시에 인간을 위협하는 포식자의 행동도 예측할 수 있어야 했다. 이러한 것들이 가능해지려면 상대방의 생각과 관점에 대해 상상할 수 있어야 했다. 이것은 전략과 기술을 통해 상대방을 오랜 시간에 걸쳐 끈질기게 관찰해야 얻을 수 있는 능력이다. 인간은 동물의 흔적을 찾아 따라가고 동물의 행동이 의미하는 바를 이해하는 방법을 배웠다. 사냥을 나설 때면 세심하게 계획을 세웠고 앞으로 어떤 일이 벌어질지 머릿속으로 미리 그려보게 되었다. '오랫동안 사냥감을 쫓아다니면 목이 마르지 않을까?' 이런 생각이 들었다면 동료에게도 알려야 했다. 그러면 동물 가죽이나 내장으로 만든 물통에 물을 담아 가져갈 수도 있었다. 동물의 신체적 능력이 상대적으로 뛰어남에도 인간이 더 오래 버틸 수 있었던 것은 물과 식량을 가지고 다니며 필요할 때 보충했기 때문이다. 이렇게 버텨야 하는 상황이 올 수 있다는 것을 예측하고 미리 마음의 준비를 한 것도 도움이 되었다. 인간은 서로 격려하고 체력을 모두 소진했더

불

라도 견딜 수 있게 해주는 정신적 힘을 가지고 있다. 인간의 정신은 생물학적 한계를 뛰어넘어 눈앞에 놓인 어려움을 뚫고 지나갈 수 있도록 한다. 피로나 굶주림으로 인체가 제 기능을 할 수 없을 때 남아 있는 혈액과 영양을 우선적으로 공급 받는 곳은 근육이 아닌 두뇌다.[10] 인간 진화의 과정 어디쯤에서 빠른 움직임보다 냉철한 판단이 더 중요하다고 여겼기 때문이다.

이렇게 사냥은 사회적, 정신적으로 복잡한 행위이고 육체적으로도 힘들고 위험한 일이다. 그렇지만 사냥은 소모한 에너지를 보충하고도 남을 만한 열량을 제공해주었고 상호 보완된 진화 과정을 통해 인간은 더 크게 발전할 수 있었다.

앞서 언급한 것처럼 함께 힘을 모아 사냥을 하기 위해서는 지적인 능력이 많이 필요해 이를 위해 전두엽이 더 발달했다. 전두엽은 두뇌에서 사회적 행위, 의사 결정, 문제 해결을 담당하는 영역이다. 고양잇과 동물 중에서는 사자가 집단으로 사냥에 나선다. 특히 홀로 있는 시간이 적고 많은 경우 사냥을 전담하는 암사자의 전두엽이 상대적으로 더 발달한 것도 바로 이런 이유 때문이다.[11] 돌고래 무리는 바다에서 조업을 하는 어부와 함께 먹잇감을 쫓기도 한다. 연구에 따르면 인간에게 잘 협력하는 돌고래가 무리 안에서도 가장 뛰어난 사회성을 보여준다고 한다. 사회성이나 친밀감이 높은 돌고래일수록 다른 돌고래로부터 사냥 기술을 배우게 될 확률도 더 높아진다.[12] 기발하고 새로운 기술이나 지식은 동물들끼리 더 친밀해져서 서로 흉내 낼 기회가 많아질 때 비로소 널리 전파된다. 인간은 더 효율적으로 필요한 열량을 얻기 위해 가축을 사육하기 전부터 동물이 가지고 있는 친밀감이나 사회성을 활용해왔다. 현재 사하라 사막 남쪽에 살고 있는 부족 중 일부는 벌꿀길잡이새와 일종의 협력 관계를 유지하고 있다. 이 새가 인간의 신호에 반응해 벌집과 꿀이 있는 곳으로 안내하면 부족 사람들이 연기를 피워 벌들을 쫓아내고 인간과 새가 사이좋게 꿀을 얻는다. 이 방법으로 채집한 꿀에서 얻을 수 있는 열량은 일반적으로 수렵과 채집을 하는 부족에서 소모하는 전체 열량의 15퍼센트에 달한다.

이러한 사례가 존재하지만, 인간이 가장 의존하는 대상은 역시 같은 인간이다. 다른 영장류와 달리 인간은 자신만을 위해 사냥을 하지 않는다. 잡은 사냥감은 그대로 부족에 가져와 함께 나눠 먹는다. 200만 년 전 호미닌이 사냥감이나 먹을거리를 그대로 들고 돌아갔다는 증거가 여러 곳에서 발견되었다. 이러한 분업은 부족의 일원이 각자 특기를 개발하면서 효율적으로 사냥을 할 수 있게 한다. 사냥용 창을 잘 만들 수 있다면 굳이 최고의 사냥꾼이 되지 않아도 사냥꾼 못지않게 인정을 받아 먹을거리를 얻을 수 있다. 이런 협동과 먹을거리의 분배는 집단의 역량을 강화시키고 여러 복잡한 특기나 기술을 더 다양하게 발달시킬 수 있는 기반이된다. 신체적으로 사냥꾼 역할로서의 절정기는 이십 대라고 볼 수 있다. 하지만 중요한 지식이나 기술을 갈고 닦으려면 시간이 더 필요하기 때문에 결국 40대에 이르러서야 제대로 자기 몫을 하는 사냥꾼이 될 수 있다.[13] 수렵과 채집을 하는 인간 공동체에서는 18세 무렵이 되기 전까지는 다른 사람들은 말할 것도 없고 자신에게 필요한 열량조차 스스로 구하지 못한다. 반면, 비슷하게 수렵과 채집을 하는 침팬지는 유아기를 갓 벗어난 5세 무렵부터 스스로 생존할 수 있는 능력을 갖추게 된다. 집단에서 이탈했거나 먹을거리가 부족할 때 부분적으로라도 자신의 생존을 다른 누군가에게 의지하는 것은 사실 위험천만한 일이다. 그렇지만 일단 집단을 이루고 서로 협력하게 된다면 개인뿐만 아니라 집단 자체로도 생존을 위한 유리한 고지에 오를 수 있다. 단순한 독립의 의지보다 이런 점이 생존에 있어 훨씬 중요하다.

불을 이용하고 함께 힘을 모아 사냥을 하는 등의 집단생활을 통해 얻을 수 있는 전략적 효율성에 눈을 뜰수록 각 개인도 더 많은 혜택을 누리고 생존 확률도 높아진다. 또한 자신의 유전자를 다음 세대로 전달할 확률도 높아진다. 사회화가 제대로 진행되기 위해서는 시간과 에너지가 필요하지만, 사회화 덕분에 생존 확률이 높아짐은 물론이고 보상으로 생물학적으로 더 진화된 체계도 구축할 수 있다. 모든 영장류는 하루 중 몇 시간 이상 육체적 접촉을 통해 친목을 도모하고 사회화를 다진다. 이를 통해 집단에 만들어진 사회적 계층에서 자신의 위치를 공고히 하는 유대감을 만들고 유지하려 노력한다. 영장류를 비롯한 동물들은 서로의 털을 골라주는 등의 방식으로 육체적 접촉을 한다. 이때 체내에서는 일종의 천연 마취제나 진정제 역할을 하는 엔도르핀이 만들어지고 기분이 좋아진 동물들은 사회적 행동에 더 많이 나서게 된다. 인간도 사회화와 친목 도모를 통해 기쁨을 얻는다. 사회적 접촉에 대한 '보상'으로 옥시토신이나 도파민 같은 물질을 얻은 신경계는 이 사실을 기억했다가 비슷한 경험을 다시 반복하도록 만든다.[14] 특히 함께 음악을 연주하거나 춤을 추는 등의 단체 활동을 할 때 이러한 물질이 분비된다. 같은 원리로 사회적 배척은 심리적으로 큰 상처를 주며 육체적 고통 못지않은 반응이 두뇌에서 일어난다. 우리 조상들은 친목 도모를 위한 활동을 낮에만 하지 않았다. 불을 이용해 어두워진 후에도 친목 도모를 위한 활동을 함으로써 사회성을 키웠다. 대부분의 포유류는 하루에 8시간 정도 깨어 있지만, 예외적으로 성인이 된 인간은 16시간 이상 잠을 자지 않고 활동할 수 있다. 이른 저녁부터 '사회화'를 위한 활동이 시작되는 것은 전 세계 모든 문화권에서 공통적으로 발견되는 현상이다.

생태계의 변화

사냥할 때 불과 무기를 전략적으로 이용한 문화적 진보를 달성한 이 새로운 생명체는 주위 환경에 극적인 영향을 미치게 되었다. 오늘날 동아프리카 지역에는 사자, 표범, 치타, 점박이하이에나, 줄무늬하이에나, 아프리카들개까지 6종의 대형 육식 동물이 서식하고 있다. 지금으로부터 200만 년 전에는 곰, 사향고양이, 검치호랑이, 덩치가 지금의 곰 정도 되었던 수달 등을 포함해 모두 18종에 달하는 동물이 서식했다고 한다. 이렇게 다양했던 포

불

식자는 인간이 사냥을 시작하면서 크게 줄어들기 시작했다.[15] 이 현상은 인간이 이주하는 모든 곳에서 똑같이 반복되었다. 지금으로부터 약 1만 1000년 전인 홍적세Pleistocene epoch(약 258만 년 전부터 1만 년 전까지의 지질 시대. 빙하시대라고도 한다.-옮긴이) 말기에는 500만 명 정도였던 인류가 대략 10억 마리 이상의 대형 동물을 잡았다. 덩치 큰 야수를 멸종시키기 위해 사냥한 것은 아니지만, 사냥감을 사이에 두고 동물과 직접적인 경쟁을 벌였던 것은 분명하다. 인간과 육식 동물은 같은 사냥감을 노리기도 했고 인간이 사냥 외의 다른 활동을 할 때 육식 동물의 사냥을 방해하기도 했을 것이다. 잡식성인 인간은 대형 포식자들과 달리 사냥을 하지 않을 때도 항상 채집 같은 다른 활동에 열중했다. 상위 포식자가 상당수 사라지자 동아프리카 생태계는 이른바 먹이사슬 연쇄 효과trophic cascade(최상위 포식자가 생태계의 균형을 유지한다는 개념.-옮긴이)로 인해 몸집이 작은 포유류와 초식 동물이 폭발적으로 늘어난 반면, 나무는 줄어들었다. 사라진 육식 동물의 자리를 차지한 것은 지구 역사상 가장 성공적으로 번성한 포식자인 인간이었다. 오늘날 대부분의 대형 동물은 무언가가 자신을 향해 날아오는 것을 두려워한다. 이것은 인간의 사냥 기술을 피하던 것에서 비롯된 것이라고 볼 수 있다.

유전적, 환경적, 문화적 진화라는 인간 진화의 3요소는 생태계에 다양한 영향을 주었다. 그로 인해 많은 동식물의 진화 궤적이 바뀌었다. 그리고 인간 역시 진화의 궤도를 수정하게 된다. 초식 동물의 경우 전반적으로 개체 수가 줄어든 데다 인간을 두려워하게 되면서 기존의 사냥 방식으로는 충분한 열량을 얻기 어려워졌다. 창 사냥에 능한 사람은 일종의 선택 유리성selective advantage(어떤 집단이 가진 환경이 다른 집단에 비해 생존과 번식에 유리한 성질. ─옮긴이)을 가지고 있었기 때문에 세대가 지날수록 신체적, 문화적으로 사냥 기술이 더욱 발전되었다. 더 효과적으로 사냥을 하고 생존하고자 모두가 기술을 배우려는 환경이 조성되었기 때문이다.

불을 다루는 기술은 인간이 여러 가지 능력을 발휘할 수 있도록 해주는 핵심적인 역할을 했다. 인간은 불을 통해 주변 환경을 변화시킬 수 있었고 인간의 사촌격인 대다수 영장류의 서식지로 제한되었던 열대 지방이라는 환경적 경계선도 극복할 수 있었다. 인간은 사냥감을 따라 이동할 수 있었고 원하는 곳에 머물 수도 있었으며 살기에 적합하지 않은 생태계는 지속적으로 바꿔나갔다. 호모 에렉투스를 시작으로 인간은 전 세계로 퍼져나가 열대 지역은 물론 가장 추운 지역에서도 살아갈 수 있게 되었다. 그로부터 수십만 년이 지났을 무렵, 이전에는 경험하지 못한 가뭄이 계속되자 이번에는 호모 사피엔스가 물을 찾아 아프리카를 벗어나 대탈출을 시도했다. 1년에 1킬로미터 정도만 이동한 경우도 있었을 정도로 이들의 이주 속도는 대단히 느렸다. 드디어 오늘날의 북아프리카와 서남아시아 지역에 접어든 이들은 고고학적 연구 결과와 고대의 DNA 증거가 보여주는 시간 흐름에 따르면 그곳에서 멈추지 않고 더 멀리 동쪽을 향해 계속해서 이동한 것으로 보인다.

일부 호모 사피엔스는 북아프리카와 서남아시아 지역을 벗어나 당시에는 뉴기니New Guinea섬과 연결되어 있던 드넓은 오스트레일리아 대륙까지 진출했다. 어쩌면 오스트레일리아 대륙에서 발생한 연기가 그들을 매료시켜 100킬로미터가 넘는 대양을 가로질러야 했던 최초의 대항해를 유도했을지도 모른다.[16] 연기는 곧 불이 있음을 의미하며 불이 피어오를 수 있는 땅이라면 푸르른 초목이 존재하고 있다는 증거다. 또한 경쟁할 다른 부족 없이 풍요로움과 평화를 오롯이 누리게 될 것도 기대할 수 있다는 뜻이다. 이것이야말로 모든 이주자들이 꿈꾸는 그런 땅이었다. 놀라울 정도로 복잡한 과정을 거쳐 진화한 이 종은 놀라운 항해에 성공했고 그만큼의 대가를 얻었다. 최초의 오스트레일리아 정착민 앞에 펼쳐진 것은 거대한 포유류, 새, 파충류가 살고 있는 방대한 미개척지였다.

시간이 흐르면서 인간이 불을 이용해 바꾼 풍경은 점점 더 인간에게 의존적으로 바뀌었다. 이렇게 조성된 생태계는 정기적으로 불을 질러야 같은 환경이 유지될 수 있기 때문이다. 오스트레일리아에서는 화전火田 관행이 대륙의 생태계를 극적으로 변화시켰다. 사방에 건조한 숲 지대와 초원 지대가 만들어졌고 캥거루 같은 초식 포유류의 개체 수가 크게 늘어났으며 먹을 수 있는 열매, 꽃, 초목, 관목이 잘 자랄 수 있는 환경이 조성되었다. 이러한 일종의 토지 관리로 불에 내성이 있는 식물만 살아남고 그 외에 연료가 될 만한 것들이 줄어들어 현재 오스트레일리아에서 자주 발생하는 대형 화재 같은 막대한 피해를 억제하는 효과가 있었다. 아프리카 전역에서 볼 수 있는 사바나 문화에서는 통상적으로 매년 미국 본토의 절반 정도 되는 땅을 불태워 가축을 키울 방목지를 관목이 없는 생산적인 상태로 유지해왔지만, 이러한 활동은 감소 추세를 보이고 있다. 유라시아의 초원 지대와 남아메리카에서도 유목민들이 농경으로 생활 방식을 바꾸면서 방목을 위해 땅을 불태우는 활동이 감소하고 있다. 1998년에서 2015년 사이 전 세계적으로 숲은 인간이 의도적으로 낸 불로 전년 대비 24퍼센트, 면적으로는 약 70만 제곱킬로미터씩 줄어들어 그렇지 않아도 멸종 위기에 몰린 대부분의 육식 동물의 터전이 사라지고 있다. 자연은 문화적 존재를 만들어냈고 처음에는 그 존재를 발밑에 두었다가 결국 지속적인 생존을 위해 다시 그 존재 앞에 무릎을 꿇고 의지하게 되었다. 오늘날 지구상에서 일어나는 대부분의 대형 화재는 모두 우리 인간이 일으키고 있다.

IV

두뇌의 진화

 2018년 3월 11일 일요일, 노련한 조산사인 에밀리 다이얼은 미국 켄터키주 프랭크퍼트 리저널 메디컬 센터에서 제왕절개 수술을 위해 평소처럼 필요한 준비를 마쳤다. 그리고 분만실로 가 수술용 장갑을 착용하는 동안 다른 의료진들과 짧게 수술과 관련된 이야기를 나누었다. 그런 다음 다이얼은 수술대에 올라 똑바로 누워 입고 있던 수술복을 들어 올렸다.

 담당의가 배의 섬유 조직을 절개할 수 있도록 마취 전문의가 마취를 했지만, 신생아는 다이얼이 직접 받을 예정이었다.

 다이얼은 의사가 이끄는 대로 절개된 틈 사이로 손을 집어넣었다. 수술실에는 의료 장비에서 나는 소리만 제외하고 침묵으로 가득했다. 다이얼은 조심스럽게 신생아의 머리 부분을 더듬다가 익숙한 솜씨로 손에 힘을 주어 딸의 미끈거리는 몸을 뒤집어 자신의 몸 밖으로 꺼냈다. 분홍 주름투성이의 신생아가 다이얼의 가슴 위로 올라오자 주변에서는 환호성이 터졌고 아기는 울음을 터트렸다. 조산사가 자신의 아기를 직접 받아내는 순간이었다.

대단히 놀라운 사례이긴 하지만,[1] 이 사례에서도 볼 수 있듯이 인간은 출산할 때 반드시 다른 누군가의 도움이 필요하다. 산모의 산도産道는 대단히 좁은 반면, 태아의 머리는 상대적으로 크기 때문이다. 인간이 만들어낸 문화적, 환경적 변화에 대응해 인체는 주로 에너지를 효율적으로 사용할 수 있도록 진화했다. 이 과정에서 인체의 다른 부분보다 두뇌가 최우선적으로 발달했다. 인간의 신체적 능력은 침팬지와 비교했을 때 상대적으로 허약하지만, 지적 능력은 비교할 수 없이 뛰어나다. 또한 인간은 불을 자유자재로 이용하게 됨으로써 생물학적으로 정해진 두뇌 크기의 한계를 크게 뛰어넘을 수 있었다. 결국 자력 출산이 불가능해졌지만, 생존에 필요한 지적 능력과 사회성을 더 많이 얻을 수 있었다.

우리는 앞에서 인간이 불을 사용하게 되면서 어떻게 주변 환경을 변화시켰고 이로 인해 생명 활동과 문화가 어떤 영향을 받게 되었는지 살펴보았다. 이제부터는 인간이 어떻게 불을 이용해 두뇌의 능력을 놀랍도록 성장시킬 수 있었는지 살펴보려 한다. 하나의 종으로서 인간이 갖고 있는 특별한 능력의 상당 부분은 두뇌 크기에서 비롯한 것이다. 문화, 생명 활동 그리고 불변의 물리적 법칙 사이에 존재하는 복잡하고 현란한 관계 역시 두뇌와 관련이 있다.

지능의 발달과 출산

일반적으로 동물은 덩치가 커질수록 두뇌의 크기도 커진다. 두뇌 크기의 변화는 지능, 사회성, 문화적 발전으로 연결된다. 예를 들어 돌고래의 행동이나 문화적 활동은 어느 정도 인간과 유사한 면이 있다. 돌고래도 놀이 문화가 있고 서로의 새끼를 돌봐주기도 하며 사냥을 할 때 협력하기도 한다. 그리고 독특한 소리를 내는 것으로 각자의 이름을 대신하기도 하며 서로 가르치고 배운다. 그렇지만 제대로 된 사회성과 문화적 풍요로움은 가장 큰 두뇌를 갖고 있는 인간에게서만 발견할 수 있다.[2] 어떤 동물이라도 신체 크기에 비해 큰 두뇌를 가질 수만 있다면 단연 지능이 뛰어난 동물이 될 수 있다. 침팬지의 두뇌 크기는 다른 동물의 2배가 넘는다. 그렇지만 인간의 두뇌 크기는 영장류 중 단연 으뜸이다. 두뇌의 크기를 인체 크기와 비례해 계산하면 영장류 평균보다 무려 7배나 크며, 침팬지와 비교해도 3배 크기이다.[3]

사회성을 갖추려면 더 큰 두뇌가 필요하다. 동시에 사회성은 더 큰 두뇌의 결과물이기도 하다. 인간은 세대를 거치면서 생존을 위해 점점 더 지적 능력에 의존하게 되었고 이 때문에 두뇌가 더 크게 발달하고 사회성도 발달하게 되었다. 높은 수준의 사회성을 갖취야 아이를 낳아 키울 수 있을 만큼 오래 생존할 수 있기 때문이다. 최근 유전학자들은 인간의 두뇌 발달에 관여하는 유전자를 거의 동일하게 복제한 것으로 보이는 유전자 3개를 발견했다. 학자들은 이 유전자의 복제가 반복되면서 인간의 두뇌도 커졌다고 믿고 있다.[4] 첫 번째 복제는 지금으로부터 약 300~400만 년 전, 최초의 석기 도구가 만들어졌을 때 일어났다. 그리고 같은 유전자가 두 번 더 복제되며 현생 인류의 두뇌가 완성되었다고 본다. 대부분의 포유류를 보면 오랜 시간이 지나도 거의 변화가 없는 유전자, 다시 말해 가장 중요한 역할을 하는 유전자는 바로 두뇌와 관련된 유전자였다. 그런데 인간의 경우 두뇌와 관련한 유전자의 90퍼센트 이상이 지난 200만 년 동안 발전을 거듭하며 역량을 더욱 끌어올렸다.[5]

인간의 지능이 발달한 것은 단지 두뇌의 크기로만 설명할 수는 없다. 두뇌 안에 있는 뉴런(신경계를 이루는 기본 세포.─옮긴이)의 수와 그것들 사이의 연결 역시 대단히 중요하다. 인간 두뇌에서 뉴런이 가장 밀집해 있는 대뇌 피질은 지각력, 기억력, 언어 능력, 의식과 같은 높은 인지 능력과 관련된 부분으로 지나칠 정도로 크다. 대뇌 피질은 단지 수 밀리미터 두께의 주름진 층에 불과하지만, 그 주름을 모두 펼치면 A4 용지 4장은 충분히 덮을 수 있다. 반면, 침팬지의 대뇌 피질은 A4 용지 1장 정도 크기이고, 일반적인 원숭이는 그림엽서 1장, 쥐는 우표 1장 정도 크기이다. 피질의 두께와 핵심 부위의 크기 역시 중요한데 지능 지수가 낮은 사람은 그 두께가 얇다.[6] 반면, 전전두엽피질(전두엽의 앞부분을 덮고 있는 피질.-옮긴이)이 비교적 큰 사람은 친구를 더 많이 사귀는 경향이 있다고 한다.[7] 아마도 우리 조상들은 행동이 굼뜨거나 공격적인 성향을 가진 사람보다 영리하고 친근한 성향의 사람을 친구로 삼는 경우가 많았을 것이다.

그렇지만 두뇌의 크기가 커지면 그만큼 상당한 위험이 뒤따른다. 두뇌 성장의 결정적 동인이 된 선택 압력인 성공적인 사냥 문화는 신체의 다른 부분이 새로운 환경에 적응할 수 있도록 변화를 가져왔다. 인간의 엉덩이와 골반 부분은 홀쭉해지면서 두 다리를 이용해 대단히 효율적으로 달릴 수 있게 되었다. 인간 여성 평균 키의 절반밖에 되지 않는 암컷 침팬지를 생각해보자. 침팬지와 인간의 산도는 크기가 비슷하지만, 갓 태어난 새끼 침팬지의 두뇌 크기는 대략 155cc 정도로 신생아 두뇌 크기의 절반에도 못 미친다. 좁은 산도를 큰 머리를 가진 신생아가 통과하다 보면 결국 때에 따라 산모나 신생아의 목숨이 위태로워질 수 있다.

어떤 종이든 후손의 죽음은 가장 원치 않는 상황이다. 반면, 어미의 죽음은 그리 중요하게 여기지 않는 경우가 많다. 많은 경우 동물의 어미는 출산 직후 죽거나 먹히고 그대로 사라지는 경우가 많지만, 영장류는 그렇지 않다. 본능이 아니라 학습된 기술과 행동에 더 의존하는 문화적인 종은 태어난 이후 장기간 부모의 관심과 보호를 필요로 한다. 출산 이후에도 어머니가 생존하는 것은 인류라는 종이 계속해서 살아남기 위해 꼭 필요한 조건이었다.

출산과 관련한 난감한 상황을 해결하기 위해서는 사회성이나 인체의 변화와 관련한 진화가 필요했다. 여기에는 일시적으로나마 신생아의 머리 크기가 줄어드는 것 같은 기술적 문제도 포함된다. 인간의 두개골은 여섯 개의 뼈 조각으로 이루어져 있다. 진화를 거치며 이 뼈들이 서로 움직이며 겹쳐지게 되었고 출산 시 머리의 형태가 변하면서 좁은 산도를 무사히 통과할 수 있게 되었다. 신생아의 두뇌 크기는 성인의 28퍼센트 정도에 불과한데, 갓 태어난 침팬지 새끼의 두뇌 크기는 성체의 40퍼센트 정도이다. 인간은 대단히 미숙한 상태로 태어나 출산 후 3개월이 지날 때까지를 아직 출산 전이라는 의미로 '임신 4기'라고 부를 정도다. 또한 '사냥꾼'의 골반(인간은 사냥을 시작하고 직립 보행을 하면서 엉덩이와 골반의 형태가 작아졌다. 69쪽 참조. - 옮긴이)을 통과하기 위해 위험천만한 회전 운동을 할 수 있도록 진화했다. 유인원의 골반은 인간에 비해 상대적으로 넓어 출산 시 새끼가 몸을 돌리지 않고도 비교적 쉽게 통과할 수 있다. 유인원 새끼의 머리는 위를 바라보며 어미 쪽으로 태어나며 태어나자마자 어미의 젖꼭지를 자기 쪽으로 쉽게 끌어당길 수 있다. 300만 년 전 이 땅에 살았던 인간의 또 다른 조상인 루시Lucy, 즉 직립 보행을 했던 **오스트랄로피테쿠스 아파렌시스**의 신생아는 태어날 때 한 차례 45도로 몸을 뒤틀어야 했다. 그렇게 되면 엄마의 다리를 보면서 태어나게 된다. 현재 인간의 출산 과정에서는 신생아가 2번 몸을 돌리며 나오는데 이 경우 탯줄이 목에 감길 수 있는 위험을 감수해야만 한다. 이러한 과정을 거

불

친 후 신생아는 머리를 산모의 꼬리뼈 쪽을 향하며 나오게 된다.

　인간은 두개골 뼈가 움직이도록 진화하고 두뇌 크기의 성장 속도가 예전보다 더뎌지는 등 해부학적 적응과 진화를 거쳤음에도 전 세계 어떤 문화권이든 혼자서는 안전하게 출산을 하지 못한다. 커다란 두뇌가 필요했던 인간의 놀라울 정도로 탁월한 사회성은 출산 시 도움을 주고받도록 진화했다. 여성 사이의 우정과 협력은 진화 과정은 물론이고 집단 전체의 생존과 역량 강화에서도 중요한 역할을 했을 것이다.

　산모는 출산 후 아기를 돌보는 과정에서도 도움을 받아야 한다. 나는 내 아기가 태어났을 때 모유 수유는 당연히 해야 할 일이라고 단순하게 생각했었다. 모유 수유란 마치 호흡처럼 포유류의 분명한 본능 아니겠는가? 그런데 아기는 물론이거니와 나 역시 모유 수유에 대해 아무것도 알지 못한다는 사실을 깨닫고 깜짝 놀랐다. 아기에게 젖꼭지를 물릴 때 어느 위치에서 어떻게 해야 하는지, 또 언제 해야 하는지 등 모든 것을 새로 배워야 했다. 제대로 익히고 실천하는 데에도 시간과 정성이 필요했다. 나는 침팬지가 출산 직후부터 능숙하게 하는 모유 수유를 일주일이 지나서야 제대로 할 수 있었다. 모든 문화권의 여성은 출산 후에 모유 수유 방법을 따로 배우며 모유 수유에 어려움이 생기면 아기를 가족이나 공동체의 다른 여성에게 맡긴다. 요즘에는 모유와 비슷한 영양 성분을 갖춰 특별하게 생산된 분유를 대신 먹이기도 한다.

　유전자를 후대에 전달하고 종의 생존 여부를 결정짓는 가장 중요한 과정인 출산과 모유 수유는 이렇게 어려운 문제이다. 혼자서는 절대 할 수 없기 때문에 서로 가르치고 배워야 한다. 산모와 아기 모두 사망의 위험을 각오해야 할 정도로 어렵다는 것은 바꿔 말하면 위험의 대가로 얻게 된 더 큰 두뇌, 극단적으로 높은 사회성, 문화적 지식이 진화 과정에서 그만큼의 가치를 분명히 발휘했다는 뜻이기도 하다. 다른 수많은 진화 과정의 변화와 마찬가지로 출산도 불을 다루는 기술과 깊은 연관성이 있다. 불에 의한 보호가 없었다면 이렇게 어려운 출산을 정기적으로 한다는 건 상상할 수 없는 일이다. 인간이 사방이 노출된 평원에서 살았을 때 아기는 새끼 영양 같은 초식 동물처럼 위험을 피해 스스로 달아날 능력을 갖추지 못했다. 두뇌가 급격히 커지는 쪽으로 신체적 변화가 일어나고 그로 인해 출산 과정이 어려워진 것은 분명 인류가 불을 다루는 방법을 터득한 뒤에 일어난 현상일 것이다.

협동과 진화

협동에 대한 우리의 문화적 적응은 대단히 성공적으로 이루어졌으며 아이를 돌보는 일도 협동에 기대기 시작했다. 대부분의 포유류는 태어나자마자 스스로 일어서고 움직인다. 반면, 인간은 몸을 뒤집는 것조차 스스로 하지 못한다. 채 완성되지 않은 두개골과 덜 자란 두뇌를 가지고 태어나기 때문에 완전히 성장해 자리를 잡기까지는 적어도 2년 정도 소요된다. 공동체에서는 이 기간 동안 머리 부분이 취약한 아기를 충분히 보호해주어야 한다. 인간의 두뇌는 태어난 직후부터 몇 년 동안 침팬지와 비교도 할 수 없을 정도로 극적인 성장을 한다. 이때 두뇌 세포 사이의 연결이 크게 확장되고 두뇌 조직의 일부인 백질white matter(대뇌 내부에 수초신경 섬유로 이루어진 부분으로 흰색을 띤다. 대뇌 피질의 여러 기능을 연결하고 일부는 독자적 기능을 한다.─옮긴이)이 폭발적으로 확장된다. 인간의 지능에 절대적인 영향을 미치는 것은 두뇌의 크기임이 분명하지만, 대부분의 문화적 학습은 새로운 세포가 아니라 **기존 세포들 사이의 연결**이 새롭게 형성되면서 이루어진다. 인간의 두뇌는 적어도 30세까지 성장과 발전을 거듭하는데 이를 바탕으로 새로 습득한 정보, 환경 조건, 다양한 피해 경험 등을 종합해 더 나은 대응을 할 수 있도록 신경 연결을 재구성하고 학습 능력을 평생 동안 발전시킨다.[8] 젖을 떼고 걸음마를 배웠다고 할지라도 생존을 위해 그리고 제대로 사회화된 성인이 되어 자신만의 기술을 가지고 제 역할을 하기 위해 부모와 공동체로부터 돌봄과 교육을 받아야 한다.

인간은 임신 기간이 긴 데다 태어난 후에도 오랫동안 세심하게 보살핌을 받아야 하지만, 유인원에 비해 출산 이후 다음 출산 사이의 기간은 짧은 편이다. 인간은 대략 1년 간격으로 임신이 가능하다. 물론 일반적으로는 첫 임신 후 2년에서 4년 후에 임신을 한다. 반면, 침팬지는 평균 5년에 한 번씩 임신과 출산을 한다. 이런 이유만으로도 인간의 개체 수가 훨씬 빠르게 증가할 수 있다. 이덕분에 사회적 집단이 더 커지고 복잡해지며 문화도 좀 더 빠르게 발전할 수 있게 되었다.

식량을 서로 나누는 문화와 사회적 지원 체계 덕분에 오직 인간만이 1명 이상의 아이를 동시에 돌볼 수 있다.[9] 이러한 모습은 사냥과 채집을 주로 하는 공동체에서 보편적으로 이루어지는 현상이다. 사냥과 채집 위주의 공동체에 속한 어머니는 갓 태어난 아이를 돌보는 동안 다른 일원에게 먹을거리를 의지할 수 있다. 반대로 직접 채집에 나설 경우 다른 일원에게 아이를 맡길 수도 있다. 자신의 새끼와 거의 떨어지지 않는 유인원과 달리 인간은 자신의 아이뿐 아니라 다른 일원의 아이도 돌봐준다. 아프리카 콩고 지역의 유목민 공동체인 에페Efé 부족에서 태어난 아기는 어머니를 제외하고 평균 14명에 달하는 부족민이 '공동 양육'으로 보살핀다.[10] 우선 부모의 직계 가족인 조부모, 형제자매, 이모나 고모 등이 육아에 나서며 다음으로는 가까운 친척이 동참한다. 인간이 아버지를 중심으로 부계 가족을 형성하고 사회적 연결망을 확장하는 것은 육아에 유리하게 작용한다. 이러한 환경은 기술과 지식이 자유롭게 전파될 수 있는 문화적 학습 기회를 늘려주고 성적 결합을 통해 유전적 다양성을 확보할 수 있는 유전자 풀을 확대시킨다. 부계 중심 사회의 공동 육아 환경에서는 근친 간 성적 결합이 줄고 성장기 아이들에게 필요한 자원과 지원이 충분히 제공된다. 또한 유전적으로 연결되어 있지 않은 모계와도 다음 세대의 생존에 필요한 도움을 주고받는다.[11]

협동은 하나의 종으로서 인간이 생존하는 데 대단히 중요한 역할을 한다. 연구에 따르면 생후 3개월 정도 된 아이들에게 인형 놀이를 보여주었을 때 도움이 되지 않는 역할의 인형보다 남에게 도움을 주는 인형을 선호하는 것으로 나타났다.[12] 몇 개월이 더 흐른 후에는 도움이 되지 않는 인형에게 아이가 직접 나서서 '응징'하려는 모습을 보이기도 했다.[13] 아이들이 어릴 때부터 타인의 인격을 판단하는 능력을 갖추게 되는 것은 영장류 중 유일하게 인간만이 일상적으로 다른 이들로부터 보살핌을 받기 때문이라고 해석할 수 있다. 이는 신뢰할 만하거나 배울 점이 있는 타인을 구분하는 능력이 아주 어릴 때부터 필요하다는 뜻이다.

사냥, 채집, 유목 생활을 하는 대부분의 공동체에서는 어머니가 자신의 아이를 혼자서만 책임지고 돌볼 필요가 없어 출산을 하고 얼마 후부터 공동체의 식량 공급에 바로 참여할 수 있다. 연구에 따르면 여성은 먹을 수 있는 초목, 열매, 뿌리를 채집하고 작은 동물까지 사냥할 수 있기 때문에 오히려 남성보다 공동체에 필요한 열량을 확실하게 공급한다고 나타났다.[14] 그리고 필리핀의 나나두칸 아그타Nanadukan Agta나 오스트레일리아 서부의 마르투Martu 원주민 등 사냥과 채집을 주로 하는 공동체에서는 여성들도 사냥에 참여하며 나이가 들어도 공동체를 돌보는 역할을 훌륭하게 수행한다. 포유류 중에서 범고래와 들쇠고래 정도를 제외하고 폐경기를 경험하는 건 인간 여성이 유일하다.[15] 다른 종의 암컷은 가임기가 끝나면 오래 살아남지 못한다. 사냥과 채집 중심의 공동체에 나이가 많은 여성이 가임기를 지나도 생존하면 자녀와 손주도 생존 확률이 높아짐을 뜻하는 '할머니 효과grandmother effect' 덕분에 인간이 진화할 수 있었던 것으로 추정된다. 한 예로 탄자니아의 하자비 부족은 나이 든 여성이 어린 여성들에 비해 가족을 위한 채집 활동에 더 많은 노력과 시간을 들이고 있었다.[16]

현대 산업화 사회의 부모도 학교 같은 공식적인 교육 기관, 출산 시 도움을 받을 병원과 전문 의료 인력 등을 통해 공동 양육을 경험하고 있다.[17] 이러한 외부의 도움은 인구의 대부분이 몰려 있는 도시 지역에서 극적인 변화를 보이고 있다. 도시 지역에 거주하는 부모는 페이스북 같은 소셜 미디어를 통해 한 번 이상 출산을 경험한 이들과 정보를 공유하며 육아에 대한 충고나 도움을 요청하기도 한다. 이 사례는 최근 들어 나타난 현상이다. 얼마 전까지만 해도 일반적으로 임산부 곁에는 임신 기간 동안, 출산 시 도움을 요청할 수 있는 가족, 친척, 친구들이 주변에 존재했기 때문이다.

부모와 자식, 부부 같은 직계 가족 관계를 넘어 사회적 유대 관계를 친척이나 공동체까지 확장하고 강화하는 일은 인간에게 대단히 중요한 문화적 도약이었다. 이것은 어머니의 사회적 의존성, 공동체에서의 육아 분담, 모성애 추구, 사회적 협력 체계 유지 등에서부터 시작되었을 가능성이 높다.[18] 또한 인간의 두뇌가 커진 것의 직접적인 결과라고도 볼 수 있다. 이렇게 해서 강화된 협동은 특히 가뭄이나 기근 같은 어려운 시절에 공동체의 적응력을 키워줌으로써 생존에 크게 도움을 주었을 것으로 추정된다. 인간은 수백만 년의 세월이 지나면서 더 영리해졌고 사회성을 키워갔으며 큰 두뇌를 가지게 되었고 더 강력하고 도움이 되는 협력적 유대 관계를 구축할 수 있었다.

열량과 지능의 상관관계

오직 인간만 지능이 뛰어난 사회적 동물로서 문화적 기술과 행동을 보여주었던 것은 아니다. 그러나 인간의 문화가 발달하고 주어진 환경과 신체적 조건을 뒤바꾸면서 두뇌가 성장하는 동안 다른 동물은 그렇지 않았다. 인간을 제외한 다른 동물의 문화와 두뇌는 수백만 년 동안 변화가 거의 없었다. 그렇다면 다른 동물이나 유인원은 왜 두뇌를 키우지 못한 것일까?

개인적으로 가장 설득력 있다고 생각하는 대답은 그저 다른 동물이나 유인원에게는 그럴만한 여유나 능력 자체가 없었다는 설명이다. 두뇌는 엄청나게 많은 에너지를 소비하는 기관이다. 뉴런은 언제든 반응을 할 수 있는 상태를 유지해야 하는데 여기에는 세포막 전체에 걸쳐 전하를 유지하고 신경 계통의 불순물을 제거하며 새로운 신경 전달 물질을 만들어내는 것도 포함된다. 두뇌 세포는 인체의 다른 세포와 크기가 같더라도 더 많은 에너지를 소비한다. 두뇌가 커질수록 자연스럽게 더 많은 열량과 에너지를 소비하게 된다. 인간의 두뇌 무게는 전체 몸무게의 2퍼센트 정도에 불과하지만, 전신에서 소비하는 에너지의 20퍼센트 이상을 소비한다. 유인원의 경우 이미 갖고 있는 것 이상의 뉴런을 만들어내고 에너지를 공급할만한 여력을 가지지 못했다. 그렇게 하기 위해서는 충분한 영양분을 공급받기 위해 엄청나게 많은 시간을 먹을

거리를 찾는 데 사용해야 하기 때문이다. 영장류 17종의 몸무게, 식습관, 먹을거리를 찾는 방식 등을 바탕으로 각 영장류의 뉴런 수를 계산한 연구에 따르면 침팬지가 인간만큼 큰 두뇌를 유지하기 위해서는 하루에 7시간 이상 먹는 데 써야 하는 반면, 몸무게는 26킬로그램까지 줄여야 한다.[19] 몸무게 변화 없이 7시간 이상 먹는 데 쓸 경우 감당할 수 있는 뉴런은 최대 320억 개에 불과하다. (인체에는 1000억 개에 달하는 뉴런이 있다.[20])

문화가 발달함에 따라 인간의 인지적 능력에 대한 요구가 증가하면서 주요 뉴런이 충분한 에너지를 공급받아야 했다. 그 결과 인간의 진화는 에너지 효율이 향상될 수 있도록 다양한 방법으로 개선되고 촉진되었다. 에너지 효율의 향상에는 두뇌 안에서 포도당과 크레아틴 전달체를 조절하는 새로운 유전자도 포함되어 있다.[21] (크레아틴은 포도당이 부족할 때 가능한 빨리 대체 에너지를 공급하는 일종의 예비 공급원이다.) 반면, 근육은 다른 영장류와 비교해 크게 달라지지 않았다. 인간의 진화는 근육이 아닌 두뇌의 역량을 최적화하는 방향으로 진행되었기 때문이다.

이렇게 두뇌 강화 위주로 적응이 진행되었음에도 지능은 섭취 가능한 열량에 좌우되었다. 빙하기에 살았던 인류의 조상은 체온을 유지하기 위해 매일 최소 3500킬로칼로리 정도 섭취해야 했을 것이다. 동시대에 살았던 조금 더 덩치가 큰 네안데르탈인은 체온을 유지하고 채집 활동을 하기 위해 매일 3360~4480킬로칼로리 정도 필요했을 것이다.[22] 고생물학자들은 네안데르탈인의 코가 독특하게 넓었던 것은 '숨을 더 많이 들이마시기 위한' 진화의 결과로 이 덕분에 호흡량이 증가하고 효율이 좋아졌을 것이라고 본다. 이러한 것을 바탕으로 생각해보면 네안데르탈인은 고열량 식단이 필요한 에너지 과다 소비형 생활 방식을 가졌을 것이다. 그렇지만 꿀, 과일 혹은 이따금 섭취했을 지방이 풍부한 육류를 제외한다면 그들의 식단은 열량이 그리 높지 않았을 것이다. 그렇기 때문에 영장류는 상당한 시간을 먹는 데 소비할 수 밖에 없었고 결국 두뇌 성장과 문화 발달을 이뤄내지 못했다.

루시 같은 최초 호미니드의 두뇌에는 최대 400억 개의 뉴런이 있었으며 하루에 7시간 이상 쉬지 않고 유인원과 비슷한 식단을 섭취해야 두뇌 활동을 유지할 수 있었다. 약 620억 개의 뉴런을 갖고 있었던 호모 에렉투스는 하루에 8시간 이상을 먹어야 했고, 이후 등장한 네안데르탈인의 경우에는 매일 최소 9시간 이상을 먹는 데 써야 했다. 따라서 채집, 사냥, 사회화는 물론이고 다른 문화적 활동에 시간을 거의 낼 수 없었다. 한마디로 애초에 불가능한 일이었다. 실제로 그만큼 먹었는지는 차치하고, 매일 9시간을 계속해서 먹을 수 있도록 밥그릇을 채울 시간이나 여력 자체가 없었을 것이다. 인간이 제대로 된 생활을 할 수 있게 된 건 불을 다루게 된 이후부터이다.

지능 발달의 핵심, 불

생명 활동을 간단히 설명하면 주변 환경에서 필요한 에너지를 추출할 수 있는 일종의 화학 체계라고 할 수 있다. 모든 생명 활동은 이러한 에너지 관계를 중심으로 돌아가고 있다. 실제로 진화 과정에서 일어나는 자연 선택도 물이 높은 곳에서 낮은 곳으로 흐르는 것처럼 살아 있는 세계로 흘러가는 에너지를 개선하는 데 작용하는 힘으로 이해할 수 있다. 모든 동식물의 진화와 적응을 통제하고 제한하는 것은 다름 아닌 에너지이다. 치타는 시속 120킬로미터까지도 달릴 수 있지만 근육이 소비할 엄청난 에너지 때문에 그렇게 하지 않는다. 반면, 인간은 아폴로 10호 우주선을 이용해 시속 4만 킬로미터 이상의 속도로 움직일 수 있었다. (미국 항공 우주국NASA이 만든 우주선인 주노Juno는 대략 시속 36만 5000킬로미터로 비행할 수 있어 인간이 만들어낸 가장 빠른 물건으로 기록되어 있다.) 침팬지는 더 큰 두뇌를 가지게 될 경우 소모될 에너지를 감당할 수 없어 인간만큼 똑똑해질 수 없다. 인간은 에너지를 얻기 위한 생물학적 노력을 외부에 전가할 수 있기 때문에 두뇌의 능력을 더 향상시킬 수 있었다.

빅뱅에 대한 이야기를 다시 해보자. 우주에 존재하는 모든 것들은 혼돈과 무질서의 도가니에서 확장이 되었는데 새로운 질서를 만들어내기 위해서는 모든 생명 활동이 그러하듯 에너지가 필요하다. 식물은 매일 엄청난 양의 에너지를 방출하는 태양으로부터 필요한 에너지를 얻는다. 하지만 광합성으로 대기 성분의 강력한 화학적 결합을 깨뜨려 얻는 에너지는 밀도가 떨어져 생존하고 성장하고 번식할 수 있을 만큼의 새로운 식물 조직만을 만들어낼 뿐이다. 광합성에 의존하는 다세포 식물은 스스로의 힘으로 이동하지 못한다. 식물을 먹는 동물은 좀 더 밀집된 형태의 에너지를 얻게 되며 다른 동물을 잡아먹는 동물은 그보다 더 밀집된 형태의 에너지를 얻을 수 있다.

하나의 종으로서 인간이 거둔 성공은 근본적으로 다른 어떤 생명체보다 에너지를 자유롭게 다루고 에너지를 얻기 위한 노력을 다른 곳에 전가하는 능력에서 기인한다. 인간은 에너지를 얻기 위해 음식을 생화학적으로 분해하는 데 신체적 능력에만 기대지 않고 먹을거리를 물리적으로 가공하거나 발효, 절임 등으로 조리하는 문화도 활용했다. 그렇지만 역시 가장 중요한 것은 불을 이용해 조리했다는 사실이다.

불은 산소와 연료의 강한 분자 결합이 깨지고 재조합되면서 만들어진다. 불이 에너지를 만들어내기 위해 불꽃 같은 에너지의 폭발이 필요한 것처럼 인체에서도 비슷한 과정이 진행된다. 음식물은 우리에게 에너지를 주지만, 그 음식물을 분해하기 위해서는 에너지가 필요하다. 음식물은 체내에서 새로운 형태로 결합되어 이를 통해 필요한 에너지와 신체 조직을 얻게 된다. 일반적으로 동일한 에너지를 만들어내더라도 육류보다 식물을 소화시킬 때 훨씬 더 많은 에너지가 필요하다. 소는 몇 시간에 걸쳐 씹어 삼키고 되새김질을 한다. 처음에는 입에서 질긴 섬유 조직을 분해하고 4개의 위장에서 같은 과정을 반복한 후에야 비로소 지방으로 저장된다. 인간의 두뇌는 많은 에너지와 단백질을 필요로 하는데 지방이 많은 육류는 두 가지를 모두 충족시킨다. 사냥을 하는 과정,

도구나 손 또는 이로 사냥감을 먹기 좋게 해체하는 과정, 씹어 삼키고 소화시키는 등의 신진대사 과정에는 분명 에너지가 소모되지만, 식물을 섭취할 때보다는 에너지 소비가 적다.

불을 이용해 조리한 음식은 소화시키기가 훨씬 쉽다. 불의 에너지가 인간의 위장이 할 일의 상당 부분을 대신하기 때문이다. 같은 무게라면 날고기보다 익힌 고기를 섭취하는 것이 10배 이상 효율적이다. 게다가 불을 이용해 조리한 음식이 더 많은 열량을 제공한다. 인간의 신체는 조리된 음식을 더 잘 흡수하는데 육류는 단백질을 40퍼센트 이상, 곡물이나 뿌리채소는 탄수화물을 50퍼센트 이상 더 흡수할 수 있다.[23] 음식물 조리는 복잡한 두뇌 조직을 생성하고 유지하는 데 필수적인 철분, 아연, 비타민 B12 같은 영양소를 더 많이 그리고 더 쉽게 얻을 수 있도록 돕는다.

조리법의 발명

조리법의 발명은 섭취하는 음식물의 종류도 바꾸었다. 다른 동물은 소화시키기 어려운 뿌리 식물이나 풀을 얻기 위해 경쟁하지 않아도 되었기 때문에 보다 적은 노력으로 음식 재료를 얻을 수 있었다. 인간은 식물의 씨앗을 가루로 만들거나 까부르는 등의 과정을 거쳐 소화시킬 수 있는 단백질이나 알곡으로 가공하는 방법을 터득했다. 단단한 뿌리채소도 불을 이용해 쉽게 소화시킬 수 있는 고열량 음식으로 만들었다. 사자 같은 대형 육식 동물은 대량의 육류를 한꺼번에 섭취한 후 몇 시간에 걸쳐 천천히 소화시키

불

는 반면, 인간은 불이 일종의 추가 위장 같은 역할을 해 익혀서 섭취한 음식물을 더 빠르게 소화시킬 수 있었다. 불이 인간의 소화 작용을 상당 부분 대신하게 되면서 여러 세대를 거치는 동안 인간의 소화 기관은 크기가 점차 줄어들어 다른 영장류와 달리 상당수의 야생 상태의 잎이나 열매를 소화시킬 수 없게 되었다. 인간은 섭취할 수 있는 것의 종류를 줄여나가는 진화의 도박 때문에 기근에 취약해졌고 여타 영장류라면 문제가 되지 않았을 식물의 독성도 견디지 못하게 되었다. 그렇지만 소화 기관의 크기가 줄어들면서 귀중한 열량을 커진 두뇌로 더 많이 공급할 수 있게 되었다.

오늘날에도 사냥 및 채집을 주로 하는 공동체를 보면 필요한 열량의 절반 이상을 동물에게서 얻고 나머지는 식물로부터 보충한다는 사실을 생각해보면[24] 조리법의 발명이 인류의 조상들이 먹을거리를 구해 섭취할 준비를 하고 씹어 삼키는 데 소모되었을 결코 적지 않은 시간을 줄여준 것은 분명하다. 침팬지는 하루에 대략 5시간 이상 음식물을 씹어 삼키는 데 사용하지만, 인간은 1시간 정도면 충분하기 때문에 다른 동물은 갖지 못하는 시간적 여유를 누리게 되었다. 물리적, 화학적인 방법 또는 열에 의해 이미 한번 분해되어 가공을 거친 음식물은 턱에 가해지는 부담을 줄여주었고 사냥을 할 때도 턱이나 치아를 사용하지 않게 되었다. 인간이 더는 육식에 최적화된 강한 턱과 치아를 유지할 필요가 없어지자 입, 입술, 치아, 식도의 크기가 줄어들게 되었다. 조리에 대한 문화적 적응을 통해 인간의 턱관절은 점점 약해지고 크기가 줄어들었으며 턱 근육은 겨우 귀밑에 닿을 정도로 짧아졌다. (다른 영장류는 턱 근육이 머리 꼭대기 부분까지 이어져 있다.) 이러한 변화의 결과로 인간은 더 자유롭게 발성을 할 수 있게 되었다. (특히 이 발성은 씹는 힘을 포기할 만큼 사회적으로 중요한 문제이기 때문에 공동체에서 더 빨리 퍼져나갔을 가능성이 크다.) 호모 에렉투스의 시대에 인간은 턱, 치아, 입의 크기를 줄여가는 쪽으로 진화해서 날고기를 찢어먹기가 전보다 훨씬 어려워졌다. 호모 에렉투스는 고품질의 조리된 음식이 필요한 크고 굶주린 두뇌를 가지게 되었고 그런 음식을 조달할 수 있을 만큼의 지혜도 얻었다.

음식을 조리하는 문화는 두뇌의 생물학적 진화를 이끈 중요한 원동력이었다. 조상들이 선택한 먹을거리 속 고농도 에너지를 통해 두뇌는 타고난 한계를 극복하고 더 크게 확장되었고 그에 따라 소화 기관은 크기가 줄어들었다. 식생활의 변화는 생존에 중요한 영향을 미치기 때문에 빠르게 겉으로 드러났다. 다윈의 연구 주제였던 갈라파고스 핀치새에 대한 최근 연구에 따르면 한 차례 가뭄이 닥쳐 핀치새의 먹이가 될 만한 것들이 몇 가지 단단한 씨앗으로 제한되자 좀 더 단단한 부리를 가진 새가 살아남아 자신의 유전자를 다음 세대에 전해주었다고 한다.[25] 다음 세대가 되자 전체 개체 중 일반적인 부리를 가진 새는 15퍼센트 정도뿐이었다. 한 해 동안 일어난 변화의 여파는 이후 15년 동안 지속되었다.

조리법의 발견은 삶의 방식 자체를 변화시켰다. 개체 수가 대단히 적었던 당시에 일어난 종의 변화에서 유전적 차이는 틀림없이 훨씬 극단적인 영향을 미쳤을 것이다. 이른바 유전적 부동genetic drift(작은 개체군에서 우연히 발생한 유전적 변화.-옮긴이)이라고 부르는 현상이다. 평균적으로 동물의 수명은 대단히 짧다. 침팬지의 경우는 30년 남짓이다. 기근처럼 환경 조건이 열악해지면 개체 수가 크게 줄어들기도 하며 집단 전체의 생존이 위협받기도 한다. 충분한 열량을 확보하지 못한 암컷은 곧 월경이 중단되고 불임이 되거나 사산할 확률이 높아진다. 출산에 성공했더라도 제대로 젖을 만들어내지 못해 새끼가 죽는 경우도 많다. 암컷이 어려운 환경에서 간신히 필요한 열량을 확보했더라도 불균형적인 비율로 자신들의 유전자를 물려주게 된다. 음식을 조리하면 쉽게 소화시킬 수 있도록 부드럽게 만들 수 있다. 또한 독성을 분해하고 해가 되는 박테리아나 기생충도 죽일 수 있다. 따라서 젖을 막 뗀 유아나 어린아이에게 훨씬 더 안전하고 영양분이 많은 음식을 제공할 수 있게 된다. 조리한 음식은 아이들이 성인이 될 때까지 생존할 수 있는 확률을 크게 높여주었을 것이다.

200만 년에서 175만 년 전 즈음에 갑작스럽게 진행된 기후 변화라는 커다란 환경적 압박은 작은 유전적 변화의 생존 효과를 극대화해 일부 특성이 자리를 잡고 지속될 수 있는 가능성을 높였을 것이다.◆ 이러한 변화 속에서 여러 무리로 나뉜 인류가 훗날 다시 접촉했을 때 새로운 유전적 특징이 나타나 선택적으로 확산되

◆ 이 시기에 호모 에렉투스가 나타났고 최초로 불을 사용했다는 증거가 발견되었다.

었을 것이다. 이를 통해 다양성이 증가했을 것인데 진화와 종 분화의 속도가 빨라졌다는 뜻이다. 실제로 솟과bovid를 비롯한 많은 포유류에서 증거를 발견할 수 있다.[26] 그렇지만 인류는 불을 활용해 밤에 발생할 수 있는 체온 손실을 막고 별다른 노력 없이 포식자로부터 자신을 보호했다. 또한 조리를 통해 섭취하는 열량을 두 배로 늘릴 수 있었다. 이것은 엄청난 변화였다. 인류는 단지 특별한 영장류가 아닌, 완전히 다른 존재가 되었다. 주어진 환경에 맞춰 살아가는 존재가 아닌, 주어진 환경을 스스로에게 맞춰 계획적으로 변화시킬 수 있게 된 것이다.

앞으로의 변화

보다 적은 노력으로 더 많은 열량을 얻게 되면서 인간의 두뇌는 유인원 시절처럼 식생활에 제한을 받지 않고 빠른 속도로 커지게 되었다.[27] 이미 20만 년 전쯤에 인간의 두뇌 크기는 골반이 감당할 수 있는 최대치에 도달했지만, 두뇌의 신경망은 역량을 계속해서 진화시켰다. 그렇지만 최근 수십 년 동안은 안전하게 이뤄진 제왕 절개 수술이 진화적 효과를 가져왔다. 골반이 너무 좁아 자연 분만이 어려웠던 산모도 이제는 문제없이 자신의 유전자를 다음 세대에 전할 수 있게 되었다. 예전 같으면 산모와 태아 모두 생존을 장담할 수 없었을 것이다. 그 결과 좁은 골반을 가진 여성이 증가하게 되었다. 지난 60년 동안 골반 크기 문제로 제왕 절개를 선택한 비율은 전체 산모의 3퍼센트에서 3.6퍼센트로 늘어나 60년 전과 비교했을 때 20퍼센트 증가했다.[28] 이러한 추세라면 언젠가는 외과적 수술에 의한 분만이 자연 분만만큼 늘어나게 될지도 모른다. 반면, 지난 1만 년 동안 인간의 두뇌는 대략 3~4퍼센트에서 최대 10퍼센트 가량 작아졌다. 이러한 현상을 이제 우리 사회가 작은 공동체에서는 지적 능력이 떨어져 생존을 담보하기 힘들었을 이들도 포기하지 않고 '이끌어갈' 수 있을 만큼 사회 구조가 복잡해졌다고 해석하는 가설도 존재한다. 그렇지만 두뇌의 크기가 작아지는 현상은 가축화된 동물에서도 공통적으로 발견된다. 어쩌면 과사회성hypersociability, 협동과 관련된 유전적 변화가 일부 작용한 결과일 수 있다. 지능이 높을수록 자녀를 적게 낳는다는 사실에 주목할 필요가 있는데[29] 이는 지적 능력이 유전자 풀에서 점점 그 가치가 떨어지고 있음을 보여준다고 해석할 수도 있다. 어느 쪽이든 인간이 그동안 축적한 지식을 점점 더 문헌이나 기계 등 외부 장치에 기록하는 것에 의존하면서 지적 능력이 생존에 직접적인 영향을 주지 않게 되었는지도 모른다.

최근 들어 조리하지 않은 음식을 먹는 것이 유행하는 현상은 인간이 조리한 음식에 얼마나 의존하고 있었는지 분명하게 보여준다. 조리하지 않은 음식을 먹는 식습관을 지지하는 쪽에서는 오래전 조상들이 해왔던 방식이기 때문에 우리 몸에 더 좋을 것이라고 주장한다. 하지만 관련 연구에 따르면 수백 년 전에 먹었던 것보다 열량이 훨씬 높은 가공식품을 먹더라도 빠르게 체중이 감소해 이내 조리한 음식을 찾게 된다고 한다. 사실 조리하지 않은 음식을 섭취하는 것이 새로운 유행은 아니다. 고대 로마인은 인형 속에 작은 인형이 겹겹이 들어 있는 마트료시카처럼 쥐를 닭 안에, 닭을 공작새 안에, 공작새를 수퇘지 안에 넣는 방식으로 준비한 날고기를 먹은 후 고기를 익힌다며 뜨거운 욕탕에 들어가 앉았다. 당연하게도 이런 고기를 먹은 후 심각한 질병이 발생해 여러 사람이 죽었다. 이 사건은 유베날리스(고대 로마의 사회상을 풍자했던 시인.—옮긴이)[30]나 대大플리니우스(고대 로마의 정치인, 군인, 박물학자.—옮긴이)[31] 같은 지식인들의 조롱거리가 되었다.

이제는 식품 가공 기술이 크게 발달해 동물성 식품을 먹지 않고도 필요한 열량과 에너지를 농축된 형태로 섭취할 수 있다. 이 덕분에 고기가 없어도 지낼 수 있게 되었지만, 만일 지금 당장 75억에 달하는 전 세계 사람들이 음식과 조리를 위한 연료를 각자 구해야 하는 상황에 닥친다면 살아남기 위해 아귀다툼을 벌이게 될지도 모를 일이다. 불은 다른 동물들이 깨어 있는 시간의 대부분을 먹고 살기 위해 사용할 때 인간을 이러한 굴레에서 자유롭게 해주었고 문화를 개발할 수 있는 시간도 선사했다. 그렇지만 현재 인간은 인류 공통의 사회 문화적 과제 때문에 사회에 더욱 얽매이게 되었다.

이러한 모습은 자연스러운 생명 활동에 반하는 것일 수도 있다. 가장 최근에 일어난 조리 문화의 진화는 인류 전체가 생물학적으로 변화할 수도 있다는 사실을 보여준다. 1960년대에 즉석식품이 등장한 이후 하루 중 음식 준비로 보내는 시간이 기존 4시간에서

45분으로 점차 줄어들었다. 음식의 산업화는 음식과 인간의 관계는 물론이고 음식의 기원이나 취향까지 극적으로 바꾸었다. 날것의 재료를 준비해 조리 준비를 하는 대신 이미 조리되어 판매하는 음식을 그저 몇 분 동안 데우면 된다. 설탕, 소금, 지방처럼 싼값으로 열량을 높일 수 있는 첨가물이 잔뜩 들어간 즉석식품은 장기간 섭취할수록 건강에 치명적일 수 있다. 우리의 미각은 어린 시절부터 첨가물이 들어 있지 않은 음식은 맛이 없다고 생각하도록 문화적으로 적응되었기 때문에 조리되어 판매하는 음식 중 지나치게 달거나 짜지 않은 상품을 찾는 것이 무척 어려워졌다. 오래전 인간은 꿀 같은 단 먹을거리를 아주 드물게 접했다는 것을 생각하면 인간의 생명 활동의 가장 큰 위협은 비만이 아니라 굶주림이었음을 알 수 있다.

음식을 조리한다는 것은 인간이 생존하는 데 필수적인 활동임에도 불구하고 출산과 마찬가지로 타인에게 의존할 수밖에 없다. 조리법은 반드시 공동체 내에서 서로 가르치고 배워야 하는 문화적 기술이기 때문이다. 인간은 조리 기술을 바탕으로 큰 발전을 이루게 된다. 음식의 조리 혁명이 일어난 후 수만 년이 지난 지금, 인간은 역사상 유례가 없을 정도로 다양한 음식을 즐기고 있으며 유전자 역시 거기에 맞춰 적응했다. 주로 농사를 지었던 이들의 후손은 사냥과 채집을 하며 곡물을 섭취하지 않았던 이들의 후손에 비해 녹말 분해에 더 적합한 타액 효소와 내장 박테리아를 갖고 있다. 사냥과 채집을 했던 이들의 후손은 소화 기관이 미생물군유전체microbiome(미생물을 뜻하는 'microbe'과 생물 군집을 뜻하는 'biome'의 합성어로 인체 내부의 미생물 생태계를 뜻한다. - 옮긴이)가 1년 주기로 순환하는 환경에 절묘하게 적응되어 있다. 이와 유사하게 우유나 알코올에 익숙한 문화적 이력을 가진 사람들은 그런 성분을 더 잘 소화시킬 수 있는 유전자를 갖고 있다.

V

문화라는 지렛대

1860년, 낙타 26마리, 말 23마리, 마차 6대를 갖춘 대규모 탐험대가 오스트레일리아 남부 해안의 멜버른에서부터 대륙 내부 미개척지를 거쳐 북부 카펀테리아만까지 전신망을 개설하기 위해 최적의 경로를 찾아 여정을 시작했다. 장장 3250킬로미터에 달하는 장대한 여정이었다. 군 장교 출신으로 경찰 총경을 역임한 로버트 버크를 필두로 측량 기사인 윌리엄 윌스 등 총 19명의 탐험대는 멜버른 로열 파크에서 1만 5000명이 넘는 군중의 환송을 받으며 화려하게 출발했다.

이 탐험이 사람들의 기대와 달리 성공하지 못할 것이라는 전조는 일찌감치 나타났다. 2년분에 달하는 식량과 잡다한 장비 그리고 어디에 사용하려는지 의도를 알기 힘든 징鉦까지 짐의 무게는

20톤에 육박했다. 결국 한 마차는 로열 파크를 빠져나오기도 전에 주저앉고 말았다. 멜버른 외곽에 도착하기까지 무려 사흘이나 걸렸는데 그동안 2대의 마차가 또 부서졌다. 당시 유럽인들이 가보았던 가장 먼 지점인 쿠퍼즈 크릭에 탐험대가 도착했을 때 준비해온 짐의 대부분을 포기하고 만다. 그중에는 낙타가 괴혈병에 걸리는 것을 방지할 목적으로 준비한 럼주 60갤런도 포함되어 있었다. 한여름 더위가 절정에 달했던 그때, 탐험대 내부의 이견을 좁히지 못해 버크, 윌스, 선원 출신 찰스 그레이, 현역 군인이었던 존 킹까지 4명만 석 달 분량의 보급품을 들고 북쪽 해안을 향해 길을 나섰다.

버크는 여정 중 마주친 원주민을 전혀 신뢰하지 않았다. 물고기를 선물로 가져온 원주민을 총으로 위협하기도 했다. 나머지 세 사람에게도 절대 원주민을 가까이하지 말라고 엄명을 내렸다. 59일 후, 가지고 있던 식량마저 모두 동이 나 지친 상태로 습지를 마주한 탐험대는 귀환하기로 결정했다. 얼마 지나지 않아 그들은 타고 온 말과 낙타를 잡아먹기에 이르렀고 결국 그레이는 설사병으로 사망했다. 쿠퍼즈 크릭까지 살아서 도착한 3명은 동료들과 다시 합류할 수 있을 것으로 기대했지만, 그들이 보게 된 것은 남아 있던 동료들이 불과 몇 시간 전에 떠나버린 흔적뿐이었다.

근처에 살고 있던 얀드루완다Yandruwandha라는 원주민 부족은 사면초가에 몰린 이들에게 물고기와 콩, 나르두라는 양치식물의 씨앗으로 만든 주식용 빵을 나눠주려 했지만, 원주민에 대한 적개심을 버리지 못했던 버크가 총을 쏘며 쫓아버리고 말았다. 절망 속에 길을 재촉하던 세 사람은 우연히 나르두 씨앗을 찾아냈다. 급한 마음에 씨앗을 그냥 익혀 먹으려다 원주민이 가루를 낼 때 사용하던 돌을 발견하게 되었다. 이 덕분에 천만다행으로 한 달 가까이 매일 2.5킬로그램에서 3킬로그램에 달하는 빵을 구워 먹을 수 있었지만, 이상하게도 시간이 갈수록 점점 쇠약해져만 갔다. 게다가 식사 후 볼일을 볼 때도 엄청난 고통을 겪어야 했다. "먹은 빵의 양보다 배설하는 양이 훨씬 많은 것처럼 보인다. 먹을 때와 미묘하게 모습이 달라진 씨앗이나 가루를 바로 배설하기도 했다." 이런 기록을 남긴 후 일주일이 지나지 않아 버크와 윌스마저 사망했다. 홀로 남은 존 킹은 얀드루완다 부족에게 도움을 호소해 겨우 살아남을 수 있었고 얀드루완다 부족의 한 여성은 킹의 아이를 임신하기도 했다. 킹이 얀드루완다 부족과 함께 생활한 지 3개월이 지났을 때 마침내 멜버른에서 온 구조대가 그를 찾아내 귀환할 수 있었다.

다른 유럽 출신의 탐험가처럼 버크와 윌스 역시 문화적 지식의 함정에 빠졌다. 만일 두 사람이 그 지역에 살고 있던 원주민이 축적한 지혜와 지식을 얻었다면 나르두 씨앗을 제대로 먹을 수 있었을 것이다. 나르두 씨앗은 초록색을 띤 덜 자란 상태가 아니라 반드시 다 자란 후에 먹어야 위험하지 않다. 그리고 제대로 소화시키기 위해서는 잘 빻아 가루로 만들어 흐르는 물에 깨끗하게 씻어야 한다. 이러한 과정을 거쳐야 체내에서 비타민 B1을 파괴하는 티아미나아제thiaminase 효소를 제거할 수 있다. 버크, 윌스, 킹이 세 사람은 나르두 씨앗 가루로 빵을 구울 때 재 속에 묻어두어야 티아미나아제 효소를 더 확실히 분해할 수 있다는 사실도 알았어야 했다. 문화적 지식을 알지 못했던 탐험가들은 자신도 모르는 사이 죽음을 향해 가고 있었다.

음식, 옷, 기본적인 연장 등 살아가는 데 꼭 필요한 물건이 무엇인지 떠올리기란 그리 어렵지 않다. 우리는 혹시라도 무슨 일이 생기면 이러한 것들을 직접 만들 수 있을 것이라고 믿곤 한다. 인간은 이 지구상에서 가장 지적 수준이 높은 생명체가 아니었던가. 그렇지만 인간이 지금과 같은 지위를 쟁취할 수 있었던 것은 각자의 지적 능력 때문만은 아니다.

우리는 앞에서 인간이 생존에 필요하지만 스스로 해결할 수 없는 에너지를 외부에서 찾음으로써 환경과 신체 조건을 바꾸고 두뇌의 역량을 끌어올렸다는 것을 확인했다. 그렇다면 지금부터는 인간이 에너지를 외부에서 찾을 때 지렛대 역할을 해준 문화에 대해 살펴보자. 인간은 도구를 활용해 신체적 역량의 한계를 극복했고 집단 지성의 도움을 받아 문제 해결에 필요한 지적 능력을 보충했다. 인간은 축적된 문화적 진화를 바탕으로 주어진 환경을 성공적으로 개발할 수 있는 가장 효율적인 방법을 찾아 번영을 누릴 수 있었다. 이는 전적으로 문화라는 지렛대의 도움 덕분이다.

인간은 기술에 힘입어 그저 손가락을 움직일 정도의 힘만으로

불

엄청난 에너지를 자유자재로 다루는 가장 효율적인 지구의 지배자가 될 수 있었다. 그렇다면 그다음에 인간이 이용한 힘은 정신일까? 그렇다고 할 수도, 아니라고 할 수도 있다. 보잘것없는 영장류인 인간이 정상에 오를 수 있었던 것은 신체와 정신의 힘을 한데 모았기 때문이다. 인간은 불을 피우는 일부터 조리법에 이르기까지 생존을 위해 도구, 행동, 기술 등과 관련해 자신이 속한 사회의 집단 지성에 의존했다.

복제

지역 고유의 전통 지식은 진화적 교환이나 균형이라는 측면에서 볼 때 필수적인 요소이다. 인간은 예로부터 거주해온 지역에 대한 타고난 적응력을 포기하는 대신 어떤 환경에서도 살아남을 수 있도록 도와주는 문화적 적응력을 얻었다. 의지에 따라 생태적 지위를 초월할 수 있는 자유에는 대가가 따랐다. 생물학적으로 모든 환경에 적응한다는 것은 불가능하기 때문에 인간은 생존과 관련한 지식을 얻기 위해 타인에게 의존해야 했다.

세대를 거치면서 축적된 문화적 지식은 공동체가 필요한 정보를 수집하고 지리적 환경을 이해하며 먹을거리와 지낼 곳을 찾는 일을 좀 더 수월하게 해주었다. 앞서 언급한 오스트레일리아의 안드루완다 부족은 외부인인 유럽인은 발견하지 못한 먹을거리를 찾아낼 수 있었다. 이는 유럽인이 낯선 도시에 가더라도 식당이나 카페를 어렵지 않게 발견하는 것과 비슷한 이치다. 누구나 익숙한 환경에서는 길을 쉽게 찾는다. 오랫동안 주변 환경을 익히고 배웠기 때문이다. 우리가 사회에서 경험하는 태도, 기술, 문화적 관습 등은 행동, 인지, 통찰, 성격, 지능, 신체적 능력 등을 형성하는 바탕이 된다.

문화의 영향력에 대한 증거는 신경학을 통해서도 확인할 수 있다. 인간의 두뇌는 말 그대로 주변 문화에 의해 다듬어진다. 최근에 발표된 한 연구에 따르면 수백 명의 인간과 침팬지 두뇌의 대뇌 피질에서 지능을 관장하는 영역을 살펴본 결과 뇌구sulci라고 부르는 주름은 태어난 이후 계속 자라고 변화하지만, 인간과 침팬지 사이에 차이점이 있었다.[1] 침팬지는 이 주름의 모양과 위치가 주로 유전자에 의해 결정되어 형제자매라면 모양이나 위치가 거의 비슷했다. 그런데 인간은 유전자가 미치는 영향이 극히 미미했고 환경과 사회적 요소가 더 중요한 역할을 했다. 침팬지는 유전적으로 자신들의 인지 능력에 갇혀 있기 때문에 두뇌의 발달 혹은 새로운 행동이나 기술을 배우는 능력이 제한된 것이다. 반면, 인간은 침팬지보다도 덜 발달한 두뇌를 가지고 태어나지만, 출생 후에는 두뇌가 더 크게 성장을 한다. 이때 외부 세계가 중요한 역할을 하는 것이다.

두뇌의 놀라운 유연성과 적응력 덕분에 인류의 지능과 문화적 발달은 가속화될 수 있었지만, 타인으로부터 생존을 위한 거의 모든 것들을 새롭게 배워야 했다. 이러한 문화적 학습이 가능하려면 두뇌가 대단히 커야 하고 배울 수 있는 어린 시절과 청소년 시

불

절이 길어야 하며 또한 성공적 전략의 일환으로 조화롭게 진화한 강력한 사회적 집단이 존재해야 한다. 인간의 첫 번째 스승은 우리를 낳아준 어머니이다. 우리는 어머니에게 본능적으로 이끌리기 때문에 태어나면서부터 어머니의 목소리와 얼굴, 시선을 알아차리고 따른다. 이후 나이가 들면서 가족의 다른 구성원이나 동료, 자신이 속한 집단에서 나이가 많고 믿을 수 있는 사람을 스승으로 삼는다.

현재 인간은 살면서 부딪히는 어려운 문제를 풀어가기 위해 사회적 자원을 활용할 수 있도록 완전히 진화했다. 어떤 문제가 발생하면 직접 해결하려고 하는 경우는 거의 없다. 일반적인 경우 타인에게 도움을 요청하지만, 침팬지는 그렇게 하지 않는다. 침팬지는 다른 개체가 문제를 해결하는 방식을 그대로 따라한다. 함께 문제를 해결하게 되면 보통 혼자서 시행착오를 겪는 것보다 신체적 그리고 정신적 노력이 덜 들어가도 된다. 침팬지는 언제나 모든 문제를 직접 해결해나갈 수밖에 없다. 말하자면 침팬지는 모두 똑같은 시행착오를 반복한다고 볼 수 있다. 우리는 문화적 진화 과정이 만들어낸 효율성 덕분에 문제 해결을 위한 최선의 방법을 찾아낼 수 있다. 침팬지는 인간과 비교했을 때 두뇌 크기도 작고 지능도 떨어질 뿐만 아니라 똑같은 문제를 해결하는 데에도 더 많은 노력이 필요하다. 따라서 이런 과정에서 기술을 응용하고 좀 더 복잡한 문화를 만들어낼 만한 인지적 능력이 뒤떨어질 수밖에 없다.

물론 인간의 문화적 진화 자체가 성공적인 복제 방식에 의존하고 있어 문제를 해결하려면 소속 집단의 집단적 지식에 의존할 수밖에 없다는 사정이 있다. 유전자 서열의 복제가 생물학적 진화의 기반인 것처럼 복제는 문화적 진화의 기반이다. 만일 우리가 필요한 만큼 정교하고 똑같이 복제할 수 없다면 각기 다른 문화적 관습은 공동체 안에서 복제될 만큼 오래 지속할 수 없을 것이고 문화의 축적은 이루어지지 않을 것이다.[2] 정교하게 복제된 문화가 전파되면 한 집단 안에 있는 다양한 문화의 수명은 훨씬 늘어나고 그 집단은 훨씬 더 다양하고 풍부한 문화를 갖게 된다.[3] 좀 더 정확하게 복제될수록 복제된 문화의 변종이 집단 안에 더 많이 존재할 수 있게 되며 여러 수정과 개선이 더해질 수 있는 기회 또한 늘어난다. 이러한 진화와 돌연변이가 다양성으로 이어지는 것이다.

우리는 복제를 통해 지금의 세계를 창조했다. 우리의 문화적 해법과 관습, 우리가 사용하는 기술 뒤에 특별한 설계자가 존재하지 않는다는 사실이 놀랍게 느껴질 수도 있다. 우리는 보통 발명품을 보면 그 물건을 만들어낸 발명가를 떠올린다. 토머스 에디슨은 전구를 발명한 것으로 유명하며 요하네스 구텐베르크는 인쇄술을 발명했다. 그렇지만 실제로는 천재 한 명이 혼자 발명한 것은 어디에도 없다. 혁신과 발명은 보통 우연이 아니면 기존에 있던 결합이나 반복적인 개선의 결과물이다. 그야말로 다윈이 진화론에서 이야기하는 맹목적 변이와 선택적 기억의 과정이 문화 분야에서도 재현된 것이다.[4] 실제로 축적된 문화가 어떻게 복잡하게 발전하는가를 설명하는 모형에서 새로운 발명이 혁신에 미치는 영향을 비율적으로 거의 의미가 없을 정도이며 반면, 기존 발명 결과물 사이의 **결합**이 가장 큰 영향을 미친다.[5] 정확한 복제를 통해 하나의 관습이 집단 안에서 충분히 오랫동안 순환하며 다른 관습과 합쳐질 수 있고, 그렇게 문화는 자연 선택의 과정 아래 복잡하고 다양하게 진화하게 된다.

그럼에도 불구하고 단지 타인을 따라 하기 위해서 이렇게 큰 두뇌를 갖도록 진화했다는 것은 이치에 맞지 않아 보인다. 많은 전문가는 문제 해결에 있어 발명과 복제 중 어느 쪽이 최선의 방법인지 오랫동안 고민해왔다. 결국 영장류가 문제를 해결하려고 애쓸 때 종종 그렇게 하듯 변화하는 환경에 직접 관여함으로써 필요한 최신 지식을 직접 얻을 수 있다.

2010년, 진화 생물학자 케빈 랠런드는 이 질문에 대한 답을 찾기 시작했다. 연구진은 일종의 컴퓨터 선수권 대회를 기획했다. 인기 리얼리티 쇼 프로그램 〈서바이버Survivor〉나 가상 현실 컴퓨터 게임 '세컨드 라이프Second Life'를 혼합한 것 같은 이 대회는 가상의 주인공을 내세워 새로운 세계를 탐험하고 생존을 해야 한다. 대회의 우승자에게는 1만 파운드의 상금이 주어졌다. 이 대회에는 신경 과학자, 컴퓨터 생물학자, 진화 심리학자 등을 포함한 100명이 넘는 참가자가 경합을 벌였다. 이들은 가상의 주인공을 조종해가며 전혀 새로운 환경 속에서 살아남으려 애썼다. 랠런드는 진화 생물학 분야 전문가의 의견과 마찬가지로 최선의 생존 전략은 혁신과 복제를 뒤섞는 것이라고 예상했다.

그렇지만 대회 결과는 충격적이었다. 어떤 조건이나 환경 속에서도 생존을 하는 데 있어 복제 전략이 혁신을 훨씬 앞지른 것이다.[6] 대회를 지켜본 랠런드는 이렇게 말했다. "적당한 균형 같은 건 전혀 필요하지 않았다. 특별한 혁신과 사회적 학습이 뒤섞일 여지는 전혀 없었다." 이 대회의 승자는 수학과 신경 과학을 전공한 두 명의 대학원생으로 이뤄진 팀이었는데 두 사람은 철저한 복제 전략으로 환경이 변할 때마다 가장 최근에 했던 행동을 우선적으로 따라 했다. 다시 말해 두 사람이 내세운 가상의 주인공은 지나간 행동에는 신경을 쓰지 않았다. 인간 역시 이 대회에서 우승한 이들처럼 전략적이고 선택적으로 복제를 한다. 인간은 각기 다른 환경 속에서 배울 만한 사람을 선택하고 믿을 만한 최신 정보를 놓치지 않으려 애를 쓴다.

처음부터 나르두 씨앗이 여러 단계의 처리 과정을 거쳐야 먹을 수 있을 것이라는 거창한 생각을 한 사람은 아무도 없었다. 세대를 거치면서 여러 방법이 반복적으로 진화되었고 각각의 개선 방법이 계속해서 복제되면서 나르두 씨앗을 빵으로 만드는 최선의 방법이 탄생했다. 그리고 이것은 학습 가능한 문화적 관습으로 굳어졌다. 하지만 하나의 문화적 관습이 세대의 생존을 위해 충분히 중요하다고 증명되더라도 문화적 형성 과정에서 공동체 내에 제대로 전파되려면 전통이라는 지원이 필요하다. 전통 또한 문화의 일부이지만, 표면적으로 볼 때 문화적 관습이 주는 실질적인 이득과 전혀 상관없어 보일 때도 있다. 나르두 씨앗을 가루로 내어 물로 씻는 지난한 준비 과정을 얀드루완다 부족은 '갈고 또 간다'는 뜻의 피타-루pita-ru라고 부른다. 그렇지 않아도 과중한 노동에 시달렸을 여성들에게는 큰 부담이었겠지만, 이는 사실 전통적 의식과 관련이 있다. 과학자들은 최근에야 문화적 진화에 의해 선택된 이 씨앗의 처리 과정이 티아미나아제 효소 중독 위험을 크게 줄여주었다는 사실을 발견했다.

관습에 따른 각각의 단계나 과정이 왜 중요한지 굳이 이해하지 않아도 된다. 그저 배우고 익히기만 하면 되는데 이것이야말로 인간과 다른 지능이 있는 동물 사이의 핵심적인 차이라고 할 수 있다. 독일 막스 플랑크 연구소의 진화 심리학자 마이크 토마셀로는 주목할 만한 실험을 했다. 이 실험에서는 열기 힘들게 만들어진 상자에 선물을 넣어 한 아이와 침팬지에게 주었다. 아이와 침팬지 모두 처음에는 스스로 상자를 열지 못했다. 토마셀로는 상자를 이리저리 움직이고 열어 안에 있는 선물을 꺼내는 모습을 보여주었다. 그는 마지막 과정으로 상자를 열기 전에 손으로 자신의 머리를 3번 두드리는 동작을 끼워 넣었다. 아이와 침팬지 모두 토마셀로의 행동을 그대로 따라해 선물을 꺼낼 수 있었지만, 손으로 머리를 두드리는 행동까지 따라한 것은 아이뿐이었다. 침팬지는 그 행동이 상자를 여는 것과 상관이 없다고 보고 따라하지 않았다. 그렇지만 아이는 아무것도 의심하지 않고 모든 행동을 그대로 따라했다. 아이는 자신에게 가르침을 주는 사람을 신뢰해 각각의 단계와 행동에 이유가 있다고 생각해 어쩌면 불필요할 수 있는 부분까지도 따라한 것이다. 실제로 인간의 아이는 행동의 목적이 덜 분명할수록 오히려 더 주의를 기울여 똑같이 따라한다.[7]

복제는 대단히 중요한 행위이기 때문에 인간은 거기에 맞춰 문화적, 생물학적 구조를 진화시켜왔다. 여기에는 긴 어린 시절과 큰 사회적 집단 그리고 더 나은 기억력 등이 포함된다. 인간은 배우는 동시에 가르친다. 인간의 어머니는 아이에게 어떤 일을 하는 시범을 보여준 뒤 아이가 자신을 따라 하는 모습을 지켜본다. 그러면서 일종의 쌍방향 대응 과정으로 다음 단계의 시범을 보여주기 전에 아이의 행동에 맞춰 수정하면서 아이가 최종적으로 원하는 목표에 도달할 수 있도록 돕는다. 다른 동물은 이렇게 쌍방향 대응 행동을 하지 않는다.

가르치는 행위를 통해 지식은 대단히 정확하게 전달된다. 배우는 쪽은 혼자 관찰하고 흉내를 내는 것보다 훨씬 더 효율적으로 필요한 내용을 익힐 수 있다. 특히 복잡한 기술이나 정밀한 과정이 필요한 일은 더욱 그렇다. 어떤 연구에서 돌을 깎아 도구로 만드는 기술을 배우는 방식에 대해 비교한 적이 있는데 가르치는 것이 다른 문화 전파 방식에 비해 두 배는 더 효율적이었다.[8] 아마도 인간은 가르치고 배우는 과정을 통해 문화를 쌓으며 효율이 높은 전달 방식을 갖게 된 것이 아닐까 생각된다. 앞서 언급한 연구에서는 왜 초기 호미니드가 70만 년 동안이나 기술적으로 정체 상태에 있으면서 올도완oldowan 석기(250만 년 전 시작된 석기 문화. 탄자니아 올두바이 협곡에서 처음 발견되었으며 돌의 한 면만을 내리쳐 만든 외날석기로 초기 석기 제작의 특성을 보인다. - 옮긴이)를 벗어나지 못했는지 그 이유를 지적하고 있다. 좀 더 복잡하고 정교한 아슐리안 Acheulean 석기(100만 년 전 인류의 주요 석기 문화. 프랑스 생 아슐 지방에서 처음 발견되었으며 좌우 대칭의 뗀석기 형태를 보인다. 우리나라에서는 연천 전곡리에서 발견되었다. - 옮긴이)가 만들어지기 위해서는 긴 제작 과정이 필요하다, 단순히 타인의 행동을 흉내 내는 것은 충분히 신뢰할 수 있을 만한 사회적 학습 방법이 되지 못한다. 좀 더 정교한 도구를 만들어야 한다면 서로 적극적으로 나서서 제작 과정을 배우고 익혀야 한다. 하지만 인간의 두뇌가 이것을 감당할 수 있게 되기 전까지 이러한 모습은 나타나지 않은 것이다. 약 180만 년 전, 호모 에렉투스의 시대가 되고 나서야 서로 가르치고 배우는 모습이 등장했다.

무엇인가를 가르치는 일은 힘과 노력이 많이 필요하다. 귀중한 정보를 얻어서 생기는 이득이 가르치는 것을 통해 소모되는 에너지를 초과할 때 비로소 이런 방식으로 진화할 수 있다. 침팬지처럼 지능이 뛰어난 동물은 힘과 노력을 투자해 가르칠 필요를 느끼지 못한다. 어린 개체도 단순한 기술 정도는 스스로 익힐 수 있을 정도로 영리하기 때문이다. 가르치는 일은 이타적인 행위이다. 그렇기에 개미나 미어캣처럼 집단의 일원이 공동으로 힘을 합쳐 살아가는 일부 종에서만 찾아볼 수 있다. 문화적 복잡성은 충분할 만큼 정확한 지식을 전달하기 위해서 가르치는 과정을 바탕으로 해야 하지만, 동시에 가르치는 과정을 더 효율적인 문화 전파 방식으로 만들어준다. 문화적 관습이 복잡해질수록 지식의 중요성은 더 커지기 때문에 단순히 흉내를 내거나 복제하는 것에만 기대는 것은 비효율적이며 신뢰할 수도 없다. 또한 문화적 지식이 복잡하게 발전하면서 축적되면 타인에게 전달할 수 있을 정도로 충분한 지식을 갖춘 구성원이 늘어나면 자연스럽게 가르치는 역할을 하는 구성원도 늘어나게 된다. 가르치는 일은 문화적 복잡성에 대해 설명을 해줄 뿐만 아니라 문화적 복잡성 자체를 만들어내기도 하지만 이 역시 인간의 또 다른 의견 교환의 구조 안에서 일어나는 일이다.

문화적 폭발

우리의 문화 주머니 안에 축적된 관습이나 기술은 세대를 거치면서 복제되어 수도 없이 반복해서 나타난다. 환경의 변화는 생물학적 진화에 미치는 영향과 마찬가지로 문화적 변이가 폭발하는 기폭제 역할을 한다. 예를 들어, 연구자들은 32만 년 전 동아프리카 지역에서 발생한 일련의 기후 및 자연 환경의 변화를 날카로운 흑요석 칼날 제작과 거래 같은 복잡한 문화적 특성이 출현한 것과 연관시켜왔다.[9] 필요가 꼭 발명의 어머니일 필요는 없다. 그렇지만 새로운 선택 압력이 기존의 지식과 행동에 어떻게 작용해 그 전파 속도를 바꿔놓을 수 있었는지를 보여준다. 만일 지상의 먹을거리가 부족해지면 전에는 보기 드문 기술이었던 낚시 기술이 더 유행하게 될 것이다.[10] 6만 5000년 전 오스트레일리아에서는 목초지가 늘어나면서 씨앗을 갈아서 먹는 기술이 널리 퍼졌다.[11] 이렇게 보면 때로 진화란 적자생존의 법칙이라기보다는 열성종 실패의 결과라고 생각하는 것이 더 적절할 수도 있다. 다양한 관습과 기술 중에서 세대를 거치는 동안 사회에서 많이 쓰이지 않는 것들은 결국 자리를 잡지 못하고 사라진다. 그러면 나머지 것들이 계속 복제되어 보급되면서 사람들에게 유용하게 쓰이게 될 것이다.

환경의 변화는 인구 규모에도 영향을 미치며 인구 규모는 그 자체로 문화에 중요한 영향력을 갖고 있다. 인구 규모가 커진다는 것은 결국 집단 지능의 규모가 변화한다는 의미이기 때문이다. 집단 지능이 일종의 지렛대 역할을 해서 각 개인도 어렵지 않게 많은 것을 배울 수 있는 것처럼 더 많은 문화적 관습이 쌓여 문화라는 지렛대의 힘이 더 강해지면 공동체의 에너지 효율은 더 높아지고 축적된 문화적 진화도 속도를 낼 수 있다. 대부분의 혁신은 기존의 발상을 결합하는 것에서 탄생한다. 그런 식으로 수많은 조합이나 결합이 만들어질 수 있기 때문에 문화 주머니에 내용물이 쌓여갈수록 엄청난 영향을 미칠 수 있다. 각각 한 번씩만 조합이 된다는 가정 하에 3개의 항목은 6가지 방식으로 조합이 될 수 있다. 그런데 그 항목이 4개가 되면 조합 방식은 24개로 늘어나며 10개로 늘어나면 350만 가지 이상의 조합 방식이 나올 수 있다. 집단의 규모가 더 커질수록 다양한 역량을 갖춘 집단 지능을 보유할 수 있으며 역시 같은 이치로 더 큰 규모의 집단이 필요한 이득을 얻을 수 있는 물리적인 에너지 비용을 감당할 수 있다. 그 결과 인구의 증가와 함께 갑자기 복잡성이 크게 늘어나면 그때를 기점으로 문화적 폭발이 일어나는 것을 확인할 수 있다.

혁신적인 고고학적 발견을 통해 이런 창의성의 폭발 중 하나가 4만 년 전 유럽에서 일어난 것으로 추정된다. 이 발견을 이끈 전문가들은 복잡한 언어 체계와 도구를 포함한 현생 인류의 문화가 이 무렵 출현했다고 주장한다.[12] 이들에 따르면 아마도 이 무렵 네안데르탈인과 이종교배의 결과로 일어났을 유전적 변형이 인류의 갑작스러운 인지 능력 향상을 가져왔고 행동으로 봤을 때 현생 인류라고 판단할 수 있을 만한 혈통이 출현했다는 것이다. 물론 이 주장을 뒷받침할 만한 확실한 근거는 부족하다. 당시 유럽에서 만들어진 많은 도구나 공예품 등을 지금도 발견할 수 있는 것은 당시 사람들이 특별해서가 아니다. 부분적으로는 지난 수백 년 동안 해당 지역에 대한 연구가 대단히 활발하게 진행되었고 발굴 지역이 주로 온도가 낮고 건조한 동굴이라서 열대 지방에 비해 고대 유물의 보존이 잘 되었던 것도 이유 중 하나다.

당시 유럽에서 일어나고 있었던 인구학적, 문화적, 사회적, 환경적 변화가 문화적 복잡성을 이끈 것도 또 다른 이유가 될 수 있다. 최근 유전학자들은 5만 년에서 4만 년 전 사이 선사 시대에 최대 규모의 인구 증가가 일어났다는 사실을 밝혀냈다.[13] 또한 다른 유전학자들은 4만 5000년 전 유럽에서 일어난 문화 폭발과 9만 년 전 아프리카 사하라 사막 남쪽 지역에서 일어난 문화 폭발을 비교

불

하면서 각각의 인구 밀도 사이에 커다란 유사점을 발견했다.[14] 인구가 많고 문화적으로 더 다양할 경우 물리적, 사회적 환경이 변화할 때 잠재적 해결책에 대해 더 큰 지원을 기대할 수 있다. 이러한 지원을 통해 새로운 문화적 관습에 적응할 수 있는 기회를 더 많이 가질 수 있으며 사회는 좀 더 유연해지고 도구와 예술품 제작 기술도 그 복잡함이 더해져 오래 유지될 수 있다. 인구가 늘어난다는 것은 더 튼튼한 문화적 지렛대를 갖게 된다는 뜻이다.[15] 이와 유사하게 한 집단이 다른 집단과 더 잘 연결되어 있는 경우, 집단 내에서 서로 협조가 잘 되는 경우 집단의 구성원은 새로운 문화적 관습과 기술을 습득할 수 있는 기회를 더 많이 갖게 된다. 반대의 경우도 마찬가지이다. 규모가 작고 고립된 집단은 단순하고 다양성이 떨어지는 기술들로 이어지는 문화적 진화를 경험하게 된다. 그러다 사실상 문화 자체를 상실하게 될 수도 있다.* 당연한 일이지만 영양 개선, 다산, 유아 사망률 하락 같은 모든 문화적 관습을 통해 인구가 증가하면 이러한 관습도 함께 퍼지게 될 것이다. 결국 인구는 더 많이, 더 빠르게 늘어나게 된다. 불을 만들어내는 기술도 이러한 방식으로 급속하게 퍼져나갈 수 있었다.

문화적 기술의 상실과 습득이 반복되는 동안 모든 사회는 기술 자체보다 이런 기술을 가능케 하는 집단의 연결 구조에 더 의지하게 된다. 나는 지금 이 글을 컴퓨터로 작성하고 있다. 나로서는 키

---

* 이 문제에 대해서는 10장에서 자세히 알아보게 될 것이다.

보드가 어떤 원리로 이루어졌고 또 어떤 식으로 작동하는지 굳이 알 필요는 없다. 모니터에 글자가 어떤 원리로 나타나는지 알 필요도 없으며 그저 손가락으로 자판을 두드리기만 하면 된다. 나 또한 수많은 사람이 만들어낸 복잡한 연결 구조에 의지하고 있다. 여기에는 설계자, 기술자, 제조공, 광부 등 수많은 사람이 포함되어 있다. 이 사람들이 없었다면 컴퓨터로 글을 쓰는 건 불가능했을 것이다. 물질적으로 그리고 문화적으로 복잡한 지구촌에서 산다는 것은 바로 이런 의미이다. 나로서는 모든 기술이 어떤 과정을 거쳐 나에게 오게 되었는지 도저히 알 도리가 없으며 일상에서 직접 그런 기술을 재현하는 것도 불가능하다. 더 놀라운 것은 거대한 연결망에 속해 있는 타인도 나와 똑같은 처지라는 사실이다. 광부는 곡괭이로 어느 곳을 어떻게 내리쳐야 하는지 배운다. 그렇지만 자신이 캐낸 광물이 어떤 가공 과정을 거치는지, 선박의 뼈대가 될지 혹은 전자제품의 부품이 될지 전혀 알지 못한다. 우리가 생물학적 진화를 통해 엄청난 생태학적 다양성과 생명의 복잡성이 비롯되었다고 이해하는 것처럼 문화적 진화는 우리의 일상생활 속 문화적 관습이 매일 지속될 수 있는 체계를 구축한 것이다.

에너지 효율의 발전

지금 내 손에는 부싯돌 하나가 들려 있다. 아주 먼 옛날 존재했을 눈에 보이지 않을 정도로 작은 바다의 생명체가 살아 있는 동안 먹어 만들어낸 에너지로 자신의 뼈대를 만들었을 것이다. 그

불

생명체가 죽고 아마도 수백만 년이 흐른 뒤 그 뼈대가 석영의 일종으로 바뀌어 지각 변동이 만들어낸 엄청난 힘으로 절벽 같은 곳에 박혀 있다가 이렇게 부싯돌이 되어 내 손에 들어왔을 것이다. 그런데 어쩌면 이 눈물방울 모양의 부싯돌은 사람에 의해 또 다른 변신을 했을지도 모른다. 내가 들고 있는 것은 사실 4만 년 전에 만들어진 돌도끼다. 한 생명체가 주어진 물리적 환경에서 돌을 얻어 대단하지는 않지만, 그럭저럭 도구라고 부를 만한 것을 만들었다. 이 도구를 만든 손은 아마도 나와 비슷한 크기였을 것이다. 돌도끼가 내 손바닥에 딱 들어맞기 때문이다. 나는 이 도구의 무게와 인체공학적으로 다듬어진 모양을 느끼고 본능적으로 도끼의 날 부분을 움켜쥔다. 나도 제대로 배우기만 했다면 갓 사냥한 사슴의 가죽을 벗기고 고기를 분리하는 일 정도는 할 수 있지 않았을까? 아마 이 돌도끼는 그런 용도로 사용되었을 것이다.

당시 돌도끼는 필수 다용도 도구였다. 이 돌도끼로 무엇인가를 자르고, 쪼개고, 깎고, 다듬어 다른 도구를 만들었을 것이고 때로는 무기로도 사용하는 등 맨손으로는 훨씬 더 어려웠을 수많은 일을 했을 것이다. 다시 말해서 돌도끼는 신체 능력을 대신해주는 문화적 지렛대였다.

인간에 의해 최초로 이런 돌도끼가 만들어진 건 150만 년 전의 일이다. 그리고 불과 지난 세기까지도 일부 사냥 및 채집을 주로 하는 부족에서 사용하는 모습이 관찰되었다. 우리는 돌도끼의 흔적을 아프리카 사하라 사막 남쪽 지역에서 시작해 북극 지역에서까지 발견할 수 있다. 동굴 속에서 발견되기도 했고 대규모로 돌도끼를 만들었던 것으로 추정되는 어느 절벽 아래에서는 대량으로 돌도끼가 발견되기도 했다. 돌도끼가 인간 생존에 얼마나 중요한 역할을 했었는지 생각해본다면 실제로 돌도끼를 만드는 일이 그리 쉽지 않았다는 사실에 놀라게 된다. 돌도끼 제작자는 쓸만한 돌을 찾아 캐내고 다듬는 기술을 서로 공유했다. 당시 인간은 다양한 형태와 쓰임새의 돌, 나무로 만든 도구, 일종의 실, 그 밖에 도끼나 칼의 손잡이가 될 만한 재료, 불을 일으킬 수 있는 부싯돌과 부싯깃, 가죽이나 내장 같은 동물의 부산물을 가지고 다녔다. '석기 시대'라는 용어는 종종 원시시대나 그 이전 시대를 의미할 때 사용이 되지만, 그렇게 수십만 년 전 인간이라는 생명체의 종이 본격적으로 활동하던 시기에 돌을 가공하는 작업은 대단히 정교한 기술로 발전했고 거기에 지질학, 파괴역학 그리고 돌의 열특성과 관련된 지식까지 두루 갖춰야 했다. 인류학자들의 최근 발견에 따르면 하이델베르크인은 50만 년 전에 남아프리카 지역에서 정교한 창을 만들어 사용했다고 한다.[16] 돌로 만든 창날을 나무로 된 자루에 단단하게 붙들어 매기 위해서는 나무껍질에서 얻은 수지로 만든 접착제를 불에 녹여야 했을 것이다.

이렇게 여러 가지가 한데 모여진 도구를 만든다는 것은 인지적으로 어려운 일이다. 작업 기억working memory 능력이 필요하기 때문에 다른 동물로서는 감당하기 어렵다. 머릿속으로 여러 정보를 한꺼번에 검색, 처리, 다시 기억하는 능력을 의미하는 작업 기억은 전략을 세우고 많은 일을 한 번에 처리하는 데 사용된다. 동물을 잡는 덫이나 올가미 등 초창기 인류가 사용한 다양한 도구는 모두 이 능력을 바탕으로 탄생했다. 예컨대 덫을 만들기 위해서는 동물을 낚아채 움직이지 못하게 하는 장치를 구상하는 능력, 실제로 구현할 수 있는 기술과 함께 의도한 대로 장치가 작동했는지 확인할 수도 있어야 한다. 또한 제작 과정에 육체적인 능력과 노력도 필요하다. 필요한 재료를 구해 한동안 작업에만 집중하는 것은 피곤하고 지치는 일이다. 더군다나 제작 방법을 제대로 배워 능숙해지려면 더욱 그랬을 것이다. 혁신은 시행착오를 바탕으로 하며 동일한 수준의 결과물을 반복적으로 얻기 원한다면 오랜 시간 많은 에너지를 쏟아부어야 한다. 인간과 같은 동물은 음식물을 체내에서 처리해 에너지를 얻는데 결국 에너지가 소모될수록 더 많은 음식물이 필요하게 된다. 먹을거리를 찾는 것 또한 시간과 에너지가 필요한 일이다. 그렇지만 필요한 기술을 습득하고 완전히 손에 익을 때까지 충분히 연습했다면 이후에는 소모되는 에너지가 현저하게 줄어든다.

신뢰할 수 있는 수준의 정교한 복제 과정을 거쳐 시간과 에너지를 절약할 수 있다면 기술은 더 복잡하게 발전할 수 있다. 이를 통해 에너지를 더욱 절약할 수 있도록 돕는 장치와 특별한 맞춤형 도구도 만들어질 수 있다. 드라이버가 없어 칼로 나사를 조여본 경험이 있다면 상황에 맞는 적절한 도구의 사용이 얼마나 효율적인지 이해할 수 있을 것이다. 이렇게 깨닫게 되기까지 개인뿐만 아니라 집단 전체도 상당한 시간과 에너지를 투입해야 했다. 에너지를 낭비하지 않으려면 전문 인력, 즉 물리적 지렛대를 충분히 사용할 수 있는 더 큰 규모의 집단이 규모의 효율성을 보여주어야 한다. 실제로 집단 지식, 즉 인지적 지렛대를 가지고 있는 대규모 집단만이 이런 일을 할 수 있다. 이와 같은 규모의 효과는 집단 자체가 커지기 전에 서로 다른 집단 사이에 신뢰할 수 있는 관계를 구축하는 것으로도 어느 정도 만들어낼 수 있다. 이런 방식으로 집단 지식을 하나로 모을 수 있으며 자원 및 기술의 교환을 통해 노동 비용을 줄일 수 있다. 자체적으로 규모가 크면서도 내부 구성원들이 서로 잘 연결되어 있을 때 더 뛰어난 기술이 만들어지는 것은 바로 이런 이유 때문이다.

기술적 복잡성을 이끌어낸 문화적 진화는 개인의 인지적 처리 과정과 기억, 지식, 신체적 노동의 상당 부분을 집단에 의지할 수 있는 능력에 좌우되었다. 결과적으로 개인의 생물학적 역량을 훨씬 뛰어넘는 생산 능력을 이끌어낼 수 있었다. 에너지 효율성은 생물학적 진화는 물론 문화적 진화에도 강력한 선택 압력으로 작용했다. 우리는 서서히 개인의 신체적, 생물학적 역량과 환경을 변화시키는 역량을 구분하기 시작했다. 인간이 음식을 조리할 수 있는 도구와 무기를 발명하게 되면서 다른 육식 동물과 비슷했던 커다란 턱과 치아, 손톱의 형태가 변하게 되었다. 하지만 인간은 사회적 도구를 사용하게 되면서 다른 동물의 생물학적 역량을 훨씬 뛰어넘을 수 있었다. 현재 인간이 누리고 있는 모든 것들, 불에서

불

부터 종이 클립, 스마트폰에 이르는 모든 것은 인간이라는 종이 에너지 효율을 높여가는 과정에서 만들어낸 것이다.

인간의 기술이 진화하면서 신체 능력을 대신하는 문화적 지렛 대 역시 더 튼튼해졌다. 인간은 매일 2000킬로칼로리 이상의 음 식을 섭취해 평균 신진대사 능력을 기준으로 90와트의 에너지를 만들어낸다. 하지만 인간이 실제로 사용하는 에너지는 90와트가 훨씬 넘는다. 단순하게 생각하면 90와트란 백열등 하나를 밝힐 수 있을 정도의 에너지에 불과하다. 지금 이 글을 쓰고 있는 내 머리 위로는 백열등 2개가 밝혀져 있고 책상에도 전등이 하나 있다. 물 론 컴퓨터 본체와 모니터도 작동하고 있으며 라디오도 켜 놓았다. 전기를 사용하는 난방기도 작동 중이다. 조금 전 세탁기가 돌아가 기 시작했고 하루에 섭취하는 음식 대부분은 전기 레인지에서 만 들어진다. 내가 가볍게 먹은 아침 식사로는 분명 이런 모든 일을 해낼 수 없다. 영국 사람은 평균적으로 집 안에서만 자신의 신진 대사가 만들어내는 에너지의 4배 이상을 사용한다고 한다. 미국 의 경우 12배에 달한다. 전 지구적으로 인간이 사용하는 에너지의 총량은 약 17.5조 와트에 달한다. 이것을 인구수로 나누면 한 사 람당 약 2300와트로 인간의 '자연적' 능력의 26배에 달한다. 인간 은 에너지와 시간이 많이 소모되는 활동을 분배해 처리함으로써 놀라운 지렛대를 만들어냈다. 이 지렛대를 통해 충분한 여분의 에 너지와 먹을거리, 시간을 가질 수 있었고 그 결과 인구가 크게 증 가했다. 인구가 증가함으로써 규모의 경제를 실현해 자원을 사용하는 데 효율성이 크게 증가했다. 노동의 경우 다른 곳에 적절히 분배함으로써 각 분야의 전문가들이 문화적 관습의 진화를 가속하는 데 더 많은 시간과 에너지를 사용할 수 있었다. 신체 능력을 대신하는 문화적 지렛대는 그 규모와 효율 면에서 크게 진화했고 우리는 식량의 확보에서부터 수송에 이르는 노동 집약적 과정을 아주 저렴하고 자유롭게 처리하는 또 다른 분기점에 도달하게 되면서 지구라는 행성을 지배하게 되었다. 지구상의 식물이 태양으로부터 만들어낸 에너지인 지구의 1차 생산량 중 40퍼센트 이상을 인간이 사용하고 있다.

문화적 진화의 핵심 원동력은 에너지의 생산이나 흐름을 개선하는 새로운 관습이다. 따라서 유전자의 생존율도 개선된다. 후손을 남기는 일은 대단히 많은 에너지가 소모되는 일이며 지구상 모든 동물의 번식 능력은 신진대사의 영향을 받는다.[*] 그렇지만 인간이 문화적 진화를 성공시키면서 궁극적으로 유전자의 생존과 문화적 생존 문제가 서로 분리되었다. 더 부유하고 산업화가 진행된 사회일수록 자녀의 숫자가 적다는 것은 흥미로운 사실이 아닐 수 없는데 영양과 의료 지원이 충분한 상태에서도 출산율이 하락하고 인구도 점점 줄고 있다. 인간은 문화적 진화를 통해 생물학적 진화의 핵심 증거들을 뒤집고 있다.

---

[*] 인간의 아기가 다른 영장류들에 비해 대단히 미성숙하게 태어나는 것과 관련해 40주에 이르는 임신 기간 동안 산모가 자신의 신진대사 비용으로는 자기 자신과 더 성숙한 태아를 감당할 수 없다는 이론도 제기되고 있다.

질그릇의 발명

인간이 에너지를 자유자재로 다루게 되면서 우리 자신은 물론 주변의 환경도 바꾼 것처럼 다시 그 에너지를 사용해 자연의 재료를 인간 세계의 재료로 대체했다. 현재 인간이 사용하고 있으며 일상을 둘러싼 거의 대부분의 물건은 직접 만들어낸 것이다. 인간은 이런 인공적인 배경에 기대 삶의 에너지와 사회적 흐름을 관리하고 있다. 어떤 것을 보고 인공적이라고 말할 때는 자연에서 가져온 재료를 인간의 손으로 바꾼 것을 의미한다. 그렇다면 인간은 자연의 일부가 아니라는 말인가? 인간의 문화적 진화는 인간 생명 활동의 일부이며 문화적 진화의 산물은 인간의 도움으로 새롭게 탄생한 지구의 일부이다.

새는 둥지를 만들고 비버는 둑을 쌓는다. 주어진 환경의 재료가 본질은 그대로인 채 다른 모습으로 새롭게 배치되는 것이다. 그렇지만 오직 인간만이 자연 세계의 원료나 재료를 가져와 다양하고 복잡한 물건으로 만들어냄으로써 일종의 물질적 진화를 이끌어냈다. 인간의 기술은 결합이나 조합을 통해 진화했고 사회와 문화는 서로 긴밀하게 연결이 되어 있기 때문에 하나의 발견이나 경험은 사회적, 기술적인 긴밀한 연결망을 거쳐 다른 수많은 발견과 경험으로 이어진다. 그리고 인간은 이러한 발견을 이해하고 반응할 수 있는 지능과 유연성을 가지고 있다. 인간은 진흙 한 덩어리만으로도 거의 모든 것을 만들어낼 수 있다. 지난 역사 속에서 실제로 그렇게 해왔다. 그렇게 만들어진 물건은 불을 통해 단단하게 구워져 부드러운 진흙 덩어리와는 완전히 다른 특성을 가진 3차원의 단단한 물체로 뒤바뀌게 된다. 진흙을 불에 굽는 과정은 진흙 자체뿐만 아니라 인간 문화에도 대단한 변화를 가져왔다.

인간은 진흙을 불에 구워 질그릇을 만들게 되면서 죽이나 국을 끓이고 기름이나 해초, 발효된 음료 같은 액체를 운반할 수 있게 되었다. 질그릇이 없던 시절, 유목 부족에서는 물을 동물의 내장이나 가죽으로 만든 주머니에 담아 운반할 수밖에 없었다. 단단한 용기에 피, 우유, 물, 기름, 내장 등을 담을 수 있게 된 것은 그야말로 혁명적인 사건이었다. 국물을 만들 수 있게 되자 젖을 뗀 유아가 많은 도움을 받게 되었다. 쉽게 소화시킬 수 있고 독성이 제거된 음식 덕분에 위험할 수 있는 새로운 음식물에 서서히 노출되는 결과를 가져왔다. 예를 들어 솥단지에 끓인 생선 국물에는 오메가3가 포함된 지방질이 포함되어 있어 아이들의 두뇌 발달과 여성의 임신에 큰 도움이 되었다. 이렇게 끓인 국물 하나만으로도 아이들의 건강 수준과 생존율이 상승했고 결론적으로 인구가 늘어나는 데 실질적인 영향을 주었다.

또 어쩌면 질그릇은 농업을 가능하게 만든 기술일지도 모른다. 질그릇이 없었다면 곡물을 어떻게 저장하고 조리하며 발효시킬 수 있었을지 상상조차 하기 힘들다. 질그릇 문화는 사방에서 농업과 동시에 꽃을 피웠다.[17] 평등한 체제였던 사냥과 채집 중심 사회에서 저장 기술의 발전 역시 사회 구조, 세력권, 경제 문제와 관련해 지속적인 영향을 미쳤다.[18] 저장된 음식물은 소유와 재분배가 가능해 정치적 기술이 개입할 수 있는 기회가 함께 제공되었기 때문이다.

질그릇은 자연에서 얻은 재료가 인간에 의해 인공적인 물건으로 바뀐 첫 번째 사례이다. 그리고 각각의 변화가 더 많은 가능성을 이끌어내면서 사회와 그 사회가 만들어낸 발명품 사이에서 펼쳐지는 의견 교환의 관계 역시 보여주고 있다. 문화적 진화가 수천 년에 걸쳐 진행되면서 질그릇을 만들고, 굽고, 장식하는 기술이 아주 복잡하고 다양하게 전 세계로 퍼져 나갔다.[19] 물론 질그릇 자체도 우유 단지, 조각품, 벽돌, 기와, 등잔, 변기, 전자 제품 등을 포함해 헤아릴 수 없을 만큼 다양한 형태로 퍼져 나가게 된다. 질그릇 제작에서 가장 많은 비용이 들어가는 과정이 바로 굽기이다. 필요한 만큼 연료를 모아야 하고 구울 수 있는 가마도 있어야 한다. 그럼에도 질그릇은 한 번에 많이 구울 수 있어 대량 생산 방식을 통해 비용이 하락했고 얼마 지나지 않아 바구니나 나무 그릇 등의 기존 경쟁 기술을 빠르게 대체했다. 바구니나 나무 그릇 등은 한 번에 하나밖에 만들 수 없었기 때문이다.

사회가 더 많은 에너지를 통제할 수 있게 되면서 사회가 보유하고 있는 기술도 효율성과 함께 더 많은 일을 해낼 수 있도록 진화했다. 가마는 단지 질그릇을 굽기 위해 개발되었지만, 질그릇에 유약을 더하기 위해 높은 온도를 만들고 제어하는 과정에서 야금술(광석에서 금속을 골라내고 정련하는 기술. - 옮긴이)로 발전되었을 가능성이 높다.[20] 그릇 장식에 쓰기 위해 광석을 부숴 가마에 넣자 마음대로 녹이고 주무를 수 있는 작은 구리 알갱이가 가마 안에 쌓인 광경을 상상해보자. 돌에서 구리를 얻을 수 있다는 발견, 즉 공작석(구리가 돌로 산화되어 형성된 보석. - 옮긴이)이나 코벨라이트(황화구리로 구성된 광물. - 옮긴이) 그리고 황화구리 성분으로 밝은 녹색으로 빛나는 광석을 녹이고 제련해 구리를 얻을 수 있다는 깨달음은 대단한 충격이었을 것이다. 인간이 밟고 있는 땅속에 얼마든지 재사용할 수 있고 어떤 형태로든 만들 수 있는 놀랍도록 새로운 소재가 감추어져 있었다는 사실이 밝혀진 것이다.

이 새로운 소재를 손에 넣기 위해서는 더 많은 에너지가 필요했다. 가마의 온도를 최소한 섭씨 1000도 이상으로 끌어올리기 위해서는 연료로 숯이 필요했고 풀무의 도움도 받아야 했다. 인간은 새롭게 만들어낸 단단한 구리 칼날로 뼈와 나무 그리고 돌도 잘라낼 수 있게 되었다. 이집트에 있는 거대한 피라미드도 구리로 만든 도구를 사용해 돌을 잘라 쌓아 올린 것이다. 피라미드를 만들기 위해서는 대략 30만 개 이상의 구리 끌을 사용했을 것으로 추정되는데 이 끌을 만들기 위해 1만 톤 이상의 구리 광석이 필요했을 것이다.[21] 당시 필요한 구리를 캐내기 위해 광부들은 길어야 1년 정도밖에 생존할 수 없는 최악의 환경에 내던져졌다고 한다.

기원전 3000년경, 인간은 구리에 주석을 더해 청동을 제작하는 방법을 발견했다.[22] 최초의 합금이었다.[23] 청동은 새로운 교역로를 열었다. 주석은 상대적으로 드문 광물인 탓에 주석이 매장되어 있던 현재 영국 남서부 콘월Cornwall주 지역에서부터 교역로를 따라

불

아프가니스탄까지 이동하기도 했다. 이때 물자뿐만 아니라 기술이나 사상도 함께 전파되었다. 주석 교역로는 최초의 대규모 국제 교역로였으며 이를 통해 부를 쌓은 새로운 사회 지배 계층이 등장하게 되었다.[24] 기원전 1200년경, 이러한 국제적인 교역로가 유목 민족의 침략으로 갑자기 끊어지자 청동의 대체품을 찾아 나서게 되었고 마침내 모든 바위에 가장 대중적인 금속인 철이 상당 부분 함유되어 있다는 사실을 발견했다. 인간은 곧 철기 시대로 접어들었고 그 시대는 단 한 번도 끊어지지 않고 지금까지 이어지고 있다.

철광석을 녹일 때는 구리를 만들 때보다 훨씬 더 높은 온도가 필요했다. 고대 사람들이 당시의 가마나 화로를 이용해 얻을 수 있었던 것은 기껏해야 구멍이 숭숭 나 있는 괴철塊鐵뿐이어서 청동보다 나을 것이 없었다. 망치로 내려치는 단조 작업을 거쳐 강성이 나아지기는 했지만, 여전히 청동을 대체할 수는 없었다. 그럼에도 불구하고 기원전 1500년경, 고대 이집트에서는 이런 방식으로 가공된 철기가 일상적으로 사용되었다고 한다. 이후 숯을 연료로 해 가마의 온도를 끌어올리는 방법이 개발되고 철과 탄소를 결합할 수 있게 되면서 혁신적인 돌파구가 만들어졌다.[25] 이렇게 해서 만들어진 것이 우리가 알고 있는 강철이다. 그때까지 만들어낸 금속 중에서 가장 단단했던 강철은 탄소가 어느 정도 함유되느냐가 제일 중요하다는 사실이 곧 밝혀졌다. 탄소가 1퍼센트 포함되면 좋은 품질의 강철이 되지만, 탄소 함유량이 4퍼센트에 이르면 강도가 떨어져 무르고 만다. 인간은 20세기에 이르러서야 비로소 강철을 제조할 때 어떤 경우에 성공하고 또 어떤 경우에 실패하는지 이유를 정확히 알게 되었다.

이렇게 되기까지 강철 제조법은 세대를 거쳐 대단히 까다롭고 비밀스러운 의식을 통해 일부에게만 전수되었다. 로마 군단은 영국에서 철수하면서 쇠못을 비롯한 관련 기술을 신중하게 감췄다. 부러지지 않는 칼, 수도관, 배를 만들 수 있는 자신들만의 지식이 유출되는 것을 막기 위함이었다. 스코틀랜드에서 발견된 한 구덩이에서는 로마 군단이 철수하면서 두고 간 7톤에 달하는 쇠못과 철제 보급품이 그대로 발견되기도 했다. 이 때문에 지금의 영국 지역에서는 강철 제조를 위한 핵심적인 기술이 사라지면서 아서왕의 명검 엑스칼리버 같은 무적의 무기에 대한 전설만 남게 되었다.

숯을 연료로 철광석을 가열해 불순물을 제거하고 공기로 식히는 용광로 기술은 전 세계 곳곳에서 여러 형태로 발전되어 지금도 사용되고 있다. 탁월한 특성을 갖고 있지만, 어디서든 만들어낼 수 있는 이 금속을 통해 강철 도구가 탄생했고 이를 바탕으로 현대 사회가 건설되었다. 강철 쟁기는 더 넓은 땅을 빠르게 개간했고 강철 도끼는 돌도끼보다 더 빠르게 나무를 베어내 공터를 만들었다. 강철로 만든 못과 수도관, 다리 덕분에 더 튼튼한 사회 기반 시설이 갖춰졌다. 그리고 더 많은 사람이 모여드는 마을과 도시로 발전했다. 그럼에도 더 많은 에너지를 통제하려는 인간의 욕망 때문에 사회를 지탱해주고 있던 환경을 변화시키고 말았다. 숯을 사용하면서 엄청난 규모의 숲이 벌채되었고 전 세계 환경이 극심한

불

피해를 입으면서 늘 그랬듯 사회경제적 대가를 치르게 되었다.[26]

 한 개인이 아무리 뛰어나다 할지라도 앞서 언급했던 것 같은 발견을 우연히 해내거나 직접 철광석에서 강철을 만들어내는 것은 불가능하다. 모든 기술은 수많은 절차와 단계를 거쳐야 하며 관련한 지식은 오랜 세월에 걸쳐 배우고 익히는 과정에서 후세에 전해진다. 이렇게 복잡한 문화는 가르치고 배우는 것을 중요하게 여기고 지리적으로 강력한 연결망을 형성한 사회를 바탕으로 만들어진다. 이러한 사회는 노동의 분업화가 이루어지고 노동에 참여한 이들에게 충분한 물과 먹을거리를 제공할 수 있을 만큼 규모도 크다. 오늘날의 세계가 존재할 수 있는 것은 기술과 사회가 복잡하게 진화할 수 있을 만큼 충분한 시간이 흘렀고 필요한 에너지를 충당할 수 있을 만큼 인구와 연결망이 성장했기 때문이다.

 불을 만들고 통제할 수 있는 기술을 통해 인간은 지구상의 원료를 인간이 만드는 세계의 소재로 변화시킬 수 있는 놀라운 능력을 지니게 되었다. 불을 다루는 기술은 인간 역사에서 중요한 한 획을 그었지만, 동시에 지구상의 다른 생명체 역사에서도 중요한 의미를 지닌다. 불은 인간이 지구의 새로운 지배자가 되는 첫걸음이었다. 우리는 살아 있는 유기체와 그 환경 사이에 있는 에너지 역학을 영원히 뒤바꿨으며 그 바탕이 된 건 똑똑한 집단 지능 체계를 구축하면서 진행했던 전략적 복제 과정이었다.

WORD

언어

WORD

진화는 전적으로 각 개인 사이의 정보 전달을 바탕으로 한다. 그리고 이 정보는 완벽하게 복제되어 저장되고 전파된다. 생물학적 체계 안에서 유전자 정보는 DNA 안에 암호화되어 저장된다. 인간의 문화적 진화에서 핵심적 정보인 문화적 지식은 언어 속에 숨어 있다. 생명체가 유전자의 증식 과정을 개선하는 전략을 진화시켜온 것처럼 문화 역시 그 재생산을 개선하는 적응성을 진화시켜왔다.

VI

집단 기억 장치

한 남자가 파도가 밀려오는 바닷가 한쪽 끝 불빛 속에서 노래를 부르고 있다. 정확히 말하면 나를 향해 부르는 노래는 아니다. 남자가 깜빡이는 불빛 속에서 몸을 일으켰다가 웅크리고 다시 이리저리 몸을 흔든다. 그의 검은색 피부가 어둠 속으로 사라지면서 몸에 칠해진 물감은 눈이 번쩍 뜨일 정도로 번들거린다. 나는 두 팔을 휘두르고 몸을 뒤흔들며 춤을 추는 이 영혼 충만한 생명체 앞에서 그만 기가 질리고 만다. 장단을 맞춰 구르는 발과 번쩍이는 눈 그리고 치아. 남자는 붉은 대지를 발로 구르며 노래하고 물감이 칠해진 막대기를 내리친다. 발아래 따뜻한 대지가 가볍게 몸을 떤다. 몸에 물감을 칠한 10대 아이 한 명이 긴 나무통처럼 생긴 전통 악기인 디제리두didgeridoo를 불어 젖힌다. 마을의 장로로 보이는 남자는 좀 더 거칠게 춤을 춘다. 그러면서도 박자를 놓치지 않고 머리를 미친 듯이 흔들어 대기를 뒤흔든다. 화톳불은 타닥타닥 피어오르고 주위의 다른 사람도 함께 막대기를 내리치고 마른 가지 묶음을 흔들며 노래에 동참한다. 몇 시간이나 지났을까. 욜릉구Yolngu 부족의 장로는 여전히 노래하며 춤을 추고 있다. 그는 샛별이 떠오를 때까지 그렇게 밤새도록 노래를 부를 것이다.

남자는 천지 만물이 창조되던 시절의 이야기를 노래로 전해주고 있다. 이른바 꿈의 시대Dreamtime(오스트레일리아 원주민의 창세 신화.－옮긴이)다. 창조주 바르눔비르Barnumbirr는 땅과 바다를 가로지르는 여행을 하다가 오스트레일리아에 첫 번째 인간을 데려다주었다. 바르눔비르는 바로 샛별, 금성이다. 그는 자신의 여행에 대한 노래를 불렀다. 자신이 발을 딛는 땅과 세상의 시작에 대한 이야기도 그 안에 들어 있다. 사람들의 노래와 춤, 의식을 위해 몸에 칠한 물감 등 모든 것은 생생하게 살아 숨 쉬는 깊은 인상을 심어주었다. 발을 구르고, 막대기를 두드리고, 북을 치며, 디제리두를 부는 소리, 타오르는 불빛, 반복적으로 이어지는 마음을 홀리는 듯한 노랫소리……. 이렇게 모두가 함께 빠져드는 의미심장한 감정과 순간을 어떻게 잊을까. 당연히 이런 분위기 속에서 전해진 노래의 내용은 잊을 수 없을 것이다. 이 노래는 수많은 세월을 따라 서로 가르치고, 배우고, 전해졌다. 어쩌면 오스트레일리아에 최초의 인간이 출현했던 6만 년 전부터 이 노래가 시작되지 않았을까. 이렇게 노래와 춤으로 묘사하는 천지창조의 과정을 오스트리아 원주민들은 노래의 길songlines이라고 부른다.

노래의 길에 담긴 이야기는 구전으로 전해 내려오는 문화적 지식의 저장소로 사회나 부족의 특징을 정리해 공통된 문화적 배경을 통해 이야기의 공동 저자를 하나로 묶어준다. 각각의 원주민 부족은 고유의 독특한 노래의 길을 갖고 있다. 그 안에는 부족의 법칙, 의식, 의무, 책임은 물론 영적인 조상과 주변 풍경에 대한 이야기가 담겨 있다. 또한 노래의 길은 이야기로 엮인 생생한 지도로 오스트레일리아를 가로지르는 보이지 않는 길들의 집합체이다. 미묘하게 바뀌는 선율과 춤 그리고 물감을 칠한 막대기 같은 장식품은 모두 특정한 지형이나 나무, 험한 길, 동물, 날씨의 변화, 물이 있는 곳을 알려주는 장치이다. 또 대개의 경우 물이 있는 곳은 하늘의 별자리를 기준으로 한다. 노래의 길은 언어가 다른 부족 사이의 경계를 초월한다. 만일 노래를 기억하고 있다면 길의 시작에서 끝까지 방향을 잃지 않고 찾아갈 수 있을 것이다. 반복되는 후렴구는 이를테면 지도의 설명 부분으로 영국의 여행 작가 브루스 채트윈의 설명에 따르면 '세상으로 나아가는 길을 찾기 위한 일종의 기억 장치'이다.[1]

오스트레일리아 원주민의 노래의 길 사례는 인간이 만든 이야기가 왜 중요한 의미가 있으며 또 널리 퍼질 수 있었는지 설명해준다. 인간의 이야기는 일종의 집단적인 기억 장치로 이런 이야기 속에는 자세한 문화적 정보가 암호화되어 저장되어 있다. 이야기는 집단의 문화적 지식이 집단적 기억 속에 축적이 되고 진화될 수 있을 만큼 충분히 오래 남아 있도록 도와준다. 동시에 복잡하고 풍부한 문맥의 문화적 정보를 널리 퍼트릴 수 있는 신뢰할 수 있는 방법을 제공한다.[2] 인간의 문화가 복잡하게 진화하면서 이야기는 단순히 중요한 문화적 적응 과정 의상의 의미를 지니게 되었다. 우리의 두뇌는 인지 과정의 일부로 이야기 서술에 대해 반사적으로 반응을 하며 진화했기 때문이다. 이야기는 우리의 정신과 사회, 그리고 환경과의 상호 작용을 형성하며 우리의 삶을 지켜준다.

노래의 길

6만 5000년 전, 처음으로 오스트레일리아 대륙에 첫발을 옮긴 선구자의 수는 얼마 되지 않았을 것이다.[3] 그렇지만 곧 급속도로 인구를 늘려가며 주어진 독특한 환경에 맞춰 생존하는 법을 배웠고 그렇게 부족과 공동체를 키워나갔다. 그들은 오스트레일리아식 화전을 일구고 복잡한 도구를 만들었다. 여기에는 다양한 재료들을 이용해 만든 낚시용 작살, 사냥용 창 등이 포함되어 있다. 각 부족은 건기와 우기에 따라 자주 이동하며 물이나 다른 자원 사이를 옮겨 다녔으며 가는 곳마다 일종의 상세한 지도를 남겼다. 이야기는 배우고 가르치며 기억하는 일에 대단히 유용하게 적용할 수 있는 기술이다. 한 오스트레일리아 원주민 장로는 이렇게 설명한다. "우리에게는 책이라는 것이 존재하지 않는다. 우리의 역사는 대지 위에 새겨져 있다. 우리는 할머니와 할아버지들이 신성한 땅을 보여주고 이야기를 해주며 함께 춤을 출 때 꿈의 시대, 그러니까 우리의 모든 것들이 담겨 있는 츄쿠파Tjukurpa(앞에서 언급한 '꿈의 시대'를 뜻하는 원주민 용어.-옮긴이)에 대해서 배웠다. 우리는 그 모든 것들을 춤을 추며 머리와 몸 그리고 발로 기억한다. 우리는 계속해서 츄쿠파를 새롭게 다시 만들어내고 있다."⁴ 노래의 길을 통해 세대를 거쳐 전해 내려온 문화적 기술들은 오스트레일리아 전체에 원주민들이 널리 퍼져 나갈 수 있는 바탕이 되었다.

이야기는 본질적으로 일종의 사회적 기업이다. 이야기는 정신적 공동체를 이루며 현실을 잠시 잊고 4차원의 시공을 탐험하고자 하는 사람들에 의해 유지된다. 노래의 길을 통해 오스트레일리아 원주민 부족들은 차별화된 문화적 배경을 가질 수 있었지만, 이와 동시에 모두를 하나로 묶는 중요한 역할을 하기도 했다. 이야기, 땅, 사람, 문화로 이루어진 이런 놀라운 구전 전승 지도는 원주민들의 정체성과 관련해 중요한 의미를 가질뿐만 아니라 원주민을 멸종으로부터 구해주었을 가능성도 높다.

지금으로부터 약 2만 년 전, 혹독한 빙하기가 오스트레일리아 대륙을 뒤덮었다. 지구 반대편에서는 유리시아 대륙의 빙하가 4500킬로미터나 확장되어 전 세계 해수면이 20미터나 낮아졌다. 그렇게 물이 줄어들면서 전 세계에 가뭄이 밀어닥쳤다. 점점 더 심해진 가뭄으로 수많은 포유류가 더는 생존할 수 없는 환경으로

언어

변하기 시작했다. 오스트레일리아의 경우 이 시기에 거대 유대목 포유류가 전멸했으며 인구가 60퍼센트나 감소했다. 빙하기에서도 살아남은 사람들은 광대한 대륙 전역에 걸쳐 멀리 떨어진 채 안전한 지역에서 점차 고립되어갔다. 이런 상황은 수천 년 동안 계속되었다. 각자 고립된 소규모 부족들은 기존의 익숙한 먹을거리가 모두 사라진 믿을 수 없는 엄혹한 환경을 경험하게 되었다. 유전자 공급원이 제대로 채워지지 못하면서 치명적인 돌연변이가 나타났고 이로 인해 인구가 감소하기 시작했다.

막바지에 다다른 것만 같은, 그러니까 수십만 년 동안 지구상의 다른 인간들과 떨어져 철저히 고립되어 있다가 이윽고 작은 무리로 흩어져 더 고립된 이 사람들은 진화론적 관점에서 보자면 사실 그 자리에서 멸종했어야 한다.[5] 그렇다면 이 오스트레일리아 원주민은 수많은 동물이 사라지는 와중에서 어떻게 살아남을 수 있었을까?

그들을 구한 건 바로 노래의 길이다. 그 어느 때보다도 혹독한 환경에 내던져진 이들은 필요한 물자를 찾고 살 수 있는 다른 곳으로 이동하기 위해 특별한 전문 지식에 훨씬 더 의존할 수밖에 없었다. 이 시기에 존재했던 것으로 밝혀진 일종의 맷돌을 통해 당시 원주민은 이미 나르두 씨앗을 가공하는 기술을 습득했음을 알 수 있다.[6] 특정 형태로 마모된 성인의 어금니는 이들이 섬유를 가공해 낚시용 그물도 만들었음을 알려준다. 여러 단계를 거쳐야 하는 복잡한 기술은 집단 기억 장치 안에 저장이 되었을 것이 틀림없다. 정보가 무용지물이 되었을 때에도 그대로 전해 내려왔을 것이다. 예컨대 더는 나르두 씨앗을 구할 수 없는 곳에 정착했더라도 부족을 구원했던 경험으로 기억하는 것이다.

노래의 길은 인간이 '이기적 유전자'를 통해서만 존속을 꾀하는 것이 아니라 문화적 정보를 품을 수 있는 더 우수한 무리가 존재했을 것이라 확신하는 데 도움을 주었다. 원주민들은 혹독한 빙하기를 거치며 노래의 길과 그 밖의 관련 의식을 통해 고립된 상황을 견뎌냈다. 그리고 반대로 고립된 상황은 이야기와 의식이 계속 이어지는 데 도움이 되기도 했다. 다른 생각을 가진 새로운 구성원의 유입이 없는 상황에서는 문화의 변화나 발전을 기대할 수 없지만, 누구나 보편적으로 이해할 수 있는 노래의 길을 통해 고립된 상황에서도 유대감을 키워나갈 수 있었다. 노래의 길은 서로 관계를 맺어주는 역할을 했으며 꼭 필요한 유전자 교환으로 다양성을 확보하고 멸종의 위기를 이겨낼 수 있었다. 노래의 길은 문화와 유전자 공급원이 건강한 상태를 유지할 수 있도록 해주었다. 다른 대형 포유류와는 달리 빙하기의 원주민 문화가 고립감과 유대감 사이에서 균형을 찾을 수 있도록 도운 것이다. 기후가 온화해지고 점점 살기 좋은 환경으로 바뀌면서 오스트레일리아 원주민은 크게 번성하게 된다. 17세기 무렵까지 오스트레일리아에는 서로 다른 언어를 사용하는 300여 부족이 100만 명 가까운 인구를 유지하며 살고 있었다.

인간이 전 세계로 흩어져 살게 되고 환경과 사회가 던져주는 여러 어려움을 경험하면서 이야기는 서로를 이끌고 묶는 역할을 하게 되었다. 사회가 복잡하게 성장할수록 이야기도 함께 적응하고 진화하면서 바로 주변에서부터 전 세계로 확장된 물리적, 사회적 환경을 헤쳐나갈 수 있는 정신적 기술을 전수해 주었다. 이제는 잘 알려진 이야기를 일종의 문화적 교훈 등으로 축소시켜 여전히 인간을 이끌어주는 지표로 삼고 있다. '양치기 소년' 이야기를 '거짓말을 해서는 안 된다' 정도의 교훈으로 바꾸는 식이다. 지도 같은 지리적 정보를 이야기로 설명하는 것 역시 과거에 널리 사용된 방식이다. 호메로스의 《오디세이》는 유명한 고대 그리스의 서사시이면서 지중해의 지도를 쉽게 기억할 수 있도록 해준다.[7] 코끼리도 지리적 정보를 이야기 속에 담아내 활용한다는 증거가 발견된 바 있다. 코끼리는 인간과 마찬가지로 신체 크기에 비해 두뇌 크기가 비교적 크며 뛰어난 기억력을 가지고 상호 의사소통과 협동에 적합하도록 진화한 대형 포유류이다. 코끼리 무리의 암컷 우두머리는 오래전 가뭄이 있었을 때 찾아갔던 물웅덩이를 기억해내 무리를 위기에서 구한다.

이야기는 생존을 위한 적응의 대표적인 사례라고 할 수 있다. 우리는 전해 내려오는 이야기를 통해 과거의 기억을 더듬을 수 있을뿐만 아니라 특별히 시간과 노력을 들이지 않고도 앞으로 있을 미래의 상황을 미리 그려보고 예측할 수 있다. 이렇게 이야기는 가상 세계에서의 사고 실험과 비슷한 역할을 한다. 인간은 생각만으로도 위험하거나 어려운 상황을 경험하고 그 결과를 기억 혹은 저장해둘 수 있다. 이러한 과정은 언제나 직관적으로 이루어진다. 예를 들어 두 개의 서로 다른 수원지로 가는 여정을 상상한 다음 어느 쪽으로 가는 것이 더 나을지 굳이 직접 경험하지 않고도 결정할 수도 있다.

강력한 문화적 도구

만일 그냥 "바위가 쌓여 있는 곳 근처는 위험하니 가까이 가지 마라"라는 말을 들었다면 흘려듣기 쉽다. 하지만 "내 사촌이 바위가 쌓여 있는 곳에 올라가 앉았다가 거기서 쉬고 있는 사자에게 잡혀 얼굴을 물어 뜯겼다"라는 말을 들으면 훨씬 더 잘 기억할뿐더러 당연히 생존 확률도 높아진다. 이야기가 가진 서술적 장치가 사실을 바탕으로 한 정보를 이해하고, 정리해, 공유하고, 저장하는데 도움을 주는 문맥적인 '기반'을 제공하기 때문에 문화의 기억 저장소 역할을 한다고 볼 수 있다.

이야기로 전해 들은 정보는 훨씬 더 기억하기가 쉽다. 연구에 따르면 이야기를 들으면 두뇌의 여러 영역이 동시에 활성화되기 때문에 무려 22배나 더 기억하기가 쉽다고 한다.[8] 단순히 사실만을 나열하면 두뇌에서 언어 처리를 담당하는 브로카 영역 Broca's area과 베르니케 영역 Wernicke's area만 반응하지만, 똑같은 정보라 할지라도 이야기를 통해 전달될 경우 서술과 관련된 두뇌의 다른 영역들이 함께 깨어난다. 이야기에 달리기에 대한 내용이 들어 있으면 운동 피질이 함께 깨어나며 부드러운 비단으로 만든 옷이 언급되면 감각 피질이 함께 반응하는 식이다. 두뇌는 마치 우리가 이야기 속에서 살아가며 그 이야기를 직접 경험하고 있는 것처럼 반응한다. 이런 식으로 이야기를 전해주는 사람은 감정과 사상 그리고 새로운 생각을 듣는 이들의 머릿속에 심어주어 똑같은 사건을 경험하고 있는 것 같은 느낌마저 들도록 만든다. 실제로 이야기를 전해주는 사람과 듣는 사람의 두뇌를 확인해보면 이야기가 진행되는 동안 동시에 똑같이 반응한다고 한다. 신경학자들은 이런 현상을 두고 '화자와 청자의 신경 결합'이라고도 설명한다.[9]

정리하면, 인간의 두뇌는 이야기를 들으며 세상을 이해할 수 있도록 진화했고 이야기는 놀라울 정도로 강력한 문화적 도구가 되어 유전자와 문화의 상호 진화를 더욱 강화시켜 주었다. 우리는 인생의 모든 사건을 중심으로 이야기를 엮어 나가며 이야기를 통해 우리 자신의 인생은 물론 전 세계를 이해할 수 있다. 그리고 대부분의 사람들은 지금도 계속되는 장대한 이야기의 근원이 초자연적인 창조주라고 여긴다.

이야기는 생존을 위한 진화적 과정에 의해 다듬어진 두뇌의 정교한 예측 장치라고 할 수 있다. 두뇌의 중요한 역할 중 하나가 바로 눈, 귀, 피부, 내부 기관 등 신체 각 부분이 전해오는 자극을 받아들이는 것이다. 두뇌는 이 정보로부터 현실에 대한 인식, 자신에 대한 감각, 주변을 둘러싸고 있는 세상에 대한 이해 등을 이끌어낸다. 이러한 과정을 보통 의식意識이라고 부른다. 두뇌는 새로운 감각 정보와 함께 끊임없이 그 예측 장치를 새롭게 개선하며 그 예측력을 이용해 환경과의 상호 작용을 이끌어주고 무엇보다도 위험 요소들을 피하며 식량을 확보할 수 있도록 해준다. 예를 들어 인간은 예측 장치를 통해 무거운 물체는 아래로 떨어지고 그늘진 곳에 있는 물체는 더 어둡게 보이며 물은 씹을 필요가 없다는 사실 등을 배우게 된다.[10]

두뇌는 어떤 상황이 벌어지는 것을 이해하기 위해 상황의 주역과 유형을 파악하고 이야기를 만들어내 받아들인 정보의 파편을 하나로 짜 맞춘다. 반쯤 잡아먹힌 암소를 발견했을 때 으르렁거리는 소리를 들었다면 조금 전 사자의 공격이 있었음을 유추할 수 있다. 이렇게 짜 맞춘 이야기를 기억하면 더 이상의 손실을 막기 위해 울타리를 세워 다른 암소를 보호하려 할 것이다. 만일 사건의 원인이 확실하지 않다면, 그러니까 암소가 죽은 이유를 정확히 알 수 없을 때에는 다른 이야기를 만들어내려 한다. 그저 운이 나빴을 수도, 마을의 늙은 여자가 암소에게 저주를 걸었을 수도 있다. 혹은 정령이 화가 나서 심술을 부렸을 수도 있다. 단순한 행운이나 불운에 대해서는 할 수 있는 일이 별로 없지만, 마을의 늙은 여자의 짓이라면 마녀로 몰아 벌을 주거나 정령에게 제물을 바쳐 마음을 달래줄 수도 있다. 이런 조치를 취한 후 남은 암소에게 아무런 피해도 발생하지 않으면 이야기를 새롭게 구성하게 된다. 마을의 늙은 여자를 처리했거나, 정령들을 제물로 달랬거나, 운이 바뀌었기 때문에 그렇게 되었다는 이유를 제시할 수 있게 되는 것이다. 이렇게 해서 인간의 문화적 지식 창고에 유용하면서도 동시에 악용될 소지가 있는 새로운 믿음을 하나 더 추가하게 된다.

　이야기는 삶에 의미를 제공하는 존재론적 문제 해결의 한 방법이 될 수 있기 때문에 인간은 아무것도 존재하지 않는 상태에서도 이야기를 만들어내려는 경향이 있다. 1944년 미국에서 실시한 한 연구를 보자.[11] 34명의 대학생에게 짧은 애니메이션 한 편을 보여주었다. 영상에서는 2개의 삼각형과 원 하나가 가로지르고 사각형 하나는 옆에 움직이지 않고 그대로 남아 있었다. 학생들에게 무엇을 보았는지 묻자 33명의 학생은 도형을 의인화해 이야기를 만들어냈다. 원은 무언가를 '걱정'하고 있고, 작은 삼각형은 '어리고 순진하고', 큰 삼각형은 '분노와 좌절에 눈이 멀어 있다'고 답했다. 오직 한 학생만 수학책에 등장하는 것 같은 도형들을 보았다며 보이는 그대로 답했다.

　인간의 두뇌는 본질적으로 주변 세계에 대한 인상을 일종의 환각으로 나타내려 한다.[12] 이 환각을 바꾸기 위해서는 입력되는 정보를 조금 수정하면 된다. 이런 과정은 대단히 강력한 힘을 가지고 있어서 앞서 언급한 암소 사건처럼 자신에게 들려주는 이야기를 바꿀 뿐만 아니라 신체적 경험까지도 뒤바꿀 수 있다. 두뇌는 이야기를 이용해 신체의 감각으로 받아들인 자료를 해석하고 대응하도록 돕기 때문이다. 만일 고통을 겪고 있는 한 사람이 의사에게 약을 받으면서 고통을 덜어줄 것이라는 말을 듣는다면 실제로 그 약은 고통을 덜어주는 효과를 낼 수 있다. 고통이 사라지는 것은 실제로 약이 신진대사를 일으켜 몸 안의 히스타민을 줄여주기 때문일 수도 있고 약의 효과와 상관없이 두뇌에서 히스타민 생산을 줄이라고 직접 명령했기 때문일 수도 있다. 의사에게서 약의 효과에 대한 이야기를 들었기 때문에 두뇌가 약의 효과를 기대하기 때문이다. 자신에게 약과 의사에 대한 이야기를 들려주는 것만으로도 약의 생화학적 반응을 이끌어내기에 충분하다. 그 약이 아무런 효과가 없는 그저 설탕 덩어리라고 해도 말이다.

사실 그 약이 아무런 효과가 없다는 사실을 알고 있더라도 상징적인 위력만으로 두뇌가 치유 반응을 일으키도록 자극하는 이야기를 만들어내는 데 충분하다.[13] 약은 의사 복장을 한 사람을 등장시키거나 약을 그럴듯하게 보이는 설명이나 성분이 잔뜩 적혀 있는 포장으로 감쌌을 때 더 강력한 권위를 가지게 되어 효과를 더 높일 수 있다. 아니면 문화적으로 적절한 의식을 덧붙일 수도 있다. 어떤 경우에는 약을 복용하는 것보다 주사로 투여할 때 효과가 더 크게 나타날 수도 있다. 그렇게 하면 이야기가 더 그럴싸하게 전해지기 때문이다.

위약이 효과를 나타내는 것은 그 이야기가 인간의 문화적 형성 과정에 이미 들어 있기 때문이다. 따라서 문화에 따라 각기 다르게 작용할 수 있다. 궤양에 대한 치료법으로 위약을 활용할 때 이웃하고 있는 덴마크와 네덜란드보다 독일에서 효과가 2배나 더 높게 나타났고 고혈압 치료법으로 활용할 때는 다른 국가들에 비해 독일에서 그 효과가 훨씬 미미하게 나타났다.[14] 인간의 믿음에 의해 신호를 받아 만들어지는 두뇌의 화학 물질은 염증이나 긴장

언어

감을 포함한 다양한 자극에 대한 대응에 변화를 줄 수 있다. 중국인 중 전통 의학과 점성술을 신봉하는 사람은 태어난 해가 특정한 신체 기관과 관련이 있으며 최종적으로 사망의 원인까지 될 수 있다고 믿기 때문에 해당 기관이나 장기에 병이 생기면 평균 4년에서 5년 이상 빠르게 사망했다.[15] 이같은 놀라운 결과는 중국계 미국인과 유럽계 미국인의 사망률을 비교 연구한 결과로 도출된 것이다. 태어난 해가 같고 역시 같은 질병에 걸린 사람들을 비교해보니 틀림없는 사실이라는 것을 알게 되었다. 중국계 미국인은 운명론적인 이야기를 믿었고 스스로 그런 예언을 현실로 만들었다. 특정 질병에 걸렸을 때 이들이 사망하는 확률이 더 높아지자 비슷한 문화적 믿음을 갖고 있던 주변 사람들도 자신의 믿음에 더욱 신뢰를 갖게 되었다. 이처럼 수명이란 때로는 유전자가 아닌 문화적 이야기의 힘에 의해 결정되기도 한다.

두뇌를 설득해 우리의 몸을 치유하기도 하는 이야기의 힘은 다른 방식으로 작용하기도 한다. 특별한 이유 없이 10대 청소년과 젊은 여성 사이에 집단적으로 흥분 상태가 벌어지고 기절하는 등의 유행병은 역사 속에서도 이미 여러 차례 등장했다. 지난 2012년, 아프가니스탄 북부에 있는 탈루칸 지구의 비비 하제라 고등학교에서 교사와 여학생들이 이런 증세를 보였을 때 사람들은 과격 무장 단체 탈레반이 독극물 공격을 가했을 것이라며 비난했다. 하지만 피해자의 혈액과 소변을 검사했을 때 아무런 독극물도 발견되지 않자 세계 보건 기구에서는 이 사건을 집단 심인성 질환

(신경계 장애에서 기원하는 증상의 빠른 확산을 말한다. 집단성 히스테리라고도 한다. - 옮긴이)으로 결론지었다.[16] 이와 유사한 사건이 요르단강 서안지구에서 일어났을 때 이스라엘과 팔레스타인 양측이 모두 의심을 받았지만, 결국 의료진이 심리적 원인에 의한 사건이라고 결론을 내린 바 있다. 1692년, 미국 매사추세츠주 세일럼에서도 비슷한 증세가 돌림병처럼 나타나 마녀 재판이 벌어진 것도 비슷한 사례라고 할 수 있다. 일련의 모든 사건에서 당사자들은 끔찍한 환경을 경험했다. 그들의 두뇌는 당시 느꼈던 급박한 위험에 대한 이야기를 해석해 신체 증상으로 표현한 것이다. 화학 요법을 시작하려는 환자의 대략 60퍼센트 정도는 치료를 시작하기도 전에 메스꺼움을 경험한다.[17] 두뇌가 화학 요법에 대해 미리 알고 부작용을 예상했기 때문이다.

이런 현상 역시 위약 효과의 일종으로 부정적 영향을 미치는 '노시보nocebo' 효과라고 부른다.[18] 노시보 효과는 저주와 악마의 주문 혹은 흑마술의 위력에 대한 해석이 될 수 있다. 심지어 이러한 저주로 죽음을 맞이한 사례도 있다. 기록에 따르면 의사 드레이튼 도허티는 1940년대 초반, 미국 앨라배마주에서 부두교 주술을 받아 빈사 상태였던 한 남성을 만났다고 한다. 도허티는 어떤 말로도 죽음이 필연적으로 다가올 것이라는 그의 믿음을 바꿀 수 없었다고 말했다. 사실은 그 남성의 두뇌가 죽음을 재촉하는 것이었다. 결국 도허티는 새로운 이야기를 만들어 부두교 주술과 겨뤄보기로 결심했다. 도허티는 강력한 구토제를 처방해 구토를 하도록 만든 후 토사물 속에 몰래 가져온 살아 있는 도마뱀 한 마리를 숨겼다. 도허티는 부두교의 주술로 몸속에서 이 도마뱀이 만들어졌지만, 이렇게 밖으로 뱉어냈으니 저주는 끝났고 몸은 다시 좋아질 것이라고 말했다. 실제로 이 남성은 정상으로 돌아왔다.[19]

진화론적 관점에서 본다면 인간이 본능적인 감정에 대응해 신체적 반응을 일으키는 것은 어쩌면 당연해 보인다. 만약 위험한 장소에 있거나 안전하지 못한 음식을 먹는다면 몸은 흥분을 하거나 구토를 하는 것으로 경고 신호를 보내 필요한 조치를 취하도록 유도한다. 마찬가지로 안전하고 편안한 장소에 있을 때 두뇌는 고통과 통증을 줄여주는 상황으로 이야기를 받아들인다. 이런 일은 특히 아이들에게서 두드러지게 나타난다. 넘어져 무릎을 다친 아이에게 어른이 그저 "호" 하고 불어주는 것만으로도 진정하는 모습을 흔히 볼 수 있다. 이런 현상은 감각적 경험과 현실을 일치시키려는 두뇌의 전략 중 하나로도 생각할 수 있다.

인간은 이야기를 인지적 도구로 활용해 이 세상을 이해하고 상호 작용을 하기 위해 진화시켰다. 인간은 이야기 속에서 꿈을 꾸고 내면의 목소리는 우리가 깨어 있는 시간 동안 세상에 대한 이해를 도울 수 있는 이야기를 제공한다. 이야기 속에서 우리는 영웅이 되고 역사는 일종의 준비운동이 된다. 그리고 우주의 나머지 부분은 삶의 배경이 된다. 대부분의 사람은 삶을 '여정'으로, 삶의 목적을 '여정의 목적지'로 생각하고 삶 속에서 '길을 잃거나' '갈림길에 서게' 될 수 있다고 생각한다. 이야기는 보편적인 인간의 특성이다. 어린 시절부터 자연스럽게 이야기를 만들어내는 모습은 모든 문화권에서 찾아볼 수 있다. 인간은 말을 배우기도 전에 손짓과 발짓을 통해 이야기를 한다. 나의 딸도 말을 하기 전부터 아주 즐거운 듯 손가락으로 나비 모양을 만들어 보여주고는 했다. 딸은 내게 이야기를 한 것이다. 이야기는 사건에 감정을 덧붙이기 때문에 지워지지 않는 기억으로 남을 수 있다.

인류의 조상도 이야기에 몰두했다는 사실은 수십만 년 전 그들이 남긴 동굴 벽이나 바위의 그림으로 분명하게 확인할 수 있다. 그저 평범한 벽이나 바위에 남겨진 손자국이나 명확하게 그림이라고 판단되는 자국은 단순히 영역을 표시하는 것 이상의 무언가를 전하려고 애썼던 인간이 만든 것이다. 이러한 흔적을 통해 그들은 내게 인간이란 결국 사적인 이야기를 하고 그 이야기를 다른 사람들과 나눌 필요가 있는 존재라는 사실을 일깨워준다. 노벨문학상을 받은 작가 가즈오 이시구로는 이렇게 말한다. "이야기란 결국 한 사람이 다른 누군가에게 이렇게 말하는 것이다. 나는 이런 느낌이 든다. 당신도 나와 같은 느낌을 받는가?"[20] 황토색으로 찍힌 손자국은 아프리카 남단에서부터 오스트레일리아 그리고 유럽 등에서도 발견된다. 아마도 말로 하는 언어가 탄생하기 전인 인류의 여명기부터 이야기의 전통은 끊어지지 않고 이어져 내려왔다는 사실을 알려주는 또 다른 증거일 것이다. 2017년, 오스트레일리아의 원주민은 원주민 아이를 죽인 한 남성에게 내려진 가벼운 형량에 항의하며 뉴사우스웨일즈 대법원의 유리로 된 입구

언어

에 황토색 손도장을 찍었다. 이 손도장은 정의를 요구하는 동시에 오스트레일리아 대륙의 첫 번째 정착민인 그들이 손도장을 문화적 도구로 사용했던 시절까지 연결되는 이야기를 들려준 것이다.

관습과 신앙에서의 이야기

스페인 북부 바스크 지방 깊숙이 위치한 칸타브리아Cantabria에는 2개의 지류가 만나 만들어진 3개의 골짜기에 복잡한 동굴 지대가 있다. 사냥감들이 오가는 길목이라는 이유 때문인지 이곳 엘 카스티요El Castillo 동굴은 수천 년 동안 네안데르탈인은 물론이고 이후 출현한 다른 인류의 조상에게 혹독했던 빙하기 동안 피난처가 되어주었다. 미로처럼 얽히고설킨 동굴의 벽은 6만 4000년 전 살았던 두 인류 종족이 다양하게 남긴 놀라운 그림으로 가득 덮여 있다. 과학자들은 동굴 깊숙이 숨어 있는 어느 방에서 발견된 낯선 모습의 정체를 최근에서야 파악할 수 있었다. 나 또한 이 동굴을 찾아가 안내인에게 부탁해 모든 불을 끄고 원래의 의미 그대로 그 모습을 바라보려고 했다.

불을 끄고 얼마 지나지 않아 나의 두 눈이 어둠에 익숙해졌다. 그리고 안내인의 손전등이 깜빡이는 순간 인간인지 들소인지 모를 괴물의 형상이 3차원으로 살아 움직이듯 희미하게 나타나 천장으로부터 무시무시한 표정으로 나를 내려다보았다. 이윽고 손전등 불빛이 3미터 길이의 위풍당당한 석순을 따라 움직이자 괴물의 형상은 더 커지면서 이리저리 뒤틀리더니 천장을 가로질러 걸어갔다. 몸 안에서 원시 시대의 사람들이 느꼈을 감정이 끓어올랐다. 경이로움과 경외심 그리고 두려움이 뒤섞인 그런 감정이었다. 이 터무니없이 놀라운 형상은 말 그대로 선사 시대의 영화관이었다. 최소한 1만 5000년 전에 만들어졌을 이 애니메이션의 제작자는 활활 불타오르는 횃불을 휘두르며 석순의 입체감을 교묘하게 활용해 각기 다른 그림들 위로 빛과 그림자를 연속해서 드리우며 감동과 의미를 동시에 불러일으켜 관객의 마음을 사로잡았을 것이다. 이런 식으로 전달된 이야기는 창작자의 머릿속에서 만들어진 생각을 바탕으로 사람들의 상상력을 파고들었을 것이다. 이야기하기는 사회적 유대감을 강화시켜주는 비교할 수 없이 좋은 수단이다. 인간이 이야기를 통해 전달하는 허구적 상황은 이미 합의된 것으로 관객은 시간적 혹은 공간적 변화가 맞물려 있는 일종의 경계 공간을 넘어 새로운 세상, 상상력으로 만든 풍경 속으로 들어가는 데 동의를 한 것이다.

극장에서 맛보는 오감을 통한 경험은 이러한 효과를 더욱 증폭시킨다. 특히 현대 영화에서 사용하는 화면의 특정 부분을 확대하는 기법은 극장이 갖는 위력 중 하나로 인간의 두뇌가 화면 속 얼굴이나 인간의 형상을 받아들일 때 커다란 차이점을 만들어낸다. 애니메이션의 경우 초당 12장에서 24장의 그림이 지나가는데 인간의 눈으로는 그것을 알아차릴 수 있는 여유가 없다. 인간의 두뇌는 무엇이 진짜이고 가짜인지 그리고 누군가를 아는지 모르는지 파악하는 데 어려움을 겪는다. 결국 영화나 애니메이션의 주인공과 더 밀접하게 연결되어 있다는 기분을 느끼게 된다. 고대 극화의 제작자와 감독도 그들이 일깨운 감정이 어떤 것인지 잘 알고 있었다는 것은 분명하다. 들소인지 인간인지 구분하기 힘든 모호한 그림은 어쩌면 들소 가죽을 뒤집어쓴 무당을 나타내고 있을지도 모르며 벽이나 석순의 형태를 따라 대단히 다양한 모습으로 표현된다. 어둡고 수수께끼 같은 동굴 안에서는 과연 어떤 세상이 만들어졌을까? 무속 신앙과 주술이 만들어낸 환각이 공동의 목표와 신앙 속에서 동굴의 거주민을 하나로 묶어주었을까?

인간은 삶에서 경험하는 수많은 수수께끼에 대해 분명하게 내보일 수 있는 증거나 사례를 통해 설명하려 애를 쓰기도 하고 상상 속의 신이나 마법의 힘에 대한 이야기를 통해 수수께끼를 이해하고 받아들이려고도 한다. 대개 실제 눈으로 확인한 세상과 만들어낸 세상의 차이점은 잘 알아차리지 못하며 심지어 때로는 그러한 차이를 두는 것 자체를 불필요하게 느끼기도 한다. 이러한 이야기는 우리에게 편안함을 가져다준다. 사회에 대한 의존성이 대단히 높은 인간이라는 종이 불행과 마주하게 되었을 때 신은 사회적 도움을 대표하는 절대적인 존재가 된다. 지진 같은 천재지변이 일어난 후에는 종교에 대한 관심이 급증한다.[21] 자신을 돌봐준다고 믿는 신에게 기도를 하면 정신적인 압박이 줄어든다. 또한 공동체가 제공하는 마음을 달래주는 의식이나 사회적 지원은 신체가 나타내는 통증 반응을 줄이도록 두뇌를 설득한다.[22] 종교를 믿는 이들은 그렇지 않은 이들보다 실수에 대해 두려움이 덜하다.[23] 종교가 숙명론과 궁극적 책임을 지는 창조주 개념을 가지고 있기 때문일 것이다. 이러한 방식으로 종교는 무엇인가를 예측해 결정하는 것에 대한 부담을 덜어주고 진화적 선택 압력의 일부로 작동해 인간이 생존할 수 있도록 돕는다.

비합리적으로 보이는 이야기를 기반으로 한 관습도 유익한 면이 존재하기 때문에 널리 퍼질 수 있었다. 사냥을 예로 들어 생각해보자. 전 세계의 모든 공동체는 사냥을 마치 의식을 치르듯 진행했다. 동물 흉내를 내고 오직 특정 지역에서만 사냥을 하며 때로는 고기를 얻는 데 별로 도움이 될 것 같지 않은 장소를 굳이 찾아가기도 한다. 연구자들은 의식을 앞세운 사냥이 성공한 사례를 분석하던 중 한 가지 중요한 사실을 발견했다. 이런 방식의 사냥은 성공 사례의 공통된 방식을 찾아 철저하게 모방하는 일반적인 방법보다 더 나은 전략인 경우가 많다는 사실이었다. 사냥터를 선택할 때도 전에 큰 성공을 거두었던 장소를 다시 찾아가는 것은 문제가 될 수 있다. 사냥감들이 학습을 통해 그 장소를 피해갈 가능성이 있기 때문이다. 이야기를 바탕으로 한 의식을 거쳐 사냥터를 무작위로 선택하면 사냥꾼이 특정 장소로 치우치는 경향을 피할 수 있다. 사실 편견은 인간 인지력의 치명적인 약점 중 하나이다. 침팬지는 한쪽으로만 치우치는 편견 때문에 곤란을 겪는 일 없이 무작위로 행동을 할 때가 많다.

이야기는 공동의 자산을 적절하게 사용하고 공동체에서 관리할 수 있는 일종의 체계를 형성하도록 한다. 사냥과 채집을 주로 하는 공동체에 세상 모든 만물에 영혼이 깃들어 있다고 믿는 정령 신앙이 널리 퍼져 있는 건 결코 우연이 아니다. 언어가 출현하기 이전 초기 호미닌 공동체에도 이러한 신앙이 존재했을 것이다.[24] 신앙과 관련한 대부분의 이야기는 인간이 자연 세계와 상호 관계를 맺고 있는 것으로 설정하고 있다. 어쩌면 인간을 자연의 지배자로 설정한 유대교와 기독교의 사상은 대단히 이례적인 경우로 자연스럽지 않은 사상일지도 모른다. 시베리아 동부에 위치한 야쿠티아 공화국의 야쿠트yakut 부족은 순록을 사냥한다. 그들은 순록에 정령이 깃들여 있다고 믿고 있으며 정령이 인간을 위해 자신을 희생한다고 생각한다. 모든 사냥은 하나의 의식으로 진행되며 그 의식에는 동물에 깃든 정령과 인간을 위한 희생에 대한 인정과 경외심이 깃들어 있다.

이렇게 인간의 조상은 자연환경과 관련한 신앙 체계 안에서 중요한 역할을 하고 있다. 많은 문화권에서는 조상의 영혼이 동물이나 다른 자연계의 형태를 빌어 다시 살아난다고 생각한다. 누군가 세상을 떠나도 살아 있는 자연의 공동체 안에서 계속 자신의 역할을 다하고 세대를 거치면서 인간과 자연 사이의 유대감을 강화시켜주는 것이다. 모든 문화권에서 장례 의식은 이야기의 일부가 된다. 고고학자들이 발굴해낸 가장 중요한 장신구의 상당수는 죽은 자들을 기리는 것이었다. 문화의 전파가 세대를 거치며 끊어지지 않고 이어질 때만 문화의 점증적인 진화가 가능해진다. 한 개인이 세상을 떠났을 때도 그가 지켜온 문화적 관습은 사라지지 않고 반드시 후대에 전해져야 한다. 세상을 떠난 조상들 그리고 공동체의 이야기와 의식은 문화적 전파의 지속과 사회적 유대감의 강화를 도왔기 때문에 널리 퍼질 수 있었을 것이다. 우리는 지금도 먼저 세상을 떠난 사람들에 대한 문화적 추억과 이야기를 만들어내기 위해 기념비를 세우는 것에서부터 마릴린 먼로의 포스터 같은 상품에 이르기까지 다양한 것들을 만들고 소비한다.

문화의 창

지금은 먹고살기 위해 이야기를 지어내는 사람들이 전 세계적으로 각광 받는 시대다. 사냥과 채집을 주로 하는 필리핀 아그타 부족에서는 다른 어떤 기술보다 이야기하는 기술을 더 높게 평가한다. 인류학자들은 사냥 능력보다 2배쯤 더 인정 받는 이 기술을 보유한 사람의 대부분은 어린아이들이었다고 확인했다.[25]

이야기는 듣고 있는 사람을 똑같은 감정적 파장 안에 빠트려 이해와 신뢰 그리고 공감을 이끌어낸다. 불은 인류의 역사가 시작되었을 때부터 이 과정에서 대단히 중요한 역할을 해왔다. 밤에도 활동할 수 있도록 시간적 여유를 주었고 상상력 있는 대화가 더 많이 오갈 수 있도록 도와주었다. 인류학자들은 아프리카의 나미비아, 보츠와나 지역에서 여전히 사냥과 채집을 통해 살아가고 있는 부족 사이에 오가는 대화를 분석했다. 이들은 주로 낮에는 경제 문제 같은 현실적인 문제를 다루지만, 밤이 되어 불가에 둘러앉아 나누는 대화의 80퍼센트는 이런저런 사소한 이야기였다는 사실을 밝혀냈다.[26] 인간은 이야기를 통해 세상을 해석하고 상상으로 새로운 세상과 모험을 만들어낸다. 이러한 생각은 이야기, 그림, 노래, 춤 등을 통해 다른 사람에게 전달된다. 마음이 마음에게 말을 거는 것이다. 이같은 공동의 의식은 대단히 효과가 있어서 유대감을 강화하고 신뢰감과 결속감을 더욱 공고히 해준다. 축구장을 가득 채우는 응원부터 종교 음악에 이르기까지 두뇌는 다른 사람과 함께 노래하고[27] 춤추는 경험을 단순히 서로 얼마 동안 함께 시간을 보낸 것을 넘어 훨씬 많은 것을 공유한 것으로 받아들인다.[28] 이러한 과정을 거치면 서로를 마치 가족처럼 느끼게 된다. 실험에 따르면 단체로 춤을 추고 노래를 부르고 난 후에 사람들은 좀 더 협조적으로 변했고, 공동체를 위한 모금 같은 활동에 더 많은 돈을 내놓아 결과적으로 모두 더 큰 유익을 누리게 되었다고 한다.[29]

한 개인의 두뇌 예측 장치로는 스스로 이야기를 만들어내기에 충분하지 않다. 개별적 이야기가 집단의 생각과 일치하는지 확인해야만 한다. 이야기는 공동의 목표 아래 지금까지 모르고 지냈던 사람들을 하나로 끌어모으는 데 중요한 역할을 한다. 비록 이야기가 공동체에 먹을거리나 다른 유형의 자원을 제공하는 것은 아니지만, 공동체가 하나로 뭉치도록 하는 적응력, 사회적 규칙을 강화하고 문화적 지식을 전파하는 적응력으로 진화했을 가능성이 크다. 인류학자들은 여러 아그타 부족 중에서도 뛰어난 이야기꾼이 속한 부족이 더 높은 수준의 협동심과 공동체 의식을 보여주는 것

을 확인했다.[30] 아그타 부족 사이에서 오가는 이야기의 80퍼센트
는 협동, 남녀의 평등, 인류 평등주의, 정의 구현 등 부족의 생존에
도움이 되는 모든 문화적 행동에 대한 내용이었다. 협동의 의미를
담지 않은 이야기를 공유하는 사회나 공동체는 상대적으로 제대
로 된 협동을 이뤄내지 못한다.

　이야기는 공동체의 분위기를 좀 더 협조적인 쪽으로 유도하며
구성원에게도 서로를 잘 돕도록 만든다. 인간은 자신과 다른 사람
들 그리고 살아가는 세상에 대한 정보를 이야기를 통해 전달하며
관계를 맺고 공감하고 행동하는 방법을 배운다. 인간은 이야기를
통해 생활을 탐구하고 다른 사람들이 어떻게 생각하는지도 살펴
보게 된다. 이 과정을 통해 자신의 믿음과 인식을 확인하는 동시
에 이에 대한 도전을 받기도 한다. 언어와 상관없이 두뇌에서 이
야기를 처리하는 시점에 벌어지는 과정에는 다른 사람들에 대한
공감과 더 나은 자기 인식을 이끌어내는 보편적인 무언가가 존재
한다. 심리학자들은 영어, 페르시아어, 중국어로 이야기를 듣는 사
람의 두뇌를 관찰한 결과 모든 경우 이야기에서 어떤 의미를 찾았
을 때 두뇌의 활동 방식이 똑같다는 사실을 알게 되었다.[31] 다른 연
구에서는 소설을 읽을 때 타인에 대한 공감 능력이 현저하게 증가
한다는 사실을 밝혀내기도 했다. 여기에는 인종이나 종교가 크게
영향을 미치지 않았다. 그리고 독자가 이야기를 더 많이 읽고 받
아들일수록 실생활에서도 더욱 감정이입을 해 행동한다고 한다.
관련한 실험에서는 어떤 이야기에 '깊이 심취해' 있는 실험 참가

자 앞에 '우연히' 볼펜을 떨어트리자 볼펜 줍는 것을 도와줄 확률이 대조군에 비해 2배 이상 증가했다.[32] 또 다른 연구에서는 문학 작품이 '주인공의 주관적인 경험에 접근하는 데 필요한 심리적 과정을 독특한 방식으로 제공하는 것으로 보인다'는 결론을 내리기도 했다.[33] 다시 말해, 소설을 읽으면 협조적인 사회를 형성하는 데 중요한 기술인 감정을 읽는 능력을 얻을 수 있다는 뜻이다.

이야기는 사상이나 행동에 저항하는 사람에게 더 나은 사상과 행동을 제시하는 유용한 방법이 되기도 한다. 이렇게 되면 각기 다른 사회와 제도의 문화적 진화가 더 수월해진다. 또한 이야기의 집단적 특성은 정보의 전달과 확대이기 때문에 이야기 자체를 소멸시키거나 통제하는 것은 쉽지 않다. 이 때문에 파괴적 힘을 가진 이야기가 사라지지 않고 살아남아 영향력을 빼앗긴 집단이 다시 일어서게 만들기도 한다.[34] 대단히 보수적인 아프가니스탄 사회에서는 랜데이landay라고 불리는 두 줄짜리 시가 익명으로 만들어져 파슈툰Pashtun 부족의 여성 사이에 구전된다. 이 시를 통해 여성들은 성과 여성 해방에 대한 금지된 이야기를 털어놓는다. "자매는 나란히 앉으면 언제나 오빠와 남동생을 칭찬하네./그런데 형제는 나란히 앉아 여자들을 팔아 넘길 궁리만 하지." "자살 폭탄 조끼를 입고 나를 안아도 괜찮아요./하지만 내게 입맞춤은 꼭 해야 해요."[35] 이야기는 사람들이 자신만의 위험천만한 정치적, 사회적 사상을 고백할 수 있도록 하며 이를 통해 현실 세계에서 개혁이 일어나도록 할 수 있다. 실제로 책은 놀라울 정도의 영향력을 발휘한다. 조지 오웰의 《1984》나 메리 셸리의 《프랑켄슈타인》 등은 오늘날까지도 계속 인용되는 고전이다. 이탈리아 토스카나 출신의 시인 단테는 당시 공용어인 라틴어가 아닌 고향의 언어로 《신곡》을 씀으로서 현대 이탈리아어의 정착에 큰 공을 세웠다. 고대 그리스의 알렉산더 대왕은 호메로스의 《일리아스》를 정복 전쟁의 교과서로 여겨 잠을 잘 때도 곁에 둘 정도로 소중히 다루었다고 한다.

서사적 이야기는 한 민족의 주체성을 확립하는 데 도움을 준다. 이야기를 듣는 사람에게 자신이 어디에서 왔는지, 자신은 누구인지, 주변 민족이나 국가를 어떻게 바라봐야 하는지 깨달음을 준다. 이 같은 이야기를 들은 사람들의 반응이 모여 사회를 하나로 묶어주는 공동의 역사가 만들어진다. 많은 언어권에서 '이야기story'라는 단어는 '역사history'와 같은 어원을 가지고 있다. 인간은 이야기를 통해 민주주의, 애국심, 그 밖의 다른 이념을 발전시키고 공유한다. 전래 동화 같은 이야기에는 지금 살고 있는 세상을 우리의 필요에 맞춰 바꾸고 교훈을 널리 퍼트리고자 했던 인간의 욕망이 투영되어 있다. 〈미녀와 야수〉 같은 몇몇 유럽 전래 동화의 뿌리는 거의 모든 유럽 언어의 조상 격인 인도유럽어가 처음 나타났을 시기인 대략 6000년 전까지 거슬러 올라가야 한다는 것이 문학 관련 인류학자들의 공통된 견해다.[36] 이런 이야기의 뿌리를 추적하다 보면 고대 인구의 팽창과 확산, 수천 년에 걸쳐 살아남은 이야기의 놀라운 힘에 대한 분명한 증거를 발견하게 된다. 외모와 마음 씀씀이는 별개일 수 있다는 교훈은 시대에 상관없이 영원히 효력을 발휘한다. 고대 그리스의 한 노예가 2500년 전 지어낸 이야기 모음인《이솝 우화》의 교훈이 유럽인들에 의해 지금까지 인용되는 것도 바로 이런 이유 때문이다.[37]

어쩌면 우리는 똑같은 이야기들을 수천 년 동안 반복해온 것처럼 보이기도 한다. 시대와 이야기를 듣는 사람들에 따라 주인공과 일부 설정들을 조금씩 바꿔가면서 말이다. 1872년 영국의 고고학자 조지 스미스가 바빌로니아 시대의 점토판에 기록된 복잡한 쐐기꼴 문자를 해독하면서 글로 기록된 세계에서 가장 오래된 이야기가 세상에 알려졌다. 그렇지만 4000년 전에 기록된 사랑과 모험 그리고 불멸성을 찾는 여정이 담겨 있는 이 길가메시의 서사시는 이상할 정도로 친숙한 느낌을 주었다. 길가메시가 주인공인 이 '대홍수 이야기'에는 우트나피쉬팀Utnapishtim이라는 인물이 등장한다. 우트나피쉬팀은 고대 수메르의 신 엔키Enki에게서 속세의 모든 것들을 다 내버리고 배를 만들라는 명령을 받게 된다. 배를 다 만든 후에는 아내, 가족, 마을의 장인, 동물의 새끼, 먹을거리를 실으라는 명령도 받는다. 어디서 들어본 이야기 같지 않은가. 이 이야기는 유대교, 기독교, 이슬람교 경전에 공통적으로 등장하는 노아의 방주 이야기에 영감을 주었음에 틀림없다.

실제로 길가메시의 서사시가 점토판 위에 갈대로 새겨질 무렵 이집트에서는 안쿠Ankhu라는 한 서기가 세상에 이미 모든 이야기가 등장했기 때문에 더 이상 덧붙일 새로운 이야기가 없다는 한탄을 했다고 한다. "조상들이 이미 닳고 닳도록 했던 이야기가 아닌, 그저 반복하는 것이 아닌…… 알려지지 않은 완전히 새로운 이야기를 알 수만 있다면!"[38] 기본적인 줄거리는 정말 얼마 되지 않을 수도 있다. 그렇지만 인간은 제한된 조건 속에서도 무수히 많은 가능성을 엮어낸다. 심지어 새로운 이야기를 발명해낼 필요도 없다! 그저 새로운 독자나 청자의 환경에 맞춰 기존의 이야기를 진화시키기만 하면 된다. 이렇게 하면 새로운 사람들에게 언제나 새로운 이야기를 전해줄 수 있다.

인간은 필요한 이야기를 만들어내 당대의 문화적 형성 과정을 반영하고 이 변화가 어떻게 이루어졌는지 알 수 있는 창문 역할을 한다. 많은 종교적 이야기가 처음부터 도덕률과 인간의 행동을 규제하는 내용을 담고 있지는 않았다. 최초로 기록된 종교적 이야기에 등장하는 여러 신은 인간을 압도하는 신통력으로 모험으로 가득한 짜릿한 삶을 즐긴 것으로 묘사된다. 이 신은 제사와 제물을 좋아했고 때로는 신성한 힘으로 인간을 돕고 보상을 해주기도 했다. 이런 와중에서도 수치심은 중요한 동기부여가 되곤 했다. 《일리아스》에 등장하는 그리스 최고의 신 제우스는 정의 구현에는 별 관심이 없었다. 고대 그리스는 가족을 중심으로 한 가부장적인 사회였다. 당시에는 성인이 된 자식들도 아버지의 사망 전에는 아무런 권리도 주장할 수 없었다.

《일리아스》 탄생 이후 50년쯤 지나 《오디세이》의 시대가 되자 많은 것들이 바뀌기 시작했다. 침략과 경제 위기부터 계급 간 투쟁, 사회적 대변동 등이 벌어져 개인의 안전을 보장받을 수 없는 격동의 시기가 시작되었다. 씨족 사회는 점점 약화되었고 개인의 권리와 책임을 강조하는 목소리가 높아지면서 도덕성을 중시했던 강력했던 가족 중심의 가부장제가 흔들리기 시작했다. 그리스인이 사회 정의에 대한 요구를 우주에 투영한 것도 바로 이 무렵일 것이다. 《오디세이》에 등장하는 제우스는 이전보다 정의를 부르짖게 되었고 인간은 "스스로의 악한 행동으로 필요 이상의 많은 문제를 일으키고 있다"고 불만을 토로했다. 제우스는 도전적인 모습으로 변모해 인간적인 모습을 잃었다. 그리고 제우스를 중심으로 한 고대 그리스의 신앙과 사상은 공포와 두려움을 품게 되었다. 《일리아스》에는 '신에 대한 두려움'과 관련한 말이 한마디도 등장하지 않는다. 반면, 《오디세이》에서는 신을 두려워하는 일이 칭송받을 만한 대단히 중요한 덕성이 된다.[39] 또 다른 변화도 있었다. 대기를 떠도는 독소에 대한 보편적 두려움과 의식을 통한 정화 작용에 대한 관심이 늘어났다. 《일리아스》에서는 그저 명목상의 정화 의식을 행하면 맑은 공기로 숨을 쉴 수 있었다. 《오디세이》의 후기 판본을 보면 악마가 나타나 대기를 오염시키고 오이디푸스는 저주를 받아 오염되어 추방을 당한다. 독소에 의한 오염 혹은 저주는 사람들을 무작위로 감염시키는 세균처럼 외부에서 일어난 별것 아닌 사건으로 시작하지만, 동시에 유전처럼 대를 이어 전해져 그 더러움을 씻어낼 때까지 부끄러움을 감수해야 했다. 바로 이때부터 독소나 더러움이 죄라는 개념으로 진화했다. 죄는 인간의 의지에서 비롯된 질병이 되었고 사람들은 이런 죄에 빠져드는 것을 두려워했다. 죄를 씻어내는 의식은 점점 더 복잡해지기 시작했다. 여기에는 마음을 씻어내는 과정도 포함되었다.

인간은 죄 같은 새로운 개념을 이야기를 통해 만들어냈고 집단적으로 믿고 따르게 되었다. 이야기로 만들어진 이런 개념은 놀라울 정도로 강력한 인지적 기술이라고 할 수 있다. 이것은 결국 처형이나 낙태의 방법으로 자손을 남기는 것에 영향을 미치고 생존의 문제를 결정지으며 행동을 통제하고 사회를 형성하게 된다. 이렇게 문화적 발명품은 생물학적 진화의 동력이 될 수도 있다. 유전자를 공유했다는 것만으로도 누군가에게 죄를 묻게 되는 식이다.

결국 이야기는 인간의 사상과 문화적 발명품의 수명을 연장시켜주는 쪽으로도 영향을 미치게 되었다. 또한 사람들 사이에 문화적 정보가 분명하게 전달될 수 있도록 지켜주는 역할도 했다. 그렇지만 사회의 규모가 점점 커질수록 이야기의 형식을 빌리지 않은 정보나 자료도 저장하는 일도 중요해졌다. 누가 누구에게 얼마나 빚을 지고 있는가와 같은 현실적인 문제 말이다. 이러한 정보나 자료는 구전으로 전해오는 이야기와 달리 확실하게 눈에 보이는 물리적인 방식으로 기록해 저장되었다. 고대 잉카 제국에서는 끈에 매듭을 짓는 방식을 사용했고 지역에 따라서 조개껍질이나 점토판 혹은 돌판 등에 필요한 내용을 새기기도 했다. 오스트레일리아 원주민은 지난 수만 년 동안 이른바 기록 막대기message sticks라는 것을 사용했다. 이 막대기를 이용해 초대, 거래 협상, 요청 등의 내용이 담긴 정보를 대륙 전체에서 통용했다. 길이가 두 뼘 남짓한 이 막대기에는 다른 지역에 살고 있는 원주민도 이해할 수 있는 상징이 새겨져 있으며 서로의 영역을 통과할 수 있는 일종의 외교적 통행증 역할을 하기도 했다.[40]

문자의 탄생

약 5000년 전, 인간은 어디서든 사용할 수 있는 놀라운 정보 저장 기술을 발명한다. 바로 문자다. 지금까지 살펴본 것처럼 문자를 통한 기록은 에너지와 시간을 가장 효율적으로 사용해 관리하고 저장할 수 있는 방법이다. 또한 많은 양의 정보를 대단히 정확하게 전달할 수 있어 축적된 문화적 진화를 위한 핵심적인 방법이 되었다.

그렇지만 읽고 쓰는 법을 배우는 데 투자할 시간, 특히 어린 시절에는 상당한 노력을 해야 한다. 따라서 그만큼의 보상을 받을 수 있는 사회에서만 문자가 통용될 수 있었다. 주로 사냥과 채집을 하는 소규모 부족은 각기 다른 언어를 사용해 넓은 지역에 흩어져 살고 있었고 문자를 통해 읽고 쓰는 일을 받아들일 만큼의 충분한 선택 압력이 작용하지 않았다. 토지, 곡물, 염소, 아이 등을 '소유'한다는 개념 그리고 그 소유를 위한 기록이나 계산의 개념은 정착 생활을 시작한 후에야 가능했을 것이다. 심지어 농경 사회에서조차 어떤 곡물을 재배하느냐에 따라 읽고 쓰는 일의 중요성이 달라졌다. 밀이나 쌀처럼 정기적으로 수확할 수 있는 곡물은 세금을 부과하기가 훨씬 쉽기 때문에 읽고 쓰기를 익히는 것이 더 유리하거나 필요하다고 생각될 정도로 사회 구조를 발전시킬 수 있었다. 하지만 이런 상황에서도 도시가 아닌 외곽 지역에서는 보통 정부에서 파견한 관리나 종교 지도자들 같은 극소수의 사람만 글을 읽고 쓸 수 있었다.

문자를 읽고 쓰는 기술을 사용하고 발전시킨 사회는 많은 인구를 유지할 수 있을 만큼 충분한 식량 확보가 가능했다. 그리고 다양한 교역을 진행하며 국력을 축적해 다른 수많은 씨족을 지배하고 통제했으며 끊임없는 전쟁에 시달리지 않아도 될 정도로 안정을 이루었다. 기원전 3000년경 무렵, 메소포타미아 지역의 곡창지대를 바탕으로 최초의 대도시와 국가가 형성되었다. 씨족이나 부족을 중심으로 한 혈연 사회가 익명의 개인이 모인 더 큰 규모의 국가로 발전한 것은 그야말로 극적인 변혁이었다. 이런 변화를 가능하게 해준 도구 중 하나가 바로 문자를 읽고 쓰는 기술이다.

인간이 지구상에 출현한 후 거의 대부분의 기간 동안 무엇을 말하고 어떤 행동을 했는지에 대한 기록은 전혀 남아 있지 않다. 인간이 점토판에 무언가를 정기적으로 기록하면서부터 사실상의 역사가 시작되었다. 그 내용은 세금이나 교역과 관련한 재산의 소유권 문제, 도시와 항구에서 드나드는 생필품, 지배자의 막대한 재산과 그들이 만들어내는 법률, 전쟁에서의 승리 등 가장 세속적인 것이었다. 이처럼 초창기 수메르 시대의 점토판 기록에서부터 오늘날의 소셜 미디어 계정에 이르기까지 인간이 삶을 기록으로 남

언어

기겠다는 욕망은 저항할 수 없을 정도로 매력적인 유혹이었다. 정보의 저장과 전달 과정에서 일어난 진화를 통해 사회는 더 크고 복잡하게 발달해 문화적 지식이 한 곳에 모이는 중심지가 만들어질 수 있었다.

암소를 그대로 묘사한 그림이 아닌 기호를 사용해 더 복잡한 정보를 전달할 수 있는 수준의 문자 쓰기가 먼저 출현한 후 인간이 하는 말을 그대로 전달할 수 있는 문자 쓰기가 출현했다. 이 두 종류의 문자 쓰기 기술은 각기 다른 문화권에서 따로 진화하게 된다. 이 같은 중요한 발전 단계에서는 입으로 소리 내어 말하는 언어를 눈에 보이는 몇 개의 정해진 표시로 표현하는 것에 대한 조직 구성원 간의 합의가 필요하다. 이 놀라운 성과는 수많은 사회에서 성공적으로 이루어졌는데 그런 사회 중 상당수가 서로 다른 표시나 상징을 자신들의 문자 체계에 맞춰 합치게 된다. 그리고 고대 중국 문자에서부터 간결하게 정리된 알파벳에 이르기까지 일반적으로 하나의 상징이 하나의 소리를 나타낸다. 한 번의 발명만으로 이루어진 알파벳은 고대 그리스 사람들에게 프로메테우스가 인간에게 가져다준 선물인 불보다 훨씬 대단한 선물로 여겨졌다.[41] 알파벳은 초기 셈족Semitic 문자를 바탕으로 한다. 알파alpha, 베타beta 등의 이름은 그리스어로 아무런 의미가 없다. 그렇지만 문자 α는 황소의 뿔을 나타내며, '알페aleph'라는 말은 고대 페니키아어로 황소를 뜻한다. 그 어원은 흔히 가나안이라고 하는 지금의 팔레스타인 지역 언어인 '알프alp'다. 한편 문자 β는 둥근 지붕이 있는 집을 나타내며 '베트bet'라는 말은 고대 페니키아어로 집을 뜻하는데 고대 이집트 상형 문자에서 비롯된 것이다. 예수 그리스도의 고향으로 알려진 '베들레헴Bethlehem'은 레헴Lehem이라는 이름을 가진 신의 집이라는 뜻이다. 페니키아인들의 이 발명품은 아랍어에서 라틴어에 이르기까지 오늘날 우리가 사용하고 있는 수많은 다양한 알파벳 문자의 조상이라고 할 수 있다.[42]

알파벳 문자는 지금도 계속해서 진화하고 있다. 영어의 경우 최근 몇 세기 동안 6개의 문자가 사라졌다. 지금은 사용하지 않는 문자에는 the에서 th를 더 강하게 발음할 때 사용했던 문자 ð, thing에서 th를 더 부드럽게 발음할 때 사용했던 문자 þ, 그리고 loch에서 ch를 더 낮고 느리게 발음할 때 사용했던 문자 ʒ 등이 포함되어 있다.

문자를 읽고 쓰는 것이 너무도 당연한 세상에 살고 있는 우리가 문자 없이 거대한 규모의 도시 사회를 제 기능대로 운영한다는 것은 거의 불가능에 가깝다. 오랜 세월에 걸쳐 어두운 동굴 안에서 살았던 물고기는 시력이 불필요해져 점차 눈이 퇴화하는 것처럼 수 세기에 걸쳐 기술이나 관습을 잃어버린 많은 문화가 존재했다.[43] 여기서 우리는 문화적 진화에는 특정한 방향성이 없다는 사실을 다시금 기억하게 된다. 우리는 반드시 더 나은 쪽을 향해 '나아가고 있는 것'은 아니다. 일련의 참혹한 침략과 천재지변이 일어난 이후 고대 그리스에서도 '암흑 시대'가 도래한 적이 있었다. 기원전 1200년경, 그리스 사람들은 이전의 문명이 남긴 폐허 속에서 더 이상 아무것도 읽거나 쓸 능력이 없었다.

그렇다면 문맹이 판치던 암흑시대에도 여전히 주요 항구 도시로 남아 있던 스미르나Smyrna(오늘날의 터키 이즈미르)에서 호메로스가 불멸의 서사시를 완성했다는 사실은 참으로 놀라운 일이다. 당시의 시는 음악과 마찬가지로 사람들에게 공연을 하기 위해 만들어졌다. 공연을 할 때 크게 소리를 내어 대사를 말하면 그 안에 담긴 단어와 은유 그리고 운율과 음악성이 생생하게 되살아났다. 전설적인 장님 시인 호메로스는 단지 머릿속에 든 기억에 의존해 자신이 지은 시를 사람들 앞에서 읊었다. 관객은 다시 그 시를 암송하며 기억 속에 새겨두었다.[44] 비록 호메로스를 비롯한 관중들이 모두 문맹이었다고 하더라도 그들도 문자의 존재에 대해서는 알고 있었다. 그들은 문자가 새겨진 사원과 기념비의 폐허에 둘러싸여 살았으며 바다 건너 페니키아의 상인들을 포함해 읽고 쓸 줄 아는 사람들과 교역을 하고 있었기 때문이다.[45] 호메로스는《일리아스》에서 읽고 쓰는 것에 대해 거의 언급하지 않는다. 한 사자가 가져온 접힌 금속판에 "이 편지를 가져온 자를 죽여라"라는 글이 기록되어 있었다는 내용을 언급하는 정도에 그친다.

읽고 쓰는 기술이 사라진 시절에 이야기꾼이 된다고 상상해보자. 기술은 사라졌지만 그 존재에 대해서는 기억하고 있다. 이런 시절이야말로 눈이 보이지 않는 시인에게는 더할 나위 없이 어울리는 때가 아니었을까. 호메로스와 동료 시인은 또 다른 인지적 기술에 의지했다. 읽고 쓰는 기술이 없는 사회에 살고 있는 사람들은 기억력이 더 뛰어나다.[46] 여러분이 호메로스 시대에 읽고 쓰는 기술이 사라졌다는 사실에 놀라는 것처럼 당시 사람들이 지금 우리의 기억력이 이만큼이나 퇴보했다는 사실을 알면 깜짝 놀라지 않을까. 《오디세이》 같은 서사시는 쉽게 기억할 수 있도록 만들어졌다. 운율의 법칙이 엄격하게 적용되어 내용을 기억하고 즉석에서 암송하는 데 도움이 되었고 반복되는 구절도 많아서 합창의 후렴구처럼 삽입할 수도 있었다. 그럼에도 불구하고 수천 행에 달하는 서사시를 모두 기억하는 것은 제대로 교육을 받은 사람들이나 할 수 있는 특별한 기술이었다. 이런 작업은 사람들의 두뇌를 적당한 수준에서 바꾸어 놓았다. 런던에서 정식으로 택시 기사가 되려면 수천 개에 이르는 거리와 길의 이름을 외우고 있어야 하는데 이 과정 역시 두뇌의 구조적 변화를 불러일으킨다고 한다.[47] 두뇌에서 기억력을 관장하는 해마 부분이 확대되는 것 같은 현상이다.

고대 그리스 사람들은 일종의 정교한 암기법을 개발해냈다. 이 기술은 문화적으로 학습된다. 오스트레일리아의 원주민이 노래의 길을 통해 풍경과 별자리에 대한 이야기를 만들어 기억하는 것과 원리가 비슷하다. 고대 그리스의 시인 시모니데스가 어느 잔치에 초대를 받아 자신의 작품을 암송하기로 되어 있었다. 그런데 초대받은 집에서 암송을 마치고 나온 순간 갑자기 집의 지붕이 무너져 집안에 있던 사람들이 모두 죽고 말았다. 사람들의 모습은 형체를 알아볼 수 없을 정도로 훼손되었다. 시모니데스는 자신의 암기 능력을 이용해 무너지기 전의 집의 모습을 떠올렸다. 그리고 어느 자리에 누가 있었는지 일일이 기억해내 죽은 사람들의 신원을 알려 장례식을 도왔다고 한다. 시모니데스는 자신의 이런 기술을 상상 속 '기억의 궁전' 안에 기억을 저장하는 방식으로 발전시켰다고 전해진다.[48] 이런 일이 가능했던 것은 기억의 궁전이 진화한 우리의 문화적, 그리고 생물학적 이야기 만들기 기술을 이용해 가상의 공간을 만들어 기억으로 채웠기 때문이다. 이 가상의 궁전을 순서에 따라 거닐면서 이야기를 재생시키는 것은 길게 이어지는 방식으로 적힌 정보나 연설 혹은 서사시 등을 기억하는 데 가장 효율적인 방법이다.

그렇지만 이렇게 하려면 인지적으로 무척 어렵기 때문에 읽고 쓰는 기술을 통해 여기에 소모되는 에너지를 외부의 기억 저장고에 전가하게 되었다. 그 결과물이 바로 도서관이다. 최근에는 온라인 공간이 그 역할을 대신하기도 한다.

문화적으로 습득한 다른 기술처럼 읽고 쓰는 기술을 배움으로써 유전자까지는 아니더라도 우리의 신체는 변화를 겪게 된다. 읽고 쓸 수 있는 사람은 8세 무렵부터 시각적 처리 체계가 읽기에 특화되어가기 때문에 그렇지 못한 사람과 다른 두뇌를 갖게 된다. 이런 변화에는 두뇌 양쪽을 연결해주는 연결망이 개선되고 사물에 대한 인식 능력과 구술 능력이 강화되는 것이 포함된다. 대신 상대방의 얼굴을 인식하는 것 같은 다른 인지 능력은 줄어든다. 읽고 쓰는 능력이 탁월한 사람들은 사냥과 채집에 능한 사람들이 동물의 흔적에서 미묘한 변화를 감지할 수 있는 것과 유사하게 글의 변화를 잘 알아볼 수 있다. 모국어로 된 글을 대할 때 우리의 눈은 단어의 배열 방식 등을 한눈에 알아보며 무의식적으로 글을 해석한다. 그야말로 주어진 환경에 상관없이 충동적으로 눈에 보이는 글을 읽어가는 것이다.

심지어 글자나 단어가 서로 뒤섞여 있어도 읽는 데 크게 지장을 받지 않는다. "우리 의 두뇌는 자동적 로 그 결함 보완하 려는 경향 있다."[49] 이렇게 띄어쓰기가 잘못되고 누락된 글자가 있는 문장도 충분히 맥락을 읽고 의미를 파악할 수 있다. 인간의 두뇌는 문맥을 파악하고 글이나 말을 재구성하는 데 아주 뛰어나다. 숙련된 성인 독자의 경우 아이들처럼 소리를 내 읽으면서 의미를 파악하지 않고 눈으로 글을 보는 순간 바로 의미를 파악할 수 있기 때문이다. 이렇게 할 경우 글을 읽는 속도가 무척 빨라지고 효율도 대단히 높아진다. 일반적인 영어권 성인의 경우 1분에 단어 230개를 읽을 수 있다고 한다. 20대에는 4만 2000개 정도의 단어를 기억한다고 한다. 이 시기가 지나면 일반적으로 하루에 1개에서 2개 정도의 단어를 새로 배울 수 있다. 따라서 은퇴를 앞둔 사람의 단어 이해 능력은 학교를 갓 졸업한 사람보다 훨씬 더 뛰어나다. 나이 든 사람은 축적된 지식을 통해 사회의 다양성과 풍요로운 문화를 기억하는 중요한 저장고 역할을 하게 된다.

글을 쓰는 물리적 행위는 두뇌의 다양한 영역이 사용되고 광범위한 인지적 효과를 가져온다. 무언가를 종이 위에 적게 되면 종이에 정보가 저장되는 동시에 기억에도 정보가 저장된다. 정보를 구분하고 집중하고 있는 일에 초점을 맞추는 두뇌의 기저 부분 세포의 집합체를 자극하기 때문이다. 글을 쓰면 머릿속 생각이 정리되고 모호하고 불투명했던 감정이 선명하게 그 모습을 드러낸다. 또한 생각이 구체적인 형태를 갖추고 이해하기 쉽게 바뀌어 다른 사람에게도 효과적으로 전달할 수 있다. 글을 씀으로써 이해할 수 없던 많은 것들을 어느 정도 깨달을 수 있게 된다. 글을 뜻하는 영어 단어 텍스트text는 라틴어 '텍세레texere'에서 왔는데 무언가를 짜고 엮는다는 뜻이다. 인간은 천을 짜듯이 그렇게 단어를 짜고 엮어 글을 만든다.

인쇄술의 발명, 값싼 종이의 공급, 글을 읽고 쓸 줄 아는 새로운 시민과 상인 계급의 출현이 정보의 민주화를 가져옴으로써 사회의 모든 분야에서 작가와 독자가 탄생하게 되었다.[50] 요즘은 11세 무렵이 되면 주로 읽는 행위를 통해 사회에 필요한 새로운 지식을 배운다. 무언가를 읽는다는 것은 공간의 구애를 받지 않기 때문에 더 강력한 힘을 지니고 있다. 이제는 작가를 직접 만나 그 사람의 말을 귀담아 들을 필요가 없다. 굳이 그렇게 하지 않아도 마치 옆에서 작가가 자신의 글을 암송해주는 것처럼 모든 이야기가 내 눈앞에 빠짐없이 나타나기 때문이다. 이제 더 이상 필요한 정보를 암기하고 다닐 필요가 없다. 그 대신 어떤 사람을 따라 할지 배우는 것처럼 어디를 가야 필요한 정보를 찾을 수 있는지 배우고 정보의 홍수 속에 어떤 정보가 가치 있는지 구분하는 방법을 배운다.

구전으로 전해지는 이야기에 비해 더 믿을 수 있는 문화적 정보의 저장 수단으로 오랫동안 이용되어온 책은 축적된 문화적 진화에 대한 또 다른 방법을 제공한다. 글을 쓴 저자의 지식을 바탕으로 책이 만들어지면 그 책을 바탕으로 또 다른 책이 만들어진다. 기원전 250년경에 작성된 것으로 알려진 〈사해문서 the Dead Sea Scrolls〉 속 이야기의 대부분은 그보다 1000년 후에 만들어진 이른바 〈레닌그라드 사본 Leningrad Codex〉의 내용과 거의 흡사하다. 필경사들의 정성스러운 작업을 통해 그 내용이 충실하게 보존된 것이다. 게다가 두 문서의 원전은 구전으로 전해진 이야기로 그 역사가 〈사해문서〉보다 1000년이나 더 거슬러 올라간다. 〈사해문서〉보다 1000년 전이라면 히브리어가 문자로 존재하지도 않았던 다윗왕 통치 시대다.

읽고 쓰는 기술의 발명은 우리가 정보를 저장하고 알리는 방법을 개선한 것 이상의 의미를 지닌다. 이 기술은 인류가 정보 처리 능력을 확장하고 정보를 외부에 저장할 수 있도록 해주었으며 문화를 맛본 집단적 정신을 다시 한번 근본적으로 뒤바꾸었다. 이러한 기술적 발전에 힘입어 인간의 사회와 기술은 더 복잡한 다음 단계로 나아갈 수 있었다. 다양한 사상가가 만들어낸 철학적 논쟁, 논리적 추론, 추상적 개념, 고급 수학을 더 발전시키고 이를 통해 유익을 얻기 위해서는 그 내용을 기록해 정리할 필요가 있었다. 이러한 과정을 통해 하나의 사상이 비약적으로 발전하면 또 다른 사상도 그 뒤를 따라 발전할 수 있었다. 그렇게 발전한 사상은 완전히 다른 방식으로 면밀하게 검토하고 분석해 또 다른 논쟁으로 이

언어

어졌다. 그러다 보니 정부와 행정 조직, 화폐를 기반으로 한 경제 활동처럼 더 복잡한 사회적 구성 요소가 발전할 수 있었다. 이렇게 읽고 쓰는 기술의 발전은 결국 인간 조직의 발전과도 연결된다.

많은 사람의 예상을 깨고 종이는 여전히 널리 사용된다. 그렇지만 이제 정보는 말을 구성하는 음소나 소리에 대한 디지털 방식의 분류법이나 글을 구성하는 알파벳의 디지털 방식 분류법이 아닌, 0과 1을 사용한 이진법을 바탕으로 실리콘 전자 칩 안에 디지털 신호로 저장되고 있다. 이런 의미에서 정보는 그 자체로 에너지나 물질처럼 물리적 성질을 갖게 되어 정보를 관리, 저장, 전송할 때 에너지가 소모되게 되었다. 디지털화된 정보를 '삭제'하는 일은 대단히 어렵고 비용이 많이 드는 작업이기도 하다. 아마도 향후 몇십 년 안에 인간은 정보를 저장하기 위해 생물학적으로 진화된 궁극의 저장 장치를 사용하게 될지도 모른다. 그 저장 장치란 바로 DNA다.[51] DNA는 생명체의 단백질 구성에 사용되는 유전자 정보를 암호화해 저장한다. 이같은 생물학적 체계가 상상력, 창의성, 기술적 지식을 갖춘 문화적 존재를 만들어냈다. 인간은 이제 존재 자체를 이용해 우리의 생각을 저장하게 될지도 모른다.

인간은 이야기를 발명해 축적된 지식을 저장하는 일종의 집단 기억 장치로 삼아 문화 전달의 정확성과 범위를 확장했다. 그리고 이야기를 통해 우리가 속해 있는 사회를 더 협조적인 관계로 묶을 수 있었다. 덕분에 문화적 진화에 들어가는 에너지 비용을 줄였고 생존의 가능성을 높였다. 또한 이야기하기와 이야기에 대한 반사적 반응은 우리의 인지 능력의 일부로써 생물학적 진화를 통해 우리의 정신, 사회, 환경과의 상호 작용을 형성하였다. 언어는 이야기를 전파하는 또 다른 매개체이며 이 언어에 대해서는 다음 장에서 살펴볼 것이다.

VII

인간 존재의 증거

아프리카 북서부 카나리아 제도에 위치한 라 고메라La Gomera 섬의 높은 바위산에서 이중주 소리가 들려왔다. 이 화산섬의 험준 하기 이를 데 없는 절벽은 깊고 넓은 골짜기에 의해 이리저리 갈 라져 있었지만 저 멀리 아주 먼 곳으로부터 청아한 소리가 아열 대 대기를 뚫고 들려왔다. 나는 아무 말도 하지 않고 새들의 노랫 소리와 이따금 들려오는 염소의 울음소리에 귀를 기울이며 기다 렸다. 염소는 바위투성이의 산길을 조심스럽게 올라가고 있었다. 그러다 문득 바로 내 머리 위 어딘가에서 아름다운 소리의 응답이 들려왔다.

이곳 사람들은 실보Silbo라고 부르는 고대로부터 전해 내려오는 휘파람 언어를 통해 험준한 지형을 가로질러 의사소통을 한다. 실보는 멀리 떨어져 있는 농장과 마을 사이를 가로지르고 산과 산을 넘어 무려 8킬로미터나 떨어진 곳까지 의사를 전달할 수 있다. 어느 늙은 염소 지기는 "실보는 휴대전화보다 훨씬 더 빠르고 돈도 들지 않고 신호가 끊어지는 일도 절대 없다"고 말했다. 실보는 이제 라 고메라의 학교에서도 정식으로 가르치고 있어 아이들은 모국어인 스페인어처럼 이미 실보에 아주 익숙하다. 실보로 의사소통을 하기 위해 손가락을 입안에 집어넣거나 특별하게 혀를 접는 방법도 배우고 있다. 이 소리는 마치 인간의 소리를 흉내 내는 것으로 알려진 찌르레기가 내는 노랫소리처럼 들리기도 한다.

의사소통은 살아 있다는 가장 기본적인 증거이다. 살아 있는 모든 생명체는 어떤 종류든 일종의 신호를 통해 자신에 대해 알린다. 식물은 토양의 균류 연결망을 이용해 의사소통을 하며 오징어나 문어 같은 두족류는 피부의 색을 이용한다. 돌고래나 유인원 그리고 개와 같은 일부 포유류는 인간과 대단히 자유롭게 의사소통을 하기도 해서 초보적인 수준이지만 자체적인 언어를 가지고 있는 것으로 여겨지기도 한다. 그렇지만 인간의 언어는 그 중간의 전달 수단이 어떤 것이든 간에 다른 동물에서 찾아볼 수 없는 완전히 다른 수준의 이해력이 필요하다. 침팬지에게 휘파람 부는 법을 가르칠 수는 있다. 그렇다고 그들이 어떤 음악성을 보여주지는 않는다.[1] 그리고 침팬지에게는 언어 자체가 없다. 침팬지와 인간의 의사소통 능력 사이에는 도저히 넘을 수 없는 커다란 벽이 존재한다. 예를 들어 침팬지가 말을 할 수 있다고 하지만 그저 다섯 가지 기본적인 소리만 낼 뿐이다. 모든 침팬지는 정해진 특정한 맥락 안에서만 소리를 내며 인간과 달리 전후 관계를 무시하는 신호를 절대 보내지 않는다. 천적이 보이지 않는 상황에서라면 천적이 있다는 신호를 절대로 보내지 않는 것이다. 인간이 발명한 것은 규칙이 존재하면서도 유용하게 사용할 수 있는 의사소통 도구다.

언어는 정보를 전달하는 체계 이상의 의미를 지닌다. 인간은 언어를 통해 근본적인 방식으로 인간이 될 수 있다. 언어는 곧 생각이다. 언어가 없다면 인간은 그 어떤 마음속 독백도 할 수 없으며 생각을 정리하거나 공식화해 명확하게 나타낼 수 있는 그 어떤 체계도 갖지 못한 셈이다. 인간은 감정을 읽어내고 그것을 구분해 이름을 붙인다. 보통 머리에 충격이나 상처를 받아 발생하는 실어증에 걸린 사람은 더 이상 마음속으로 시간 여행을 할 수 없고 사물의 연관성을 알아볼 수 없으며 논쟁에 참여할 수 없게 된다. 실어증에 걸린 사람은 말 그대로 오직 현재에 갇힌 채 인간의 가장 기본적인 사고 과정과 씨름을 한다. 나에게는 언어가 있다. 그러므로 나는 존재한다.

수수께끼 중의 수수께끼

지구의 많은 환경이 유전적 진화를 이끌어낸 것과 같은 방식으로 환경의 압력은 언어의 문화적 진화를 이끌었다. 서로 다른 여러 방언은 종종 지리적 장벽에 의해 구분되며 해당 지역의 지형과 주변 소리에 영향을 받는다.

휘파람 언어는 험준한 지형과 울창한 숲 혹은 너른 바다에 대한 적응으로 진화한 것이다. 이런 지역에서는 휘파람 같은 언어가 아니면 먼 거리에서 서로 의사소통을 하기 어려웠을 것이다.[2] 휘파람은 말로 하는 언어보다 훨씬 더 빠르게 전달되며 인간을 위협하는 포식자를 크게 자극하지 않는다. 대략 7000년 전 라 고메라에 처음 정착한 인간은 어쩌면 북아프리카에 있는 아틀라스산맥에서부터 이주하면서 휘파람 언어를 가지고 왔는지도 모른다. 아틀라스산맥에 살고 있는 베르베르 원주민은 여전히 자신들이 쓰는 타마지트Tamazight어에 휘파람을 섞어 이야기하고 있다. 과거 프랑스 식민지 시절에는 저항 운동을 하면서 비밀리에 소식을 전할 때 이 휘파람 언어를 대단히 유용하게 사용했다고 한다. 이와 유사하게 제2차 세계 대전 당시 오스트레일리아군에서는 파푸아 뉴기니 제도에서 웜Wam 부족 사람들을 모집해 통신을 할 때 휘파람 언어를 사용했다. 당시 이를 도청했던 일본군은 크게 당황할 수밖에 없었다.[3] 전 세계에는 대략 70여 부족이 휘파람으로 의사소통을 하고 있다고 알려져 있는데 그중에는 아마존 열대 우림에서 사냥과 채집을 주로 하는 부족, 북극해서 고래잡이를 생업으로 하는 이누이트Inuit 부족, 그리스의 섬 주민들이 있다. 히말라야산맥의 몽Hmong 부족 역시 숲이나 밭을 가로질러 휘파람으로 이야기를 나눈다고 알려져 있다. 담벼락을 사이에 두고 남녀가 아무도 모르

언어

게 애정을 나눌 때도 휘파람을 사용하는데 이렇게 하면 다른 사람이 들어도 누구인지 알기 어렵다고 한다.

동물의 세계에서도 유사한 사례가 발견된다. 몇십 년 전 연구를 통해서는 나무 때문에 소리가 묻히거나 다르게 들리는 경우가 잦은 삼림지대에 살고 있는 새는 확 트인 곳에 사는 새에 비해 더 낮은 주파수로 거의 변화가 없는 소리를 내 노래를 부른다는 사실이 밝혀졌다.[4] 생물학자들은 일부 도시에 살고 있는 새들이 도시의 요란한 소음에 적응해 더 조용한 곳에 살고 있는 같은 종류의 새들보다 더 낮은 주파수로 더 단순한 구조의 소리를 낸다는 사실을 최근에 확인했다. 이제 과학자들은 인간의 언어에서도 비슷한 적응 사례를 찾아내고 있다. 한 언어에서 자음의 개수 그리고 그 자음이 음절 안에 어떻게 모이는지는 언어가 사용되는 지역의 연간 평균 기온, 강수량, 자라고 있는 초목의 규모, 고도, 지형에 좌우되는 것으로 보인다.[5]

동남아시아처럼 기후가 온화하고 습도가 높으며 나무가 많이 자라는 지역의 언어는 모음을 더 많이 그리고 자음을 더 적게 사용하며 대부분 음절이 단순하다. 반면, 열대우림지역에 속해 있지 않은 영국이나 조지아의 언어에는 자음이 넘쳐난다. 고산지대에 사는 사람들의 언어는 더 강하게 숨을 뱉으며 발음하는 자음이 있는 단어가 더 많다. 또 사막에 가까운 건조 기후에서는 중국어나 베트남어 같은 성조 언어를 찾아보기 힘들다. 건조한 기후가 성대의 움직임에 좋지 않은 영향을 주는 것이 이유 중 하나라고 여겨진다. 다시 말해, 해부학적, 환경적, 문화적 영향을 받아 적응한 것이다.

입으로 소리를 내서 하는 말은 기본적으로 f나 p 혹은 t와 같은 고주파의 자음에서부터 e와 o 그리고 u와 같이 저주파 모음에 이르는 일련의 소리로 이루어져 있다. 울창한 숲이나 뜨거운 열기 같은 방해물은 언어에 대해 선택 압력과 같은 역할을 한다. 이런 방해물이 고주파 음파를 왜곡하거나 중간에 사라지게 만들기 때문이다. 언어가 서로 다른 이유는 각기 다른 환경에 대한 문화적 적응 과정의 영향이라고 해석할 수 있다.

인간 진화의 3요소 모두가 영향을 받기도 한다. 이런 음향의 변화는 유전적 변화도 함께 이끌어내기 때문이다. 유럽 언어처럼 성조 언어가 아닌 언어가 지난 5만 년에 걸쳐 출현하면서 두뇌의 성장 및 발달과 관계가 있는 2가지 새로운 유전자 변형이 일어나 확산되었다는 증거가 발견되었다.[6] 성조는 정확한 의미를 전달하기 위해 소리를 낼 때의 높이, 속도, 크기를 조절하는 것이다. 성조 언어가 아닌 영어에서는 높낮이나 억양이 단어의 분위기를 바꾸며 듣는 사람이 긴 문장들을 몇 개의 덩어리로 쪼개 이해할 수 있도록 돕는 정도의 역할을 한다. 한편, 성조 언어에서는 아예 단어나 구의 실제 의미 자체가 뒤바뀐다. 중국어 발음으로 '/마ma/'는 그 성조에 따라 엄마母, 말馬, 대마麻 등으로 의미가 완전히 달라진다. 앞서 소개한 몽 부족은 하나의 소리에 최대 8가지 성조가 존재하기도 하는데 각기 다른 의미를 가진다고 한다. 일부 성조 언어는 성조 언어가 아닌 다른 형태의 언어로 진화하기도 했다. 예를 들어 호메로스 시대에 사용되던 그리스어는 분명 성조 언어였으나 현대 그리스어는 그렇지 않다.

성조 언어의 경우 자음과 모음이 내는 소리인 음소의 차이점은 그리 중요하지 않기 때문에 휘파람 같은 음악이나 심지어 북소리로도 대화를 쉽게 전달할 수 있다. 아프리카 사하라 사막 남쪽 지역에서는 한때 북소리로 의사소통을 하는 마을들이 사방에 퍼져 서로 연결되어 있었다. 이러한 마을에서는 모든 주민이 1차원적인 북소리 언어를 다 알아들었다고 한다. 지역 전체를 통과하는 길을 따라 계속 이어져 있는 마을은 이런 북소리를 이용해 한 마을에서 다음 마을로 시나 새로운 소식, 경고, 농담, 기도 등을 차례차례 아주 먼 거리까지 전달할 수 있었다고 한다. 아주 복잡한 소식도 한 시간 안에 160킬로미터 이상 되는 먼 거리까지 전달했다고 한다. 이처럼 놀랍도록 효율적인 통신망은 전신기가 발명될 때까지는 그 어느 곳에서도 발견된 적이 없다.

휘파람과 북소리 언어를 사용하는 사람은 두뇌에서 언어와 곡조의 처리 과정을 결합해 어떤 의미인지 파악할 수 있다.[7] 음악과 언어는[8] 모두 두뇌의 같은 영역에서 처리한다.[9] 그렇기에 이 두 요소가 또 다른 방식으로 서로 연결되어 있는 것처럼 생각되기도 하는데 역시 음악 수업이 읽고 쓰는 능력을 향상시켜준다는 연구 결과가 이미 나와 있다. 일부 언어학자는 인간의 말하기도 휘파람과 같은 음악적 공통조어로 시작되었다고 본다. 휘파람은 유인원의 신체적 능력 중 하나이기도 하다.[10] 몽 부족은 아예 이런 휘파람으로 말을 대신해 완벽한 음악 언어로만 서로 의사소통을 하는 경우도 많다.

언어와 관련된 생물학적 능력의 진화는 문화적 발명이 주도했지만 사실은 진화가 문화적 발명을 주도했다고도 볼 수 있다. 불과 몇천 년 전 인간이 농업을 시작하면서 턱에 해부학적 변화가 일어났다. 부드러운 음식을 섭취한 덕분에 턱의 크기가 줄고 윗니가 아랫니보다 앞으로 튀어나오게 되었다. 이 같은 변화를 통해 f와 v 소리를 낼 수 있게 되었고 새로운 언어의 탄생이 앞당겨졌다고 언어학자들은 믿고 있다.[11] 그렇다고 하더라도 역시 인간의 이 가장 위대한 발명품은 사실상 발명된 것이 아니라 진화된 것이다. 문화적 진화는 조리 방법을 만들어낸 것과 비슷하게 언어를 탄생시켰으며 인간은 그렇게 만들어진 언어에 의존하고 있다. 모든 인간 사회는 복잡한 언어를 갖고 있다. 언어를 사용한다는 것은 생물학적으로 진화된 본능이다. 인간은 태어날 때 언어를 모른 채 태어나지만, 타인으로부터 배우면 된다. 그렇지만 굳이 가르칠 필요가 없는 것이 바로 언어이다. 언어는 수수께끼 중에서도 수수께끼 같은 존재로 다윈은 "절반은 예술이고 또 절반은 본능이다"라고 표현하기도 했다.

언어와 관련한 모든 주장을 뒷받침할 신경학적 근거는 분명하지 않다. 무엇보다 인간의 두뇌에는 '오직 언어만' 담당하는 영역이 존재하지 않기 때문이다. 그 능력은 적당히 모호하게 드러난다.

이렇게 해서 언어는 우리의 문화 속에 스며드는 것과 같은 방식으로 우리 두뇌의 생명 활동 속에 스며든다. 인간은 태어난 지 몇 개월 정도 지나면 말을 할 수 있다. 제대로 된 학습 없이 그저 다른 타인의 대화를 듣는 것만으로도 가능한 일이다. 이런 놀라운 능력은 심지어 지적 능력이 떨어지는 아이들에게서도 거의 대부분 발견된다. 아마 이 유전적 재능은 작고 미성숙한 채로 태어나 꽤 오랜 시간 동안 세심하게 보살핌을 받아야 하는 인간 아기와 함께 진화했을 것이다.

말을 통한 상호 교류

그렇다면 유인원은 어떻게 말을 하기 시작했을까? 일부 학자는 영장류가 성대를 이용해 소리를 내는 능력에서부터 인간의 음성 언어가 진화했다고 믿고 있다. 유인원의 몸짓에 주목한 다른 학자는 이 몸짓에서부터 소리 내어 말하기가 시작되었다고 주장하기도 한다. 그렇지만 이 두 가지가 합쳐져서 언어가 시작되었다고 보는 것이 가장 타당할 것이다. 많은 내용을 표현할 수 있는 복잡한 수어는 최근까지도 오스트레일리아와 북아메리카에서 사냥 및 채집을 주로 하는 원주민 사회에서 발견할 수 있었다. 예를 들어 대화와 이야기 전달 그리고 교역에 사용된 대평원 아메리카 원주민의 수어는 유럽 사람들이 북아메리카 대륙에 진출할 때까지 대단히 넓은 지역에서 사용되었다. 현재 수어는 전 세계 어디에서나 청각 장애인이 사용하는 의사소통 수단이 되었다.

아무 의미 없이 내뱉는 말도 여러 기관이 서로 복잡하게 작용한 결과물이다. 이것을 의식적으로 생각한다면 좀 더 조심하면서 신중하게 말을 하게 될 것이다. 인간이 지금과 같이 다양한 소리를 내고 말을 하게 되기까지는 일련의 해부학적 적응을 통한 진화 과정이 필요했다. 우선 두 발로 서서 걷게 되면서 네 발로 걸을 때 앞다리를 지탱했던 갈비뼈와 횡격막의 부담이 사라졌다. 이 덕분에 마음대로 호흡을 조절할 수 있게 되었고 입에서 성대로 이어지는 발성 통로인 성도聲道가 활짝 열렸다. 또한 후두가 혀의 뒤쪽 부분까지 내려와 크기는 작지만 중요한 말굽 모양의 뼈인 이른바 설골舌骨에 매달리게 된 것도 중요한 변화라고 할 수 있다. 이 같은 변화를 통해 성도는 더 다양한 기능을 할 수 있게 되었다. 혀는 더 넓은 공간을 확보해 말을 하는 동안 자유롭게 움직일 수 있게 되면서 자음과 모음의 소리를 만들어낼 수 있게 되었다. 다만 진화적 측면에서는 위험을 감수한 전략이었다. 후두의 위치가 낮아졌다는 것은 이제 더는 숨을 쉬면서 무언가를 삼킬 수 없게 되었고 다른 영장류에 비해 목이 막히거나 질식할 확률이 훨씬 더 높아졌다는 뜻이기 때문이다. 인간을 제외한 다른 영장류의 후두는 비강 안에서도 높은 곳에 위치해 있다. 태어난 지 얼마 되지 않은 인간의 아기는 마치 호흡용 관을 단 것처럼 후두의 위치가 높아 숨을 쉬는 동시에 젖을 먹을 수 있다. 그렇지만 3개월 정도 지나면 후두의 위치가 내려가 말을 할 수 있는 보상이 주어진다. 후두의 위치가 높은 유인원은 아무리 훈련을 받아도 인간처럼 말을 하지 못한다.

목에서 어떤 소리를 내더라도 그 안에서는 수십만 번의 미세한 충돌이 일어난다. 각각의 소리는 후두 안쪽에 위치한 가늘고 긴 갈대 모양의 근육 한 쌍, 성대에 따라 달라진다. 성대는 말을 하지 않고 조용히 있을 때 따로 떨어져 있어 호흡을 돕는다. 말을 하거나 노래를 부를 때는 공기가 폐로부터 끌어올려지고 성대 가장자리가 빠르게 마찰을 일으키며 소리를 만든다. 마찰과 진동이 더 커질수록 소리도 높아진다. 소프라노 가수가 우렁차고 높은 소리를 내지를 때 성대는 초당 1000회 정도 진동을 한다. 이렇게 폐에서 끌어올려진 공기는 유리를 깨트릴 만큼 강력한 소리로 바뀌게 된다.[12]

인간이 언제 제대로 말을 하기 시작했는지는 확실하지 않지만, 네안데르탈인 정도라면 서로 대화하는 것이 가능했을 것이다.[13] 네안데르탈인도 소리를 내는 데 중요한 후두의 적응이 있었고, 이른바 언어 유전자라고 부르는 현생 인류의 FOXP2와 흡사한 유전자도 가지고 있었다. 이 유전자에 이상이 있는 경우 말을 하는 방법을 배우고 단어를 발음하며 문장을 만들고 이해하는 데 어려움을 겪는다. FOXP2 유전자는 다른 여러 동물에서도 발견되지만, 인간의 경우 침팬지와 비교해 두 개의 DNA 염기가 달라진 건 극히 최근에 일어난 일이다. 인간 FOXP2 유전자에 있는 740개의 염기 중 단 2개의 변화가 가져온 파장은 컸다.[14] 인간은 이 변화를 통해 침팬지와 비교했을 때 100개 이상의 유전자 발현이 달라졌다.[15] 이들 중 상당수는 두뇌의 발달과 기능에 영향을 미쳤다. 동시에 FOXP2 유전자는 말하기와 관련해 인지적, 신체적 측면 모두에 영향을 주는 연조직의 형성과 발달에도 영향을 미쳤다. 연구자들이 인간의 FOXP2 유전자를 실험용 쥐에 이식하자 더 자주 그리고 더 복잡하게 경고성 소리를 냈고 인간이 낸 문제를 해결하는 방법도 더 빠르게 익혔다고 한다.[16] 생존에 유리한 더 나은 의사소통과 학습이라는 장점 때문에 FOXP2 유전자가 지구에 살고 있는 모든 인간에게 빠르게 퍼져 나가 언어라는 문화적 발명도 함께 진화했다.

인간은 문법 규칙과 몇천 개에 달하는 단어를 배울 수 있는 선천적 능력을 타고났다. 하버드 대학교의 심리학 교수 스티븐 핑커는 '언어 본능'이라고 표현한다. 인간은 의사소통에 대한 강렬한 욕망도 가지고 있다. 인간이 두 발로 서서 걷게 되면서 두 손을 자유롭게 사용할 수 있게 되었고 다른 동물이 할 수 없는 손짓과 몸짓이 가능해졌다. 특별하게 오직 인간만 손가락을 들어 무언가를 가리킬 수 있다. 아기가 손가락질의 적절한 사용을 이해하는 데는 몇 개월의 시간이 걸린다. 대략 생후 12개월 무렵부터는 스스로 손가락을 사용해 첫 번째 '대화'를 시작한다. 손가락으로 무언가를 가리키는 행위는 사실 놀라울 정도로 복잡하고 특별한 인간만의 행동이다. 이를 위해서는 다른 사람이 무슨 생각을 하는지 이해해야 하는 복잡한 능력이 필요하다. 이 못지않게 강렬한 호기심도 가지고 있어야 한다. 아이들은 손가락을 움직여 무언가 특별한 의미를 전달할 수 있다. 명령을 하는 듯한 손짓으로 바나나를 가리키면 바나나를 달라는 뜻이고 의자를 향해 손짓을 하면 의자를 사용해도 된다는 설명이나 정보 전달이 될 수도 있다. 무언가를 결정한 듯한 손짓으로 풍선을 가리킨다면 풍선을 함께 바라보자는 권유도 될 수 있다. 특히 마지막 예시처럼 경험의 공유에 대한 권유는 협동에 대한 인간의 내적 욕망에서 비롯된 것이며 인간이 한 종으로서 협력해가는 방식의 뿌리가 된다.[17]

의사소통은 눈으로도 충분히 시작할 수 있다. 심지어 갓 태어난 후 엄마는 단순히 눈을 움직이는 것만으로도 아기의 시선에 영향을 줄 수 있다. 반면, 유인원 어미는 무언가를 바라봐야 할 필요가 있다는 것을 보여주기 위해 머리를 돌려야 한다. 인간은 눈의 흰 부분인 공막이 더 커지도록 진화해 사물이나 사람을 바라보는지 상대방에게 알려 줄 수 있다. 몇 미터 떨어진 곳에서도 상대방의 눈 움직임을 알아차릴 수도 있다. 왼쪽 눈을 오른쪽으로 5센티미터 정도만 움직여도 주의를 돌릴 수 있다는 뜻이다. 실제로 시선의 마주침은 인간의 사회 인지와 자아 의식에서 대단히 중요한 역할을 하기 때문에 어린아이들은 시선을 마주치지 않는 사람의 의중을 이해하기 어려워 한다. 어린아이들이 숨바꼭질 놀이를 하는 것을 보면 간혹 숨는 아이들이 손으로 눈을 가리는 모습을 볼 수 있다. 이는 아이들에게 있어 다른 사람이 '보인다'는 개념은 시선의 교환이라고 여기기 때문이다.[18] 또한 아이들은 누군가가 손으로 귀를 덮고 있으면 그 사람이 하는 말을 들을 수 없고 손으로 입을 덮고 있으면 그 사람과 대화를 할 수 없다고 생각하기도 한다.[19]

어린아이들이야말로 의사소통의 상호 작용에 대해 정확히 알고 있는 것이다. 어린아이들은 공동으로 관심을 기울여야 필요한 지식을 얻을 수 있다고 생각하는 경향이 있다. 다시 말해 자기 자신의 모습이 상대방에게 인식되기 위해서는 상호 경험의 과정이 반드시 필요하다고 믿는 것이다. 성장하기 위해서는 그렇게 믿고 있는 발달 과정을 거쳐야 한다. 지난 2003년, 미국에서 실시한 한 실험에서는 유아를 세 무리로 나누어 각각 시각 자료, 음성 자료, 실제 선생님을 동원해 중국어를 가르쳤다. 실험 결과 유아들은 유일하게 실제 선생님에게서만 중국어를 배울 수 있었다. 다 함께 관심을 기울인다는 것은 인간의 의식이 학습을 시작하는 출발점이다. 그렇기 때문에 영유아 시절에는 시청각 자료를 통해 말하는 법을 배우지 않으며 부모가 나누는 대화를 옆에서 듣는 것도 의미가 없다. 인간은 그렇게 진화하지 않았다. 인간이 구분된 개체로 인정을 받기 위해서는 상호 작용이 필요하다. 우리가 말을 할 때는 마치 말하는 로봇이나 자명종 시계처럼 단지 정보를 전달하는 것이 아니다. 우리는 다른 사람의 생각을 겨냥해 그 사람으로부터 어떤 반응이 나오기를 기대한다. 그저 우리가 하는 말이 잘 전달되었다는 것 정도만 알려준다 해도 상관없다. 인간의 또 다른 감정적 표현인 웃음이나 울음 등도 강력한 의사소통 효과가 있다. 웃음은 대단히 전염성이 높다. 비교적 친밀한 사람이 웃을 때는 더욱 그렇다.

중요한 생존 기술인 언어를 배우기 위해서 인간은 타인에게 철저히 의존하도록 진화했다. 인간이 언어를 배우는 어린 시절의 기간이 짧고 대화를 나눌 사람들이 존재하지 않았다면 모국어라고 여길 만큼 능숙하게 언어를 사용하지 못했을 것이다. 언어를 배우는 과정은 태어나기 전부터 시작된다. 어머니의 혀 움직임과 소리를 인식한다. 다른 언어보다 어머니의 언어인 모국어를 더 친근하게 느낀다.[20] 아기가 의식하지 못하는 상태에서 모국어의 문법과 단어 그리고 말을 하는데 필요한 근육의 복잡한 움직임과 통제 방법을 배우는 데는 몇 년의 시간이 걸린다. 문화적 학습의 또 다른 측면과 마찬가지로 언어 습득 과정에서도 문화적 형성 과정은 중요한 역할을 한다. 3세 무렵까지 아이들이 듣는 단어의 수는 9세쯤 되었을 때 학습 성취도를 결정짓는 중요한 요소이다. 이 변수는 사회적으로 한번 결정되면 좀처럼 뒤집을 수 없다. 연구에 따르면 가장 부유한 계층의 아이가 4세가 될 때까지 듣게 되는 단어의 수는 가장 가난한 계층의 아이와 비교했을 때 3000만 개 정도 더 많다고 한다.[21]

그렇지만 언어 능력의 차이는 단순히 더 많은 단어를 듣는 것에서 그치지 않는다. 최근의 연구를 살펴보면 4세, 5세, 6세 아이들에게는 '어른과 대화를 나누는' 빈도가 부모의 수입이나 교육 수준보다는 훨씬 더 큰 영향을 미친다고 한다.[22] 어른이 아이와 의사소통을 할 때는 일반적으로 아이의 동작이나 옹알이를 똑같이 반복한다.[23] 옹알이는 잘 알려진 것처럼 영유아가 되풀이하며 내는 혼잣소리다. 어쩌면 별로 중요하지 않아 보이는 교류의 시간이 언어 발달에서 가장 중요한 단계인지도 모른다. 말을 하지 못하는 아이라도 상호 교류의 시간을 가지면 일종의 반복적인 흐름이 생긴다. 아이가 내는 소리를 똑같은 음색과 어조로 부모가 반복하는 과정이 계속 이어지는 것이다. 아이들은 생후 3개월 정도면 상대방을 따라할 수 있게 되어 0.6초 안에 반응을 보인다고 한다.

이런 방식의 상호 교류는 언어보다도 오래되었다. 일부 영장류와 새도 이렇게 교류를 한다. 긴팔원숭이는 서로를 번갈아 부르지만, 대형 유인원류는 목소리가 아닌 몸짓이나 손짓을 이용한다. 번갈아 교감을 나누는 종은 모두 사회성이 뛰어나고 대부분 일부일처제를 유지하기 때문에 서로에게 더욱 신경을 쓰는 편이다. 이러한 관심의 투자는 상대방의 기분이 어떻고 어떤 것이 관심이 있는지를 알아가는 과정에서 이루어진다. 반복적인 교류나 교감은 짝짓기에서 협동 생활까지 모든 활동을 더욱 부드럽게 진행하기 위해 사용된다. 인간 역시 교류나 교감을 통해 상대방을 중심으로 하는 대화의 협조적 본질을 강조하게 된다. 대부분의 인간은 굳이 말로 강조하지 않아도 교류나 교감을 서로 번갈아 나눈다는 규칙을 잘 따르고 있다. 이 같은 규칙은 모든 언어에 공통적으로 적용되며 아이들에게 일방적으로 훈계를 할 때를 제외하고는 대화를 일방적으로 독점하는 모습은 보기 드물다. 대화가 불균형하게 흐르게 된다면 잠시 대화를 끊거나 상대방을 웃게 만드는 식의 장치를 사용해 제자리로 돌려놓는다.

일반적인 대화에서 서로의 말이 오고 갈 때 걸리는 순수한 속도란 결국 인간의 두뇌가 방금 들은 말에 대해 대응할 기회를 갖기 전에 말이 먼저 나오는 속도다. 평균적으로 두 사람이 대화를 할 때의 반응 시간은 0.2초에 불과하다. 이것은 눈을 깜빡일 때와 거의 같은 수준으로 인간이 보여줄 수 있는 가장 빠른 반응 속도라고 한다. 그렇지만 귀로 들은 내용이 두뇌까지 전달되고 내용을 이해한 후 대답을 준비해 우리 입까지 전달되는 데 걸리는 시간은 최소한 0.6초 이상이다. 실시간으로 진행되는 대화 과정 전체는 두뇌의 정교한 예측 장치에 의존하고 있다. 상대방이 무슨 말을 할지 미리 예측하고 동시에 대답할 준비를 하면서 아무리 빨리 반응을 한다고 해도 앞서 언급했던 것처럼 0.2초는 필요하다. 대부분의 경우 한 사람이 2~3초에 걸쳐 말을 하는 동안 다른 한쪽은 그 시간 안에 어떤 대답을 할지 결정해야만 한다. 신경 과학자들은 여전히 인간이 어떻게 두 가지를 동시에 할 수 있는지 정확히 파악하지 못하고 있다. 두뇌의 상당 부분이 말하는 것과 듣는 것 둘 모두와 관련이 있기 때문이다. 그럼에도 불구하고 우리는 하루에 1500회 이상 대화를 주고받는다.

사회생활을 해나간다는 것은 단지 물리적인 세계뿐만 아니라 타인의 마음 같은 미지의 세계를 탐색할 예측 장치를 갈고 닦는다는 뜻이다. 언어가 진화할 수 있었던 것은 거대하게 성장한 사회에서도 상대방을 예측하는 데 있어 비교할 수 없을 만큼 뛰어난 장치였기 때문이다. 상대방을 바라보는 시선이나 몸짓처럼 다른 감각적 자극도 가치가 있어 말을 충분히 대신할 수 있다. 그렇더라도 사람들 사이에 오가는 말로 하는 대화는 신뢰와 우정을 쌓고 신망을 퍼트리며 좋은 감정을 불러일으킨다. 그리고 이런 대화의 핵심은 공평한 교류와 교감이다.

대화가 진행되는 동안 인간의 예측 장치는 문법적 실마리, 표정, 목소리의 억양과 높이 그리고 크기, 몸짓 등의 도움을 받아 언제 반응할지 판단한다. 문법의 경우 "만일"이라는 말이 나오면 이어서 "이라면"이 나올 것이라는 정도는 짐작할 수 있다. 양손을 무릎 위에 올리는 몸짓도 좋은 실마리가 될 수 있다. 먼저 말을 하는 쪽이 문장의 핵심 부분을 시작할 때 이야기한다면 일찌감치 끼어들 틈을 엿볼 수 있다. 듣는 사람 입장에서 앞으로 대화가 어떻게 흘러갈지 그리고 무슨 말이 나올지 좀 더 확실하게 예측할 수 있기 때문이다. 이렇게 대화의 연결을 듣는 사람에게 넘기는 과정에서 결정적 순간이 다가온다. 마침내 지금까지 말을 하던 쪽이 말을 넘기려고 할 때 말할 차례가 된 쪽은 말할 순간을 기다리며 어떤 말을 할지 생각하기 시작한다. 이제 말을 넘길 때가 되었다고 생각한 지 0.5초쯤 지나면서 침묵의 공백이 생겨나고 듣고 있던 사람이 말을 제대로 받지 않으면 무언가 문제가 일어났음을 깨닫게 된다. 지역에 따라 반응이 아주 조금 느린 경우도 있지만, "커피 마시러 갈까?" 하고 물은 후 0.5초가 지났는데도 대답이 없다면 "아니면, 커피 말고 뭐 다른 거?" 같은 말을 덧붙여서 대화가 이어지도록 만든다. 일반적으로 긍정의 대답보다 부정의 대답이 나올 때 시간이 더 걸린다. 그렇지만 상호 협력을 위한 진화된 적응 과정

언어

의 일부이기 때문에 긍정의 대답을 하려는 경우가 더 많아서 부정의 대답을 하기 어렵다. 부정의 대답을 할 때 두뇌를 살펴보면 두뇌가 움찔하는 모습을 관찰할 수 있다.

언어의 진화

언어 학습은 무척 복잡한 일인데도 아이들은 대단히 능숙한 모습을 보인다. 모든 아이들은 5세 무렵이 되면 거침없이 모국어를 구사할 수 있으며 수천 개가 넘는 어휘를 자유자재로 사용하고 특별히 의식하지 않아도 문법 규칙을 지킨다. 문법이나 단어의 기원 등을 굳이 배우지 않아도 능숙하게 말하는 모습은 어디에서나 볼 수 있다. 선천적으로 청각 장애를 갖고 태어난 아이들은 말을 사용한 언어만큼 복잡한 규칙이 있고 똑같은 신경 연결 통로를 필요로 하는 수어를 자연스럽게 개발할 것이다. 인간의 두 눈이 발명된 것이 아닌 것처럼 언어는 쉬운 발음과 학습의 용이성 그리고 환경적 요소 같은 선택 압력에 반응해 특별한 목적이나 의식 없이 이루어진 문화적 진화의 뛰어난 결과물이다.[24]

이렇게 놀라울 정도로 유연한 의사소통 체계는 사물 사이의 관계라는 개념에서 탄생했다. 이 체계를 최대한 단순하게 설명하면 A=B이고 A=C일 경우 B=C가 된다. 이것은 얼핏 보기에 명백하게 보이지만 실제로는 대단히 복잡하고 정교한 개념이다. 태어날 때부터 아는 것이 아니라 반드시 후천적으로 학습을 해야 한다. 이 같은 관계에 대한 구분은 9가지가 존재한다. 여기에는 위와 아래 같은 반대의 관계, 진짜 말과 말의 사진 같은 등가의 관계, 코끼리와 쥐의 크기 같은 비교의 관계 등이 있다. 이러한 관계는 모두 일반화되어 서로 다른 상황에 적용할 수 있다. '더 큰'이라는 비교의 관계가 어떻게 적용되는지 배웠다면 두 가지 사물에 대해 어느 쪽이 더 큰지 쉽게 구분할 수 있다. 또한 새로운 상황에 대한 규칙을 일반화하는 것도 쉬워진다. 생후 16개월 아이들도 힘들이지 않고 발휘할 수 있는 이 자못 평범해 보이는 능력은 언어 인지력의 핵심이다. 관계에 대한 구분을 통해 서로 다른 사물 사이의 의미를 전달할 수 있기 때문이다. '공'이라는 단어를 통해 그렇게 들리지 않고 어떤 공도 눈앞에 없더라도 그 대상을 나타낼 수 있기 때문이다. 결국 축구를 하는 것과 보는 것 중 어느 쪽이 더 나은가와 같은 추상적인 개념에 대해서도 이야기를 나눌 수 있게 된다. 이것은 오직 인간만 보여줄 수 있는 특별한 기술이다. 다른 여러 종도 관계에 대한 구분의 기본적 규칙을 배울 수는 있다. 그렇지만 어떤 종도 일반화시켜 적용하지 못한다. 심지어 집중적으로 언어 훈련을 받은 침팬지도 인간처럼 하지 못한다.

일단 단어의 조합과 관계에 대한 '규칙'을 배우고 나면 상징을 새로운 방식으로 결합할 수 있고 언어는 생물학적 진화와 유사한 방법으로 진화하게 된다. 여기에서 단어는 유전자로 치환해도 무방하며 그 결과물이 바로 놀랍도록 다양하고 복잡한 인간의 언어다.

여기 한 이야기를 보자.

여자아이 과일 줍다　돌리다　매머드 보다

여자아이 달리다　나무 닿다　올라가다　매머드 나무 흔들다

여자아이 소리 지르다 소리 지르다　아버지 달리다　창 던지다

매머드 울부짖다　쓰러지다

아버지 돌 가져오다　고기 자르다　여자아이 주다

여자아이 먹다　끝내다 자다

　역사 언어학자 기 도이처가 만든 이 이야기는 영어는 물론이고 다른 어떤 언어의 규칙이나 문법과도 상관이 없다. 실제로 문법 규칙을 마음대로 어기고 있지만, 대략 어떤 이야기를 하려는지 쉽게 이해할 수 있다. 사실 어떤 언어라도 이런 식의 표현을 쉽게 이해할 수 있을 것이다. 기 도이처는 우리의 인식 깊은 곳에 뿌리를 내리고 있는 몇 가지 자연스러운 원칙을 사용해 이 이야기를 만들었다. 우선 서로 가까운 관계로 보이는 단어를 묶는다. '여자아이'와 '과일' 같은 단어다. 그리고 사건의 순서대로 단어를 배열한 후 가장 기본적인 '주어-목적어-동사'의 형태를 구성한다. 연구에 따르면 인간은 제일 먼저 주어를 생각하고 그 다음은 목적어 그리고 동사를 생각한다고 한다. 주어 앞에 동사가 먼저 오는 언어는 전체 언어의 10퍼센트 남짓에 불과하다. "여자아이 과일 줍다"는 "과일 여자아이 줍다" 혹은 "줍다 과일 여자아이"보다 이해하기 쉽다. 비록 그 어떤 배열도 '주어-동사-목적어'라는 영어의 문법 규칙을 따르고 있지 않아도 말이다.

이 같은 단순한 구성의 규칙을 보면 어떻게 언어를 습득하기 이전의 인간이 몸짓으로 이야기를 전달할 수 있었는지 상상할 수 있다. 관계에 대한 구분을 사용하면 더 이상 실제 사건이 일어난 현장에서 모든 등장 인물이 재연해 이야기를 전달할 필요가 없다. 그 대신 구성 요소를 다시 보여주기만 하면 정식 문법은 필요하지 않다. 위의 사례에서 26개의 단어가 사용된 것처럼 서로 이해하고 있는 몇 개의 어휘만 개발하면 이야기를 전달하고 이해시킬 수 있다. 우리가 나누는 이야기의 25퍼센트 정도는 단 25개 정도의 단어로만 이루어져 있다는 사실을 생각해보자. 전 세계 언어의 3분의 2 이상은 가장 많이 쓰이는 실질어에 비슷한 소리가 사용된다.[25]

바로 이 지점에서부터 문화적 진화는 인류의 공통 조어에 천천히 복잡성을 더해가기 시작했고 어휘를 늘리고 규칙을 더해 혼란을 피하고 더 분명히 이해할 수 있도록 했다. 인공 지능을 이용한 최근 연구에 따르면 두 인공 지능 장치를 이용해 마치 인간의 대화처럼 무작위로 문장을 만들어 전달해본 결과 두 인공 지능이 특정한 문법적 구조를 찾아 일반화한다는 사실을 발견했다. 그렇게 일반화를 하는 과정에서 상대방의 문장보다 자신이 만들어내는 문장에 좀 더 많은 문법적 구조가 들어가기 시작했다.[26] 이 과정을 여러 차례 반복한 결과 단순 학습과 전달을 반복하는 것만으로도 인공 지능이 주고받는 문장에는 자연적인 인간의 언어에서 찾아볼 수 있는 구조가 만들어졌다.

지난 5000년 동안 문법과 관련한 혁신 중 일부는 글쓰기의 발명을 통해서만 출현할 수 있었다. '그 전에', '그 후에', '그것 때문에'와 같은 접속사를 통해 더 길고 복잡한 문장 구조가 탄생했다. 이러한 언어적 도구가 없었던 최초의 수메르 언어와 동시대 다른 언어는 지금 읽어보면 지루하게 반복되는 구절이 많다. 앞서 언급했던 혁신이 출현한 이후에야 문장의 절이 결합되면서 지루하지 않게 읽을 수 있는 글이 완성되었다. 그럼에도 불구하고 오스트레일리아나 북극해 주변 원주민은 지금도 접속사라는 도구가 없는 언어를 사용하고 있다. 축적된 문화적 진화의 모든 산물처럼 더 좋은 방향으로 발전된 언어 역시 규모가 크고 잘 연결된 사회를 통해 만들어진다. 더 많은 사람들이 사용하는 언어는 더 많은 소리와 풍부한 어휘를 갖게 되며 동시에 그렇지 못한 언어보다 훨씬 더 빠르게 다양성을 갖춰간다.[27]

　문법화 과정이 어떻게 일어나는지 확인해보면 명사와 동사는 형용사와 부사로 새롭게 진화하며 필요한 경우 본래의 의미가 사라지고 새로운 의미만 남기도 한다. '쏜살같다'라는 표현에서 본래의 '화살'이라는 의미가 사라진 것처럼 말이다. 말의 의미는 말이 사용되는 사회적 맥락에 따라 끊임없이 진화하며 변한다. 영어로 멋지다는 뜻의 'nice'는 13세기 무렵만 해도 라틴어에서는 무지하다는 뜻으로 상대방을 모욕할 때 사용했다. 18세기에 이를 때까지 변덕스럽다, 무절제하다, 우아하다, 이상하다, 겸손하다, 기운이 없다, 수줍어하다 등 계속해서 변화를 거쳤다. 지금은 친절하다, 혹은 멋지다 같은 뜻으로 사용되고 있다. 결국 가장 중요한 것은 문맥으로 때로는 둔하다는 말을 완곡하게 에둘러 표현하기도 한다. 은유는 가장 일반적인 의사소통에서 언어가 마음껏 중요한 역할을 할 수 있도록 만들어준다. 은유와 같은 추상적 개념은 집단의 모든 구성원이 서로 주고받는 신호를 있는 그대로의 뜻으로만 받아들이는 경우에는 결코 출현할 수 없었을 것이다.

유전자와 마찬가지로 단어와 언어도 공동체 사이를 오간다. 인간은 에스페란토Esperanto어나 청각 장애인을 위한 수어 등의 언어를 인공적으로 발명해낸 만큼 언어에 대해 유연한 태도를 가지고 있다. 드문 경우이긴 하지만, 히브리어처럼 아주 오래되었거나 사라졌던 언어를 필요에 따라 되살려내기도 한다. 히브리어는 원래 제사나 의식용 언어로만 명맥을 유지하다가 이스라엘의 모국어로 다시 부활했다. 이 같은 창조와 재발명은 대단히 드물게 이루어지지만, 언어는 계속해서 조금씩 변하고 있다. 유전자와 유기체가 자연 선택의 영향을 받는 것처럼 문법적으로 불규칙한 단어도 '규칙화'에 대한 강력한 압박을 받는다. 이런 이유로 영어의 경우 많은 불규칙 동사가 지금도 사라지고 있다. 유럽 공통 조어祖語(유럽어의 조상으로 여겨지는 원시어.-옮긴이)인 'drove'(불규칙 동사 'drive'의 과거형.-옮긴이)는 게르만어족의 'drived'로 진화하게 될 것이다.

전 세계적으로 언어의 변화와 혁신을 이끌고 있는 것은 다름 아닌 젊은 여성이다. 어떤 경우 남성이 여성에 비해 언어적으로 한 세대 가량 뒤쳐지는 때도 있다. 이렇게 되는 이유는 사회의 성차별주의와도 관련이 있다. 여성에게는 정확한 발음이 필요한 사회적으로 높은 지위에 오를 수 있는 기회가 그리 많이 주어지지 않는다. 젊은 여성은 놀라울 정도로 사회적이어서 이들의 말은 다른 사람들 귀에 많이 들리게 된다. 특히 여성에게 잘 보이고 싶어 하는 남성은 여성이 만들어낸 변화를 따르는 경향이 있다. 한 가지 사례가 이른바 '낮고 삐걱대는 목소리'인데, 후두를 죄어가며 만드는 낮고 긁는 듯한 목소리는 1930년대 여배우 메이 웨스트가 사용했었고 최근에는 킴 카다시안 같은 연예계 유명 인사도 구현하고 있다. 성적 매력 같은 사회적 가치는 특정한 언어적 특성과 맞물려 많은 사람들이 킴 카사디안의 말투를 흉내내기도 한다. "그러니까……" 같은 표현을 입버릇처럼 쓰며 말끝을 높이 치켜올리는 습관 등은 젊은 여성이 만들어내 사회 전체로 퍼트린 대표적인 변화다.

외국어를 배울 때 거추장스러운 부분은 제외하고 필요한 말만 사용하면서 만들어진 일종의 방언도 기존 언어의 단어나 문법과 결합하며 일정하게 진화한다. 키츠독일어Kiezdeutsch란 본래 독일로 이주한 터키 이주민 공동체에서 사용되던 서툰 독일어를 뜻했다. 하지만 지금은 완벽한 독일어를 구사하는 독일 청소년들이 즐겨 사용하는 언어가 되었다. 영국의 10대 청소년들이 자메이카 사투리와 미국 로스엔젤레스의 랩 음악 가사 그리고 런던 남부의 은어를 뒤섞어 자파이칸Jafaican을 사용하는 것처럼 키츠독일어는 사용하는 사람의 정체성과 사회 안에서 자신을 어떻게 바라보는지와 얽혀 있다. 이러한 공동체의 언어가 멋지고 근사하게 느껴진다면

10대 청소년은 인종이나 사회적 배경과 상관없이 사용할 것이다.

영국에서는 14세기만 해도 같은 잉글랜드라고 할지라도 동부의 노퍽Norfolk에서 온 사람과 남동부 켄트Kent에서 온 사람이 서로 대화하기 어려웠다. 이 같은 영국의 다양한 억양이나 말투도 시간이 지나면서 사라지고 있다. 이제는 남동부 지역의 억양을 더 많이 사용하는데 아마도 남동부 지역이 더 부유하고 영향력 있기 때문일 것이다. 이런 식의 언어적 편견에 대해서는 극작가인 조지 버나드 쇼가 《피그말리온》(빈민가의 소녀가 상류층으로 진입하는 모습을 통해 신분제의 허위와 영국 사회의 모순을 비판한 작품. – 옮긴이)이라는 작품을 통해 보여준 바 있다. 그렇지만 많은 경우 상대하는 사람이나 상황에 따라 사용하는 언어와 말투를 수정한다. 의도적이든 의도적이지 않든 이러한 것들은 상대하고 있는 사회적 집단에 대해 자신을 더 잘 드러내려는 시도라고 할 수 있다. 높은 교육 수준을 자랑하는 정치인이 서민층을 만나면 그들이 쓰는 언어로 연설을 하는데 이것은 《피그말리온》의 여주인공 일라이자 둘리틀이 상류층의 영어를 배워 신분 상승을 꾀한 모습을 뒤집은 것이라고 볼 수 있다. 영국 여왕도 예외는 아니라서 시간이 지날수록 왕실의 우아한 억양이 조금씩 사라지고 있다. 여왕은 더 이상 '베리very'를 '베디veddy'로, '푸어poor'를 '푸우어poo-er'로 과장되게 발음하지 않는다. 만일 영국 여왕마저 왕실의 고급 영어를 사용하지 않는다면 누가 그런 영어를 쓰려고 하겠는가?

언어는 정체성과 문화적 유산이 완벽하게 뒤얽힌 결과물이다.

어린아이는 민족의식 같은 영향을 받기 전에 주변에 모국어를 말하는 사람들을 그대로 따라서 한다. 젊은 여성이 언어의 변화를 이끄는 이유 중 하나는 비슷한 사람들과 집단적 유대감을 형성해 일종의 사회적인 힘을 얻기 때문이다. 서로를 사회적으로 지원하는 일종의 파벌이 만들어지는 것이다. 다른 누군가가 자신과 같은 말투나 억양을 쓰는 것을 듣는다면 같은 지역이나 계급 출신이라는 확신을 가질 것이다. 그렇게 두 사람은 사회적 동질감을 느끼면서 특정한 문화적 가치를 지지하고 비슷한 관심사를 옹호하게 될 가능성이 높아진다. 언어는 한 집단의 강한 상징으로 다른 집단과 분명하게 구분하는 표시라고 할 수 있다.[28]

이 같은 모습이 가장 분명하게 드러나는 곳은 뉴기니섬일 것이다. 언어적으로 지구상에서 다양성이 가장 두드러지게 드러나는 뉴기니섬에는 800종이 넘는 언어가 존재한다. 각 부족은 산맥, 늪지대, 강 같은 지형적 장애물로 가로막혀 있어 각 언어가 서로 고립된 채 내부에서만 변화를 겪는다. 그 결과 뉴기니섬에는 물을 뜻하는 단어만 1000개가 넘는다고 한다. 섬의 주민 또한 각 부족을 구분하는 기준으로 언어를 활용한다. 어떤 마을의 경우 '아니오'를 뜻하는 단어 '비아bia'를 '분bune'으로 바꾸기로 마을 주민이 함께 결정했다. 그 이유는 이웃 마을과 사용하는 언어를 구분하기 위해서였다. 또 다른 마을에서는 성의 일치와 관련된 모든 단어를 이웃 마을과 반대가 되도록 바꾸었다고도 한다.[29]

세계적으로 이와 유사한 과정이 일어나고 있다. 현재 세계에는 대략 7000종이 넘는 언어가 존재한다. 포유류 중에서도 인간이라는 단 하나의 종이 사용하는 언어의 수가 나머지 모든 포유류의 언어 수를 압도한다. 언어학자들은 수없이 갈라진 수많은 언어의 뿌리를 추적해 근원을 찾아볼 수 있는 나무 모양의 도표를 만들었다. 인류가 공통적으로 사용했던 대표적인 언어는 인도유럽어족이다. 이 인도유럽어족을 중심으로 영어에서 산스크리트어까지 다양한 언어가 탄생했다. 유전학자, 고고학자, 고생물학자들은 이 같은 정보를 바탕으로 인간이 어떻게 지구상에 다양한 모습으로 퍼져나가게 되었는지 추적, 연구하고 있다.

언어와 정체성

일단 말을 할 수 있게 되면 인간은 하나의 언어만 말하는 것으로 그치지 않는다. 지구상에 살고 있는 대부분의 사람은 최소한 두 가지 이상의 언어를 구사한다. 그렇게 구사하는 각각의 언어는 처음에 두뇌를 변화시키고 성격과 행동 등을 미묘하게 변화시킨다. 언어와 관련한 문화적 진화는 인간의 생명 활동에도 영향을 미친다.

"우리는 다른 언어를 사용할 때마다 다른 사람이 된다. 언어는 인간을 넘어서는 힘을 갖고 있다. 감정이 변하고 신체 언어가 변한다. 나는 슬픔을 표현할 때는 터키어를, 풍자를 하고 싶을 때는 영어를 쓰는 것이 더 좋다." 터키의 작가 엘리프 샤팍의 말이다.[30]

언어는 인간이 생각하는 방식을 만들어간다. 영어를 쓰는 사람은 일본어를 쓰는 사람에 비해 꽃병을 깨트린 일 같은 사고의 원인이나 원인 제공자를 더 잘 기억한다. 영어로는 "제이미가 꽃병을 깨트렸다"는 방식으로 상황을 직접 설명하기 때문이다. 그렇지만 일본어에서는 사건의 원인과 결과에 대해 거의 언급하지 않으며 그저 "꽃병이 깨졌다"라고만 말하는 경우가 많다. 인간의 언어에 존재하는 구조는 현실을 구성하는 방법을 근본적으로 만들어낸다. 우리가 바라보는 현실과 인간의 본성은 사용하는 언어에 따라 극적으로 달라진다. 인간의 두뇌는 변하고, 인지 능력은 받아들이고 대응하는 문화적 입력 요소에 따라 새롭게 깨어난다.

색상을 나타내는 용어의 진화에 대해 생각해보자. 일반적으로 처음에는 빛과 어둠을 나타내는 것으로 시작되었을 것이다. 그렇게 검은색과 흰색이 만들어진 후 거의 대부분의 언어에서 빨간색이 만들어졌다. 추측건대 피의 색깔 때문인 듯싶다. 영어로 빨간색이라고 하면 여기에는 갈색, 자주색, 분홍색, 주황색, 노란색 등이 포함된다.[31] 그리고 그다음은 보통 노란색이나 초록색이 만들어진다. 많은 사회에서 파란색을 머릿속으로 받아들이지 못하고 영어를 배우면서 처음으로 파랗다는 말이 색깔의 범주에 들어갈 수 있다는 사실을 알게 된다. 그렇기 때문에 많은 언어가 파란색에 해당하는 단어를 외부에서 빌려와야 했다. 독일의 경우 파란색을 뜻하는 아주 많은 단어가 있다. 독일어권 사람들은 영어권이나 아프리카 나미비아 힘바Himba 부족에 비해 여러 파란색을 더 잘 구분할 수 있다. 힘바 부족에게는 파란색에 해당하는 단어가 없으며,

녹색과 파란색의 차이를 구분하는 데 어려움을 겪는다. 그렇지만 이들은 빛과 어둠의 색조에 대한 용어를 더 많이 가지고 있으며 힘바 부족의 어린아이는 유럽 아이보다 음영을 훨씬 더 수월하게 구분한다.

다시 말해, 언어라는 인간의 문화적 발명품은 인간의 인지 능력에 영향을 미친다. 두뇌가 받아들인 감각 자극을 말로 나타내도록 배우면 의식적으로 경험했는지 여부까지 사실상 결정하게 되는 것이다.[32] 인간은 색깔만 제외하고 모든 부분이 동일한 두 사물을 대할 때 색에 대한 단어를 만들어낸다. 산업화된 사회에서는 사냥과 채집을 주로 하는 사회에 비해 구분해야 하는 동일한 물건이 훨씬 많다. 예를 들면 초록색 자동차와 파란색 자동차를 구분할 필요가 있다. 따라서 색에 대해 좀 더 풍부한 어휘들을 만들게 된다. 자연 환경에서 다른 색을 선택한다는 것은 보통 속성이 다른 것을 선택한다는 의미이다. 말레이반도에 살고 있는 소수 부족인 자하이Jahai 같은 일부 공동체는 색상에 대한 어휘가 부족하지만, 냄새와 관련된 어휘는 대단히 풍부하다. 이러한 공동체의 구성원은 각기 다른 냄새를 구분할 때 훨씬 더 민감하게 반응한다.

보편적으로 인간이라고 생각하는 개념, 즉 색에 대한 인식, 얼굴 표정에 대한 해석, 시간이나 방향에 대한 관념은 언어를 통해 문화적으로 학습되며 그 안에서도 놀라울 정도로 미묘한 차이가 존재한다는 사실이 밝혀졌다. 사물에 이름을 붙여 부르게 되면서 새로운 인지 능력으로 이어지는 정신적인 문이 열렸다. 세상을 이해하는 새로운 방법을 깨닫게 된 것이다. 성별을 엄격하게 구분하는 히브리어를 구사하는 아이는 성별 구분이 엄격하지 않은 핀란드어를 배우는 아이보다 1년 정도 빨리 남녀의 성을 구분한다.

언어에 따라 방향을 설명하는 방법도 대단히 다양하다. 영어에서는 "나의 왼쪽 다리"처럼 주로 왼쪽, 오른쪽이라는 표현을 많이 사용한다. 그렇지만 전 세계 언어 중 대략 3분의 1 정도는 왼쪽, 오른쪽이라는 표현을 사용하지 않는다. '캥거루 kangaroo'라는 단어로 유명한 오스트레일리아 퀸즈랜드 북단의 원주민 언어인 구구이미티르 Guugu Yimithirr어는 위치와 방향을 동서남북으로 설명한다. "저 사람 북쪽에 서 있는 남자가 내 남동생이다" 같은 식인데 모든 교환이나 거래를 할 때는 방향을 이야기해야 한다.[33] 이 원주민이 문법에 맞는 문장을 말하기 위해서는 언제나 머릿속으로 동서남북을 의식하고 있어야 한다. 그렇게 하기 위해서는 언어와 공간에 대한 의식을 구성하는 방법에 있어서 인지적 변화가 필요하다. 만일 어떤 이야기를 하려고 한다면 정확히 전달하기 위해 어떤 사람이 나에게 다가올 때 서쪽에서 왔는지 동쪽에서 왔는지부터 기억해야 한다. 구구 이미티르 같은 언어 중 일부는 행동을 나타내는 모든 동사가 방향을 포함하기 때문이다. 이것은 완전히 다른 개념적 틀이다. 무방향성 언어를 구사하는 사람에게는 익숙하지 않겠지만, 익힐 수 있는 기술이다.

미국의 인류학자 레라 보로디치키는 실제로 이런 실험을 진행했다.

나는 이 마을에서 처음 한 달을 보내며 그야말로 바보가 된 느낌이 들었다. 너무나 간단한 기술을 이해하지 못하는 나를 마을의 모든 사람이 무척이나 가엾게 여길 정도였다. 일주일쯤 지났을까. 나는 길을 걸어가다가 마치 컴퓨터 화면을 들여다보는 것처럼 마음속에 작은 창문이 하나 열리는 것을 느꼈다. 나는 하늘에서 내려다보는 조감도 위의 작고 빨간 점이 되었다. 내가 몸을 돌리자 작은 창문이 풍경을 따라 스스로 방향을 잡았다. 나는 이렇게 생각했다. '와, 이렇게 하니 훨씬 쉬워지는구나.' 나는 조금 머뭇거리며 다른 사람에게 나의 경험을 이야기했다. 그러자 그들은 나를 보며 이렇게 말했다. "어떻게 그렇게 할 수 있는 겁니까?" 이 공동체에서 보다 정상적으로 보이고자 했던 노력이 내 두뇌로 하여금 효과가 좋은 해결책을 만들어내도록 한 것이다.[34]

지금으로부터 1세기 전, 언어를 사용하는 인간의 능력이 좌뇌, 특히 다음 두 영역에 있다는 이론이 확립되었다. 말하기와 발음을 관장하는 브로카 영역과 이해력을 관장하는 베르니케 영역이 그것이다. 둘 중 어느 한 부분이라도 손상되면 언어 기능에 문제가 생기거나 실어증이 생길 수도 있다. 그렇지만 신경학자들이 10여 년 동안 연구한 결과 그렇게 간단한 문제가 아니라는 것을 깨닫게 되었다. 언어는 단지 두뇌의 두 영역 혹은 한 영역에서만 담당하는 것이 아니며 새로운 언어를 배울 때 두뇌 자체가 성장할 수 있기 때문이었다. 최근 밝혀진 바에 따르면 단어는 그 주제나 의미에 따라 두뇌의 각기 다른 영역과 관련이 있었다. 신경학자들은 지속적인 연구를 통해 각기 다른 언어에서 같은 의미를 지닌 단어들은 두뇌의 같은 영역 안에 함께 모여 있다고 주장하고 있다.[35]

두 가지 언어를 능숙하게 구사하는 사람은 두 언어에 대해 각기 다른 신경 연결 통로를 가지고 있어 어느 한쪽 언어만 사용하더라도 두 연결 통로 모두가 활성화되는 것처럼 보였다. 이러한 사람은 한 가지 언어에 집중해서 적절하게 처리하기 위해 잠재의식 속에서 계속해서 다른 언어를 억누른다. 이런 현상에 대한 최초의 증거는 1999년 실시한 실험을 통해 밝혀졌다. 이 실험에서는 영어와 러시아어를 능숙하게 구사하는 참가자들에게 탁자 위에 있는 물건을 지시대로 움직이도록 했다. 연구원들은 먼저 러시아어로 "우표를 십자가 아래에 두세요"라고 지시했다. 우표는 러시아어로 '마르카маркa'라고 하는데 그 발음이 영어의 '마커marker', 즉 매직펜과 비슷하게 들린다. 실험 참가자들의 시선을 따라가 보니 그들은 우표와 매직펜을 번갈아 살펴보다가 그제야 우표를 집어 들었다. 아마도 언어에 대한 다른 신경 반응 유형이 두뇌에 영원히 각인되어 언어를 배운 뒤 한 번도 사용하지 않더라도, 반응을 보이는 것 같았다. 말도 할 줄 모르던 어린 시절 중국에서 캐나다로 입양된 어린이의 두뇌를 몇 년이 지나 살펴보니 중국어를 해본 경험이 없는데도 신경이 중국어를 인식하고 반응을 보였다.

여러 언어를 사용한다는 것은 사회적, 심리학적, 생활 양식뿐만 아니라 정신 건강 측면에서도 많은 이점이 있다.[36] 인간의 두뇌는 여러 언어를 사용할 수 있도록 진화한 것처럼 보인다. 아마도 과거에는 다양한 언어의 이해가 필수였던 것 같다. 지금도 사냥 및 채집을 주로 하는 사람은 일반적으로 다양한 언어를 사용한다. 사냥 및 채집을 하는 부족의 경우 같은 부족이나 씨족 내에서 배우자를 찾는 것을 금하고 있어 모든 가정에서는 부모가 서로 다른 언어를 구사하기 때문이다. 오스트레일리아 원주민 사회에서는 여전히 130종에 달하는 언어가 존재하며 두 종 이상의 언어를 구사하는 것은 일상적인 풍경이다. 누군가와 걸어가면서 대화를 나누다가 작은 강을 건너면 갑자기 그 땅의 언어로 바꿔 대화를 하는 식이다. 이런 일은 실제로 빈번하게 일어난다. 벨기에의 경우 남동부 리에Liege에서 기차를 타면 프랑스어 안내 방송이 나온다. 그러다가 루벤Leuven을 지나면 네덜란드어로 안내 방송이 바뀌고 수도인 브뤼셀에 도착하면 다시 프랑스어를 듣게 된다.

다국어 사용은 두뇌와 자존감에 놀라운 영향을 미친다. 누군가 나에게 영어로 가장 좋아하는 음식이 무엇이냐고 묻는다면 마음속으로 런던을 떠올리며 런던에서 즐겨 먹었던 음식 중 하나를 말할 것이다. 만약 프랑스어로 같은 질문을 한다면 나의 마음속은 파리로 바뀐다. 그리고 그곳에서 먹었던 음식 중 하나를 말할 것이다. 이처럼 지극히 개인적인 질문도 어떤 언어로 묻는지에 따라 전혀 다른 대답이 나올 수 있다. 그렇다면 구사할 수 있는 모든 언어에 대해 그때마다 새로운 개성을 갖게 되고 구사하는 언어가 바뀔 때마다 행동도 달라지는 것일까? 한번 깊이 생각해볼 내용이다.[37]

언어

한 실험에서는 영국인과 독일인에게 한 여성이 자신의 차를 향해 걸어가고 있는 영상을 보여주었다. 영국인은 행동에 주목해 "한 여성이 걸어가고 있다"고 설명했다. 반면, 독일인은 좀 더 전체적인 관점을 가지고 행동의 목적을 포함시켰고 대부분 "한 여성이 자신의 차를 향해 걸어간다"라고 설명했다. 여기에는 그 상황에 사용 가능한 문법도 영향을 미친다. 독일인과 달리 영국인에게는 '-ing'로 끝나는 현재진행형이 있어서 현재 일어나는 행동을 묘사할 수 있다. 영어를 구사하는 사람은 모호한 상황을 설명할 때 독일어를 구사하는 사람에 비해 행동의 목적보다 행동 그 자체를 언급할 확률이 더 크다. 그렇지만 영어와 독일어를 모두 구사하는 사람이 행동과 목적 중 어느 쪽에 초점을 맞추는가 하는 문제는 이러한 실험이 어느 나라에서 진행되느냐에 달려 있다. 만일 독일에서 실험이 진행되었다면 목적에 초점을 맞추었을 것이고 영국에서 실험이 진행되었다면 행동 자체에 초점을 맞추었을 것이다. 어떠한 언어를 사용하는가에 상관없이 이 실험은 한 사람의 관점을 결정짓는 데 문화와 언어가 어떻게 얽혀서 영향을 미치는지 잘 보여준다.

1960년대 언어 심리학 분야의 선구자였던 수전 에르빈 트립이 영어와 일본어를 유창하게 구사하는 여성들에게 미완성 문장을 마무리 지어달라는 요청을 하자 각 언어별 큰 차이점을 발견할 수 있게 되었다. "내가 가진 소망이 가족의 뜻과 맞지 않을 때는"으로 시작하는 문장을 일본어로 마무리할 때는 "대단히 불행한 시간이 될 것이다"라고 마무리했고 영어로 마무리할 때는 "내가 하고 싶은 대로 하겠다"라고 마무리한 것이다. 에르빈 트립은 이 결과로부터 인간의 생각은 언어가 가지고 있는 사고방식의 한계 안에 존재하며 두 언어를 구사하는 사람은 각각의 언어에 맞춘 다른 사고방식을 가진다는 결론을 내린다. 당시에는 대단히 놀라운 개념이었지만, 훗날 이어진 다른 연구에서도 유사한 결과가 도출되었다. 실제로 두 종 이상의 언어를 구사할 수 있는 사람 중 상당수가 언어에 따라 다른 사람이 되는 듯한 기분을 느낀다고 말했다.

그렇지만 이렇게 서로 다른 사고방식은 두 언어를 사용하는 두 뇌가 어떤 언어를 사용해야 할지 고민하는 동안 지속적으로 충돌한다. 이 문제는 다른 것은 배제하고 하나의 문제에만 집중할 수 있게 하는 두뇌의 전대상피질과 관련이 있다. 두뇌 영상 연구 자료를 보면 두 종의 언어를 구사하는 사람이 한 언어로 말할 때 전대상피질이 계속해서 다른 언어의 단어와 문법을 사용하려는 충동을 막는다고 한다.[38] 두뇌 활동을 살펴보는 것만으로도 하나의 언어밖에 구사하지 못하는 사람과 두 언어를 구사할 수 있는 사람을 구분할 수 있다. 두 종의 언어를 구사하는 사람은 전대상피질의 회백질을 훨씬 더 많이 사용하기 때문에 회백질을 더 많이 관찰할 수 있다. 전대상피질의 회백질은 언어 테스트와 비언어 테스트에서부터 다른 사람의 마음을 얼마나 잘 읽는가에 이르기까지 인지적, 사회적 문제를 더 잘 해결하도록 돕는다.[39] 두 언어를 구사하는 능력은 인간이 정신적으로 더 나은 상태를 유지할 수 있도록 돕는 역할을 하는 듯 보여 문화적, 생물학적으로 선택되었다고 해도 무방할 것 같다. 인간은 새로운 언어를 쉽게 배울 수 있고 두 언어를 자유자재로 사용하기도 한다. 인류의 역사에서 두 종 이상의 언어를 구사한 사례를 얼마든지 찾아볼 수 있다는 점이 이 같은 생각을 뒷받침한다.

인류가 사용하는 수많은 언어의 핵심은 서로 끈끈하게 돕는 집단을 만들고자 하는 두뇌 안에 내재된 사회적인 욕망이다. 유대감이 높은 집단에 속해 있으면 굳이 세상을 혼자 부딪히지 않고 집단에 의존해 극복할 수 있다. 혈연관계 여부에 상관없이 사회적으로 서로 돕는 유대 관계를 넓히며 관계를 형성하고 강화하는 것은 바로 언어를 바탕으로 한 대화이다. 그렇지만 전 세계적으로 사회적 연결망이 대단히 긴밀해지면서 오히려 언어의 멸종이 가속화되고 있다. 현재 전 세계 인구의 80퍼센트가 전체 언어의 고작 1퍼센트만을 사용하고 있다. 그 결과 놀랍게도 14일마다 언어가 하나씩 소멸하고 있다.

이제 인간은 말로 하는 지시에 반응하고 심지어 인간과 대화할 수 있는 인공 지능을 만들어내고 있다. 또한 인공 지능 스스로 그 놀라운 능력을 증명해내고 있다. 그렇지만 언어는 단지 정보를 해독하는 것 이상의 의미를 지니며 여전히 로봇은 원시적인 형태의 정보 전달자에 지나지 않는다. 이러한 간극이 좁혀지지 않는 이유는 정보와 그 의미 사이의 미묘하지만 심오한 차이 때문이다. 정보는 단어와 문장 안에 들어 있지만 모든 중요한 의미는 말을 하는 사람과 듣는 사람의 맥락에서 찾아야 한다. 이 맥락이 바로 문화적 형성 과정이다. 이러한 이유 때문에 같은 문장도 서로 다르게 해석될 수 있어 아직까지 인공 지능이 인간을 따라잡지 못하고 있는 것이다. 에밀리 디킨슨은 '희망은 날개가 있어 영혼 안에 내려앉는다'고 노래했고, 존 던은 '그녀는 이 세상의 모든 나라, 그리고 나는 이 세상의 모든 왕'이라고 표현했다. 로버트 프로스트는 숲속에 나 있는 두 갈래 길을 보고 '남들이 가지 않는 길을 택했고 그로 인해 모든 것이 달라졌다'고 말했다. 이러한 시인의 표현을 인간은 쉽게 이해할 수 있지만, 인공 지능은 인간처럼 하지 못할 것이다. 덧붙여 생각해보면 유전 정보도 마찬가지라고 할 수 있다. 유전 정보 안에 담긴 내용은 바로 그 화학적 분자의 '맥락'에 의해 암호화되기 때문이다.

언어는 인간에게 무한한 생각을 전달하는, 그 무엇과도 비교할 수 없는 능력을 선사했다. 인간은 이 능력을 주로 자신을 설명하는 데 사용한다. 이제부터 이 주제에 대해 살펴보자.

언어

VIII

문화적 축적

어린 시절을 어머니와 할머니가 운영하는 교실 하나짜리 시골 학교에서 보낸 사람을 만난다면 아마 그 사람은 대단히 좁은 시야를 가지고 있을 것이라고 생각할 것이다. 농사를 주로 짓는 앨라배마 헌츠빌이라는 작은 마을에서 얼마 되지도 않는 사람들에게 배우면 뭘 얼마나 배울 수 있었겠는가.

그런데 꼬마 지미 웨일즈에게는 탈출구가 하나 있었다. 지미가 세 살이 되던 해 그의 어머니는 외판원에게서 《월드 북 백과사전》 한 질을 사서 아들에게 주었다. 웨일즈는 글을 읽을 수 있게 되면서 백과사전에 완전히 매료되어 처음부터 끝까지 책을 다 읽었다. 심지어 참고 문헌에도 푹 빠져들어 실타래를 풀듯 지식의 길을 계

속해서 따라갔다. 웨일즈는 훗날 '참고 문헌에서 길을 잃을 지경이었다'라고 회상했다.[1]

웨일즈와 그의 어머니는 매년 출판사에서 보내준 백과사전의 개정, 증보된 내용을 해당 항목 아래에 덧붙였다. 이때의 경험은 훗날 놀라운 발상으로 이어진다.

그로부터 40년이 지나 선물 거래로 수백만 달러의 재산을 모으게 된 웨일즈는 어린 시절 경험과 자료 정리에 대한 관심을 결합해 전문가에게 온라인 백과사전을 위한 자료 작성을 부탁하기 시작했다. 그것은 어쩌면 어리석어 보일 정도의 지난한 작업이었고 끊임없는 상호 검토라는 소모적이고 힘든 체계를 바탕으로 하고 있었다. 그러다 만나게 된 철학과를 졸업한 새로운 직원 래리 생어는 누구나 이 온라인 백과사전 제작에 참여할 수 있도록 하자고 제안했다. 누구나 인터넷으로 접속해 편집할 수 있도록 권한을 주자는 것이었다. 이렇게 하면 위에서 아래로 내려오는 방식의 일반적인 출판 구조가 아니라 수많은 이용자의 창의적 잠재성을 바탕으로 빠르게 사전의 내용이 채워질 수 있었다.

2001년, 이렇게 해서 위키피디아Wikipedia가 탄생했다. 현재 위키피디아에 참여하고 있는 사람은 7만 1000명이 넘고, 299개 언어로 4700만 개 이상의 문서가 계속 작성되고 있다. 이들은 1초에 10회 이상 내용을 새롭게 고치고 편집한다. 위키피디아 영어판에는 560만 개 이상의 문서가 존재해 그 유명한 《브리태니커 백과사전》의 50배가 넘는다. 그렇지만 가장 놀라운 건 분량이 아니라 정확도이다.《브리태니커 백과사전》은 노벨상 수상자 등이 집필진으로 참여하지만, 과학 분야의 정확도는 위키피디아와 별반 다르지 않다. 위키피디아는 참여자에게 어떤 자격도 요구하지 않는다. 물론 보수도 지급하지 않는다.[2] 그렇지만 그리 놀랄 일도 아니다. 위키피디아는 인류가 수십만 년에 걸쳐 해왔던 과정을 축소해서 똑같이 진행하고 있다. 바로 사회의 문화적 지식을 축적하고 편집하며 계속해서 갱신하는 것이다.

위키피디아는 축적된 문화적 진화가 어떤 것인지 눈앞에 보여준다. 언어는 이러한 축적을 가능하게 만들었다. 인간은 언어를 통해 자세한 문화적 정보를 한 번에 정확하게 수많은 사람에게 전달할 수 있었다. 이 덕분에 다양하고 복잡한 기술, 사회, 온라인 문서 등 많은 것의 진화를 촉진했다. 무엇보다 언어는 가르치는 방법을 크게 개선했다. 따라서 언어의 출현 자체가 인류 조상의 문화적 진화 측면에서 보면 일대 변혁이었는지도 모른다. 실제로도 가장 중요한 원동력이 되었을 것이다.

언어는 다른 의사소통 수단과 마찬가지로 처음부터 사회적인 성향을 가지고 있다. 언어는 인간이 사회적 유대감을 가장 효율적이고 에너지가 절약되는 방법으로 강화하고 유지하는 데 도움을 주었다. 다른 영장류처럼 일대일로 시간을 내 서로를 돌봐주는 대신 사소한 잡담이나 농담을 나누면서 그리고 다른 일도 하면서 훨씬 빠른 속도로 함께 유대감을 키운 것이다. 언어는 인간 사회를 끈끈하게 이어준 매개체였다. 덕분에 생존율도 높아졌고 몇십 명 단위가 아닌 몇백만 명이 한 무리를 지어 생활할 수 있게 되었다. 사회가 점점 커지고 복잡해지면서 인간은 평가나 평판과 관련한 정보에 더욱 의존하게 되었다. 이러한 정보는 아직 접점이 없는 수많은 사람 중에서 누구에게 에너지, 시간, 자원을 투자해야 하는 지 알려주는 기준점이 된다.

누구든 위키피디아에 접속해 새로 문서를 만들거나 내용을 수정할 수 있다. 이것은 누구든 실수를 저지를 수 있고 편견을 내보일 수도 있으며 의도적으로 거짓 정보도 삽입할 수 있다는 뜻이다. 그렇지만 모든 잘못된 서술이나 정보에 대해 위키피디언들은 불과 몇 초 안에 언제든 실수를 수정하거나 편견에 대항해 반박할 준비가 되어 있다.[3] 위키피디아의 성공 비결은 바로 평판과 명성이다. 모든 내용은 어디에서 인용했는지 밝혀져 있다. 따라서 이용자는 원본의 신뢰도를 직접 판단할 수 있다. 편집에 참여하는 모든 사람은 자신의 경험에 따라 스스로에게 점수를 매긴다. 더 나아가 위키피디아 문서에 참여하는 사람의 개인적인 평판도 영향을 받는다. 위키피디아를 통해 널리 이름을 알릴 수도 있지만, 달갑지 않은 정보가 세상에 밝혀질 위험도 얼마든지 존재한다. 매달 수억 명이 방문하는 위키피디아의 협력 작업은 우리가 기억해야 할 정보를 알려주고 검증을 위한 조사를 대신하고 있다. 이것은 모두 위키피디아의 평판과 명성을 믿기 때문이다.

인간은 언어를 사용해 서로에게 중요하고 믿을 수 있는 내용을 말함으로써 문화적 진화에 강력한 선택 압력을 행사하고 있다. 믿을 수 있는 정보를 통해 누구를 따라도 좋을지, 어떤 것을 배워야 할지, 무엇을 믿고 또 행동해야 하는지 배우기 때문이다.

이타성

왜 많은 사람들이 쉬는 시간에 위키피디아를 찾아 글을 쓰는가? 왜 전혀 알지 못하는 이들을 돕기 위해 나서는가? 이에 대한 가장 설득력 있는 해석은 이타주의를 통해 사회의 응집력이 만들어지고 지금까지 확인한 것처럼 인간은 생존을 위해 사회적 집단에 의존하기 때문이다. 자신이 속한 공동체가 더 강해질수록 다른 공동체를 압도해 개인적 이익을 지킬 수 있고 자신의 생존 가능성도 함께 상승한다. 경쟁이 아닌 협동은 유전자의 생존을 위해 대단히 중요하기 때문에 서로에게 공정하고 친절하게 행동해야 한다. 그리고 긍정적인 사회적 행동의 가치를 높이기 위해 적지 않은 에너지를 소비한다. 비록 각 사회 안에서 윤리적 규칙의 종류는 대단히 다양하지만 하나의 종으로서 또 모든 문화에 걸쳐 공통된 규칙은 존재한다. 누구나 다른 사람의 재산을 존중해야 하며 자신이 속한 집단에서 무언가를 훔치는 행위는 어디에서든 용납되지 않는다. 축적된 문화적 진화는 사회적 협동과 이타주의에 기반한다. 그래야만 더 복잡하고 다양한 사회가 만들어질 수 있고 이 같은 사회를 함께 협력해서 관리하기 위해서는 사회적 도구가 필요하다.

과거에 생물학자들은 다른 동물에게 작용하는 것과 똑같은 진화적 동기 요인으로 인간이 친절을 베푸는 것을 설명하려고 노력했다. 타인에게 친절하고 도움이 되는 사람은 직간접적으로 혈육을 돕게 되어 유전자가 살아남는 데 도움이 된다. 개미 같은 이타적 동물은 서로 아주 가까운 인척 관계라고 할 수 있어서 이타적으로 행동하는 것은 자신의 유전자의 생존을 돕는다. 여러 인간관계와 아주 작은 규모의 사회에서 이타주의는 분명 유전자의 생존과 관계가 있다. 그렇지만 혈연이나 친족 관계만으로 인간 사회에서 발견되는 이타적 본성을 설명하지 못한다. 대부분의 인간 사회는 규모가 크고 다양해 수많은 낯선 사람과의 관계가 형성되기 때문이다. 이러한 사회에서 인간의 이기적 유전자에 원래부터 더 좋은 성격이 깃들어 있었다고 믿기는 어렵다.

인간의 협조적인 본성에 대한 또 다른 진화적 해석은 누군가를 도울 경우 보답을 기대할 수 있다는 점이다. 서로 돕고 사는 상부상조 개념이다. 그런데 이러한 상호 이타주의는 개인 사이에 오래 지속되는 관계에는 어울리지만 매일 끝없이 마주하는 익명의 이타성에 대한 설명으로는 부족하다. 전혀 알지 못하는 사람이 앞서 가다가 문을 잡아준다거나 헌혈처럼 자기희생이 필요한 자선 활동은 어떤가. 이러한 일을 할 때 도움을 받은 사람이 어떤 식으로든 나를 찾아내 보답을 할 것이라고 기대하는가? 물론 대부분의 친절한 행동은 타인의 눈에 띄며 복제된다. 인간의 두뇌는 여러 가지 사회적 신호를 정교하게 받아들이도록 진화했다. 이른바 거울 신경 세포가 타인의 행동이나 경험에 대한 감정 이입을 끌어내

　　　　　　　　　　　　　　　　　　　　언어

갓 태어난 아기도 눈에 보이는 행동을 흉내낼 수 있다. 인간은 사회적 모방자이다. 평소 좋아하거나 존경하는 사람의 행동과 선택을 모방함으로써 큰 즐거움을 맛본다.[4] 친절하고 성품 좋은 사람은 그의 모습을 모방하려는 이들 때문에 더 나은 사회를 만드는 데 도움을 주고 있는 셈이다.

한 연구에 따르면 교차로에 진입하려는 차에게 양보할 경우 양보를 받아 진입한 차는 '보답이라도 하듯' 다른 차에게도 양보하는 경우가 많다고 한다. 친절의 전염을 통해 개인들은 '더 나은' 사람이 되는 것을 열망하게 된다.[5] 우리는 줄을 서서 기다리고 다른 사람들을 위해 문을 잡아주며 기침이 나올 때는 소매로 입을 가린다. 개인은 일상의 모든 친절을 위해 약간의 대가를 치르지만 서로 돕는 사회가 만들어지면 적어도 바로 눈앞에서 문이 거칠게 닫히는 일 정도는 피할 수 있게 된다. 인간은 수천 세대를 거치는 동안 이러한 환경에 익숙해졌다. 대부분의 인간 사회가 협조적으로 응집력을 키워가면서 자연스럽게 사람들도 더 안전하게 지내게 되었다. 협조적인 사람은 더 성공적인 삶을 살지만, 이기적인 사람은 수입이 적고 자녀의 수도 적다.[6]

진화적 관점에서 받아들일 수 없는 이타적인 행동도 존재한다. 2018년 3월, 프랑스 카르카손 인근의 한 슈퍼마켓에서는 한 이슬람 근본주의자가 총으로 사람들을 위협하며 인질극을 벌였다. 경찰의 회유로 한 여성만을 남기고 모든 인질이 풀려났다. 인질범은 요구 조건을 들어주지 않으면 여성을 죽이겠다고 협박했다. 이

상황에서 대단히 고귀한 이타적 행동이 나타났다. 아르노 벨트람이라는 경찰이 여성 대신 인질이 되겠다고 나선 것이다. 인질범은 결국 아르노 벨트람을 총으로 쏘았고 그는 그 자리에서 사망했다. 물론 대신 풀려난 여성은 살아남았다. 벨트람과 여성은 아무런 혈연관계가 없었으니 이타적 행동은 그의 유전자에 아무런 유익이 되지 못했다. 그렇지만 놀라운 희생을 보며 많은 사람이 이와 비슷한 선한 행동을 하게 되었다. 사법 제도가 강화되었고 벨트람 본인은 비록 사망했지만, 전국적으로 명성을 드높일 수 있었다. 벨트람 가족의 사회적 지위가 함께 높아진 것은 물론이다. 벨트람은 사회가 공익을 위해 만든 경찰이라는 역할로서 해야 할 일을 했다. 벨트람은 독실한 가톨릭 신자였는데 가톨릭은 타인을 위한 자신의 희생을 내세우는 종교이기도 하다. 비록 이러한 극단적인 이타적 행동이 유전적 진화의 법칙이라는 측면에서 위배되는 듯 보이지만, 문화적 진화라는 측면에서는 완벽하게 설명된다. 벨트람의 이타적 행동은 그가 속했던 사회의 응집력을 강화하는 데 도움을 주었고 보편적인 관점에서 인질이 되었던 구성원의 생존 가능성을 높이는 데 기여한 셈이다.

인간은 처음부터 협동을 하도록 진화해왔기 때문에 친절한 행동은 인지적으로 어렵지 않아서 시간과 에너지가 덜 소모된다. 그렇게 친절한 행동은 인간의 기본적인 태도가 되어간다. 하지만 자신의 이익만 추구하는 행동은 통계적으로 살펴봐도 결국 이익에 부합되지 않는 경우가 더 많다. 결과적으로 협동이 더 좋은 성과를 보여주기 때문에 친절한 행동은 가치가 있다. 이것을 가장 잘 설명해 줄 수 있는 사례가 '죄수의 딜레마'라고 부르는 유명한 사고 실험이다. 이 실험에서는 함께 범죄를 저지른 두 사람을 각각 다른 방에 두어 서로 의사소통을 하지 못하게 만들었다. 두 명을 유죄로 기소할 충분한 증거를 확보하지 못한 검찰 측에서는 한 가지 제안을 했다. 상대방의 유죄를 입증할 수 있는 증언을 하든지 아니면 그냥 검찰 측의 처분을 기다리라는 것이다. 만일 둘 모두 서로를 배신한다면 나란히 2년 형을 선고받게 된다. 만약 한 사람만 배신하고 한 사람은 입을 다문다면 배신한 사람은 무죄 방면되지만, 배신을 당한 쪽은 3년 형을 선고받게 된다. 둘 다 아무런 증언을 하지 않는다면 증거 불충분으로 1년 형을 선고받게 된다.[7] 결과만 본다면 서로 배신을 하는 것이 합리적인 판단으로 보일 수도 있다. 이기적으로 행동할 경우 두 사람 모두 2년 형을 선고받아 총 4년의 형을 살아야 한다. 사실 두 사람에게 있어 최선의 선택은 모두 입을 다무는 것이다. 서로 힘을 모으는 전략이 인간의 기본적인 행동 기준으로 진화해온 만큼 실제 상황에서는 충분히 가능할 수도 있을 것이다.

기부에 대한 한 연구에서는 이른바 공공재 실험을 실시했다. 이 연구에서는 실험 참가자에게 깊이 생각할 겨를 없이 준비된 통에 돈을 넣도록 요청했다. 그렇게 돈이 모인 후 이 돈은 실험 참가자에게 다시 공평하게 분배한다는 설명을 하자 참가자들은 망설임 없이 자신이 가진 돈을 넉넉하게 통에 넣었다. 이 실험에서도 다른 협동과 마찬가지로 개인의 이익과 집단의 이익이 서로 대치되는 일종의 사회적 딜레마가 분명히 존재했다. 다른 사람도 자신과 같이 이타적으로 판단할 것이라는 생각에 의지해 행동한다는 것이다. 네 명이 참가한 또 다른 공공재 실험에서는 각 사람이 가지고 있는 돈을 통에 넣으면 모인 돈을 두 배로 늘려 공평하게 나누어주기로 했다. 만약 실험 참가자 모두가 가진 돈을 전부 넣기만 하면 큰 이득을 볼 수 있었다. 하지만 실험과 현실은 다르다. 예컨대 병원 신축이나 관개 수로 건설 등 개인으로서는 도저히 해결할 수 없는 집단 과제에 기여하면 함께 이득을 볼 수 있다 하더라도 분명 각 개인에게는 비용이 들어간다. 경제적 측면으로 보면 더 이기적으로 행동할수록 이익이 된다. 개인의 관점에서 볼 때 실험에서 한 사람만 1달러를 내면 그 1달러는 2달러가 되어 네 명에게 분배된다. 다시 말해 1달러를 내놓은 사람은 50센트만 돌려받게 되는 것이다. 그러므로 자신이 얻을 이익만 생각하면 가능한 범위에서 가장 적은 돈을 내놓고 다른 참가자의 선의를 기대해 이익을 노리는 것이 제일 타당한 행동이다. 만일 이 실험의 참가자들에게 자신의 판단에 대해 생각할 시간을 넉넉히 준다면 많은 경우 자연스럽게 떠오르는 이타적인 본능을 억제하고 이익을 우선시할 것이다.

우리는 낯선 사람을 도울 때마다 그 사람이 자신을 이용할지 모른다는 가능성을 극복해야 한다. 사회에서는 이 문제를 제어하기 위해 당근과 채찍의 전략을 사용한다. 장기적으로 보면 대부분의 사람은 사회에 협력함으로써 이득을 얻는다. 물론 때로는 개인이 부담해야 하는 비용이 발생하지만, 그렇더라도 집단에 머무는 것이 더 유리하다. 사회가 개인의 행동을 통제할 수 있는 것은 바로 이러한 이유 때문이다. 개인이 집단에 그대로 머무르며 집단이 주는 혜택을 누릴지 결정하는 것은 그 사람이 집단에 얼마나 협조적인가에 달려 있다. 인류의 조상이 살았던 작은 규모의 공동체에서는 모든 상호 작용이 결국 다시 마주치고 함께 해야만 하는 구성원 사이에서 일어났다. 따라서 협조적인가 그렇지 않은가에 대한 평판은 일종의 위협이 된다. 그렇기 때문에 공격적으로 행동하거나 타인의 희생으로 인한 결과물만 누리고 싶은 유혹을 이겨내도록 해준다.

상호 이익이 되는 관계에서 협동은 또 다른 협동을 낳지만, 반대의 경우도 얼마든지 가능하다. 인간은 이기적으로 행동하는 방법도 배울 수 있다. 서로 협동하려는 선천적 욕망이 사회에 의해 형성되는 것처럼 인간은 살아가면서 이타적 행동을 조금씩 줄여가는 방법도 터득한다. 앞서 소개했던 공공재 실험에서 깊게 생각할 여유를 주지 않고 실험을 빠르게 진행한 경우 참가자 대부분은 관대하게 행동해 그만큼 넉넉한 이익을 얻게 되어 관대한 행동에 대한 믿음이 강화되었다. 반면, 어떤 결정을 내릴지 깊게 생각할 시간을 가졌던 참가자 대부분은 좀 더 이기적으로 행동하게 되어 결과적으로 돈이 덜 모여 집단에 의지해봐야 이익이 돌아오지 않는다는 생각을 갖게 되었다. 이 공공재 실험이 끝난 후 연구자들은 실험에 몇 차례 참여했던 사람들에게 돈을 나누어 주고 낯선 사람에게 얼마큼의 돈을 줄 것인지 관찰했다. 이번에는 얼마의 돈을 주든 아무런 보상이 준비되어 있지 않았다. 결국 실험 참가자의 행동은 완전한 자선 행위로 볼 수 있었다.

실험 결과 참가자의 행동에는 큰 차이가 있었다. 처음부터 이타적인 모습을 보인 참가자는 이기적인 행동을 보인 참가자보다 두배나 많은 돈을 건네주었다. 비록 짧은 순간이었지만, 앞선 실험에서 관대하고 너그러운 마음을 가졌을 때 얻거나 혹은 얻지 못했던 유익의 경험은 참가자의 마음의 기준과 행동을 완전히 바꾸었다. 어떤 보상이나 처벌이 없었는데도 말이다.[8] 이 연구를 통해 비록 인간이 태어날 때 특정 행동을 지향하는 성향을 가지고 있었더라도 얼마나 환경의 영향을 받기 쉬운지, 행동이 만들어지는 과정에서 문화적 형성 과정이 얼마나 중요한지 알 수 있다.

앞에서 소개한 연구는 예일 대학교 인간 협력 연구소에서 실시한 것으로 해당 연구진은 각기 다른 국적의 사람들이 이 공공재실험에 어떻게 대응하는지 분석해 정부, 가족, 교육, 사법 체계 같은 사회 제도가 갖고 있는 위력이 개인의 행동에 어떤 영향을 미치는지 알아보았다. 케냐는 공공 부문의 부패가 심각한 편이다. 이곳 출신 실험 참가자는 상대적으로 부패 수준이 덜한 미국 참가자에 비해 처음부터 덜 이타적인 모습을 보였다. 결과만 놓고 보면 사회 제도가 상대적으로 공정하게 움직이는 국가 출신 참가자는 좀 더 타인을 배려하는 것 같았다. 그렇지 않은 국가 출신 참가자의 경우 좀 더 자기방어적이었다. 그렇지만 협력을 강조한 실험을 한 차례 실시한 후에는 케냐 출신의 참가자도 미국 출신 참가자와 비슷한 수준의 이타성을 보였다. 이와 반대로 처음부터 이기적인 모습을 보여준 미국 출신 참가자는 처음보다 더 적은 돈을 낯선 사람에게 주었다. 문화적 형성 과정은 분명 인간의 행동에 영향을 미치지만, 다른 사회적 환경에 금세 적응할 정도로 인지적으로 충분히 유연성을 가지고 있었다.

보다 더 넓어진 사회적 환경이 어떤 모습이든 인간 사회는 똑같은 사람의 모임이 아니라 개인의 복잡한 연결망에 더 가깝다. 이 연결망이 얼마나 긴밀하게 구성되어 있는지에 따라 연결망을 통해 퍼져 나가는 행동과 정보에 영향을 준다. 작고 고립된 마을 같은 연결망에서는 모든 사람이 긴밀하게 이어져 있어 서로에 대해 잘 알고 있을 확률이 높다. 이에 비해 대도시에 사는 사람들이 더 많은 수의 사람과 관계를 맺으며 살아갈 수는 있지만, 서로에 대해 잘 알고 있을 수는 없다. 이처럼 연결망에 따라 달라지는 성향은 집단과 그 집단에 속한 개인의 행동에 영향을 미친다. 사회 심리학자들은 사회적 연결망의 형태와 그 안에 위치한 영향력 있는 사람들을 조정하면서 변하는 효과를 면밀하게 살펴보고 있다.

예일 대학교 인간 협력 연구소의 니콜라스 크리스타키스 박사 연구진은 온라인에서 실험 참가자들과 함께 몇 개의 집단을 만들었다. 사람들이 서로 어떻게 반응하고 서로에게 얼마나 친절해질 수 있는지 살펴보기 위함이었다. 크리스타키스 박사는 실험에 개입해 참가자 간에 서로 연결되는 방식을 바꾸었다. 이에 대해 크리스타키스 박사는 이렇게 설명했다. "기술적 개입으로 참가자들이 한 가지 방식으로만 상호 작용하도록 하면 서로에게 다정하게 행동하면서 잘 지낼 수 있도록 만들 수 있다. 그렇게 된다면 참가자들은 건강하고 행복하게 협력할 것이다." 또한 반대의 경우도 가능하다고 말했다. "혹은 같은 참가자들을 다른 방식으로 연결하면 서로에게 아주 안 좋은 인상을 심어주고 협조를 거부하며 정보의 공유조차 하지 않도록 만들 수도 있다."

크리스타키스 박사 팀의 연구와 관련한 다른 실험에서는 관계 없는 사람들을 무작위로 둘씩 짝을 지어 서로 공공재 실험을 진행했다. 크리스타키스 박사의 설명에 따르면 처음에는 실험 참가자의 3분의 2 이상이 협조적인 태도를 보였다고 한다. 하지만 크리스타키스 박사는 이렇게 부연했다. "그렇지만 참가자들이 마주하게 된 사람의 일부는 상대방을 이용하려 할 것이다. 그렇게 된다면 거기에 따르거나 관계를 끊을 수밖에 없게 된다. 결국 자신을 이용하려는 사람들과 관계를 지속하지 않고 끊는 쪽을 선택할 것이다." 실험을 마치고 크리스타키스 박사는 이렇게 말했다. "모든 참가자가 서로에게 도움이 되지 않았다."

이번에는 실험이 한 번씩 끝날 때마다 참가자에게 자신과 연결될 상대방에게 아주 약간의 통제권을 주는 방법으로 상황을 반전시켜보았다. 이어지는 실험에 대해 크리스타키스 박사는 이렇게 설명했다. "참가자는 두 가지 문제에 대해 결정을 내려야 했다. 상대방에게 친절하게 대할 것인가 말 것인가. 그리고 상대방과 계속 함께할 것인가 말 것인가." 실험 참가자가 유일하게 알고 있는 사실은 상대방이 이전 실험에서 이타적이었거나 아니면 이기적이었던 사람이라는 것뿐이었다. 이 지점에서 참가자들은 이기적이었던 상대방과 관계를 끊고 이타적이었던 상대방과 새로운 관계를 형성하는 모습을 보여주었다. 그리고 참가자간의 연결망은 비협조적인 구조가 아닌 친사회적이고 협조적인 구조로 스스로 다시 탄생했다.[9] 일련의 실험을 통해 인간의 상호 작용이 거듭 반복되면서 협조적인 사회가 어떻게 탄생할 수 있는지 알 수 있었다.

명성과 평판

인간은 명성이나 평판을 통해 사회를 통제한다. 잘못된 행동을 처벌하며 비협조적인 사람과는 사회적 연결을 끊는다. 또한 인간은 양심이라는 형태로 자신의 명성이나 평판을 감시한다. 인간은 타인과 공감할 수 있으며 타인이 친절함이나 도움을 느끼도록 행동할 수도 있다. 최근 사람들의 행동에 따라 두뇌가 어떻게 반응하는지 살펴본 실험이 있었다.[10] 이 실험에서는 고통스럽기는 하지만 생명에 지장이 없는 전기 충격을 실험 참가자가 직접 받거나 전혀 모르는 타인에게 전기 충격을 전가하면 현금을 받을 수 있었다. 실험 참가자들은 자신이 고통을 받는 대신 적은 현금을 받을 때 타인의 고통을 대가로 더 많은 현금을 받을 때보다 더 나은 기분을 경험했다. 인간의 두뇌는 바람직하지 않은 수익을 정직한 수익만큼 가치 있게 여기지 않는다. 인간은 어린 시절 자기 인식을 개발해 타인이 자신을 바라보는 것처럼 스스로를 바라보게 된다. 이에 따라 자신의 행동을 조금씩 바꿔나간다. 드문 경우지만 대단히 지능이 높고 사회적인 일부 동물도 이러한 '마음 이론theory of mind'(타인이 자신과 다르게 생각할 수 있음을 인정하고 마음을 이해하는 능력.-옮긴이) 역량을 어느 정도는 확보할 수 있지만 어떤 동물도 인간처럼 행동하지 못한다. 인간은 선천적으로 타고난 것이 아니라 후천적으로 이러한 수준에 도달한 것이다.

잘 알려진 한 실험에서는 방 안에 있는 어린아이에게 인형과 뚜껑이 있는 상자 2개를 보여주었다. 한 어른이 방에 들어와 인형을 첫 번째 상자 안에 감추고 방을 나갔다. 두 번째 어른이 들어와 첫 번째 상자에서 인형을 꺼내 두 번째 상자 안에 감추었다. 첫 번째 어른이 다시 돌아와 인형을 찾으며 아이에게 어떤 상자를 열어야 하는지 묻자 아이는 인형이 감춰져 있는 두 번째 상자를 가리켰다. 그런데 아이가 4세 정도가 되면 어른이 알고 있는 방에 대한 정보와 자신이 알고 있는 정보가 다르다는 것을 깨닫는다.[11] 그리고 타인과 자신의 관점이 다르다는 것도 깨닫게 된다. 이렇게 되면 아이는 타인의 마음을 조종할 수 있게 된다. 타인에게 사실이 아닌 이야기를 해서 의도적으로 자신에게 유리한 상황을 만들 수 있는 엄청난 사회적 힘을 획득하게 되는 것이다. 거짓말을 한다는 것은 인지적으로 어려운 일이다. 거짓말을 하기 위해서는 또 다른 상황을 만들어내 그 상황을 묘사해야 하기 때문이다. 그러면서도 동시에 실제로는 어떤 일이 있었는지 잊지 않고 두 상황을 구분해야 한다. 그리고 동시에 자신의 거짓말을 듣는 상대방이 다른 생각을 가지고 있을 수 있다는 개념도 이해할 수 있어야 한다. 물론 상대방의 생각과 상대방이 무엇을 알고 있는지 새겨둬야 하는 것도 추가된다. 이러한 과정은 사람을 몹시 피곤하게 만든다. 한 이론에 따르면 인간의 두뇌가 이 정도로 진화할 수 있었던 것도 교활한 지능 경쟁에서 살아남기 위해서였다고 한다. 영장류를 연구하는 학자들은 유인원의 거짓말 습성과 두뇌 크기 사이에는 강력한 상관관계가 있음을 밝혀냈다.

사회적으로 의존적인 종인 인간에게는 자신의 이익을 위해 상대방을 조종할 수 있는 진화적 이점이 있으며 성장하면서 그러한 일을 더욱 능숙하게 할 수 있게 된다. 인간은 이 능력을 바탕으로 농담을 하고 이야기를 만들고 정치도 하며 때로는 타인에게 해로운 일을 저지르기도 한다. 그럼에도 불구하고 전체적으로 보면 인간은 타인에게 친절하고 도움을 주려고 하며 서로의 필요를 신중하게 여겨야 할 도덕적 의무가 있다고 느낀다. 신뢰성과 이타적이고 친절한 성격은 사회에서 대단히 가치 있게 여겨지는 특성이며 실질적인 경제적 유익으로 연결된다.

대부분의 사회적 상황에서 사람들의 관심사는 최소한 어느 정도 일치하기 때문에 사회가 더 나아질수록 모두가 이득을 누릴 수 있다. 인류의 조상이 이루었던 집단의 규모가 더 커지면서 혈연관계 외에 자신의 안위에 그리 영향을 주지 않는 사람들과도 협력할 필요를 느끼게 되었다. 또한 사회성의 기술도 점점 더 중요해졌다.

인간은 이전과 비교할 수 없이 큰 규모의 사회적 관계를 유지하게 되면서 서로 협력해 주어진 자원을 효율적으로 사용하게 되었다. 또한 더욱 커진 유전자 공급원 안에서 짝을 찾을 수 있게 되면서 출산율이 상승했고 생존율을 높여주는 문화적 자원의 공급원도 늘어났다.

사회의 성장으로 인한 장점도 있지만, 경쟁으로 인한 압박이 늘어나 인지적으로 더 어려운 환경이 조성되었다. 구성원 사이에서는 단단한 유대 관계가 반드시 필요했고 이 관계가 계속해서 유지되고 확장되어야 했다. 이러한 과정 속에서 모든 구성원의 사회적 위치와 평판을 기억해야 했다. 사냥 같은 중요한 활동을 포기하고서라도 관계를 위해 시간과 노력을 들일 정도로 믿을 수 있는 사람인지 확인해야 했던 것이다. 인간의 진화 과정에 비해 두뇌에서 사회적 인지 처리를 담당하는 신피질 영역이 극적으로 성장한 것은 우연이 아니다. 신피질의 성장은 피질 주름이 늘어나면서 이루어졌다. 이렇게 늘어난 피질 주름은 언어를 위한 연결성을 강화시켜준다. 규모가 커진 사회는 언어의 진화를 위한 선택 압력을 제공한다. 또한 언어의 진화는 또 다른 진화적 의견 교환의 순환에서 더 큰 사회를 만든다.

1990년대, 진화 인류학자인 로빈 던바는 영장류에서 공동체의 규모와 신피질의 크기 사이에 확실한 관련성을 발견했다. 이른바 던바의 법칙Dunbar's number이다.[12] 대부분의 유인원은 두뇌의 신피질 크기가 한 집단의 규모를 30마리 정도로 제한한다. 두뇌가 더 큰 침팬지의 경우는 50에서 60마리 정도로 이루어진 집단을 유지할 수 있다. 인간의 경우 진화 과정을 거치며 두뇌의 크기가 3배 이상 커졌다. 신피질의 크기를 던바의 법칙에 따라 계산하면 150명 정도의 집단을 감당할 수 있다. 한 인간이 신뢰과 의무를 느끼며 의미 있는 관계를 유지할 수 있는 집단 구성원의 최대치가 150명이라는 뜻이다.[13] 150이라는 숫자는 노르만 왕조가 영국을 정복한 후 작성한 인구 조사 기록, 지금까지도 사냥과 채집을 주로 하는 부족의 평균 규모, 크리스마스 시즌 카드 발송 수, 소셜 미디어 친구 목록 등과 비교해보아도 딱 맞아 떨어진다.[14] 물론 인터넷으로 맺어진 지인 규모가 200명 이상일 수도 있고 현재 수많은 사람에게 노출된 우리의 두뇌가 인식할 수 있는 사람의 숫자가 5000명이 넘어간다고 해도 말이다.[15]

인간 외 다른 영장류에게 서로의 털을 골라주는 친교의 시간은 시간이 많이 소모되는 일이어서 집단의 규모가 커질수록 제대로 하기 어렵다. 잡담이나 수다는 인간이라는 종이 급격하게 커진 사회생활을 꾸려가기 위해 내놓은 해답이다. 실제로 침팬지를 연구한 결과를 보면 다른 침팬지에게 의지해야만 하는 상황이 닥치면 털 고르기를 할 때 내는 소리가 더 커진다고 한다. 행동으로 하는 친교와 소리로 하는 '잡담'이 어느 정도 비슷한 의미를 지니고 있다고 볼 수 있다. 영장류 중 가장 큰 집단을 이루고 사는 인간이 가장 다양한 소리를 낼 수 있는 것도 아마도 이러한 이유 때문은 아닐까. 인간이 사소한 이야기나 농담을 나누는 것은 침팬지처럼 사교와 친교를 위한 것이다. 이러한 이야기를 나눌 때는 내용 자체보다 중요한 것이 바로 분위기이다. 만약 날씨에 대한 이야기를 나누더라도 사실 사회적 유대감을 유지하고 혈연관계가 아닌 사람들의 집단 안에서 서로 의지하고 협력하기 위함이다. 주변 사람들의 기분을 좋게 만들어 자신에게 호감을 가지도록 하는 것이 주목적인데 배우고 익혀야 하는 능력이어서 어린아이의 경우 종종 어려움을 겪기도 한다. 어린아이는 "어떻게 지내?"처럼 내용보다 친교를 목적으로 한 질문에 곧이곧대로 대답하는 경우가 많다.

인간은 사소한 수다나 잡담을 통해 공통점을 찾는다. 이러한 대화는 공감을 끌어내 따뜻한 분위기와 경험의 공유를 만든다. 만일 다른 활동을 같이 했다면 며칠은 걸렸을지도 모를 친교의 과정이 짧은 시간 동안 압축되어 이루어진다. 이렇게 수다나 잡담은 중요한 사회적 유대감을 만드는 데 필요한 시간과 에너지를 절약할 수 있게 해준다. 인간은 수다나 잡담을 대단히 좋아하도록 진화했다. 두뇌에서 보상을 담당하는 부분은 서로 의견이나 정보를 공유할 때 활성화되어 기분이 좋아지게 만든다. 인간은 상대적으로 어린 시절이 길고 수명 역시 길다. 세월이 흘러 나이가 들면 종종 타인의 도움이 필요하기 때문에 직계 가족 외에 믿을 수 있는 타인과 관계를 형성하기 위해 투자를 하게 된다.

인간이 나누는 대화 중 최소한 60퍼센트 이상은 현재 당면한 문제가 아닌 타인에 대한 소소한 이야기들이다. 이러한 주제로 대화를 나누는 동안 타인의 평판을 새롭게 발견하거나 혹은 만들어낸다. 평판이나 명성은 인간이 어떤 행동을 했을 때 당시의 상황뿐만 아니라 결과를 널리 퍼트린다. 평판이나 명성은 사회적으로 발명된 일종의 노동력 절감 장치라고 할 수 있는데 어떤 사람에게 투자하기 전에 그 사람을 어느 정도 파악할 수 있도록 돕기 때문이다. 인간은 의외로 일관성이 있어서 과거에 했던 행동은 미래에 있을 행동에 대한 훌륭한 길잡이가 되어줄 수 있다.

예를 들어 거래를 하기 위해서는 상대방에 대한 확실한 믿음이 있어야 한다. 만일 정성 들여 만든 화살 한 다발을 들소 가죽과 교환하려 한다면 화살을 건네받은 사람이 제대로 된 가죽을 줄 수 있는 사람이라는 신뢰가 필요하다. 예전에 나에게 받은 화살로 들소를 멋지게 쓰러트렸던 경험 정도는 있어야 한다는 뜻이다. 촘촘하게 엮인 작은 공동체에서 서로 믿고 거래를 하는 건 상대적으로 쉬운 일이다. 그렇지만 사회의 규모가 커질수록 불확실성이 함께 증가한다. 타인과 잘 연결되어 있고 자신을 중심으로 하는 연결망이 잘 유지될 때 긍정적인 신뢰나 평판이 쌓이게 된다. 인간은 결혼을 통해 배우자의 가족도 자신의 친족으로 받아들이는 유일한 유인원이다. 이러한 방계 가족도 사회적 연결망을 키우고 유지하는 데 도움이 된다. 던바의 법칙에 따른 150명에 가까운 사람들은 각각 다른 집단에 속해 있을 수 있다. 인간은 언어를 가지고 있고 각자 이름도 가지고 있기 때문에 친구의 친구나 친구의 친척 등을 통해 연결 관계를 넓혀가게 된다. 그리고 자신은 물론 타인의 평판을 이용하면 자신을 중심으로 하는 연결망은 다른 부족과 문화를 넘어 훨씬 더 넓게 확장될 수 있다. 이렇게 인간은 각자 속한 공동체의 관계가 좋지 않거나 경쟁 관계에 있더라도 한 개인으로서는 협력적인 관계를 구축할 수 있게 된다.

유전자의 생존과 성공 여부가 복잡한 사회에서 자신의 위치에 달려 있다면 평판은 대단히 중요한 의미를 가진다. 좋은 평판을 가지고 있으면 어떤 일을 하더라도 한 단계 높은 대접을 받을 수 있다. 필요한 도움과 지원을 받을 수 있는 확률이 높아지고 자녀는 더 나은 보호를 받을 수 있다. 반면, 평판이 좋지 않으면 끔찍한 사회적 처벌이나 공동체에서의 추방 혹은 최악의 경우 죽임을 당할 수도 있다. 하지만 자신의 평판을 구축하기 위해 애를 쓸 수 있어도 완전히 통제할 수는 없다. 평판은 죽음 이후에도 남을 수 있으며 제법 그럴듯한 평판을 먼저 듣는다면 행동을 눈으로 직접 확인한다 해도 제대로 된 평가를 내리기 힘들다. 인간의 사회적 학습은 자신의 생각이나 의견에 대한 혁신적 개발이 아닌, 절대적으로 타인에 대한 모방을 바탕으로 이루어지기 때문이다. 신뢰 게임 trust game◆에서 실험 참가자는 전혀 모르는 상대방과 실험에 참여

◆ 경제학자 조이스 버그가 고안한 행동경제학 모형. 우선 생면부지의 참가자를 두 집단으로 나눈 후 2명씩 짝을 이뤄 진행한다. 예를 들어 A에게 1만 원을 주고 이 중 일부를 원하는 만큼 B에게 나누어줄 수 있다. 이때 B는 A가 나누어준 금액의 3배를 받게 된다. 3배의 돈을 얻게 된 B는 일부를 다시 A에게 나누어줄 수 있지만, 이 또한 전적으로 B의 의사에 달려 있다. A가 상대방을 신뢰하지 못한다면 돈을 독차지하게 된다. 하지만 게임 이름처럼 서로를 전적으로 신뢰한다면 A가 받은 돈 전부를 B에게 주고 3배가 된 돈을 다시 똑같이 나누면 모두에게 이익이 된다. ─옮긴이

언어

하게 된다. 몇 차례 실험이 반복해서 진행된 후에도 참가자는 낯선 상대방의 신뢰도를 자신의 경험에 의해 판단하기보다 자신보다 앞서 상대방과 실험에 참여했던 참가자의 의견을 따라 판단하는 경우가 더 많았다.[16] 그 결과 상대방의 앞선 실험 태도에 대해 중립적인 의견을 들었을 경우 60퍼센트 정도 협조적인 태도를 보였는데 조금이라도 긍정적인 의견을 들었을 경우 협조적인 태도를 보이는 비율이 75퍼센트로 상승했다. 반면, 부정적인 평가를 들었을 경우는 50퍼센트로 하락했고 자신의 눈으로 직접 확인한 증거와 전해 들은 평가가 서로 상충되더라도 다른 참가자의 평가를 더 신뢰했다.

우리는 타인에게 호감을 주어야 한다는 압박감 때문에 대세를 거스르는 의견을 내놓는 것을 주저하고 인기 있는 구성원이 있으면 자신도 그 사람을 따르는 것처럼 보이려고 애쓰게 된다. 오히려 이렇게 되면 더 극단적인 의견들이 나올 수 있으며 좋은 평판을 유지하던 사람이 익명의 소셜 미디어에서 별 것 아닌 일을 격렬하게 비난하거나 일반적이지 않은 현상을 광적으로 따르기도 한다. 작은 규모의 사회에서 소문은 한 사람을 높이 끌어올리거나 바닥까지 떨어트리기도 한다. 이 같은 위험은 사회의 규모가 커질수록 더 높아진다. 평판을 통제하고 지배하려는 다툼은 터무니없는 수준에서 시작해 극단적인 수준으로까지 진행된다. 고대 이집트의 파라오였던 람세스 2세는 자신이 치른 모든 전투에서 승리를 거두었다고 허풍을 떨었고 불과 얼마 전 중국은 인터넷 웹사이트로 전해지는 소식을 모두 차단하기도 했다. 우리는 소문을 통해 전해지는 사회적 정보에 본능적으로 의지한다. 이 때문에 소문은 개인이나 집단의 평판을 왜곡해 사회적 변혁을 꾀하려는 이들에게는 대단히 강력한 도구가 된다. 1930년대에 유행한 농담이지만 지금도 깊이 생각해볼 만한 것이 있다. 한 유대인이 나치 독일의 선전 신문《데어 슈퇴르머 Der Stürmer》를 아주 재미있게 읽고 있었다. 이 모습을 보고 놀란 친구에게 그는 이렇게 말했다. "유대인이 발행한 신문을 읽으면 모든 것이 다 우울하고 슬플 뿐이지. 그런데 이 신문을 읽으면 그렇지 않거든! 이걸 좀 보라고. 금융계를 지배하는 것도 유대인, 이 나라를 지배하는 것도 유대인, 심지어 전 세계를 지배하는 것도 유대인이라고 하잖아!"

문화와 관련된 모든 유산은 프랑스의 사상가 롤랑 바르트가 "언어에 의한 살인"이라고 불렀던 사람에 대한 잘못된 증언과 중상모략에 대해 경고한다. 그렇지만 소문이나 잡담은 구성원끼리 의지하고 있는 사회를 통제하는 중요한 도구가 된다. 또한 이기적이고 반사회적인 일탈자를 제자리로 불러 모으며 모든 사람이 맡은바 역할에 최선을 다하도록 만든다. 소문의 단점은 그 소문의 주인공이 누구든 악인이 될 수 있다는 것이며, 장점은 누구나 소문을 퍼트릴 수 있다는 것이다. 우리는 누군가와 대결하기 위해 굳이 신체적으로 강해질 필요가 없다. 이런 식으로 소문은 폭력을 동반하지 않고도 반사회적인 행동을 바로잡을 수 있다.

감정의 사회적 역할

인간은 감시를 받을 때 행동을 조심하게 된다.[17] 강도는 자신으로부터 피해를 받은 가족의 사진을 똑바로 바라보지 못한다고 한다. 악인으로 보이고 싶은 사람은 아무도 없다. 같은 이치로 그저 정면을 응시하는 한 쌍의 눈동자 사진을 붙여놓는 것만으로도 도난사고를 줄일 수 있다고 한다.

새롭게 등장한 일신교의 신은 궁극의 심판하는 눈을 가지고 인간의 일거수일투족을 감시해 지옥과 천국 중 어느 곳에 보낼지 결정했다. 유대교, 기독교, 이슬람교의 경전은 모두 심판하는 신의 신성한 감시하는 눈을 언급하고 있으며 그 눈은 인간의 몸과 마음을 꿰뚫어 본다. 또한 대부분의 신은 인간의 선한 행동보다 악한 행동에 훨씬 더 관심이 많다. 따라서 종교는 점점 규모가 커지는 사회를 통제하려는 사회적 선택 압력을 통해 진화했을 가능성이 크다.[18] 고대 그리스와 로마의 신들에게서 볼 수 있는 것처럼 한 사회가 수용하는 종교의 유형은 사회가 필요로 하는 통제력의 종류나 유형과 관련이 있는 것으로 보인다. 인간의 일상과 도덕에 적극적으로 관여하는 상위 신은 혈연관계를 넘어 낯선 이들 사이에 대규모 협동이 필요한 조세를 바탕으로 하는 부유하고 거대한 사회에서 흔히 발견할 수 있다. 실제로 응징과 개인을 중요하게 생각하는 신을 중심으로 한 신앙은 지리적으로 멀리 떨어져 있는 사람들의 대규모 협동을 손쉽게 끌어내려는 적응 과정에서 진화했을 것이다.[19] 최근에 사회 인류학자들은 인터넷의 온라인 게임을 활용해 이 이론을 검증했다. 실험 참가자는 게임 내에서 서로 돈을 나누어 가졌다. 참가자 구성을 보면 지리적으로 먼 거리에 있지만 동일한 종교를 갖고 있는 무리, 불교나 기독교 혹은 힌두교를 비롯해 조상신이나 토착 신앙을 갖고 있는 무리가 있었다. 연구진이 살펴보니 도덕적 응징을 내세우는 신을 믿는 무리에서는 멀리 떨어져 살고 있더라도 동일한 종교를 가진 참가자에게 더 관대한 태도를 보였다. 거주지가 가깝다던가 하는 다른 공통점은 관대함에 별다른 영향을 미치지 못했다.[20] 도덕을 앞세우는 신은 협조적인 행동이 널리 퍼지는 데 도움을 준다. 이렇게 모든 것을 꿰뚫어 보는 신과 평판을 높이려는 인간의 노력이 합쳐지면 공동체의 규모가 성장하면서 약해지는 평판의 영향력과 위상을 어느 정도 다시 끌어올릴 수 있다. 종교를 믿는 사람들은 좀 더 관대하고 협조적인 것으로 알려져 있다.[21] 그렇지만 그런 사람들이 좀 더 믿을만 하다고 해도 같은 신앙을 공유하는 사람들에게만 그런 특성을 내보이는 경향이 있었다.[22]

평판에 대한 감정, 그러니까 부끄러움과 죄의식 같은 감정을 문화적으로 이용하는 건 인류의 조상들이 더 큰 사회를 만들어가는 과정과 함께 진화했을 것이다.[23] 두 가지 감정은 인간에게는 보편적이고 타고난 감정이지만 유인원에게서는 전혀 찾아볼 수 없다. 어떤 사람을 부끄럽게 만들어 자존심을 무너트리는 일은 육체적, 정신적으로 대단한 효과가 있다. 인간은 부끄러움을 느끼면 육체적 상처를 입은 것처럼 반응한다. 이때 압박감과 관련된 코르티솔 호르몬 분비가 증가하고 염증도 발생하는데 이런 상태가 오래 지속되면 더 큰 문제가 될 수 있다.

　많은 사회에서는 부끄러움을 행동을 좌우하는 중요한 동인으로 여긴다. 일본은 이른바 수치의 문화를 대표적으로 보여주는 사회다. 자신에 대한 타인의 평가는 죄의식보다 더 큰 영향을 미친다. 반면, 죄의식의 문화를 대표하는 미국에서는 부끄러움보다 죄의식을 피하고 양심을 따르는 일을 더 중요하게 생각한다. 중요한 도덕적 원동력으로서 부끄러움과 죄의식 사이의 상대적 중요성은 사회 구성원이 소문이나 평가와 관련해 얼마나 긴밀하게 연결되어 있는지 여부에 달려 있는 것처럼 보인다.[24] 오랜 시간 유대감을 쌓아 익명성을 거의 찾아볼 수 없을 정도로 끈끈하게 연결된 공동체에서는 타인을 판단하는 데 열중하며 종종 사회적 차이를 성격적 결함 혹은 미덕으로 바꿔 생각한다. 부끄러움은 이러한 집단에서 사회를 통제하는 중요한 도구가 된다. 살아가려면 순응하고 참는 수밖에 없다. 그렇지만 도시처럼 개인주의 성향이 강한 사회의 구성원은 사적인 생활을 중요하게 여기고 서로 유대감도 떨어진다. 또한 하나의 집단이 아니라 서로 중복되는 여러 집단에 조금씩 의지해 살아간다. 이러한 사회에서는 소문이 만들어져도 한 개인을 판단하는 데 영향을 덜 미친다. 부끄러움이라는 감정도 그다지 크게 작용하지 않는다. 그 대신 마음속 죄의식을 자극하는 것이 더 성공적인 사회 통제 방법이 될 수 있다.

　사람들은 타인에 의해 좋지 않은 평가를 받을 때 자신에게도 좋지 않은 평가를 내린다. 인간의 자존감은 타인이 자신을 어떻게 바라보느냐에 달려 있다는 것이 이미 수많은 연구로 증명되었다. 다시 말해, 인간의 자존감은 평판에 달려 있다는 뜻이고 그 자체로 도덕적 행동에 대한 동인이 된다. 만일 자신의 양심에 거리낌이 없다면 자존감이 높아지고 타인은 높은 자존감을 평판과 연결해 좋은 평가를 내리게 된다. 다시 이같은 평가가 높은 자존감을 끌어내는 식으로 계속 반복된다. 인간의 도덕성은 타인이 좋게 생각하는 행동을 하도록 이끌어 자존감을 높인다. 이 같은 자기성찰의 과정은 인지적으로 어려운 일이지만, 주어진 사회적 상황에서 타인을 조종할 수 있도록 만들기도 한다.

몇 년 전, 영국에서 방영된 다큐멘터리에서 에이즈AIDS에 대한 사회의 인식을 풍자적으로 그린 적이 있었다.[25] 수혈을 통해 에이즈에 걸려 혈우병이 생긴 환자는 '좋은 에이즈' 때문에 그렇게 된 사람이고 성관계나 마약을 통해 에이즈에 걸린 사람은 '나쁜 에이즈' 때문에 그렇게 된 사람이라고 한 것이다. 좋은 풍자가 그렇듯이 다큐멘터리도 현실을 그대로 반영했다. 터무니없는 일이지만, 우리가 가지고 있는 가치 체계는 이 같은 결과를 만들어낸다. 한 연구에서는 에이즈에 걸린 일부 남성 동성연애자들이 평균보다 훨씬 빠르게 증세가 악화되어 2년 일찍 사망한 사례를 살펴보았다. 이들은 사회적 배척에 훨씬 더 민감하게 반응했고 자신의 병에 대해 대단히 부끄럽게 생각해왔다는 사실을 밝혀냈다.[26] 이 같은 고통스러운 감정이 진화해온 이유가 있다. 이러한 감정은 공감을 나타내며 공감 능력은 효율적인 사회적 학습과 협력에 중요한 역할을 한다. 그리고 이러한 감정을 통해 자신이 속한 집단의 의견을 얼마나 중요하게 생각하는지도 알 수 있다. 자신이 속한 집단의 사회적 가치에 대한 순종은 집단으로부터 얻게 되는 유익에 대한 대가이다. 사회적으로 매장당한다는 것은 결국 사형 선고나 마찬가지이다. 부끄러움이나 당혹스러움을 보이지 않는 사람은 사회적 수용에 대해서도 신경을 쓰지 않기 때문에 위험하고 믿을 수 없는 사람으로 평가를 받게 된다.

권력

이미 살펴본 것처럼 타인의 경험을 모방하는 것은 분명 정보를 얻을 수 있는 최고의 방법이다. 어떤 식당에서 외식을 할지 결정할 때 모든 식당의 음식을 직접 맛볼 필요는 없다. 그저 많이 찾는다는 평판이 있는 식당을 찾아가면 된다. 물론 타인을 모방하려는 강박관념은 주식 시장의 붕괴 같은 재앙으로 이어지기도 하지만, 일반적으로는 큰 피해 없이 지나간다. 이렇게 소문을 통해 퍼지는 사회적 정보는 믿을 수 있는 문화적 정보로 연결된다.

인간은 평판을 보고 누구를 모방할지 결정한다. 만일 엉뚱한 사람을 모방하면 큰 피해를 보게 되고 잘못된 선택의 결과는 나를 복제할 다음 세대에게까지 전해질 수도 있다. 인간의 기술과 문화적 성취가 세대를 거치며 다양하고 복잡하게 발전하는 쪽으로 진화하는 것이 아니라 나쁜 쪽으로 진화해 기술이 소실되고 퇴보할 수도 있는 것이다. 평판은 문화적 진화를 효율적으로 만들어주는 선택 압력을 가한다. 그리고 우리는 평판을 이용해 불순물을 걸러내고 신뢰할 수 있는 선택지를 늘려갈 수 있다.

모든 사회적 동물은 누구를 모방할 것인지 결정을 내려야 한다. 그렇지만 인간은 이러한 선택에 훨씬 더 능숙하며 전 세계적으로도 비슷한 형태를 따르는 경향이 있다. 인간은 영유아 때 부모로부터 배우고 이후에는 나이가 더 많은 형제자매로부터 배운다. 인간은 같은 성별, 언어, 문화를 가진 타인을 모방하는 것을 선호한다.[27] 그리고 청소년기로 접어들면서 또래 친구의 중요성이 더욱 커진다. 이 무렵부터는 그동안 나이 많은 사람으로부터 배워온 것을 수정하며 시간과 사회적 변화에 적절한 지식만 유지한다. 그렇지만 인간이 꼭 어떤 일에 대한 능력만을 기준으로 모방할 사람을 선택할 필요는 없다. 초등학생들이 과일을 어떻게 선택하는지 살펴본 연구를 보면 실험에 참가한 학생들은 자신보다 어린 학생보다 나이가 많은 학생의 선택을 따라하는 경향이 있었다. 그렇지만 수수께끼를 풀게 했을 때는 나이에 상관없이 과거에 비슷한 문제를 풀 때 뛰어난 실력을 발휘했던 학생을 모방했다. 이 연구는 위상이라는 것이 어떻게 바뀌는지에 대해 많은 것들을 시사한다.

명성이란 어떤 사람이 가지고 있는 자격의 특별한 형태로 오직 인간만 알아볼 수 있다. 대부분의 동물도 힘이 세거나 거칠고 번식 능력이 강한 수컷이 가지고 있는 지배의 이점을 알고 있다. 물론 인간도 이러한 특성을 중요하게 여긴다. 상대방에게 두려움을 주는 젊고 용맹한 전사는 어디에서든 환영을 받는 존재다. 하지만 명성은 그 반대의 개념이라고 볼 수 있다. 명성이 높은 사람은 더 나이가 많거나 전문가로 배울 만한 가치가 있는 사람이다. 만일 누군가가 어떤 분야에서 이 같은 명성을 갖게 된다면 그에 따라 높은 자격이나 지위를 갖게 되고 그런 그들의 영향력은 전문 분야에만 그치지 않는다. 우리는 그들의 모든 결정을 기꺼이 모방하려 한다. 실제로 명성은 문화적 전파로 인한 유익을 강화하는 방식으로 진화했을 수도 있다.[28] 삶의 어떤 분야에서 성공을 거두게 되면 대개는 여론을 주도할 수 있는 지도자의 위치가 주어진다. 우리는 그렇게 성공한 개인에게 뭔가를 배우기 원하고 심지어 그저 어떤 식으로든 함께 시간을 보낼 수 있기를 원하기도 한다. 이렇게 명성이나 평판은 큰 영향을 미친다. 유명 골프 선수가 골프와는 무관한 고급 시계 광고에 등장할 수 있는 것도 이 때문이다.

이런 현상의 근원에는 인간이 가지고 있는 문화적 기술의 복잡성이 자리하고 있다. 예를 들어 사냥꾼이 되려면 몇 가지 기술을 갖춰야 한다. 빨리 달릴 수 있어야 하고 동물의 흔적을 추적할 수 있어야 하며 가지고 있는 사냥 도구를 정확하게 사용할 수 있어야 한다. 또한 다른 동료와 호흡이 잘 맞아야 하는 것은 물론이고 사냥감을 잘 잡아야 한다. 사냥을 배우는 입장에서는 좋은 사냥꾼이 누구인지 알아볼 수는 있으나 어떤 기술 때문에 그러한 평판을 듣게 되었는지 알기는 쉽지 않다. 그래서 그 사냥꾼을 모방하는 것이 최선이다.[29] 그렇지만 잘 알지 못하는 분야에서 단순히 평판 때문에 누군가를 모방하는 것은 위험한 일이 될 수 있다. 극단적인 사례이지만, 만약 유명인이 자살을 한다면 어떨까. 이른바 모방 자살은 세계 곳곳에서 일어나고 있다. 종종 평소에 아무런 조짐을 보이지 않던 이가 자살을 할 경우 누군가의 비극을 정확하게 모방한 것이다.

명성이 높은 개인은 커다란 권력을 쥐게 된다. 이들은 사회적 연결망을 새롭게 형성하고 그 연결망을 친사회적 혹은 반사회적으로 만들 수 있으며 관대하거나 편협한 성향을 띄도록 만들 수도 있다. 고인이 된 영국의 다이애나 왕세자비가 에이즈 환자를 안아주었을 때 에이즈 전염에 대한 사회의 시선과 이해에 대해 큰 영향을 미쳤다. 이 파급력은 수십 년 동안 전문 분야를 연구해온 학자들의 노력을 단숨에 뛰어넘었다. 이와 유사하게 인종 차별에 대해 비난하지 않고 심지어 묵인하는 정치인이 있다면 그를 따르는 이들이 하나둘 등장할 것이다. 특히 그 정치인이 한 나라의 지도자라면 그 국가의 도덕률이 완전히 뒤바뀌게 된다. 한 세대 만에 문화적 형성 과정이 바뀔 수도 있는 것이다.

인간의 자존감은 타인이 자신을 어떻게 바라보는가에 달려 있다. 명성이 높은 이는 종종 자신이 우위를 점한 특정 분야뿐만 아니라 다른 모든 분야도 같을 것이라 믿어 자신의 명성과 평판에 무리하게 빠져들기도 한다.[30] 많은 유명 인사들이 자신의 교제 범위를 자신과 같은 유명 인사와 무조건적인 숭배자로만 한정한다. 그렇게 해서 자신의 전문 분야가 아닌 분야에서도 거리낌 없이 주장을 펼치는 경우가 많다. 예컨대 유명 배우가 의심스러운 치료법이나 치료약을 옹호하는 경우가 그렇다.

명성의 정의는 문화에 따라 달라진다. 사냥과 채집을 주로 하는 공동체에서는 최고의 사냥꾼이 내놓는 의견이 문제의 종류에 상관없이 가장 존중받는다. 나이든 사람을 모방하는 것이 당연한 이유는 그들이 단지 오래 살아 많은 정보를 갖고 있어서만이 아니라 나이를 먹는다는 것 자체가 과거의 진화적 입장에서는 사회에서 성공을 거둔 것이나 마찬가지이기 때문이다. 사냥과 채집을 주로 했던 과거에는 65세를 넘으면 자연 선택의 시험을 다 통과했다고 여겼다. 따라서 이러한 사람의 행동은 더 많은 가치를 지니게 되었다. 진화 인류학자 조셉 헨리히는 고추를 예로 들어 간단하게 설명을 했다. 20세에서 30세 사이의 사람 100명이 모인 공동체가 있다고 상상해보자. 이중 40명은 일상적으로 고추가 들어간 고기 요리를 먹는다. 요리에 고추를 넣으면 그 항균 효과 때문에 음식에서 발생하는 병원균으로 사망할 확률이 줄어드는 효과를 볼 수 있다. 만일 계속해서 고추를 섭취한다면 65세 이상까지 생존할 확률이 10퍼센트에서 20퍼센트까지 늘어난다. 이렇게 되면 공동체의 과반수가 넘는 57퍼센트는 65세가 되었을 때 모두 고추를 섭취하고 있을 것이다. 만일 고기 요리를 배우는 입장에서 젊은 사람보다 나이 든 사람을 모방하려 한다면 생존율을 높이는 기술을 습득할 중요한 기회를 얻게 되는 셈이다. 문화적 진화를 몇 세대만 거치면 이 집단에서 고기 요리에 고추를 추가하는 것은 당연하게 여겨질 것이다. 조셉 헨리히는 "나이를 중요시하는 문화적 학습은 사망률의 차이를 만들어내기 때문에 자연 선택의 활동을 확대시킬 수 있다"라고 설명했다.

어쩌면 서구 사회에서는 빠르게 진행되는 기술 개발로 수명이 계속 늘어나 나이가 갖는 이런 명성이 사라졌는지도 모르겠다. 빠른 문화적 변화는 오래된 정보를 갖고 있는 사람을 그대로 모방하는 것을 위험하게 만들기 때문에 사회적 학습의 신용도를 떨어트린다. 그럼에도 불구하고 특별한 기술의 완성도를 요구하는 일부 창작 관련 분야에서는 여전히 나이가 중요한 의미를 가진다. 질그릇 장인이 제대로 된 그릇 하나를 빚어내는 데는 몇 분이면 충분할지 모른다. 그렇지만 그 기술을 배우기까지는 평생이 걸렸을 수도 있다.

모든 문화를 통틀어 일반적으로 사회에서 가장 명성이 높은 사람이 최고의 지식을 가지고 있다. 또 가장 관대하게 그 지식을 나눈다는 것은 그리 놀라운 일이 아니다. 교사라는 직업에 대해 생각해보자. 무엇인가를 가르친다는 것은 결국 의사소통에 대한 것이다. 인간이 의사소통을 위해 발명한 가르침이라는 도구는 사회가 더 협력적으로 운영되도록 도울 뿐 아니라 공유되는 이야기를 통해 공동의 목표 안에 구성원을 하나로 묶는다. 인간이 속한 집단의 정체성은 평소 하는 말 안에 녹아 들어가 있다. 그만큼 언어가 문화적 차이를 이어주는 중요한 도구라는 뜻이다. 언어가 다른 두 집단이 대화를 나누면 불신은 사라지고 서로에게 동화될 수 있다. 하나의 종으로서 인간의 성공은 친 사회적 집단 사이의 경쟁과 서로 다른 문화 교류의 필요성 둘 다에 달려 있다. 이제부터 이 문제를 살펴보려 한다.

BEAUTY

BEAUTY

인간은 아름다움에 대해 깊이 생각할 때 비로소 완전해진다. 또한 아름다움을 표현하면서 삶의 의미와 목적은 물론이고 생의 영원성에 대해서도 깨닫는다. 아름다움은 주관적인 것으로 인간이 만들어낸 것이지만, 인간 진화에 영향을 미치기도 한다. 인간이 이루어낸 가장 위대한 협력의 근간에는 바로 아름다움이 자리하고 있다. 아름다움이 인간 세계를 만들었다. 아니, 미국의 시인 랄프 왈도 에머슨이 노래한 것처럼 '이 세상은 아름다움이라는 욕망을 충족시키기 위해' 존재하는지도 모른다.

IX

공동체와 소속감

내 방 한쪽 구석에는 오래된 옷장이 하나 있다. 나는 그 옷장에 달려 있는 도자기 손잡이 두 개에 목걸이를 걸어두었다. 잘 갈고 닦은 돌, 조개껍질, 금속 구슬 등으로 만든 많은 목걸이가 볕을 따라 환하게 반짝인다. 서로 맞물려 있는 은색 고리의 표면은 빛을 잠시 품었다가 뿜어낸다. 그렇지만 유리, 플라스틱, 잘 다듬은 돌로 된 투명한 구슬은 나름의 마법을 가지고 있다. 태양의 빛을 수천 가지 색으로 나누는 마법, 그 색을 작은 심장에서 뿜어내는 마법, 낡아빠진 옷장을 무지갯빛으로 빛나는 춤추는 폭포로 바꾸는 마법이다.

내 아이들은 그 광경을 보고 굳어버린 듯 움직이지 못한다. 아

미

이들은 조심스럽게 목걸이를 들어올린다. 목걸이가 마치 장식용 끈처럼 손바닥에 쏟아져 내린다. 아이들은 목걸이의 구슬을 하나하나 살펴보며 차이점을 궁금해했고 맑고 깨끗한 모습에 경탄한다. 아이들은 목걸이를 목에 걸어보고 싶어 했다. 잠시만, 그것도 단 한 번만, 엄마 제발요. 나는 목걸이를 집어 두 아이의 목에 하나씩 걸어준다. 환호하는 아이들. 단지 목걸이를 걸었을 뿐인데 아이들은 갑자기 키가 조금 커진 듯 등을 똑바로 곧추세우고 발뒤꿈치를 들고 거울 앞에 선다.

내 목걸이는 사실 거의 다 싸구려들이다. 내가 가진 것 중 귀금속을 취급하는 사람이 보기에 값이 나갈 만한 것은 할머니께서 주신 것 단 하나뿐이다. 할머니는 이미 돌아가셨기 때문에 그 목걸이가 일종의 유산이라고도 할 수 있다. 금으로 된 목걸이 끝에는 금장식 안에 아름다운 흑진주가 박혀 있다. 내가 직접 고른 물건과는 전혀 인연이 없어 보였지만 그래도 할머니가 주신 목걸이의 의미를 생각하며 소중하게 간직하고 있다. 이 목걸이는 나를 지극히 아끼던 사람으로부터 받은 선물이었고 전에는 역시 사랑하는 할아버지가 할머니에게 준 선물이었다. 목걸이 안에는 추억이 깃들어 있고 또 이상할 정도로 홈 하나 없이 완벽하다. 나는 이따금 긴장되는 모임이 있을 때 이 목걸이를 하고 나간다. 내 목을 두르고 있는 묵직함 그리고 영원한 아름다움이 나를 편안하게 만들어주기 때문이다. 목걸이의 출처만으로도 뭔가 상징적인 의미가 있는 듯한 기분이 든다. 삶의 다사다난함을 나타내는 은유랄까. 진주는 진주조개가 돌 하나를 오랫동안 품어서 만드는 것이라고 한다. 천연 진주는 애초에 찾기도 힘들뿐더러 이 정도 크기라면 더욱 진귀할 것이다. 그리고 이국의 바다속에서 진주를 찾는 작업은 아주 위험하기까지 하다. 내 목걸이는 여러 노력이 하나로 합쳐진 것으로 각기 다른 장소의 숙련된 장인이 각기 다른 재료를 써서 만든 것이다. 이 목걸이를 보고 있노라면 각 부분이 어떻게 한곳에 모여 이 귀하고 값진 물건으로 합쳐졌는지 떠올릴 만한 상상력이 필요하다.

내 다른 목걸이는 유리, 플라스틱, 나무, 도자기 구슬, 조개껍질, 단추, 그 밖의 싸구려 재료로 만들어졌다. 그렇지만 그 나름대로 나에게는 소중한 것이다. 보기에도 예쁠 뿐만 아니라 목걸이를 하면 나를 아름답게 만들어준다. 과거 어떤 장소, 어떤 시간의 기념품인 이 목걸이는 그때의 일을 다시 떠올리게 만든다. 화려한 색의 플라스틱 구슬 목걸이는 아주 오래전 미국 뉴올리언스의 뜨겁고 축축한 마르디 그라Mardi Gras 축제로 데려간다. 당시 나는 20대 초반으로 처음 혼자서 미국을 가로지르는 여행을 하며 들뜬 시간을 보냈었다. 구슬 하나하나를 보며 사람들로 가득 찬 거리와 신나는 음악, 약간은 위험했던 순간을 떠올리게 된다. 이 목걸이는 수백 년 역사의 프랑스 출신 이민자가 지켜온 전통 중 하나다. 남자들이 마음에 드는 여자와 술을 한잔하거나 춤을 추고 싶을 때 혹은 유혹을 할 때 던지는 목걸이인 것이다. 나 역시 웃옷을 모두 벗은 채 춤을 추던 어느 멋진 청년에게서 이 목걸이를 받았다. 목걸이를 받자 남자가 소리쳤다. "당신도 옷을 벗어 봐요!" 나는 잔뜩 겁에 질려 그대로 거리를 따라 내달려 어느 작은 술집으로 들어갔다. 술집에서는 3인조 악단이 열기를 내뿜고 있었고 그들의 음악에 맞춰 사람들이 몸을 흐느적댔다. 나는 그 자리에 서서 넋이라도 빼앗긴 듯 손에 목걸이를 움켜쥐었다. 뜨겁고 축축한 공기 속에 음악 소리가 내 위로 쏟아지는 동안 나는 그렇게 어른이 되었다. 지금 이렇게 그 싸구려 플라스틱 목걸이를 손에 쥐고 있으면 또 다른 시간, 또 다른 장소에 있었던 또 다른 나를 연결해주는 끈을 붙잡고 있는 것 같다.

목걸이는 흔하디흔한 장신구다. 이 안에 숨어 있는 귀중한 상징이나 의미는 나를 비롯해 나와 아주 가까운 사람들만이 알고 있다. 그렇지만 이건 예외적인 경우이고 보석류는 원래 그것을 착용한 사람들에 대해서 공공연히 알려주는 특별한 상징적 의미를 가지고 있다. 예컨대 아주 부유하거나 특정 부족 출신일 수도 있다. 만일 십자가 목걸이를 하고 있다면 기독교 신앙을 가지고 있다고 생각할 수 있고 네 번째 손가락에 낀 반지는 보통 그 사람이 기혼자라는 사실을 알려준다. 심지어 내가 착용하는 목걸이나 반지 같은 장신구가 나의 생활양식, 나이, 배경, 사회적 지위, 성별 등 사소한 정보를 알려줄 수 있다.

아름다운 것은 잠시 숨을 돌리고 천천히 살펴보도록 만든다. 인간은 아름다움에 대해 감정적으로 그리고 생물학적으로 반응한다. 인간의 문화는 이런 아름다운 것을 발굴해 키워왔다. 이러한 과정을 통해 장식물에 의미와 가치를 부여하고 주관적인 판단을 하나의 도구로 사용해서 문화적으로 합의된 상징성, 기준, 의식을 통해 조직된 응집력 있는 부족 사회를 만들어왔다. 이렇게 만들어진 기준이나 규범은 사회적, 환경적 압력을 받으며 진화하고 우리의 생명 활동과 유전자에 중요한 영향을 미친다. 아름다움에 대한 판단과 기준이 우리 자신과 우리가 속해 있는 사회를 새롭게 만들어간다.

인간은 아름다움을 이용해 유전적으로 아무 관계가 없는 사람들이 모인 거대한 공동체에 소속감을 느끼도록 만든다. 인간은 아름다움을 통해 진화에 영향을 미치는 인공적인 표현형을 만들어낼 수 있다.

미의 역할

인간은 적극적으로 아름다움을 받아들인다. 인간은 어디에서나 아름다움을 찾는다. 타인의 얼굴에서도, 꽃이 보여주는 완벽한 대칭에서도, 달콤한 새의 노랫소리에서도, 인간이 만들어낸 예술 작품 속에서도. 인간은 이러한 아름다움을 알아보는 것에서 기쁨을 느낀다. 아름다움은 위로의 힘을 가지고 있다. 인간은 아름다움에서 삶의 의미와 목적을 찾는다. 또한 아름다움을 통해 공동체에 대한 의식과 공감 능력이 성장한다. 아름다움은 아름다움을 낳기 때문에 꽃이 심겨 있거나 아름답게 장식된 이웃집을 보면 자신의 집도 그렇게 꾸미고 싶다는 강한 충동을 느끼게 된다.[1] 인간은 발견한 아름다움을 그 자리에서 감상하기도 하지만 미술, 음악, 건축, 문학, 춤, 그 밖의 물질문화를 통해 스스로 아름다움을 만들어내 표현하고 싶은 의욕도 넘친다. 실제로 인간이 하거나 만들어낸 대부분의 것은 아름다움에 대한 욕구가 만들어낸 결과물이다. 인간은 미적으로 의미를 가진 물건을 만들고 미적으로 의미를 가진 의식에 활동을 엮어 넣는다. 무엇을 먹을 때마다 식탁 예절에 신경을 써서 '거슬리는' 말을 삼가고 사회적으로 이해되는 수준의 목소리 크기로 이야기를 나눈다. 그리고 타인 앞에 나서기 전에 몸을 단장한다.

인간은 아름다움을 추구하는 데 엄청난 시간과 노력을 들인다. 심지어 예술을 위해 목숨을 바치는 일도 마다하지 않는다. 지난 2015년, 시리아의 고고학자 칼레드 알-아사드는 팔미라에 있는 고대 예술품들의 위치를 밝히기를 거부해 이슬람 무장 단체에게 참수형을 당했다. 당시 81세였던 알-아사드는 2000년의 역사를 지난 고대 사원 유적지의 아름다운 조각상과 기둥을 자신의 목숨을 바쳐 지킬 만큼 아꼈던 것이다.

아름다움은 강력한 사회적 도구지만, 아름다움 자체로는 존재하지 않으며 아름다움에 대한 평가는 주관적이다. 아마도 인간이 발명해낸 아름다움이라는 개념은 성선택性選擇(생식에 필요한 유전 형질이 발달하게 된다는 가설.-옮긴이)이라는 생명 활동에 뿌리를 두고 있는 것이 아닐까. 공작새는 많은 새 중에서도 생물학적으로 건강함을 드러내기 위해 과한 몸치장을 과시한다. '눈동자'가 그려진 현란한 색상의 꼬리 깃털 같은 장식에 에너지를 소비할 만큼 여유가 있는 새라고도 할 수 있다. 이 때문에 공작새 암컷은 가장 아름다운 깃털을 가진 수컷을 더 따르도록 진화했다. 인간은 남녀가 서로 자신의 상대를 고를 수 있기 때문에 공작새와는 다른 경우라고 할 수 있다. 여러분도 예상하는 것처럼 남성이든 여성이든 얼굴에서 아름다움을 찾는다. 인간의 얼굴에는 공작새의 깃털과 마찬가지로 건강 상태가 그대로 드러나며 상대를 속이기 힘들다. 이렇게 얼굴에 나타나는 아름다움의 기준은 반듯한 형태나 깨끗한 안색 등이 포함된다.[2] 다른 영장류 역시 유전적 완성도를 확인하기 위해 얼굴을 본다. 히말라야원숭이는 인간처럼 균형 잡힌 얼굴을 더 선호한다고 한다.

여러 연구에 따르면 인간은 평범한 얼굴보다 여러 사람의 평균적인 모습이 혼합된 얼굴을 더 선호한다고 한다.[3] 이런 선호도와 관련된 진화적 뿌리를 살펴보면 좋은 유전자의 혼합이 결국 환경에 대한 훨씬 나은 적응성과 유연성을 보여주기 때문이다. 설문조사에 따르면 보통 가까운 동족보다는 '혼혈'[4]을 더 매력적으로 생각한다고 한다.[5] 강한 번식 능력 또한 매력의 조건이다. 남성의 경우 테스토스테론 호르몬이 더 많을 때, 여성은 에스트로겐 호르몬이 더 많을 때 이런 특징이 외부로 강하게 드러난다.

따라서 아름다움에 대한 인간의 감각은 단순히 미적인 취향 이상의 것에 바탕을 두고 있다. 더 젊고 건강하며 질병의 징후 같은 것 없이 번식 능력이 강할 것 같은 상대에 매력을 느낀다. 이같은 복합적 조건이 짝을 찾는 욕구를 가장 먼저 자극한다. 대부분 그런 사람을 더 아름답다고 말한다. 건강한 짝을 찾는 데 가장 뛰어난 능력을 발휘하는 사람은 결국 건강한 유전자를 가장 많이 물려받았을 것이다. 아름다움에 대한 인간의 감각과 진짜 아름다움은 수천 년의 세월을 거치면서 조금씩 발전하고 달라졌을 것이다.

그렇지만 아름다움에 대한 인간의 선호는 결국 주관적인 것으로 객관적인 생물학적 건강과는 전혀 관련이 없다. 실제로 선호도는 겉모습에 따라 변덕스럽게 바뀌는 취향과 관련이 있는 것처럼 보인다. 이와 관련해서 동물의 세계에서는 흥미로운 유사점을 찾아볼 수 있다. 1980년대 금화조를 연구한 진화 생물학자 낸시 벌리는 실험을 할 때 개체의 구분을 위한 목적으로 새들에게 색깔이 있는 작은 고리를 달아주었다. 그런데 놀랍게도 특정한 색깔의 고리를 단 새가 짝을 더 잘 찾았고 새끼를 돌보는 일에도 더 많은 신경을 쓴다는 사실을 발견했다.[6] 암컷은 빨간색 고리를 단 수컷을 더 선호했고 수컷은 검은색이나 분홍색 고리를 단 암컷을 찾았다. 금화조는 실험실 안에서 새로운 종류의 성적 매력을 보일 수 있는 장식을 갖는 쪽으로 '진화했고' 낸시 벌리가 확인을 할 수 있을 정도로 진화의 속도가 빨랐다. 이러한 색깔이 있는 고리는 당연히 건강과는 아무런 상관이 없다. 동물이 아름다움을 찾기 위해 어떤 특성을 진화시키는가에 대한 막연한 무작위성을 보여줄 뿐이다. 아마도 어떤 특성이나 색깔이 새의 두뇌에 타고날 때부터 저장되

어 있어서 그러한 특성이나 색깔이 나타났을 때 더 따르도록 이끄
는지도 모른다. 자연의 세계에서 볼 수 있는 다양성과 아름다움의
상당 부분은 아름다움에 대한 동물들의 취향이나 평가에 의해 만
들어진 것일 수도 있다.

이렇게 무작위에 가까운 선호도는 인간의 외모에도 영향을 준
것처럼 보인다. 인간은 지난 수십만 년 동안 각기 다른 규모의 부
족에서 살아왔다. 그 안에서 문화적, 유전적 차이를 축적해왔다.
그러다 지난 수천 년 동안 축적된 특성이 스리랑카에서 스웨덴에
이르기까지 모든 사람의 외모에 현격한 차이를 만들어냈다. 집단
의 규모가 작을 때는 특성이 축적되는 속도가 각기 다르다. 일부
유전자는 집단 안에 유전자를 유지할 사람들의 숫자가 부족해 완
전히 사라질 수도 있고 또 어떤 유전자는 우연히 사람이 늘어나
면서 비정상적으로 흔해질 수도 있다. 인간이 보여주는 다양한 머
리 색이나 눈 모양은 규모가 작은 집단에서 만들어졌을 가능성이
높다. 집단 구성원이 그러한 모습을 좋아하고 이를 기준으로 짝을
선택했기 때문에 계속 유지될 수 있었을 것이다.

굵은 머리카락, 많은 땀샘, 독특한 치아, 동아시아에서 찾아볼
수 있는 비교적 작은 젖가슴 등은 모두 대략 3만 5000년 전에 나
타난 EDAR 유전자가 변하면서 만들어졌다. 전문가들 사이에서는
이 유전자가 그렇게 빨리 퍼지게 된 이유가 당시 기온이 높았기
때문에 더 많은 땀샘이 유리했기 때문인지 아니면 사람들이 그저
그런 모습이 더 매력적이라고 생각했기 때문인지는 의견이 분분

미

하다. 창백한 피부와 파란 눈동자 역시 한때 이국적이고 더 매력적으로 다가왔을 것이다. 그런 사람이 짝을 더 쉽게 찾을 수 있었기 때문에 두 특성이 북유럽 지역에서 빨리 퍼져나갈 수 있었을지도 모른다.[7] 지난 2000년 동안 영국 사람은 키가 더 커지고 머리카락 색은 금발에 가깝게 변했으며 더 푸른 눈을 갖게 된 것으로 보인다.

매력적인 얼굴은 특별히 사물을 처리하는 쪽으로 발달한 두뇌의 시각 피질의 여러 부분을 활성화시킨다. 동시에 두뇌에서 보상과 즐거움을 담당하는 부분 역시 아름다움에 대해 생각하고 있지 않을 때도 함께 깨어난다. 아름다움에 대한 감상이나 평가에는 도덕적 요소도 영향을 미친다. 아름다움과 '선함'에 대한 미적 판단을 내리는 신경 활동이 서로 중첩되어 일어나며 이 역시 사람들이 두 가지에 대해 전혀 생각하고 있지 않을 때도 일어난다.[8] 아름다움과 선함을 이렇게 반사적으로 연관시키는 것은 어쩌면 아름다움이 가지고 있는 많은 사회적 효과에 대한 생물학적 자극이 될수 있다. 매력적인 사람은 살아가면서 모든 종류의 유리한 고지를 선점할 수 있다. 이러한 사람은 더 똑똑하고 믿을 수 있는 사람으로 여겨져 높은 보수를 받으면서 잘못에 대해 추궁을 덜 받을 수도 있다.[9]

두뇌의 반응을 살펴본 한 연구에서는 고통이나 혐오감을 감지하는 두뇌의 앞뇌섬 피질이 미적 판단에 중요하다는 사실을 밝혀냈다.[10] 다소 놀라운 이러한 결과는 어쩌면 아름다움에 대한 인간의 좀 더 일반적인 인식에 대한 진화적 구조를 설명하는 데 도움이 될지도 모른다. 즉, 미적 처리 과정은 본질적으로 어떤 대상이 '도움이 되는지' 아니면 '불필요한지' 같은 가치를 평가하는 과정인 것이다. 이러한 평가의 기준은 주관적이어서 각자의 현재 생리적 상태에 달려 있다. 배가 고픈 사람은 배부른 사람보다 초콜릿 케이크를 더 매력적으로 본다. 두뇌의 미적 체계는 음식물이나 짝을 포함한 생물학적으로 중요한 대상에 대해 가치 판단을 강화하는 쪽으로 진화했을 수 있다. 그런 이후에 미술이나 음악처럼 사회적으로 중요한 가치가 있는 대상과 관련한 문화적 진화가 끼어들었을 수도 있다. 두뇌의 반응을 살펴보았을 때 케이크와 음악을 좋아하는 반응은 사실상 거의 비슷했다.

우리의 미적 평가는 아마도 특정 유형을 추구하는 충동과 함께 진화한 것이 아닐까. 어쩌면 이러한 충동은 인간의 관심이 어디로 향하는지를 관리하는 인지적 신호로서 두뇌의 예측 장치를 돕고 있는지도 모른다. 여기에 뭔가 특별하고 해석을 하거나 밝혀낼 필요가 있는 대상이 있다고 알려주는 것이다. 아름다움은 동기를 유발하는 요인이며 앞으로 더 나아가도록 일깨워주는 감정적 반응이다. 또한 강렬한 호기심의 다른 형태이기도 하다. 이런 본능을 특히 자극하는 것이 바로 미술이다. 만일 반 고흐의 작품을 보고 있다면 두뇌에서는 아름다움에 대한 자극을 받아들이는 부분이 우리에게 이 그림은 단지 여러 색이 모여 있는 것이 아니라 어떤 다른 의미가 있다고 이야기를 해준다. 두뇌의 반응을 살펴본

미

한 연구에서는 잘 알려진 베토벤의 작품을 들려주었을 때 가장 인상적이고 아름답다고 느끼는 부분에 다다르기 전에 두뇌에서 호기심을 담당하는 영역인 꼬리핵尾狀核의 활동이 증가한다는 사실을 밝혀냈다.[11] 이 결과에 대해 연구진은 기분을 좋게 만들 청각 자극이 곧 다가올 것이라는 사실을 미리 알려주는 현상이라며 "이 신호는 희열감을 촉발하고 보상을 예측하게 만든다"라고 설명했다. 또한 이 현상은 쾌락과 관련된 호르몬인 도파민 생성이 급증하도록 자극한다. 이러한 효과적인 방식을 통해 두뇌가 어떤 감정이 받아들일 만한 가치가 있고 어떤 감정은 무시해도 되는지를 판단하는 데 도움이 된다.

인간은 생물학적으로 아름다움에 반응할 준비가 되어 있다. 문화적으로는 시각 언어를 통해 아름다움을 받아들였다. 인간은 아름답다고 생각하는 대상을 가치와 의미를 지닌 상징으로 만들었다. 인간은 어디에서든 아름다움을 알아본다. 이 아름다움은 단순히 성적 매력을 느끼게 하는 인간의 육체가 보여주는 아름다움을 훨씬 뛰어넘는다. 인간이 경험하는 미적 즐거움은 귀중한 시간을 사색에 흠뻑 빠져 보내게 만들고 실용적이거나 생존과는 관계가 없는 대상에 관심을 쏟게 하고 창조적 표현을 위해 시간과 노력 그리고 자원을 과감히 쏟아붇도록 하는 용기를 준다. 그 어떤 생명체도 이 같은 행동을 할 수 없다. 인간 정도로 덩치가 큰 동물은 생존에 불필요한 활동을 하기 위해서 특별히 큰 대가를 치러야 한다. 사냥용 창에 보기 좋게 장식을 한들 필요한 먹을거리를 구할 때 더 수월해지지 않는다. 그럼에도 불구하고 모든 인간 사회에서 아름다운 장식을 위해 엄청난 시간과 노력, 물적 자원을 쏟아붓는다는 것은 역설적으로 그만큼 장식이 생존에 중요한 역할을 하고 있다는 뜻은 아닐까. 아름다움이 주는 상징과 의미를 통해 확보할 수 있는 통일성, 공통성, 공유하고 있는 가치와 믿음, 다른 감정은 서로 협조하는 사회로 만들어준다.

상징으로서의 미

모든 인간 사회는 생각과 개념을 상징적으로 나타낸 것들 위에 세워져 있다. 이를 통해 인간은 다른 동물과 다른 모습을 보이게 된다. 인간이 발명해낸 개념은 시각적 상징을 사용해 사회 구성원은 물론이고 다음 세대에까지 전달할 수 있다. 통화 체계, 선과 악, 정부 같은 추상적 개념은 몸치장, 미술, 음악, 건축, 정원 가꾸기와 그 외 다른 기술을 활용해 아름다움으로 표현된다.

상징을 만들어낼 수 있는 능력의 근간은 인간과 가장 가까운 영장류에서도 찾아볼 수 있다. 아프리카 우간다 키발레 국립공원에서 집중적으로 연구하는 야생 침팬지 집단의 젊은 침팬지는 '아기'라는 막대기를 규칙적으로 가지고 논다. 침팬지는 이 막대기에 나름의 의미를 부여한 것이다. 이 집단의 젊은 침팬지가 막대기를 아기 어르듯 끌어안은 채 낮 동안 쉬는 곳으로 가져가는 모습이 관찰되었다. 막대기를 다른 놀이 목적으로 사용할 때는 하지 않던 행동이었다. 다른 젊은 수컷 침팬지는 '아기'를 위한 잠자리를 따로 만들기도 했고 한 암컷 침팬지는 마치 '아기 침팬지의 등을 토닥이듯' 통나무 하나를 가져와 쓰다듬었다. 암컷의 어미가 몸이 아픈 다른 형제를 돌보고 있는 동안 일어난 일이었다.[12]

약 200만 년 전, 인간의 호미닌 조상도 무언가를 소중히 여겼다. 누가 보아도 사람의 '얼굴'을 떠올릴 법한 붉은색 벽옥碧玉 자갈이 남아프리카 유적에서 주인으로 짐작되는 고대 인간과 함께 발견되었다. 이른바 '사람의 얼굴을 한 자갈'은 수 킬로미터 떨어진 자갈밭에서 그의 집으로 옮겨진 것으로 추정된다. 이 자갈은 최초로 발견된 예술 작품으로 알려져 있다.[13] 돌에 새겨진 이 얼굴은 쓸모가 있어서가 아니라 의미가 있었기 때문에 그 누군가에게 귀중한 가치가 있었다. 호모 에렉투스의 시대에 사람들은 가지고 있는 물건을 꾸미는 데 열중했다. 고고학자들은 인도네시아 자바 지역에서 70만 년 전 만들어진 것으로 추정되는 장식된 조개껍질을 발굴하기도 했다.[14]

그렇지만 분명 장식하고 상징을 통해 의사소통을 하려는 인간의 욕구는 신체에서부터 시작되었다. 당대의 모든 문화는 몸에 무엇인가를 그리는 전통을 가지고 있다. 입술을 빨갛게 물들이는 정도에서 좀 더 극적인 변신까지 그 전통도 다양한데 수많은 선사시대 유적지에서는 황토색 염료의 흔적이 발견되기도 했다. 몸을 치장하는 것은 자신의 정체성을 드러내는 행위이며 일종의 시각 언어로 집단의 결속을 나타내는 데 사용되었을 수도 있다.

나이지리아 남동부의 에코이 부족은 장식을 활용해 극도로 복잡한 형태의 공동체 내 의사소통을 수행하고 있다. 에코이 부족의 여성들은 전통적으로 얼굴과 몸에 세밀하고 상징적인 문신을 새기는데 여기에는 신성한 니시비디Nsibidi 문자(에코이 부족이 만든 독특한 표의 문자. - 옮긴이)로 된 비밀 표시도 포함된다. 사랑과 전쟁 혹은 신성한 내용을 다루는 이 문신은 모든 사람이 다 볼 수는 있지만, 오직 이크피Ekpe 표범 비밀 결사에 속한 사람만이 해독할 수 있다. 이 비밀 결사는 아프리카가 유럽 식민지가 되기 이전의 지배 계층이었다. 이 같은 적나라한 시각적 메시지는 거의 모든 문화권에서 나타나는데 메시지를 새길 때 여러 대가를 치러야 함에도 개의치 않고 자신의 몸을 변형시키는 수많은 방법 중 하나로 여겨 지속되고 있다. 사람들은 자연의 성선택을 능가하기 위해 스스로의 몸을 치장한다. 이렇게 해서 문화적으로 새롭게 만들어진 모습은 유전자에 의해 결정된 사실을 바꾼다.

인간 역사에서 가장 매혹적인 문화 실험 중 하나가 장신구의 발명이다. 인간은 장신구를 통해 타인에게 의미를 전달한다. 아주 오랜 조상의 시대부터 목걸이는 대단히 효과적인 상징물이었다. 목걸이는 문화적 정체성이나 사회적 지위를 반영하는 데 사용되었고 몸에 늘 지니는 부적의 역할도 했다. 건강과 물질적 풍요를 가져다주는 작지만 대단히 강력한 부적으로 여긴 것이다. 스페인에서 발견된 네안데르탈인의 색깔 있는 조개껍질 목걸이는 대략 11만 5000년 전 것으로 추정된다. 남아프리카 최남단에 있는 블롬보스Blombos 동굴에서는 인간이 사용했던 것 중 가장 오래된 목

미

걸이가 발견되기도 했다. 눈물 모양의 '바다 달팽이' 껍질을 65개 이상 모아 구멍을 뚫어 만든 이 목걸이는 황토색 장식 흔적이 여전히 남아 있다. 이러한 종류의 목걸이는 7만 5000년 전 인류의 조상이 마지막으로 사용했던 것으로 그들과 지금의 우리가 공통된 인간성을 공유하고 있다는 사실을 보여준다. 블롬보스 동굴에서 발견된 선사 시대 목걸이는 내가 가지고 있는 여러 목걸이와 크게 달라 보이지 않는다. 그 목걸이를 누가 만들었든지 간에 날카로운 심미안을 가지고 조심스럽게 구슬이나 조개껍질을 골라내 만들었을 것이고 목걸이를 착용했을 사람은 그 의도와 의미를 잘 알아차렸을 것이다.

이런 방식의 목걸이 세공은 목걸이를 착용하는 사람과 그 집단이 공유하는 시각적 언어를 통해 정보를 전달하는 장식 기술의 일부이다. 또한 더 넓은 사회적 연결망 안에서 이해될 수 있을 수도 있다. 상징 문화는 공동의 믿음을 바탕으로 하는데 내가 속한 문화권에서 목걸이는 장신구라는 개념으로 받아들여지지만 다른 문화권에서는 완전히 다른 의미로 해석될 수도 있다. 일부 문화권에서는 목걸이에 사용한 구슬의 색상에도 의미를 부여한다. 케냐 북부에서 유목과 목축을 주로 하는 투르카나Turkana 부족은 노란색 구슬이 장래의 배우자를 뜻하며 하얀색 구슬은 과부를 뜻한다. 인류학자들은 이러한 이해를 일종의 사회적 규범으로 설명하고 있다. 이 같은 공통된 이해는 아름다움에 대한 집단적 합의에서 행동에 이르기까지 모든 것에 적용된다.

블롬보스 동굴에서 발굴된 수많은 목걸이용 조개껍질을 분석한 고고학자들은 시간이 흐르면서 목걸이를 만들고 착용하는 방식에 놀라운 변화가 일어났다는 사실을 발견했다.[15] 동굴 내부의 좀 더 오래된 지층에서 발견된 목걸이의 조개껍질은 아래로 제멋대로 늘어져 평평하고 반짝이는 면이 서로 마주 보고 있었다. 그런데 다음 지층에서 발견된 조개껍질은 반짝이는 면을 모두 바깥으로 해서 두 개씩 묶여 있었다. 별것 아닌 것 같지만 목걸이 제작 방식의 변화는 사회적 규범 어딘가에 변화가 일어났다는 인류 최초의 증거. 화석의 기록에서 발견되는 해부학적 차이나 돌도끼의 진화에 버금갈만한 문화적 진화로도 볼 수 있지만, 이번에는 새로운 사회적 적응의 과정이 일어난 증거 정도로 생각할 수 있다. 이러한 행동의 변화를 통해 더 복잡한 사회로 발전을 하게 되었고, 각각의 사회는 나름의 정체성을 가지고 구분 지어졌다.

블롬보스 동굴의 초창기 거주자가 목걸이 제작 방식에 변화를 준 것인지 아니면 훗날 초기 인류 집단이 들어와 다른 방식으로 목걸이를 제작한 것인지는 분명하지 않다. 그렇지만 어느 쪽이든 목걸이에 사용된 조개껍질은 오늘날의 보석과 마찬가지로 당대의 사회적 규범을 나타내는 상징적인 기능을 했던 것이 분명하다.

의복도 목걸이와 비슷한 역할을 한다. 인류학자들은 인간이 똑바로 서서 걷는 종이기 때문에 가리지 않으면 드러나 보일 수밖에 없는 성기를 가려야 하는 사회적 규범에서 '나뭇잎'으로 만든 옷이 탄생했다고 주장한다. 이 같은 행동을 통해 혈연관계를 넘어 수많은 사람이 갈등 없이 가까이 모여 지속적으로 살 수 있게 되었다. 개인적으로는 의복이 아기를 업거나 월경 중일 때 몸을 가리려는 실용적인 이유에서 만들어진 것으로 본다. 인간이 만들거나 사용하는 다른 모든 물건처럼 의복 역시 문화적으로 중요한 의미를 지니고 있다. 기본적인 의복에 여러 장식이 추가되면서 가치가 높아졌고 그 형태가 복제되었을 것이다. 어쩌면 성별에 관계없이 그런 일들이 벌어졌을지도 모른다. 상징적인 의복 규정을 통해 지위, 성별, 그 밖의 다른 문화적으로 중요한 의미를 나타낸다. 예컨대 부족이나 종교에 대한 충성심도 포함이 되며 때로는 다른 공동체의 구성원이라는 생각이 더 강하게 들도록 해 서로 각자 집단을 이루어 갈라지고 이 때문에 한 부족 내에서도 분열이 일어나기도 했을 것이다. 이렇게 의복은 각자의 기술과 전문성을 가지고 다른 문화를 발전시키고 진화하며 경쟁하도록 돕는 데 중요한 역할을 했다. 이러한 모습이야말로 장식이 문화적으로 적응하여 진화하는 '목적'이다. 사회적 규범을 반영하고 공통의 이야기 안에 부족 구성원을 하나로 묶는 것이다.

인간의 축적된 문화가 가지고 있는 모방이라는 본성은 결국 인간의 행동, 좋아하는 것을 그대로 복제한다는 의미이다. 그렇기 때문에 인간은 언제든 사회적 규범을 찾거나 창조해 순응할 준비가 되어 있다. 의복이나 치장에 대한 규범이 실용적이지 못한 측면이 있어서 조금 색다를 수도 있지만 그만큼 기발한 반전도 존재한다. 일본에서는 왕족 외 평민이 화려하게 장식된 비단 기모노를 착용할 수 없도록 금지되었지만, 일부 여성의 경우 피부에 화려한 문신을 새겨 규범을 피해가기도 했다. 장식에 대한 규범은 또 다른 사회적 규범과 서로 얽혀 있기 때문에 여성의 권리와 처지가 개선되면서 의복은 점점 실용적인 모습으로 바뀌었다. 자전거의 발명은 여성 해방을 더욱 가속화시켜 과거에는 생각할 수조차 없었던 여성을 위한 바지라는 결과물이 탄생하기도 했다.

규범으로서의 미

인간은 아름다움을 통해 물리적, 사회적 세계를 지배하려고 시도하며 인간의 필요에 맞게 고쳐나간다. 인간은 자신은 물론이고 직접 만든 물건과 살고 있는 사회까지 아름답게 바꾼다. 인간의 행동을 통제하는 사회적 규범의 범위는 인간의 시각적 장식을 뛰어넘는다. 인간은 타인에게 돋보이고 싶어 하지만 동시에 아름답게 행동하려고도 한다. 집단 안에서 만들어져 집단에 의해 지켜지는 사회적 규범은 인간이 어떻게 이토록 높은 수준의 협조 사회를 이루어냈는지 설명하는 데 도움을 준다. 규범은 인간의 행동과 가치를 일치시켜 구성원 사이의 이해관계가 충돌하는 것을 줄여주는 적응의 과정으로 진화했다. 인간 사회는 규모가 커질수록 내부에서 분열이 일어나고 사회적 계층이 만들어진다. 그리고 그에 따른 갈등을 피하는 한 가지 전략은 사회적 규범을 통해 오히려 분열을 강화해 한쪽 의견을 제거하는 것이다. 만일 어떤 사냥꾼의 14세 아들이 그릇 굽는 일이 아닌 사냥을 하게 될 것으로 '예상'

미

된다면 그렇게 하도록 한다. 그렇게 하는 것이 '전통'이기 때문이다. 특히 많은 사회 규범이 의문을 제기할 수 없는 초자연적 명령이라는 형식을 빌리고 있어 집단 전체가 이 상황을 계속 유지하기 위해 암묵적으로 합의를 하게 된다. 제사나 의식은 종종 혈연관계 외의 사람을 사회라는 테두리에 묶기 위해 사용되며 사회적 계급 체계를 강화시킨다. 제사나 의식에는 위험천만하고 힘든 입문 절차나 시험 그리고 예식 등이 포함되어 공통의 경험으로 구성원을 하나로 묶는다.

또한 규범은 공유하는 자원을 둘러싼 갈등을 해결할 때 도움이 된다. 대부분의 사회에서는 특히 육류와 관련된 규정들이 존재한다. 이 규범에 따른 의식이나 금기는 잡은 동물을 어떻게 준비하고 어느 부위를 누가 먹는가와 같은 문제들을 다룬다. 사냥꾼이 사냥감을 잡아 돌아오면 규범에 따라 어떤 부위는 사냥용 무기를 만든 사람이, 또 어떤 부위는 산모들이 먹는 식이다. 이런 절차가 육류는 반드시 공평하게 나눠야 한다는 것을 뜻하지는 않는다. 대신 어떤 구성원도 소외되지 않으며 또 그렇게 하는 것이 집단 전체의 이익에 부합해 결속을 유지하고 규범을 지키는 데 필요하다는 사실을 모두가 수긍하고 있다는 것을 의미한다.

씨족이나 혈족을 중심으로 사냥과 채집을 주로 하는 집단에서는 특히 먹을거리를 확보하고 나누는 일에 있어서 명령과 실행 사이에 갈등이 발생할 수 있다. 이럴 때 엄격한 규범이 있으면 갈등을 피할 수 있다. 파라과이의 아체Aché 부족은 숲속에서 딱정벌레를 키운다. 그들은 먼저 나무를 쓰러트리고 6개월 정도 기다린 후 다시 돌아와 쓰러진 나무에서 자란 딱정벌레를 수확한다. 이렇게 잘라서 준비해놓은 나무는 부족의 공동 자산에 대해 규정한 대단히 엄격한 규범에 따라 관리된다. 북극의 이누이트 부족도 고래 사냥과 관련해 비슷한 규범을 가지고 있다. 고래 사냥은 위험하지만, 그만큼 대가가 큰 일이다. 고래는 작살에 맞아도 그 자리에서 죽지 않기 때문에 물 위에 며칠 혹은 몇 주 동안 그대로 떠 있을 수 있다. 이때 다른 사냥꾼이 와서 소유권을 주장하면 어떻게 될까. 이누이트의 사회적 규범은 제일 먼저 작살을 꽂은 부족에게 고래 소유권을 인정해준다.

사회적 규범의 위력은 대단히 강력하다. 단지 사람 사이에서뿐만 아니라 혼자 있을 때에도 어떻게 행동해야 하는지 정해준다.[16] 그렇게 인간은 심지어 홀로 자위행위를 할 때조차 놀라울 정도로 많은 규정에 둘러싸이게 된다. 강제적인 규범은 반대 의견을 짓누르며 혁신을 제한할 수 있다. 어쩌면 이슬람교도가 맛있는 돼지고기를 먹지 못하는 것처럼 개인적인 희생을 치르도록 만들 수도 있다. 그렇지만 사람들은 이러한 불편에도 불구하고 대부분 규범을 지지한다. 사회적 규범을 벗어나는 행위는 평판에 오점을 남길 위험이 있으며 자녀들에게까지 영향을 미치게 된다. 실제로 대다수 사회의 사회적 처벌이나 채무는 다음 세대가 그대로 이어받는 경우가 많다.

의복을 착용하는 방법과 관련해서도 그렇듯 많은 규범이나 의식에는 특별히 실용적인 유익이 없다. 내가 속한 문화권에서는 곤충을 섭취하는 것이 충격적으로 받아들여지지만, 다른 문화권에서 곤충은 그저 맛있는 음식일 뿐이다. 그렇지만 상대방의 시각적 매력과 그의 선한 성품을 연결해 생각하듯 사회적 매력도 도덕적인 관점에서 바라보게 된다. 규범을 지키는 행동은 그 자체로 선하게 생각된다. 더 나아가 규범을 따르고 지지하는 사람들도 그렇게 보인다. 이런 방식으로 사회적 규범은 도덕성에 대해 모두가 공유할 수 있는 기준을 마련해 사회의 응집력을 유지한다. 이 같은 규범을 통해 왜 그렇게 행동을 하는지 이해할 수 있게 되며 그 결과 타인의 행동을 예측하는 것도 좀 더 수월해진다.

부족 중심주의

사회적 규범은 인간의 삶을 지배하지만 전 세계인 모두가 인정하는 객관적이고 고유한 기준으로 존재하지 않는다. 중력은 우리가 인정하는가의 여부와 상관없이 언제나 존재하고 있다. 살인은 어떤 문화적 맥락에서는 범죄지만 또 다른 문화적 맥락에서는 명예로운 행위다. 이런 점들은 반드시 확인하거나 지적을 하고 넘어가야 할 것 같지만 인간 세상에서 벌어지는 대부분의 일들은 동기와 전략 그리고 신념에 의해 좌우된다. 우리는 그런 것들이 그저 만들어진 사회적 규범에 불과하다는 사실을 잊고 있다. 사회적 규범들은 우리가 생각하고 있는 인간의 모습의 일부가 되었으며 우리는 그런 규범들을 별다른 의심의 여지없이 그대로 받아들인다.

사회에서 여성과 여자아이의 역할에 대해 한번 생각해보자. 이들의 역할은 남성이 할 수 있는 것에 비해 많이 제한되어 있다. 이렇게 된 것은 진화 과정을 통해 커다란 인지적 차이가 만들어졌기 때문이라고 할 수 없다.[17] 남성에 비해 여성의 지능이 떨어지는 것이 아닌데도 사회적 규범은 여성이 중요한 역할을 맡는 것을 막았다. 부계 중심의 사회적 규범은 그야말로 어디에나 존재하고 있어서 언제나 항상 그래왔다고 생각을 해도 비난 받지 않을 정도다. 사실 인류학자들의 연구와 유전자 자료에 의하면 남녀평등의 개념은 진화의 역사 대부분에서 규범으로 존재했다. 실제로 남녀평등과 남녀의 결합이라는 두 가지는 인간의 사회 조직에서 가장 중요한 진화적 변화이며 인간이 영장류 조상에게서 분리되어 나올 수 있었던 이유이기도 하다.[18] 남성과 여성의 사이가 평등해지면 생존에 더 유리할 수 있다. 부부의 경우 남편과 아내 모두를 통해 사회적 연결망이 더 넓게 구축될 수 있으며 직접적인 혈연관계가 아닌 이들과도 가까운 협력 관계가 만들어져 좋은 생각과 유전자의 교류도 더 확산될 수 있다. 모계 중심의 사회적 규범은 옛 조상의 공동체에서는 더 우위에 있었을지도 모른다. 오늘날도 사냥과 채집을 주로 하는 공동체를 보면 놀라울 정도로 남녀가 평등한 것을 발견하게 된다. 그렇다고 남성과 여성이 반드시 동등한 역할을 하고 있다고 말할 수는 없지만, 다른 거의 대부분의 공동체나 사회에 존재하는 성별에 따른 힘의 불균형 같은 것은 찾아볼 수 없다. 사냥과 채집을 하는 공동체에서도 남성과 여성은 공동체에 비숫한 분량의 먹을거리를 공급하며 아이들도 함께 돌본다. 또한 남성과 여성은 공동체의 생활과 함께 살고 있는 사람들에게도 거의 비슷한 영향력을 미친다. 이러한 과정에서 직접적인 혈연관계가 없는 이들과 협동할 기회도 증가한다.

　남녀의 구분은 생물학적으로 결정되지만 사회적 개념의 성별은 문화에 의한 발명품이어서 종종 편파적인 모습을 보인다. 대부분의 예술 작품은 남성의 시각에서 만들어지고 평가된다.[19] 세계의 주요 종교는 부계 중심의 가부장적 사회 규범을 옹호하고 지지한다. 대부분의 농경 사회에서는 '불명예스러운' 행동을 한 여성을 살해할 수도 있는 규범을 이용해 여성의 성적 표현의 자유를 통제하고 억누른다. 여기에 영적 권위를 더해주는 것이 바로 대부분의 종교다. 또한 종종 여성은 집단이 필요로 하는 결과를 만들어내기 위한 제물로 바쳐지기도 한다. 안데스 산맥의 빙하에서 발견된 잉카 제국의 여성 제물, 남편이 죽으면 순장이라는 형태로 함께 죽을 수밖에 없었던 아내, 《일리아스》에도 등장하는 것처럼 아버지에 의해 신에게 제물로 바쳐지는 딸까지. 이러한 문화적 압박과 통제는 여성과 여자 아이에 대한 사회적 규범에 깊은 영향을 주었고, 여성이 겸손하게 행동할 수밖에 없도록 만들었다. 하지만 남성은 반대로 오만하게 행동할 수 있었다. 어릴 때부터 발을 졸라매 작게 만드는 중국의 전족纏足 풍습에서 건강과 부에 이르기까지 모든 삶의 기회와 관련해 일어나는 수많은 불균형은 이러한 현상을 그대로 반영하고 있다.

여성을 향한 문화적인 개입과 조정은 태어나면서부터 시작된다. 어쩌면 각 여성으로 태어난 개인이 사회에 받아들여질 수 있는 최선의 기회를 제공하는 것일지도 모른다. 현실에서 사회적 규범은 심지어 태어나기 전부터 영향력을 행사하기도 한다. 임신한 여성이 태아의 성별을 전해 들었을 때 태아의 움직임이 달라졌다고 느낀다는 연구 결과도 있다.[20] 태아가 여자라고 들은 임산부는 대개의 경우 태아가 '조용하고 대단히 부드럽게 움직이며 발길질을 하기보다 그냥 몸을 돌리는 것 같다'라고 설명한다. 반면, 태아가 남자라는 말을 들었을 때는 '굉장히 힘차게 움직이고, 발길질이나 주먹질을 해 마치 지진이라도 일어난 것처럼 움직인다'라고 표현한다는 것이다. 반면, 태아의 성별을 모르는 임산부의 설명에서는 차이점을 전혀 발견할 수 없었다.

보편적으로 옳다고 생각하는 수많은 개념은 그저 자신이 속한 문화권 내 사회적 규범일 뿐이다. 프랑스 대혁명의 기본 이념이었던 **자유, 평등, 박애**는 누군가에게는 목숨을 내던질 만한 가치가 있었지만 순수성 같은 가치를 더 우선시하는 사회에서 개인의 자유란 그렇게 대단하거나 중요하게 여겨지지 않는다. 책임의 개념에 대해서도 한번 생각해보자. 내가 속한 문화권에서는 누군가 의도적으로 어떤 사람이나 재산에 피해를 입힐 경우 우연히 그렇게 된 것보다 훨씬 더 나쁜 범죄로 취급을 받는다. 그렇지만 다른 문화권에서는 아이나 어른 모두 행동의 결과에 따라서만 처벌을 받아 의도를 파악하는 것이 불가능한 것으로 취급되어 무시되고는 한다.[21]

인간의 모든 행동을 생물학적 원인 탓으로 돌리고 행동의 기준이 되는 사회적 규범을 무시하는 것의 위험, 그러니까 문화적으로 진화된 동기와 행동이 규범에 따라 변할 수 있다는 사실을 무시하면 개인과 집단은 동등한 기회를 부여받지 못하고 고통을 겪게 된다. 물론 모든 사람에게 동등한 기회를 부여해야 하는지에 대한 개인의 생각은 부분적으로 그 사람의 문화적 형성 과정과 관련이 있기는 하다. 사회적 규범은 노예 제도, 엄격한 신분제, '명예' 살인, 그 외 수많은 파괴적 행동을 만들어냈다. 그럼에도 불구하고 한때는 생물학적 이유나 신에 의한 계시에 의해 정해졌다고 생각한 수많은 규범이 사회에 의해서, 그것도 때로는 놀라울 정도로 빠르게 바뀌고는 했다는 사실을 언급하지 않을 수 없다.

편견이나 불평등을 불러오는 사회적 규범은 좀 더 평등한 방향으로 바뀔 수 있다. 물론 그 반대도 마찬가지다. 미국의 경우 지난 몇 년 사이 피부색이나 성별에 의해 누군가를 판단하던 사회적 규범은 단순히 금기시되는 것을 넘어 대통령 후보 자격을 논할 수 있는 것이 되었다. 사람의 피부색이나 성별이 사회적 규범을 통해 사회가 강요하는 것 이상으로 도덕성이나 지성에 영향을 미친다는 과학적 근거는 어디에서도 찾아볼 수 없다. 개인과 집단에게 강요된 사회적 규범은 행동은 물론 생명 활동까지 바꿀 수 있기 때문에 이 같은 사실을 지적하는 것은 대단히 중요하다.

모든 문화가 자명하다고 생각하는 진리를 가지고 있다는 사실을 생각한다면 어떻게 사회의 일반적인 규범을 만들 수 있을까?

보통 생각하듯 사회적 규범이 지도자 한 사람에 의해 도출된다거나 구성원을 하나로 모으기 위해 통합된 언론 매체에 의존한다는 것은 오해다. 사회적 규범은 자연스럽게 만들어지고 있다. 갓 태어난 아기 이름이 유행하는 것에 대해 생각해보자. 인터넷으로 실시한 한 실험에서는 익명으로 처리한 실험 참가자를 무작위로 둘씩 묶은 후 아기 이름을 짓는 문제를 제시했다. 이 같은 실험을 짝을 바꿔가며 여러 번 반복했다.[22] 처음에는 두 명의 참가자 사이에 의견 동의가 전혀 이루어지지 않았다. 참가자는 상대방에게 자신이 생각하는 이름을 제시했고 짝이 바뀔 때마다 의견을 조율하려 했지만 성공할 것이라는 기대는 할 수 없었다. 그런데 실험을 몇 번 정도 더 반복하자 모든 참가자가 하나의 이름에 동의하게 되었다. 이처럼 사회 속에서 의견의 일치는 다양한 기준이 뒤섞인 가운데 자연스럽게 만들어진다. 물리학에서 말하는 대칭 붕괴(자연의 완전한 평형 상태가 깨지는 현상. - 옮긴이) 개념처럼 구성원 간의 연결과 관계 변화 가능성이 결국 하나의 의견에 동의하도록 만들기 때문이다. 이 실험의 결과는 참가자들의 숫자 규모를 24명, 48명, 96명으로 늘려도 달라지지 않았다. 다시 말해 규모가 무한정 확장된다 해도 결과가 달라질 가능성이 거의 없는 이 실험의 결과는 국가처럼 큰 규모의 집단에서 어떻게 여러 사회적 관습이 자연스럽게 만들어질 수 있었는지 설명해준다. 또한 합의 도출의 과정은 앞에서 소개한 공공재 실험처럼 참가자 사이의 상호 작용을 임의로 조정함에 따라 조작할 수 있다는 사실을 보여준다. 사회적 연결망에 대한 사소한 변화는 구성원이 사회적 규범에 대해 더욱 자발적으로 동의하도록 만든다. 결국 인간은 합의와 순응을 선호하기 때문이다.

그렇지만 자신의 개성을 중요하게 여기고 다수의 의견에 따르는 것을 거부하는 사람, 주류 문화로부터 소외감을 느끼는 10대 청소년, 혹은 자신의 의견을 내세우고 싶어 하는 자유로운 영혼을 가진 20대라면 어떨까. 이들은 외적으로 사회적 규범에 반하는 치장을 하려 한다. 머리, 수염, 화장법 등에서 극적이거나 실험적인 방식을 시도할지도 모른다. 그렇게 급진적인 성향을 드러낼 때 다른 수백만 명도 자신과 비슷한 선택을 한다는 사실을 알게 된다. 이른바 최신 유행 효과hipster effect다. 수학적 모형화에 따르면 이같은 동시성synchronicity은 많은 이가 모였을 때 하나의 속성으로 자연스럽게 나타난다. 모형화를 시도한 결과 한 집단의 다수는 규범에 순응하지만 그렇지 않은 소수의 반응에 따라 일종의 지연 현상이 발생한다. 하지만 이러한 소수의 반응도 결국 과도기를 거치며 하나로 합쳐져 자신들만의 유행을 나타내는 새로운 규범을 만든다.[23] 지난 2019년 3월, 이 연구 결과가 소개된 한 최신 기술 관련 잡지에는 '최신 유행'이었던 챙이 없는 벙거지 모자를 쓴 젊은 남성의 사진이 함께 실렸다. 이후 잡지 편집자는 한 독자로부터 허락 없이 자신의 사진을 수록해 잡지를 고소하겠다는 분노로 가득한 항의를 받게 되었다. 그런데 그 독자는 사진 속 주인공과 전혀 상관없는 사람이었다. '이런 종류의 사람들은 서로 다 비슷해

보이기 때문에 누가 누군지 자신들도 분간하지 못하는' 것이다.[24]

　사회적 규범은 구성원을 알아서 순응하는 하나의 집단으로 묶어준다. 인간은 사회적 규범을 통해 유전적으로 관계가 없어도 서로를 알아가게 된다. 일단 한 개인의 운명이 소속된 집단의 생존과 밀접하게 연결되면 다른 집단과 경쟁을 하게 될 때 같은 집단의 구성원을 알아보는 것은 대단히 중요해진다. 결국 인간은 공통의 이해관계 아래 모였을 때 가장 큰 이익을 볼 수 있다. 옷, 장신구, 행동, 기술, 관습 등에 모든 사회적 규범은 자신과 집단이 하나가 되도록 만드는 중요한 방법이며 그렇게 하나가 됨으로서 집단의 도움과 보호를 받을 수 있다. 한때 아프리카와 유럽 그리고 남아메리카 등지에서는 갓 태어난 아이의 머리를 몇 년 동안 묶어서 부족만의 독특한 머리 모양을 만드는 일이 유행했었다. 집단의 도움과 보호 때문에 두개골 변형 같은 극단적 형태의 관습도 사회적 규범으로 유지될 수 있었던 것이다. 하나의 사회가 더 많은 사회적 규범을 갖게 되고 그 규범이 더 엄격하게 적용되면 집단의 구성원은 서로를 예측하는 것이 더 수월해지고 다른 집단에 대해서는 더욱 의심을 품게 된다.

　부족 중심주의는 바로 여기에서부터 시작된다. 타인이 따르고 있는 사회적 규범과 나의 사회적 규범이 더 많이 일치할 경우 서로의 행동을 예측하기 쉬워진다. 또한 자신의 이해관계를 위해 행동할 때 상대방을 신뢰할 수 있을지 결정하는 것도 수월해져 사람들 사이에 상호 작용과 교환이 발생할 때의 비용도 줄어든다. 인간은 태어나면서부터 의식적, 무의식적으로 속한 집단의 사회적 규범을 배우고 특별한 노력 없이 출생과 양육의 효과에 따라 자연스럽게 문화에 '소속'된다.

인간은 금수저 배경을 속이려 애쓰고 보통 사람들이 쓰는 말투를 흉내 내는 정치가에서부터 '벼락부자'가 되어 갑자기 출세한 사람들에 이르기까지 다른 집단에서 들어온 이들을 쉽게 알아본다. 언어는 변형된 두개골과 마찬가지로 대단히 탁월한 감별기이다. 사실 인간의 귀는 외부인임을 나타내는 억양 차이, 문법 실수, 표현의 미묘한 뜻을 잘 알아차리도록 적응되어 있다. 다른 나라 사람이 언어를 능숙하게 구사하고 아무런 문제 없이 의사소통을 하며 정치를 할 수 있을지 몰라도 출신지를 완벽히 속일 가능성은 거의 없다. 집단의 사회적 규범이 만든 경계선을 넘어오려는 이민자나 다른 집단의 사람이 경험하는 어려움에 대해서는 널리 알려져 있다. 특히 조지 버나드 쇼의 《피그말리온》과 영국의 가수 자비스 코커의 노래 〈보통 사람들Common People〉(90년대 영국 노동 계급의 삶을 그린 곡.-옮긴이)에는 이러한 모습이 잘 그려져 있다. 유럽에서 유대인은 누구나 알아볼 수 있는 그들만의 독특한 생활 방식을 유지해왔기 때문에 배척당했다. 이후 대다수가 따르는 문화적 규범을 받아들이고 동화되려 시도하자 오히려 더 큰 불신의 대상이 되고 말았다.

개인의 정체성과 집단의 정체성이 서로 지나치게 연결되어 나타나는 또 다른 결과를 보자. 만일 누군가가 다른 부족으로 옮겨가면 자신의 정체성을 잃어버리거나 두 부족 모두에게 소외된 기분을 느낄 위험을 감수해야만 한다. 또한 정신적으로도 영향을 받게 되는데, 이민자는 조현병을 일으킬 확률이 더 높다고 한다.[25] 그렇지만 한 집단에 소속된다는 것은 사회적 보호와 경제적 이득을 위해 대단히 중요하기 때문에 누구나 끊임없이 노력할 것이다.[26]

이렇게 부족 중심주의, 그러니까 집단을 기준으로 구성원의 정체성을 파악하는 일은 현생 인류가 나타나기 전부터 존재했다. 부족 의식이 강한 침팬지의 경우 외부 개체에 대해 대단히 적대적이어서 집단 간의 갈등으로 인한 사망률이 13퍼센트에 이른다. 침팬지와는 달리 인간은 다양하게 뒤섞인 집단 안에서 살고 있다. 모두 다 피를 나눈 혈족이 아니기 때문에 집단의 정체성을 일종의 문화적 기표를 통해 반드시 확인하고 드러내야 하고 집단에 충성해야 한다. 외부인에 대한 편견은 아주 어린 시절부터 길러진다. 인간은 종종 개인적 감정보다 문화적 차이에 대한 반감을 내세워 적대감을 드러내지만 실제로는 인지 유형과 깊은 관계가 있다. 어떤 사람을 외부인으로 규정함으로써 내부인의 기준을 명확하게 드러내고 집단 안에서 자신의 위치를 더욱 확실하게 다질 수 있다. 사람들은 집단의 다른 구성원과 서로 연결되어 있음을 느낀다. 예컨대 두뇌는 집단의 구성원이 겪는 고통에 공감하며 반응한다. 그렇지만 상대방이 경쟁 관계에 있는 운동선수를 응원하는 외부인이라는 사실을 알게 되면 공감의 반응은 그 즉시 중단된다.[27] 외부인으로 생각되는 누군가를 바라볼 때 두뇌의 신경 발화 형태를 살펴보면 인간이 아니라 사물을 바라볼 때 나타나는 형태와 유사하다. 인간은 인지적으로 외부인을 같은 인간으로 바라보지 않는 것이다. 또 다른 연구에 따르면 옥시토신oxytocin 호르몬은 이타적 감정이 나타나는 데 도움을 주지만 같은 집단의 구성원이라고 생각되는 타인과 상호 작용을 할 때만 그렇다. 같은 분량의 옥시토신이 분비되어도 외부인과 교류할 때는 아무런 영향을 미치지 않는다.

한 부족이나 집단 내부에서의 사회적 협력에 대한 중요한 전제는 혈연관계가 아닌 타인도 자신의 이익에 도움이 된다는 사실을 믿을 수 있는가 하는 것이다. 따라서 누군가 자신의 노력에 무임승차하려는 사람이라든가 혹은 그냥 믿을 수 없는 사람이라는 생각이 드는 것만큼 집단에 위험한 일은 없다. 사람들이 다 비슷하게 보이고 문화적 형성 과정까지 비슷해진다면 사회적 규범이나 식별할 수 있는 기준이 더 중요해진다. 북아일랜드의 구교도와 신교도는 아프리카 르완다의 후투Hutu족과 투치Tutsi족처럼 겉으로 봐서는 구분을 할 수 없기 때문에 작은 차이점 하나라도 강조해야 했다. 인간은 사회적 규범이 의식, 금기, 종교, 음식 같은 작은 차이점을 제공해줄 것으로 기대한다. 인간은 이야기를 통해 집단의 정체성을 만들어 가는데 이 이야기는 경쟁 관계에 있는 상대 집단에 비해 자신의 집단을 영웅시하거나 부당한 대우를 받는 희생자처럼 정의의 편에 서 있는 것처럼 포장한다.[28] 이렇게 설득력 있는 설명은 사회적으로 서로 비슷한 개인을 경쟁 관계에 있다는 것을

근거로 서로 죽이도록 만드는 가장 효과적인 방법이기도 하다.[29]

어떤 집단이든 위협을 느끼면 자신들의 집단 이익을 지키기 위해 가장 강력하게 하나가 된다. 심지어 다섯 살 난 어린아이도 위협을 느끼면 더 과감하게 협조적으로 행동한다.[30] 다 함께 모여 싸우면 생존 확률이 더 높아진다. 전쟁터의 지휘관이 잘 알고 있는 것처럼 부대 전체가 서로를 위해 죽을 각오가 되어 있다면 개개인이 살아남을 수 있는 확률도 더 높아진다. 이러한 사실은 경쟁을 부추기는 규율 안에서 왜 극단적인 형태로 '충성이나 헌신의 증거'를 내보이는 의식이 존재하는지 이해하도록 한다. 또한 친 사회적 규범과 제도를 강화할 수 있는, 어쩌면 이기적일 수도 있는 방법을 제공하기도 한다. 결국 상대 집단과 경쟁과 갈등을 통해 사회를 결집시키고 유지하며 또 이를 바탕으로 국수주의나 민족주의가 출현하게 되었다. 국수주의나 민족주의는 다른 집단으로부터의 위협을 공공연히 지적하며 그 존재감을 드러낸다. 예컨대 이민자나 이웃 국가로부터 위협을 받고 있다고 집단을 설득하면 부정적인 의견이 서로 교환되면서 존재감은 더욱 확산된다. 그렇지만 현재 민족주의를 내세우는 대부분의 국가에서 겪고 있는 위협은 외부에서 오는 것이 아니다. 대부분은 비정상적일 정도로 평화스러운 시간을 경험하고 있다. 오히려 국가 내부의 사회적 갈등과 불평등으로부터 오는 위협이 더 큰 문제다.

집단 사이의 갈등은 언제나 생명에 대한 커다란 위협이 된다. 사냥과 채집을 주로 하는 대부분의 집단은 이 같은 지속적인 갈등을 반복해서 겪었고 이로 인한 사망률은 침팬지 무리와 비슷한 15퍼센트에 이르렀다. 물론 산업화된 사회에서 갈등으로 인해 사망할 확률은 현저히 낮지만 과거에 크게 치솟아 올랐던 적이 있었다. 대부분의 경우 영토 문제와 관련이 있다. 승리를 거둔 집단은 패배한 집단을 몰아내 영토나 세력을 확장한다. 이로 인해 노예와 난민, 더 나은 삶의 기회를 찾아 떠나는 경제 이주민들의 숫자가 늘어난다. 집단 사이의 경쟁이 친 사회적 규범을 많이 늘린 측면도 있을 것이다. 가장 협동과 단결이 잘 되는 집단만이 살아남을 수 있기 때문이다. 그리고 이러한 집단 사이에서 작용하는 선택 압력을 통해 과거의 갈등을 묻고 우호적인 관계를 만들어내는 능력을 갖춘 책략가가 더 많이 출현하게 되었다.

문화적 학습

한 집단을 내부적으로 단속하는 다양한 사회적 규범이나 기준 안에서도 각기 다른 사회적 규범을 따르는 다양한 집단이 줄지어 나타났다. 이러한 차이점이 그 안에 있는 구성원의 육체와 정신까지 변화시키게 된다. 문화적 학습은 사람들의 두뇌를 바꾼다.[31] 어떤 기술이든 그 기술을 연마하는 과정은 근육의 통제, 조정, 균형, 속도와 거리의 판단 등과 관련된 신경 연결망을 '연결해주는' 과정과 관련이 있다. 의도하지 않아도 습득한 기술이 자연스럽게 구현된다고 느껴질 때까지 이러한 과정이 계속된다. 일단 행동이나 사고의 과정을 반복해서 연습하면 자동적으로 진행된다. 이렇게 되면 두뇌가 느끼는 부담이 현저히 줄어 작업 기억 능력에 여유가 생기고 세세한 부분까지 혁신을 일으켜 인간 우수성의 극한을 추구할 수 있게 된다. 이 같은 모습은 걸음마를 배우는 과정에서부터 뛰어난 연주자나 곡예사가 되는 일까지 어떤 분야에서든 찾아볼 수 있다.[32] 컴퓨터 게임을 장시간 하는 사람은 두뇌 안에 특정 영역이 공통적으로 생겨나 오직 게임의 중요 규칙을 알아보는 것에 전념하게 된다.[33] 인간의 문화적 형성 과정 역시 신체에 영향을 미친다. 뛰어난 테니스 선수는 라켓을 쥐는 쪽 팔의 골밀도가 20퍼센트 이상 높아지며 고산 지대에 사는 사람은 적은 산소량에 적응해 더 많은 적혈구를 만들어낼 뿐만 아니라 폐의 크기도 더 커진다. 한 가지 분명한 것은 이 같은 현상이 유전적 변화가 아니라 한 사람이 평생 살아가면서 겪는 생물학적 변화라는 사실이다.

사회적 규범이나 기술을 통해 건강과 경제 사정이 향상된 집단은 더 오래 살아남아 자신의 문화적 관습을 다음 세대에 전달해줄 가능성이 더 높아진다. 이러한 문화적 진화는 대부분의 경우 집단 구성원의 생명 활동까지 변화시킨다. 태국의 서해안에 살고 있는 모켄Moken이라는 바다 유목민 부족은 돌고래처럼 바다 밑을 볼 수 있는 독특한 능력을 개발했다. 모켄 부족의 아이들은 하루 중 대부분의 시간을 바다 밑으로 들어가 먹을거리를 찾으며 보낸다. 이 아이들의 눈은 유럽 아이들보다 바닷속을 두 배는 더 잘 보도록 적응했다. 보통 물속으로 들어가면 눈물이 차 있는 각막과 같은 비율로 물이 빛을 굴절시키기 때문에 시야가 흐려져 제대로 앞

미

을 바라볼 수 없다. 하지만 모켄 부족의 아이들은 물개나 돌고래처럼 이 같은 상황을 이겨낼 수 있도록 적응했다. 이 아이들의 동공은 인간이 할 수 있는 최대 한계치까지 수축되어 초점이 선명하게 포착되는 영역인 심도深度를 늘리고 수정체의 형태를 바꾼다. 이 현상은 생활 방식이라는 문화에 대한 생물학적 적응이지 유전적 변화가 아니다. 또한 비록 무의식적으로 이루어지는 과정이라고 해도 분명 배워 익힌 능력이다. 다시 말해 어떤 아이라도 이렇게 할 수 있다는 의미이다. 실제로 과학자들은 스웨덴 아이를 훈련시켜 물속에서도 그림의 형태를 알아볼 수 있는지 실험을 진행했다. 이렇게 11번의 훈련을 거친 스웨덴 아이도 모켄 부족 아이처럼 물속에서도 정확한 시력을 유지할 수 있었다.[34]

또 다른 바다 유목민인 인도네시아 바자우Bajau 부족의 경우 문화적으로 진화한 생활 양식이 유전적 적응을 불러왔다. 유전학자들은 바자우 부족의 놀라운 잠수 기술을 조사해 그들의 DNA에서 몇 가지 유전자 변형체를 찾아냈다.[35] 이 변형체를 통해 바자우 부족은 혈액과 중요 장기가 더 많은 산소를 보유하고 체내의 이산화탄소 농도를 조절하며 동시에 산소가 녹아있는 혈액의 보관소 역할을 하는 비장脾臟의 크기를 늘릴 수 있었다. 바자우 부족의 비장 크기는 일반인에 비해 50퍼센트 정도 더 크다. 이러한 유전자의 일부는 지금은 멸종한 데니소바인과의 성적 교류 과정에서 유전적으로 물려받게 된 것으로 보이며 문화적 진화 압력을 통해 개체군 안에서 선택되었다.

인간의 문화적 형성 과정은 생각하고 행동하며 세상을 받아들이는 방법을 근본적으로 바꾸어놓는다. 서구인과 동아시아인의 신경 처리 과정을 비교한 연구를 보자.[36] 이 연구는 타인의 얼굴을 살펴보는 방식이 문화에 의해 형성된다는 사실을 알려준다.[37] 서구인은 상대방의 두 눈동자에서 입까지 삼각형을 만들어 바라보는 반면, 동아시아인은 얼굴의 중심을 본다. 또한 맥락의 전후 관계에서 사물을 바라보는 방식도 달랐다. 서구인은 맥락 안에서 사람이나 사물을 바라보는 데는 서툰 반면, 배경에서 사람과 사물을 분리해 바라보는 것에 능했다. 반면, 대부분의 다른 문화권에서는 이와 반대 현상을 보였다. 버스, 기차, 철도라는 세 단어를 두고 관계가 있는 두 가지를 선택하라는 질문에 서구인은 교통수단을 떠올리며 버스와 기차를 선택했지만, 아시아인은 대부분 기차와 철도를 선택했다. 그들이 각각 선택한 두 가지는 서로 의지하고 있는 관계라고 판단했기 때문이다. 동아시아인과 서구인은 동일한 정보를 받아들여도 다르게 처리를 하는데 그것은 두 사회의 사회적 규범이 서로 다르기 때문이라고 연구자들은 믿고 있다.[38] 개인주의적 성향에 맞는 사회적 규범을 갖고 있는 서구인은 사물을 분석하고 받아들인 정보를 종류에 따라 분류하려는 경향이 있다. 반면, 동아시아인은 좀 더 집단주의적 규범을 갖고 있어 자신을 더 큰 전체의 일부로 바라보고 사물과 그 배경 사이의 관계를 우선시해 정보를 처리한다. 다시 말해서 문화적 형성 과정은 생물학적으로 두뇌가 다르게 반응하도록 만들지만 자신의 문화권을 떠나 다

미

른 문화권에 더 오래 살게 될수록 이러한 차이가 줄어들어 점점 무시해도 좋을 정도의 수준이 되다가 다음 세대에 이르러서는 완전히 사라지게 된다.[39]

그렇더라도 인간의 사회적 규범은 오래 지속되는 유전적 영향을 미칠 수도 있다. 그것은 규범이 부모에게 일종의 제한을 가할 수 있기 때문이다. 태국 북부 지방에 있는 대부분의 공동체는 결혼한 부부가 딸의 가족, 아니면 좀 더 일반적으로 아들의 가족과 함께 사는 사회적 규범을 갖고 있다. 그렇게 되면 유전적 다양성의 수준에 영향을 미치게 된다. 유전학자들은 부부가 남편의 가족과 함께 사는 관습이 있는 공동체에서는 남성보다 여성의 유입이 훨씬 더 많아져 아들이 아버지로부터 물려받은 Y 염색체에서는 변화가 거의 일어나지 않는다는 것을 밝혀냈다.[40] 그렇지만 어머니 혹은 아내의 가족과 함께 사는 규범이 있는 곳에서는 Y 염색체가 다양해져 어머니로부터 물려받은 미토콘드리아 DNA에서는 변화가 거의 일어나지 않았다.

문화적 형성 과정이 생명 활동과 행동의 차이를 만들어내는지에 대한 또 다른 놀라운 사례가 있다. 이제는 널리 알려진 한 실험에서는 미국 북부 출신과 남부 출신이 절반씩 섞인 남학생을 불러모아 설문지를 작성해 복도에 있는 탁자에 가져다 놓으라고 부탁했다.[41] 학생들이 좁은 복도를 따라 걸어갈 때 덩치 큰 남성이 서류보관함 앞에서 무언가를 하고 있었다. 학생이 다가오자 남자는 길을 비켜줘야 했는데, 다가온 학생과 일부러 부딪히며 남자는 작은 소리로 "아, 짜증나네"라고 말했다. 남자와 마주치고 설문지를 가져다 놓으면서 뭔가 짜증이 나고 발끈했던 학생이 있는가 하면 반대로 어깨를 으쓱하며 웃어넘기는 학생도 있었다. 이러한 반응의 차이는 학생의 고향이 어디인가와 관련이 있었다. 북부 출신 학생은 대부분 남자의 말을 모욕으로 느꼈지만 화를 내기보다 별일 아니라고 생각했다. 반면, 남부 출신 학생의 90퍼센트는 화가 치밀어 오르는 걸 경험했고 실제로 스트레스 호르몬 수치가 증가했다. 남부 출신 학생의 경우 자신이 '모욕'을 당하는 걸 지켜본 누군가를 마주치자 불필요하게 어깨에 힘을 주는 등 일부러 남자다운 척을 했다. 실험 후 남부 학생들에게 감정 변화를 묻자 다른 사람 앞에서 겁쟁이처럼 보였을 것 같았다는 답이 돌아왔다.

미국 남부에 위치한 주에는 체면을 중시하는 문화가 있다. 그곳의 사회적 규범은 남자에게 폭력을 사용해서라도 재산, 가족, 평판을 지키도록 자극한다. 이 때문에 이름을 함부로 부르는 것처럼 상대적으로 작고 사소한 일도 큰 싸움으로 번질 수 있다. 앞서 언급했던 덩치 큰 남성과의 실험에 이어 다시 제자리로 돌아올 때 좁은 복도에서 또 다른 남자와 마주치게 했다. 이번에도 서로 길을 조금씩 양보해야 하는 상황이었다. 덩치 큰 남성과 아무 일도 없었던 남부 출신 학생은 예의 바른 태도로 3미터 정도 전부터 잠시 멈춰 서서 길을 양보하는 자세를 취했다. 북부 출신 학생은 2미터 정도 앞에서 멈춰 섰다. 그런데 덩치 큰 남성에게서 '모욕'을 느낀 학생의 경우 조금 다른 반응을 보였다. 북부 출신 학생은 2미

미

에서 한 걸음 정도 더 물러난 위치에서 걸음을 멈춘 반면, 남부 출신 학생은 상대방이 거의 1미터 앞까지 다가와도 걸음을 멈추지 않았다.

집단에 대한 고정 관념에는 진실이 숨어 있다. 미국의 경우 남부 출신은 하나의 집단으로 본다면 무뚝뚝하고 거친 북부 출신보다 더 친절하고 예의가 바르다. 그렇지만 남부 출신은 북부 출신에 비해 누군가를 응징하려는 충동을 더 강하게 느낀다. 때때로 이들은 무력을 써가며 아이들을 심하게 질책하고 경찰은 용의자에게 더 쉽게 총을 사용한다. 표면적으로는 한 국가 내에서 같은 언어를 사용하고 같은 환경 안에서 살아가며 비슷한 문화를 공유하는 것 같지만 이러한 차이점은 유전적 차이가 아닌 생물학적 차이점이다. 개개인의 두뇌는 그들만의 특별한 문화적 형성 과정에 따라 다르게 발전한다. 좁은 복도에서의 실험은 지역별 범죄 통계 수치를 그대로 반영한다. FBI의 통계에 따르면 남부 출신은 모욕으로 인해 시작된 다툼에서 친구나 알고 지내던 사람을 살해할 확률이 훨씬 더 높다고 한다. 특히 미국 최남단 지역의 경우 살인 사건 발생률이 다른 지역에 비해 2배나 높다. 다시 말해 개개인의 문화적 형성 과정은 그들의 생존에도 영향을 미치는 것이다.

체면 문화는 정부의 통제력이 약하고 재산이 위험에 노출되어 있는 지역에서 나타나는 현상이다. 바로 위상이 아닌 실질적인 지배력이 사회적 규범에 선택 압력으로 작용하는 것이다. 전 세계적으로 보면 이 같은 지역은 보통 외진 곳에 떨어져서 목축을 주로 하며 가축 도둑도 많다. 서로 힘을 합쳐 무언가를 해낼 만한 기회가 많지 않고 그 누구도 소유물에 손대지 못한다는 폭력성에 대한 평판이 보호 장치가 된다. 가장 폭력적인 행위를 불러일으키는 것은 역시 명예나 체면에 대한 공격이다. 이는 부끄러움이나 모욕적인 감정도 마찬가지이다. 반면, 농경 사회에서는 많은 인구가 가까이 정착해 살고 있으며 공동으로 소유한 땅이나 관개 수로처럼 공동의 자산을 관리하기 위해서는 반드시 서로 힘을 합쳐야 한다. 이처럼 농경 사회에서는 실질적인 지배력이 아니라 위상을 더 가치 있게 보는 사회적 규범이 나타나는 경향이 있다. 곡물은 훔친다고 해서 가축만큼 이익이 바로 생기지 않으며 농부는 범법자를 상대할 때 자신의 힘보다 더 강력한 집단 행동을 끌어낼 수 있는 전통적 관습 등에 의존한다. 누군가가 공격하지 못하도록 자신도 위험을 감수하며 사전에 더 공격적인 행동을 보여 상대방을 단념시키려는 대신 평소에 친절하고 협조적인 태도를 취해 혹시 있을지 모를 위험한 상황에서 서로를 보호하고 돕는 쪽을 택한다.

미국 남부 지방 사람의 뿌리는 스코틀랜드와 아일랜드 이민자이다. 주로 거친 평원이나 산지에서 목축을 했던 이들은 자율성과 체면의 문화를 고스란히 가지고 미국으로 건너왔다. 그들이 정착한 많은 지역에서 농경이나 도시 문화에 동화되기도 했지만, 멀리 떨어져 있는 최남부 지역에서는 '자기 일은 자기가 알아서 한다'는 체면 문화를 계속 유지했다. 반면, 북부 지방에 정착한 사람들은 농사를 주로 짓던 독일과 네덜란드에서 온 이민자였다. 이들에게는 강력한 공동체의 제도와 전통이 있었다. 일반적으로 사회적 규범은 변화에 저항한다. 왜냐하면 태도나 관습은 만들어내는 것이 아니라 부모로부터 배우기 때문이다.

궁극적으로 대부분의 사회적 변화를 주도하는 것은 바로 경제 문제다. 귀족들이 서로 결투를 했던 유럽의 체면 문화는 중산 계급이 출현하면서 사라졌다. 중산 계급은 다툼을 해결하는 합리적인 방법을 제시해 결투를 우스꽝스러운 것으로 만들었다. 강력한 사회적 제도 아래에서 결투의 승자는 체면이나 명예를 지킨 사람으로 칭찬받는 것이 아니라 그저 살인자로 기소될 뿐이었다.[42] 최근에는 이라크의 소수 유목 부족인 야지디Yazidi 부족이 가지고 있던 엄격한 체면 문화에 변화가 일어났다. 이슬람 무장 단체가 야지디 부족 여성에게 저지른 잔혹한 행위에 대한 결과였다. 납치와 강간을 겪고 살아남은 수천 명의 야지디 여성은 명예가 더럽혀진 여성을 추방해버리는 강력한 규범 때문에 고향으로 돌아가는 것을 두려워하고 있었다. 그렇지만 많은 사람이 죽거나 다쳐 황폐해진 고향의 경제적, 사회적 필요에 따라 돌아올 수 있었고 그때부터 서서히 변화가 시작되었다. 돌아온 여성은 의식에 따라 '정화'의 기회를 얻어 공동체에 다시 받아들여졌고 대부분 자유를 얻었다. 이 같은 잔학한 행위가 일어난 후에 체면도 세우고 공동체가 입은 피해도 치유할 수 있는 방법을 보여준 것이다. 피해 여성 중 한 명인 나디아 무라드는 전 세계에 자신의 용기 있는 행동을 알리며 2018년 노벨 평화상을 받게 된다.

체면 문화는 서서히 사라지고 있다. 위협이나 협박은 사회가 하나로 뭉치는 데 방해가 될 뿐이다. 이러한 것이 통용되는 사회는 결국 허물어지고 더욱 친 사회적인 집단의 희생물이 된다. 이제는 앞서 언급했던 미국 북부 지방처럼 위상이나 명성을 중요하게 여기는 문화로 바뀌고 있다. 한편, 인구 구성이 점점 다양해지고 도시에서처럼 서로 다른 규범에 노출되면서 규범을 어기는 사람에 대한 관용적인 태도가 늘어나고 있다. 따라서 더욱 다양한 표현을 볼 수 있게 되었다. 특히 어린 나이부터 다양한 사회적 규범에 노출된다는 것은 각 구성원이 더욱 개방적으로 변한다는 뜻이다. 연구에 따르면 어린아이가 인종적으로 다양한 학교에 다니면 여러 인종 사이에서 사회적 응집력이 더욱 커진다고 한다.

사회적 규범과 거기에 따르는 여러 표현은 한 집단의 집단적인 신념의 체계에서 비롯되었지만 동시에 사회의 문화적 신념과 정체성에도 영향을 주었다. 동성애는 북아프리카와 서남아시아 지역에서 흔하게 찾아볼 수 있지만 이슬람교는 이를 묵인하고 있다.[43] 그렇지만 이슬람교를 믿는 지역에서는 수 세기에 걸쳐 개인적인 동성애가 사회적 규범으로 자리를 잡은 반면, 상대적으로 동성애가 출현한 지 얼마 되지 않은 서구 사회에서는 강한 거부 반응을 보인다. 이집트의 경우 동성애의 상징인 무지개 깃발을 흔든 남성이 투옥되었고 사우디아라비아의 수도 리야드에서는 지붕 위 난간을 무지개색으로 칠한 것만으로도 한 학교가 2만 6000달

미

러의 벌금형을 받았다. '무지개색은 동성애의 상징'이라는 것이 그 이유였다.[44] 서구 문화든 이슬람 문화든 동성애의 본질은 변하지 않는다. 다만 사회적 의사 표현이 다를 뿐이다. 이슬람 사회에서 대다수의 동성애 남성은 자신이 동성애자라고 말하지 않을 것이다. 아마도 서구 사회에서 자신의 성적 취향을 감추는 남성의 수보다 훨씬 많을 것이다. 사회를 지배하는 규범은 인간의 표현에 극적으로 영향을 미친다. 왜냐하면 그러한 표현이야말로 정체성에 대한 상징이기 때문이다.

아름다움을 통해 우리는 시각적 언어를 만들어냈다. 그리고 그 시각적 언어를 통해 더 큰 규모의 집단 속 구성원이 하나로 힘을 합쳐 공동의 정체성, 사회적 규범, 집단적인 신념 체계 안에서 서로 한 덩어리가 된다. 하나로 뭉쳐 움직일 때 경제적 측면이나 생존의 측면에서 대단히 유리해져 다른 집단과 경쟁해 필요한 물자를 확보하는 것도 용이해지기 때문이다. 그렇지만 인간 문화에는 커다란 역설이나 모순이 존재하는데, 인간은 부족 중심주의를 통해 속한 공동체를 최우선으로 생각하면서도 동시에 생각과 자원 그리고 유전자를 교환하기 위해 공동체 사이를 이어주는 연결망에 의존한다는 사실이다. 이 내용에 대해서는 다음 장에서 살펴보도록 하자.

X

장신구와 보물

    1492년 1월, 노새에 올라탄 한 남성이 홀로 스페인의 코르도바를 빠져나왔다. 한때 유럽에서 제일 찬란했던 도시였지만, 지금은 허물어지고 있는 코르도바의 모습은 그의 풀죽은 모습과 겹쳐졌다. 그의 좋은 세월은 다 지나갔고 희망 같은 것은 별로 남아 있지 않았다. 그는 지난 10년 중 대부분의 시간을 무모한 꿈을 좇으며 보낸 데다 자금 조달을 위한 마지막 시도마저 수포로 돌아가고 말았다. 마흔을 갓 넘긴 이 뱃사람은 이제 패배를 인정할 수밖에 없었다.

    크리스토포로 콜롬보는 삼면이 산으로 둘러싸인 이탈리아의 국제 항구 도시 제노바에서 직조공의 아들로 태어났다. 콜롬보는 독립을 한 이후 오랫동안 포르투갈과 서아프리카를 오가는 대서양 무역에 종사했다. 제노바 인근 도시 중에서 밀라노나 스위스의 제네바보다는 포르투갈의 리스본으로 가는 길이 더 가까웠기 때문이다. 당시 가장 중요한 교역품은 단연 후추 같은 향신료였다. 높은 가격과 제한된 공급 그리고 본고장인 동방의 신비가 더해지며 향신료는 유럽 시장에서 큰 인기를 끌었다. 하지만 강대한 오스만 터키 제국이 동방으로 이어지는 모든 교역로를 틀어쥐면서 향신료 교역은 점점 위험천만하고 감당하기 힘든 사업이 되어갔다.

그러자 유럽인은 바닷길로 눈을 돌렸다. 1488년, 포르투갈의 무역선이 최초로 아프리카 최남단을 돌아 인도양으로 진입하는 데 성공한다. 그렇지만 그 길은 너무나 멀고 위험했다. 콜롬보는 다른 항로를 제시했다. 유럽에서 출발해 동쪽이 아닌 서쪽으로 항해하면 험난한 아프리카 남단을 거치지 않고 아시아에 바로 갈 수 있다는 주장이었다. 콜롬보가 아직 아이였을 때 유럽에 금속활자와 인쇄술이 보급되어 다양한 독서와 연구를 할 수 있었다. 이 덕분에 지구의 둘레가 일반적으로 알려진 것보다 20퍼센트 정도 더 짧다는 생각을 굳히게 된다. 그렇지만 탐험 자금을 얻기 위한 수많은 시도는 모두 실패로 돌아갔다. 포르투갈, 제노바, 베네치아, 영국까지 그의 요청을 받아들인 곳은 단 한 곳도 없었다. 마지막으로 희망을 걸었던 신생 통일 스페인 왕국의 국왕 페르디난드와 여왕 이사벨라마저 콜롬보를 외면했다. 그런데 얼마 후 무슨 바람이 불었는지 페르디난드 국왕이 마음을 바꾸었고 이사벨라 여왕이 보낸 사자들이 노새를 타고 떠난 콜롬보의 뒤를 따랐다. 콜롬보는 국왕과 여왕으로부터 연금과 그다지 성공 가능성이 보이지 않는 모험의 결과에 대한 다양한 보상을 약속받는다.

1492년 10월, 우리에게는 크리스토퍼 콜럼버스로 더 널리 알려진 이 남자는 마침내 유럽인으로는 처음으로 신세계에 도착한다. 당시 전 세계 인구의 3분의 1 이상을 차지하고 있던 아메리카 대륙의 원주민이 1만 년이 넘게 누렸던 고립된 삶도 이제 끝나게 되었다. 마침내 전 세계가 하나로 연결되고 서로 의지하는 세계화가 시작된 것이다. 세상이 바뀌는 첫걸음이었다. 콜럼버스의 신세계 발견으로 금, 은, 각종 광석, 새로운 먹을거리, 담배, 매독, 칠면조가 유럽으로 들어왔고 다시 아시아와 아프리카로 퍼져나갔다. 그리고 아메리카 대륙에는 각종 질병, 노예사냥, 멸절, 기독교, 가축, 총, 이주민이 상륙했다. 그 영향력은 엄청났고 또 전파 속도도 빨랐다. 이전에 존재했던 아메리카 대륙 원주민의 문명은 불과 수십 년 사이에 전부 허물어졌고 원주민의 90퍼센트 이상이 수두, 홍역, 독감 등의 질병으로 몰살당했다. 콜럼버스의 잔혹한 통치하에 히스파니올라Hispaniola섬 한 곳에서만 300만 명이 넘는 원주민이 사라졌다.[1]

한편, 유럽에서는 각종 자원이 들어오고 아메리카와 아프리카의 원주민을 노예로 부릴 수 있게 되면서 혁신과 문화적 폭발을 위한 지금과 에너지가 충분히 확보되었다. 그렇게 창의적 사고와 기술, 건축, 예술 그리고 무역을 꽃피우게 된다. 남아메리카 볼리비아의 세로 리코Cerro Rico산 한 곳에서 유럽으로 흘러 들어간 은

의 양만 7만 톤이 넘었다.[2] 은 7만 톤이라면 당시 스페인 제국을 200년 가까이 유지할 수 있을 정도의 자금이었다. 아메리카 대륙으로부터 새로운 부를 거머쥐게 된 유럽의 지배 계급은 사회 제도와 계급을 새롭게 정비하고 강화할 수 있었으며 기독교 세력은 유럽에 남아 있던 이슬람 세력을 완전히 몰아냈다. 또한 당시 알려진 전 세계로 탐험과 교역이 이루어지고 식민지가 건설되었으며 민간인이 진출하기 시작했다. 특히 영국과 네덜란드는 당시 동인도로 불리던 지역[3]과의 향신료 교역으로 막대한 수입을 올렸다. 여러 향신료 중에서도 특히 육두구와 정향을 구할 수 있던 곳은 향신료 제도the Spice Islands로 불린 지금의 인도네시아 말루쿠 Maluku 제도뿐이었다. 곳곳에서 전쟁이 벌어졌고 아시아의 여러 땅이 식민지가 되었으며 돈이 쏟아져 들어왔다.

유럽인의 탐험과 발견이 가져온 영향은 말 그대로 전 세계적이었다. 서구 경제에서의 산업 발전과 창의성 폭발은 남반구에 대한 경제적 수탈의 결과였다. 남반구의 원주민은 모든 것을 잃었고 자원은 약탈당했으며 그들의 문화 역시 의도적으로 혹은 수탈의 결과로 모두 사라졌다. 세대를 거치며 쌓아 올린 문화적 지식이 인구통계학적 변화를 통해 소실되었다. 각 부족은 사방으로 뿔뿔이 흩어졌고 더 이상 자신들의 사회적 관습을 유지할 수 없게 되었다. 어떤 경우에는 이주민이 원주민을 몰아내고 새로운 문화와 언어로 그 자리를 대신 채우기도 했다. 또한 앞서 언급한 것처럼 질병, 전쟁, 기근 등으로 원주민이 몰살당하기도 했다. 서구 사회의 식민지 시대가 대부분 막을 내리고 한 세대쯤 지나 새로운 경제 세계화가 수십 년째 진행 중인 지금도 과거의 문화적, 경제적 영향은 여전히 완고하게 그 뿌리를 굳건하게 내리고 있다.

그렇게 많은 약탈을 자행했던 크리스토퍼 콜럼버스는 1506년 스페인에서 생을 마감할 때까지도 자신이 어디에 도착했었는지 알지 못했다. 그는 그저 아시아의 변경 지역을 발견했다고 생각했을 뿐이었다.

전 지구적으로 일어난 문화적, 환경적, 유전적 교류의 근원에는 이렇게 향신료에 대한 탐욕이 자리하고 있었다. 유럽의 식민지 제국이 통일된 권력을 중심으로 정치적, 군사적, 상업적 연결망을 구축하는 데 가장 크게 공헌한 것도 이 같은 탐욕과 욕망이었다. 사실 향신료 자체는 전적으로 인간이 마음대로 가치를 부여한 것에 불과했다. 향신료 혹은 양념을 뜻하는 영어 단어 스파이스spice의 어원은 라틴어 '스펙spec'이다. 그 뜻은 '눈에 보이는 겉모습' 정도로 해석된다. 사람들은 향신료의 아름다움에 매료되었다. 다채로운 색상과 이국적인 향취, 맛이 향신료의 특징이지만 사실 영양가 있는 먹을거리라는 측면에서 보면 거의 아무런 가치가 없었다. 신선한 육류를 구하기 어려웠던 시절 오래된 육류를 그나마 먹을 만하게 만들어주었다는 이야기도 실제로는 향신료보다 신선한 육류가 더 값싸고 구하기도 쉬웠다는 것을 생각해보면 앞뒤가 맞지 않는다. 다시 말해 사람들이 후추, 정향, 계피, 육두구 같은 향신료를 간절히 원했던 것은 인간이 부여한 문화적 가치 때문이었다. 일단 이 같은 가치가 사회에 의해 인정되자 향신료는 지배 계층의 상징이자 과시할 수 있는 소비의 대상이 되었고 전 세계적으로 거래되는 최초의 식물이기도 했다. 향신료 교역이 놀라울 정도로 중요한 전 세계적 활동이 될 수 있었던 것은 아름다움을 추구하는 인간의 욕구가 그만큼 강력했기 때문이다.

아름다움은 어느 공동체 소속임을 알리는 기준 역할 외에도 인간 문화에서 중요한 역할을 한다. 인간은 아름다움을 이용해 **사물**에 사회적 가치를 부여한다. 여기에는 생존을 위한 유익은 크게 상관이 없다. 인간은 아름다움을 가치 있게 여긴다. 향신료 같은 구하기 어려운 풍미, 자주색처럼 만들기 어려운 색상, 비단처럼 반짝이는 천이나 귀중한 돌 혹은 금속 등 인간은 그야말로 쓸모없는 장식품이나 장신구를 보며 희열을 느낀다. 콜럼버스가 신대륙을 찾기 훨씬 전부터 인류의 조상은 이러한 아름다움에 대한 내적 욕구를 잘 조절해 불필요한 교역의 비용을 줄였고 문화적 복잡성을 이끌면서 생존 확률을 높여주는 연결망을 구축했다. 교역은 자원, 유전자, 기술을 서로 교환함으로써 인간이라는 종이 협력을 통해 경쟁에서 승리할 수 있도록 한 문화적 지렛대였다. 이 과정에서 큰 힘이 되어준 것이 바로 아름다움이다.

인간의 욕망

최초의 인간 사회는 현존하는 수많은 공동체와 마찬가지로 일종의 물물교환을 통해 교역을 했다. 각각의 집단이나 공동체가 내부의 충성심이나 외부인에 대한 편견을 통해 필요한 힘을 끌어내긴 했지만 실제로는 집단 내부의 개인처럼 상호 의존의 관계에서 움직이는 경우가 훨씬 많았다. 각 부족은 자원이나 물자를 두고 서로 협력했고 이러한 협력을 통해 다른 부족에게 대항했으며 서로 힘을 합쳐 기술이나 물자를 교환했다. 교역은 대단히 중요한 역할을 했기 때문에 일부 인류학자는 언어의 출현 뒤에는 교역이 있었으며 언어가 없었다면 간단한 물물교환조차 어려웠을 것이라고 믿고 있다. 서로 교역에 적극적이었던 이유는 필요한 물건을 모두 직접 조달하는 데 시간과 노력을 투자하는 것보다 교환이나 교역을 통해 더 많은 것을 얻을 수 있다고 믿었기 때문이다. 한 집단 안에서도 각 개인의 전문화가 이치에 맞았던 것처럼 각 부족도 전문화를 이루는 것이 경제적으로 이익이라는 것은 이미 19세기 영국의 경제학자 데이비드 리카도 같은 이들이 주장했었다.

리카도가 든 예시에는 식량 생산에 큰 문제가 없고 의복 생산량은 차고 넘치는 국가와 반대로 식량 사정이 그저 그렇고 의복 생산량은 아예 형편없는 국가가 등장한다. 그렇다면 식량과 의복 모두에 문제가 없는 국가가 두 가지 문제에 모두 집중하면서 다른 국가의 존재를 무시해도 상관없다고 생각할 것이다. 그런데 리카도가 수학적으로 증명한 바에 따르면 양 국가 모두에게 가장 효과적인 방법은 서로 가장 잘할 수 있는 분야를 찾아 집중하고 서로 교역을 하는 것이다. 절대 우위보다 비교 우위가 더 중요하다는 것이다.[4] 인간이 교역을 하는 것은 생존 확률을 높일 수 있기 때문이다. 따라서 전문화는 에너지를 가장 많이 절약할 수 있는 효율적 전략이다.[5] 개미에서 두뇌 세포에 이르기까지 생물학적 체계 전반에 걸쳐 어디에서나 이 같은 교류나 교환을 찾아볼 수 있는 건 바로 이 때문이다. 창날을 만들거나 사냥 등 전문화된 기술은 집단 사이의 물물교환을 바탕으로 발달한다. 이를 통해 문화적 관습과 기술에서도 다양성과 복잡성이 늘어나게 된다.

만일 한쪽 집단에 고기가 없는 대신 창날을 만들 기술이 있다면 사냥을 전문으로 하는 집단이 필요로 하는 창날을 제시해 교역을 신청할 수 있다. 그렇지만 사냥을 전문으로 하는 집단이 비축해둔 고기가 없는 대신 사냥을 위해 창날이 먼저 필요하다면 어떻게 될까? 이러한 일종의 외상 거래에 필요한 것은 역시 신뢰다. 시간이 지연되더라도 결국 필요한 고기를 받을 수 있다는 희망이 있어야 상대방에게 창날을 먼저 건네줄 수 있기 때문이다. 전문화를 통해 기술이 더 빠르게 발전하면 각 집단은 서로에게 더 크게 의지하게 된다. 여기에서는 각자 가지고 있는 사회적 규범이나 평판에 따른 통제력은 문제가 되지 않는다. 또한 거래나 교환이 좀 더 복잡하게 전개되는 모습도 확인할 수 있다. 가령 사냥한 고기 대신 고구마를 갖고 있는 집단이 있다면 어떨까? 고구마를 수확하는 데 창날은 아무런 쓸모가 없지만, 창날을 만드는 집단은 굳이 고기가 아니더라도 먹을거리가 필요하다.

물물교환은 공급, 기술, 선호도, 시간이 모두 일치해야 가능하다. 이러한 문제는 규모가 작은 공동체 간이라면 쉽게 해결되겠지만, 물물교환의 규모는 크게 증가하지 않을 것이다. 공동체 규모가 커지고 연결망이 더 복잡해지며 낯선 사람들 사이에서 신뢰만을 바탕으로 한 다양한 교환이 더해지면 상품과 용역의 흐름을 파악하는 것이 어려워지고 비용까지 불필요하게 증가한다. 그렇게 되면 사람들 사이의 거래에서든 아니면 자연적 현상이든 거래가 지연되는 '외상'에 대한 안전장치를 평판과 사회적 규범에 기대는 것도 위험해진다. 평판이나 명성에 대한 믿음은 어떤 사람의 행동과 평가가 서로 일치하지 않는 오판 때문에 문제가 될 수 있다. 시간이 지날수록 거래 비용과 위험을 계산하는 일이 어려워지면서 교역 자체가 위축되고 결국 갈등이 폭발할 수 있다.

아름다움은 인간이 욕망하는 물건의 형태를 빌려 이 같은 문제를 해결했다. 인간은 탐욕스러운 존재로 무언가를 모으려는 본능을 가지고 있다.[6] 마치 까치처럼 인간도 어릴 때부터 그저 아름답다는 이유로 욕심 나는 물건을 모은다. 인간의 문화적 진화는 이러한 충동을 부추겼다. 어린아이는 세 살 무렵부터 소유권이라는 개념을 강렬하게 의식한다.[7] 설사 기존의 소유물과 완전히 똑같은 것을 준다고 해도 대체되는 것에 저항한다.[8] 사회가 충분히 성장하면서 사유 재산에 대한 규범을 통해 자신의 몸에 직접 치장하고 장식하는 것에서 장식한 물건을 소유하는 쪽으로 변한다. 이러한 변화의 과정과 오직 아름답고 귀하기 때문에 모은 수집품의 교환이 명성, 평판, 신용을 대신해 부족 사이에서 이루어지는 상호 교환의 중개자 혹은 집행자가 된다. 이렇게 되면서 교역의 규모가 새로운 차원으로 크게 확대되기 시작했다.

블롬보스 동굴에서 발견된 선사 시대의 조개껍질 목걸이를 떠올려보자. 목걸이를 만든 여러 이유 중 한 가지 특별한 이유는 바로 수집과 보관에 대한 욕구다. 적당한 조개껍질을 찾아 목걸이를 만드는 일에는 분명 선택에 따른 이익이 존재했을 것이다. 그렇지 않다면 생존에 급급했을 당시 대단히 정교한 기술과 많은 시간 등 큰 희생을 치러야 하는 목걸이를 굳이 만들었을 리 없다. 이와 관련해 인상 깊은 이론은 조개껍질 목걸이가 부족의 정체성을 강화하려는 사회적 목적도 있었지만, 무엇보다 아름다운 장신구가 교환 가능한 수집품의 역할을 했다는 주장이다. 바로 화폐의 개념이 탄생하는 순간이다.

블롬보스 동굴에서 발견한 것과 동일하게 가운데 구멍이 뚫린 조개껍질은 알제리에서부터 아프리카 최남단 그리고 이스라엘까지 이어지는 여러 유적지에서 발견된다. 그 역사가 약 12만 년 전까지 거슬러 올라가는 조개껍질은 여러 부족이 수천, 수만 년의 세월 동안 공통의 문화적 관습을 갖고 있었다는 증거가 된다.[9] 바다에서만 구할 수 있는 조개껍질이 발견된 유적지 중 많은 곳이 깊은 내륙에 위치하고 있다. 이 사실은 조개껍질이 먼 곳까지 이동했다는 증거가 된다. 다시 말해, 당시에도 바닷가 부족과 내륙 부족 사이에 대륙을 가로지르는 연결망을 따라 활발한 교역이 이루어지고 있었다는 뜻이다. 가공된 조개껍질은 부족 간 연결망을 구축하고 유지하는 데 분명 큰 도움이 되었을 것이다. 이 같은 선사 시대의 연결망은 유전적, 문화적 교류가 늘어나도록 도왔을 것이고 문화적 진화를 촉진시켰을 것이다. 인간이 생존을 위해 집단에 의존하도록 진화하고 또 집단이 생존을 위해 다른 집단에 의존하도록 진화하는 과정에서 교역을 위한 연결망은 아프리카 대륙에 살고 있던 인류의 조상에게 대단히 중요한 역할을 한 것이다. 그 이후 찾아온 빙하기를 견디며 살아가던 오스트레일리아의 조상도 마찬가지였다. 이것이야말로 문화적 진화와 유전적 진화 사이의 결정적인 차이라고 할 수 있다. 생물학적 체계 안에서 집단 선택이 이루어지더라도 그것이 어느 정도까지인지는 논쟁의 여지가 있지만, 문화적 진화에서 집단 선택은 명성과 사회적 규범을 통한 커다란 원동력이 됨은 분명해 보인다.[10]

수집품의 가치는 소유하고 싶은 물건을 만드는 데 필요한 기술의 발전은 물론이고 자원의 탐사와 교류가 이루어지는 데도 많은 도움을 준다. 아름다움은 시장성이 높은 중요한 자원이 되었고 문화적 '허기'를 채워주며 동시에 교역에 들어가는 거래 비용을 줄이는 데 일정 부분 역할을 하면서 먹을거리나 영토 같은 생물학적 허기도 채워주었다. 가치가 있는 물건은 교환의 지연이 발생할 때의 보상에 대한 보장, 주로 노동력이 되는 여성을 데려오는 보상으로 결혼 상대의 가족에게 주는 선물, 적대적인 부족을 달래기 위한 기념품 등으로 사용될 수 있었다. 또한 일부 수집품은 사회적 지위에 어울리는 권위를 제공하기도 했다. 족장이 머리에 쓰는

관 같은 것이 그 예다. 이런 관은 대개 다음 족장에게 그대로 물려
주게 되지만 그 자체로도 힘을 가지고 있어 다툼 후에 강제로 강
탈한 사람에게도 똑같은 권위가 부여된다. 수집품의 소유자가 죽
으면 유족은 상속자로서 그 수집품을 물려받아 분배한다. 인간은
'부富'뿐만 아니라 특권과 책임을 동반하는 지위를 소유한 유일한
동물이다. 다시 말해, 인간은 부모로부터 유전적 유산뿐만 아니라
사회적, 문화적 유산도 함께 물려받게 된다. 이러한 모든 유산은
세대를 거치면서 일어나는 유전자와 문화적 지식의 생존에 영향
을 미친다.

누군가 의도적으로 어떤 것을 미화했을 때 중요한 의미가 더해
진다. 그 의미를 정확히 해석하지 못하더라도 의미를 알아보고 가
치를 부여한다. 영국의 대영박물관 의복 장신구 전시실에는 금도
금된 작은 켈트 십자가 장신구가 전시되어 있다. 아일랜드 발리코
튼Ballycotton섬의 어느 늪에서 발견된 신기하게 생긴 장신구의 제
작 시기는 8세기에서 9세기경으로 추정된다. 이 장신구는 가운데
에 "알라의 이름으로"라는 문구가 아랍어로 새겨진 작은 유리구슬
이 박혀 있는 것으로 유명하다. 당시 아일랜드 서부와 가까운 항
구는 중요한 무역항이었다. 아마도 이슬람 세계에서 온 누군가가
이 구슬을 흘리고 갔을 것이다. 1200년 전에 구슬을 발견한 누군
가는 아랍어는 커녕 아예 읽고 쓸 줄도 몰랐겠지만, 그럼에도 불
구하고 이 구슬이 누군가 정성 들여 만든 깊은 의미가 담긴 수집
품이며 가치가 있다는 사실을 알아보았을 것이다. 그 이유로 또

다른 상징적 물건인 십자가 위에 올려졌을 것이다.

인간은 그동안 대부분의 시간을 정처 없이 떠돌아다니며 목축을 하든지 아니면 사냥과 채집을 하는 생활을 했다. 짐은 언제든 꾸려서 떠날 수 있도록 최소한으로 줄여 대부분 개인 소지품을 몇 가지밖에 챙기지 못했다. 주로 보석류와 옷, 담요 같은 장식이 들어간 직물 등이었는데 그 자체로 가치 있는 수집품이라고 할 수 있다. 현재 아프리카에 살고 있는 투르카나 부족 유목민은 여러 가지 장식물을 이어서 만든 목걸이를 소중하게 가지고 다닌다. 몽골 유목민은 여러 옷감이나 '게르ger'라고 부르는 천막의 입구에 내거는 화려한 장식용 천을 준비했다가 경제적 어려움이 닥칠 때 다른 물건과 교환한다. 인간의 소유욕을 자극하는 가치 있는 물건은 경제적인 중요성으로 인해 일종의 보험 증서 같은 역할을 했고 이 같은 이유로 장신구 문화의 발전을 이끌 수 있었다.

부와 인류의 이동

독일 바이에른주 도나우강변의 도시 울름Ulm에 위치한 작은 박물관에는 '사자 인간Lowenmensch'이라고 부르는 높이 30센티미터가량의 정교한 조각상이 하나 전시되어 있다. 이 조각상은 4만 년 전 매머드의 상아로 만든 것으로 동굴 사자의 머리에 인간의 몸을 한 신기한 모습이다. 이 조각이 만들어진 시절 가장 두려운 포식자였던 사자를 조각한 이 조각상은 지금까지 알려진 초자연적 존재를 구체적으로 나타낸 물건 중 가장 오래된 것이다. 시선은 똑

미

바로 앞쪽을 향하며 놀라울 정도로 강렬한 인상을 주는 이 조각상
은 정교하고 세밀하게 만들어졌다. 여러 실험에 따르면 이 조각상
은 숙련된 장인이 400시간 이상 공들여 만들었을 것이라고 한다.
몸에 걸친 의복 형태를 보면 완성 후에도 계속 손질을 한 것으로
추정된다.[1] 대단히 아름다운 장식물인 사자 인간은 당시 사회에서
정신적으로 중요한 의미를 지녔을 것이다. 어쩌면 인간과 동물 세
계를 넘나들 수 있는 신적인 존재를 상징하는 것일지도 모른다.

빙하기에 만들어진 이 작품은 조개껍질 목걸이와 마찬가지로
생물학적 욕구의 충족과는 상관없이 원재료에 의미 있는 장식적
표현으로 아름다움이 생겨나도록 가치를 더한 것이다. 이러한 조
각상이 만들어질 수 있는 사회라면 창의적 기술을 인정하고 우대
했을 것이다. 또한 기술을 배우고 익히는 데 시간과 노동력을 아
낌없이 투자할 수 있었을 것이다. 사자 인간 조각상은 가운데 구
멍이 뚫린 북극 여우의 이빨, 순록의 뿔 같은 다른 수집품과 함께
동굴 깊이 마련된 방에 아주 조심스럽게 묻혀 있었다. 사자 인간
의 입 속에서는 아주 미세한 유기 조직 같은 것이 발견되었다. 고
고학자들은 이것을 핏자국으로 추정하고 있다. 사람의 손으로 만
들어진 상징물이 복잡했던 고대 사회에 대한 집단적 서술의 중요
한 일부분을 보여주고 있다고 생각하면 대단히 흥미롭다. 사자 인
간은 구성원을 하나의 부족으로 묶어 빙하기의 혹독한 환경, 동굴
사자 같은 포식자, 다른 경쟁 부족 사이에서 살아남을 수 있을 만
큼 강하게 만들어주었다. 최초의 유럽인이라고 할 수 있는 이 초

기 인류가 남긴 장식물이나 인상적인 그림은 창의성과 지성을 두루 갖추고 있던 사람들의 이야기를 전해주고 있다. 이들은 인류 역사상 가장 혹독했던 몇 안 되는 대재난 속에서 살아남았을 뿐만 아니라 문화적으로 학습된 생각, 기술, 자원, 유전자를 교환할 수 있는 강력한 연결망을 활용해 경쟁 관계에 있던 네안데르탈인을 몰아내고 번영을 이루었다.[12]

현생 인류가 네안데르탈인의 자리를 대신하게 되면서 인구수가 최소한 10배는 증가했다.[13] 이렇게 증가한 인구가 제대로 자리를 잡고 살 수 있도록 만들어준 중요한 요인은 아마 부의 이동이었을 것이다. 이러한 이동이 가능하도록 만들고 더욱 효과적으로 진행되도록 한 것이 바로 수집품이었다. 네안데르탈인도 다양한 장신구를 만들었지만 먼 곳까지 이동해 장신구를 다른 물건과 교환했는지는 분명하지 않다. 그렇지만 현생 인류는 아주 먼 곳까지 가서 재료를 모으고 교환했다. 그 재료에 가치를 더해 악기, 조각상, 다양한 장신구를 만들어 교환했다.[14] 이 같은 초창기의 교역을 통해 인간은 더 큰 규모의 사회적 연결망을 구축했고 집단의 규모와 문화적 제도를 늘려 혹독한 환경에서 살아남을 수 있는 적응력을 키웠다. 인류의 조상은 교역 덕분에 대륙을 가로질러 새로운 땅을 개척할 수 있었지만, 네안데르탈인은 유라시아 대륙을 넘어서는 모험을 한 번도 감행하지 못했다.

사냥과 채집을 주로 하는 부족은 사냥철이 돌아오면 종종 몇 개의 무리를 만들어 흩어진다. 모두 다시 한자리에 모이면 일주일가

미

량 큰 축제를 벌이는데 이런 일은 1년에 몇 차례 정도만 볼 수 있었다. 이렇게 모든 부족 구성원이 다시 한자리에 모이는 자리에서는 다른 부족에서 온 여러 장인과 전문 사냥꾼도 볼 수 있어 다양한 문화가 함께 어우러진다. 먹을거리와 이야기 그리고 물자가 교환되며 새로운 생각이나 기술 그리고 도구가 선보인다. 춤과 음악 그리고 장신구를 서로 내보이며 품평하는 과정에서 교역을 통한 관계는 더욱 발전한다. 지금도 사냥과 채집을 주로 하는 아프리카 칼라하리 사막 서부 지역의 !쿵! Kung 부족은 앞에서 설명한 것과 비슷한 축제를 준비하면서 적지 않은 공을 들인다. 예를 들어 타조알 껍질 공예품처럼 교역에 내놓을만한 물건을 만들고 준비한다. 이 같은 축제 준비는 사실 부족의 소중한 시간과 노력을 투자하는 것이다. !쿵 부족은 자신들이 만든 공예품과 교환하려는 것 중 가장 중요한 것이 바로 다른 부족의 영역에 들어가 사냥이나 채집 활동을 할 수 있는 권리다. 정성스럽게 준비한 교역품 덕분에 어려운 시기를 대비한 보험이라 할 수 있는 생존 협정의 도움을 톡톡히 받을 수 있게 된다.

아프리카에 살았던 인류의 조상은 수집품으로 교역을 하며 더 멀리 세력을 넓혔고 여러 곳으로 이주하면서 환경에 따른 위협도 분산시킬 수 있었다. 예컨대 한 부족의 땅에서 물이 마르면 식량의 부족으로 이어지지만, 멀리 있는 다른 부족과 물물교환을 통해 필요한 식량을 보충할 수 있다. 이주는 일종의 적응 과정으로 인간이 변하는 환경과 사회적 조건을 견뎌낼 수 있도록 해준다. 하지만 다른 부족의 영역으로 들어간다는 것은 위험한 일이다. 이것만으로도 인류의 조상은 영장류의 일반적인 행동을 크게 벗어나는 새로운 발걸음을 내딛게 된다. 침팬지는 다른 모든 집단에 적의를 갖고 대해 누구든 영역을 침범하면 주저하지 않고 공격을 한다. 침팬지가 영역을 넓히려 할 때는 일단 상대방을 공격하고 죽이는 일부터 해야만 한다. 인간 역시 힘을 앞세워 영역을 넓히지만, 대부분의 경우 외교 같은 기술을 사용한다. 이렇게 하면 부족의 안전한 통행을 보장받기도 하고 땅을 공유하거나 교역을 통해 땅을 사들이는 일도 가능해진다. 어떤 부족이 강제로 정복을 당하는 경우에도 패배한 부족의 구성원이 모두 죽음을 맞이하는 것은 아니다. 보통은 노예가 되거나 정복한 부족의 사회적 규범을 따르겠다는 복종 서약을 하게 된다. 이렇게 되면 정복자 쪽에서는 노동력과 자원을 새롭게 확보할 수 있게 된다.

인간 집단 사이에서 일어나는 상호 작용은 대부분 다툼이 아닌 협조로 이어지는 이유 중 하나가 바로 혈연관계다. 직계가 아니더라도 인척 관계를 통해 이웃하고 있는 부족의 영역 안으로는 교역과 이주가 더 쉽게 진행될 수 있다. 일반적으로 결혼을 통해 확장되는 인척 관계는 여러 부족 사이에 걸쳐 있다. 그렇지만 인간이 마치 정해진 원칙처럼 이웃을 멸절시키지 않는 가장 중요한 이유는 싸우지 않고 거래를 하는 것이 훨씬 더 이득이기 때문이다. 인간은 이러한 거래나 교역의 결과로 인간 집단 사이의 상호 작용에 대한 사회적 전략을 발전시킬 수 있었다. 우호적인 말투와 표현

그리고 일종의 통행세로 귀중품을 제공하는 등 좋은 의도가 담긴 신호를 앞세워 낯선 집단으로부터 위해를 당하지 않고 다가갈 수 있었다. 대부분의 사회는 낯선 외부인을 맞이하는 사회적 규범을 갖고 있다. 사회의 평판과 지도층의 위상은 외부인을 잘 대접해 친절한 행동과 예법 그리고 넉넉한 인심으로 좋은 인상을 심어주는 것에 달려 있다. 이러한 환대는 결국 교역으로 이어져 교역을 따라 다양한 생각과 발상이 퍼져나가게 된다. 일종의 무역 연합을 구성할 때의 이점을 현재의 유럽 연합을 통해 확인할 수 있다. 무역 연합은 평화적인 협력과 비교했을 때 불필요한 경쟁과 갈등에 따른 비용이 얼마나 감당할 수 없을 만큼 큰 손해가 되는지 아주 효과적으로 보여준다.

다른 모든 영장류가 열대 우림 지역에 갇혀 빠져나오지 못하고 있을 때 인간은 교역망을 발판 삼아 부족 사이의 경계선을 넘어 사방으로 새로운 생각과 사람들을 퍼트렸다. 이를 통해 문화적 다양성과 복잡성의 확대가 탄력을 받았으며 동시에 환경과 유전자도 변하기 시작했다. 현생 인류에 대한 유전자 표지의 출현과 빈도수를 정리하다 보면 고대 인류가 언제 아프리카를 떠나 세계로 뻗어나갔는지 그 경로를 지도 위에 그려볼 수 있다. 대부분의 경우 아프리카 동부에 있는 지부티 공화국 지역을 떠나 바브-엘-만데브 해협을 건너 예멘 지역으로 이동했을 것으로 추정된다. 주로 바닷가 근처에서 생활하던 초기 인류 중 일부는 해안선을 따라 빠르게 세력을 확장해 지금의 인도까지 이르렀으며 대략 6만

5000년 전에는 아시아 남동부 지역과 오스트레일리아까지 진출했다.[15] 또 다른 무리는 아라비아반도를 출발해 내륙으로 들어가 서남아시아 지방을 거쳐 중앙아시아와 남아시아 쪽에 다다른 것으로 보인다. 그리고 북반구 지역을 개척하며 8만 년 전 무렵에는 중국에 도착했고,[16] 4만 년 전에는 유럽까지 닿게 되었다. 그러다 지금으로부터 약 2만 년 전 마지막 최대 빙하기 기간 동안 해수면이 현재보다 90미터가량 낮아져 아시아 지역의 일부 사냥꾼 부족이 얼어붙은 동아시아 북극 지대로 들어가 빙하지대를 다리 삼아 바다를 건너 북아메리카 대륙에 진출했다.[17] 거기에서 남쪽으로 더 내려가 얼지 않은 땅에 도착하기까지는 5000년이 더 걸렸다. 하지만 다시 남아메리카 대륙의 최남단까지 가는 데는 채 1000년이 걸리지 않았다. 이 기간 동안 열대 지방의 유인원에서 출발한 인간이라는 종은 남극을 제외하고 지구상에 존재하는 모든 대륙을 정복하게 된다.

인간이 대부분의 진화 과정을 끝마친 홍적세 기간은 자연 환경이 정말 혹독했다. 이 때문에 적은 인구수가 유지되면서 여러 공동체 사이에 교역 기회도 제한되었다. 이 결과는 아프리카 대륙에서 갈라져 나온 상대적으로 규모가 작은 인류의 여러 후손 사이에 나타난 유전적 차이에 고스란히 반영되어 있다. 2만 5000년 전 고원 지대에 최초로 정착한 조상들의 후손인 지금의 티베트인은 고대 데니소바인과의 성적 결합을 통해 특별한 유전자를 물려받았고 이를 통해 임신한 여성들은 낮은 혈중 산소 농도를 관리할 수 있게 되었다. 대부분의 태반 포유류가 겪는 고지대의 한계를 극복한 것이다. 티베트 여성은 이 특별한 유전자가 없는 여성들에 비해 두 배는 더 건강한 아이를 출산할 수 있다. 이러한 현상은 강력한 선택 압력이 작용하고 있다는 사실을 알려주는 것이다. 또 다른 고원 지대인 남아메리카의 안데스 산맥에 최초로 인간이 정착한 것은 약 1만 1000년 전이다. 역시 그곳 사람도 다른 유전적 적응 과정을 거쳤다.[18] 혈액의 헤모글로빈 농도가 높아졌고 산소를 끌어모으는 방법을 개선했다. 몇 가지 서로 다른 유전자에 의해 결정되는 피부색은 과거에 조상이 이주해왔다는 분명한 증거인데 태양의 위력이 약한 낮은 고도에서는 멜라닌 색소가 사라져 피부색이 더 밝아진다.[19] 멜라닌 색소는 자외선을 막아주는 반면, 피부가 태양에 반응해 만들어내는 필수 비타민 D의 양을 제한한다. 다만 유럽인에게서 흔히 볼 수 있는 창백한 피부는 사실 극히 최근에 만들어진 것이다.[20] 사냥과 채집을 주로 했던 스페인 원주민의 유전자를 분석한 결과 유럽인은 불과 7000년 전만 해도 검은 피부와 검은 머리카락을 지니고 있었다고 한다.[21, 22]

세계화의 선구자

유럽인의 창백한 피부와 언어 그리고 그 밖의 특징은 세계 역사상 최초로 대륙을 가로지르는 교역망을 구축한 놀라운 조상으로부터 빚진 것이다. 또한 이 과정에서 아일랜드에서 중국까지 유전자와 문화가 퍼져나갈 수 있었다. 지금으로부터 약 5500년 전, 유목과 목축을 주로 하던 얌나야Yamnaya라는 놀라운 부족은 살고 있던 땅을 떠나 북쪽의 흑해와 카스피해 연안을 따라 유라시아 대륙의 대초원 지대로 들어섰다. 얌나야 부족에게는 눈이 휘둥그레질만한 교역품을 가지고 있었고 무엇보다 그것을 나를 수 있는 적절한 운송 수단을 가지고 있었다. 이들의 변신은 야생마를 길들이는 것에서부터 시작되었다. 그저 사냥을 하는 것이 아니라 말을 길들임으로써 운송 수단이자 전쟁 병기를 새로 장만하게 된 것이다. 이후 얼마 지나지 않아 바퀴가 발명되어 말과 바퀴를 이용해 더 멀리 그리고 더 빠르게 이동하며 상품도 함께 나를 수 있게 되었다.[23] 정착하던 목초지에 가뭄이 닥치면 또 다른 목초지를 찾아 떠났고 그러면서 새로운 교역의 기회가 만들어졌다. 부족의 일부는 마차를 몰고 유럽의 중부와 북부로 이동했고 또 일부는 동쪽으로 떠나 아시아로 접어들었다.

얌나야 부족의 이동은 유럽의 농경민이 이전에는 한 번도 보지 못했던 놀라운 광경이었을 것이다. 창백한 피부와 어두운 눈동자를 가진 전사들이 청동 장신구를 몸에 걸치고 바퀴가 달린 마차 위에 올라타고 나타났을 것이다. 이들은 인도유럽어를 구사했으며 더 발전된 금속 가공 기술을 가지고 누구나 탐내는 장식품은 물론 비커 토기로 알려진 복잡한 문양이 얽히고설킨 종 모양의 질그릇도 만들었다. 이렇게 놀라운 물건은 다른 부족과 폭넓게 거래해 지금의 스칸디나비아 지방이나 모로코에서까지 발견되고 있다. 최근 있었던 분석 작업에 따르면 얌나야 부족은 대마초를 피

웠으며 최초로 유라시아 대륙을 가로질러 환각제로 사용되는 말린 대마초를 거래하기도 했다.[24, 25]

얌나야 부족은 말 외의 다른 가축을 기르고 번식시키는 것에서도 탁월한 실력을 보였다. 야생 상태의 소, 염소, 양을 가축이라는 새로운 종으로 변모시켜 고기, 가죽, 피, 유제품을 얻었다. 대부분의 유목민은 기르는 가축에게서 피를 뽑아내는데 동물의 피는 단백질과 열량이 풍부한 먹을거리를 얻는 유용한 방법이기 때문이다. 얌나야 부족은 여기서 한 걸음 더 나아가 최초로 가축에게서 젖을 짜냈다. 유적지에서 발견된 비커 토기 중 상당수에서 이런 흔적이 발견되었다. 젖을 발효시키거나 응고시켜 요거트나 치즈도 만들었을 가능성이 높다. 지금도 초원 지대의 유목민은 이러한 음식을 먹으며 살아간다. 그리고 이 같은 문화가 유전자까지 바꾸었다.

포유류는 태어난 후 얼마 동안 어미의 젖을 먹으며 살아가지만, 젖에서 나오는 젖당을 소화시킬 수 있는 유전자는 젖을 뗀 후 얼마 뒤에 그 작용을 중단해[26] 성인이 된 후에는 더 이상 젖을 마시지 못하게 된다.[27] 요거트나 치즈에는 젖당이 거의 없어 큰 문제를 일으키지는 않았겠지만, 유제품을 만들어낸 이 최초의 유목민은 가공되지 않은 젖을 그대로 마시는 실험을 감행했다. 이때 그들의 유전자가 반응을 보였다. 대략 9000년 전, 얌나야 부족 구성원의 유전자에 변형이 일어났고 나이를 먹어 젖을 뗀 아이나 어른도 젖을 소화시킬 수 있게 되었다. 이른바 젖당 분해 지속 유전자를 물려받은 사람들은 젖 안에 들어 있는 당분, 단백질, 지방 그리고 다른 여러 영양소를 섭취할 수 있게 되었다. 반면, 이 유전자가 없는 사람들은 효과를 보지 못했을 것이다. 영양 개선과 관련된 적응 능력은 빠르게 퍼져나갔다. 건강한 사람이 더 튼튼한 아이를 많이 낳게 되고 자신의 유전자를 더 많이 퍼트릴 수 있기 때문이다. 인간은 야생 들소를 잡아 유전적으로 길들여 가축으로 키우는 암소를 만들어냈다. 그리고 암소의 젖을 마시며 유전자를 적응시켜 나갔다. 이것이야말로 문화적 진화, 환경적 진화, 유전적 진화가 하나로 어우러진 모습이다.

그로부터 몇 세기 지나지 않아 얌나야 부족은 유럽의 사회, 문화, 유전자에 혁명을 일으켜 농부를 석기 시대에서 청동기 시대로 빠르게 이끌었다. 젖당 분해 지속 능력은 영양 부족으로 제대로 성장하지 못했던 농부에게는 엄청난 도움이 되었을 것이다. 오늘날 북서부 유럽 성인 중 98퍼센트는 우유를 마시는 데 아무런 지장이 없다.[28] 창백한 피부 역시 동물의 간처럼 비타민 D를 공급해 줄 수 있는 다른 먹을거리를 거의 공급받지 못했던 농부에게는 큰 도움이었고 이러한 이유로 널리 퍼져나갔을 것이다.[29] 인구가 그리 많지 않은 공동체에서는 별 것 아닌 유리한 조건도 유전자의 확산으로 이어진다. 이와 유사하게 앞서가는 부족의 사회적 규범, 제도, 기술도 다른 공동체에 의해 그대로 복제되고 적용되었다. 우수한 부족의 신념 체계, 장신구, 예술 작품, 기술, 제도는 모두 이러한 방식으로 널리 퍼져나갈 수 있었다. 각각의 부족은 이렇게 받아들인 새로운 문명에 자신들의 정체성을 더했다. 이러한 문화적, 유전적 교환의 결과로 창백한 피부, 가축의 젖에 대한 소화 능력 그리고 인도유럽어에 농경 관련 용어가 더해진 새로운 초기 게르만어 구사자가 유럽 대륙을 지배하게 되었다. 이들은 곡물을 재배하고 가축을 길렀으며 낙농업을 발전시켰고 줄무늬 토기로 알려진 새로운 질그릇을 만들었다. 특히 이 줄무늬 토기는 석기 시대 여성이 맥주를 마실 수 있을 정도의 큰 용기를 만들기 위해 얌나야 부족의 나무 장식 상자를 흉내 내는 과정에서 탄생한 것이다.[30]

당시 얌나야 부족은 정말 혁신적인 공동체였다. 여러 부족으로 나뉘어 있던 이 유목민은 서로 긴밀하게 연결되어 대륙을 아우르는 일종의 연결망을 구축하고 있었다. 여기에 힘을 실어준 것이 바로 식량과 물을 나를 수 있는 말과 마차라는 빠른 운송 수단이었다. 물론 이들의 뛰어난 교역 능력도 단단히 한몫을 했다. 얌나야 부족은 분명 때를 잘 만나기도 했는데 이들이 유럽에 도착하기 바로 직전에 전염병이 돌아 큰 피해를 입은 상태였다.[31] 들개와 늑대의 치아로 만든 목걸이를 목에 건 얌나야 부족의 전사는 말 위에 올라타 유럽 대륙을 휩쓸며 마을을 정복했다.[32, 33] 유럽의 원주민 남성은 제대로 대항하지도 못하고 학살을 당하거나 멀리 쫓겨났다. DNA 자료는 최초의 농부들의 마지막 피난처가 이탈리아 사르디니아섬이라는 사실을 보여준다.[34] 여성은 강간을 당하거나 외지에서 온 키 크고 건강한 남자들의 짝으로 선택되었다. 본래 유전자 공급원이던 사람들의 90퍼센트가 얌나야 부족에 의해 완전히 사라졌다.[35] 여기에는 지금의 스페인과 포르투갈 지방에 살고 있던 모든 남성도 포함되어 있다.

이 청동기 시대의 목축민은 세계화의 선구자라고도 할 수 있다. 이들은 유럽과 아시아라는 광대한 지역을 다니면서 먹을거리, 지식, 금속 세공술을 비롯한 각종 문화적 지식을 교환했다. 이 중에는 금속으로 만든 도구처럼 대단히 실용적인 것도 있었지만, 대부분은 순수한 장식품이었다. 이 아름다운 물건이 더 멀리 돌고 돌면서 더 크고 효율적인 경제 체계가 갖춰지게 된다. 그리고 얌나야 부족과 이웃 부족들[36]이 처음 닦은 교역로도 계속해서 중요한 연결망 역할을 하게 된다. 이 연결망을 통해 호박, 비단, 향신료 등 귀중한 상품이 오고 갔고 그로부터 수천 년 뒤에 이 연결망은 결국 비단길Silk Road의 일부가 되었다.

비단길

전 세계 인구가 불과 500만 명에 불과하던 시절 얌나야 부족은 유전적, 문화적으로 혁명적인 집단이었다. 비단길 전성기에 전 세계 인구는 3억 6000만 명을 헤아렸다. 늘어난 인구는 훨씬 더 다양한 문화적, 유전적 다양성이 존재함을 의미했다. 교역로는 복잡한 연결망이 되어 그저 문화를 수출하고 수입하는 것뿐만 아니라 상호 작용을 통해 새로운 사상, 기술, 믿음 등을 퍼트리며 문화적 진화를 가속했다.

비단길의 기원이 유라시아 대륙의 대초원 지대 유목민이 야생마를 잡아 길들이는 방법을 알게 되기 훨씬 전부터 시작되었다는 것은 거의 틀림없는 사실이다. 대략 7만 500년 전, 중국에서는 숙련된 기술자들이 말보다 훨씬 더 작은 생물인 누에나방의 애벌레를 길들이기 시작했다. 그렇게 몇백 년의 세월이 더 흐르자 이번에는 가축처럼 번식하는 것이 가능해져 더 크고 더 빠르게 자라는 누에 덕분에 비단 생산량은 10배 이상 증가했다. 가축으로 길들여진 누에나방의 애벌레는 나방이 되어서도 더 이상 하늘을 날지 못했고 결국 전적으로 인간에게 기대어 인간이 공급하는 뽕나무 잎을 먹으며 살아갈 수밖에 없게 되었다. 이 애벌레는 식용으로 섭취할 수도 있었지만, 그보다 더 중요한 가치는 애벌레들이 만들어내는 아름다움이었다. 애벌레는 변태 과정을 통해 고치가 되면서 어디에도 비할 수 없는 아름다운 비단실을 뿜어낸다. 이 실을 가지고 빛이 나면서 아주 튼튼하고 아름다우며 값비싼 비단을 짜낼 수 있다.[37] 한때 비단의 가치가 얼마나 높았던지 옷 한 벌을 지을 수 있는 길이의 비단이 교역을 위한 일종의 기준 화폐 역할을 했다. 또한 부족 사이에 평화를 중재하는 공물로도 오갔고 심지어 병사나 다른 노동자의 임금으로 지급되기도 했다. 인간이 시작한 생태학적 변화, 그러니까 야생 상태의 생명체를 인간의 의도에 맞게 길들여 진화시키는 과정을 통해 직접적인 생물학적 유익은 전혀 발생하지 않았지만 그 대신 문화적 가치를 더할 수 있었다.

그야말로 하찮은 벌레가 만들어낸 아름다운 실과 천은 중국에서 가장 귀하게 여기는 생산품이었으며 이것은 곧 세상을 뒤바꾸게 된다. 고대 이집트에서 로마 제국에 이르기까지 사람들은 화려한 비단옷에 매료되었고 첩자들을 보내 비단 생산의 비밀을 캐내려고 애를 썼다. 서기 2세기 무렵이 되자 얌나야 부족이 구축했던 고대의 교역로는 이제 태평양과 대서양 사이를 잇는 약 6400킬로미터에 달하는 거대한 연결망으로 확대되었다. 이 교역로는 각 문화권을 연결하는 대단히 중요한 경제적, 지적 통로가 되어 고립되어 있던 공동체를 연결해주며 수 세기 동안 유지되었다. 불교에서 이슬람교 그리고 향신료에서 보석, 금속, 도자기에 이르기까지 거의 모든 문물이 이 비단길을 따라 이동했다. 그리고 여기에는 사람들이 원하지 않았던 흑사병 병원균도 포함되어 있었다. 가뭄이 몰아닥치자 벼룩과 함께 **박테리움 에르시니아 페스티스** bacterium Yersinia pestis, 즉 치명적인 페스트균을 가지고 있던 마못, 게르빌루스 쥐 등이 중앙아시아를 떠나 비단길에 나타나 지나가는 상인을 감염시켰다. 1345년, 페스트는 흑해 연안 항구까지 퍼졌고 거기에서 다시 동로마 제국의 수도 콘스탄티노플, 북아프리카, 이집트, 아라비아반도, 지중해 전역으로 퍼져나갔다. 사망자의 수는 이루 헤아릴 수조차 없었다. 유럽 대륙에서만 전체 인구의 삼분의 이가 사망했고 영국의 수도 런던에서는 '흑사병 Black Death'으로 인구 절반이 사라졌다. 이스트 앵글리아 지방에서는 무려 인구의 70퍼센트 이상이 사망했다. 영국의 노리치에서 이탈리아의 피렌체에 이르기까지 과거 크게 번성한 도시에게 이 전염병은 그야말로 세상의 종말처럼 다가왔을 것이다.

미

다행히 세상이 끝나지는 않았지만, 예전의 세계 질서는 사라졌다. 전염병이나 전쟁 등으로 기존의 연결망이 붕괴되면서 사람들은 '안전했던' 방식을 버리고 새로운 연결망과 활로를 찾기 시작했다. 이전과는 다른 사람, 다른 생각, 다른 기술이 새롭게 높은 자리를 차지하며 역시 새로운 연결망이 구축되기 시작했다. 페스트 이후 일어난 사회 재건의 움직임에 힘입어 오스만 터키 제국이 일어설 수 있었다. 이 오스만 터키 제국은 비단길을 장악하며 유럽 상인이 엄청난 사용료를 치르거나 아예 지나다니지 못하도록 압박했으며 앞서 언급한 것처럼 이러한 변화는 유럽인에 의한 아메리카 대륙의 발견으로까지 이어지게 된다.

결국 비단의 비밀은 밝혀졌다. 그렇지만 중국의 공주가 중앙아시아의 호탄Khotan 왕국과 혼인을 하면서 머리 장식 속에 누에와 뽕나무 씨앗을 감춰왔는지 아니면 동로마 제국의 수도사가 대나무 지팡이 안에 누에를 감춰 중국을 빠져나왔는지는 영원히 알 수 없을 것이다. 중국은 더 이상 비단을 독점 생산할 수 없게 되었다. 그럼에도 불구하고 여전히 최대의 비단 수출국으로 남게 되었지만, 이제 비단은 산과 강에 의해 서로 떨어져 수천 킬로미터가 넘는 거리를 두고 있던 여러 부족이 문화와 유전자를 교환할 수 있게 해주는 촉매제가 되었다.

현존하는 유전자, 사람, 문화, 기술의 거대한 혼합체는 그 다양성과 복잡성의 상당 부분을 아름다움에 빚지고 있다. 아름다움 뒤에는 생물학적으로 반드시 필요하지 않지만, 그럼에도 불구하고 우리가 욕망하는 대상에 가치를 부여하려는 인간의 성향이 자리하고 있다. 교역을 통한 이득은 인간으로 하여금 각기 다른 사회적 규범, 유전자, 기술을 가진 다른 부족과 힘을 합치도록 만들었다. 교역은 연결망, 그러니까 인간의 집단 지능을 확장시켰고 귀중한 자원을 찾기 위해 주변 환경을 탐험하도록 독려했다. 또한 교역은 문화적 진화를 가속화했다. 한 공동체에서 선택되어 발전한 기술과 행동은 또 다른 공동체에서 새로운 종류의 선택 압력을 받아 다시 선택과 발전의 과정을 거쳤다. 이렇게 반복되는 선택의 과정이 결국 문화적 복잡성과 다양성을 증가시키기 때문이다. 어떤 경우에는 새로운 생각이나 기술이 자원과 상품을 따라 서로 교환되며 또 다른 경우에는 이주나 그 밖의 다른 방식으로 교환의 일부가 되기도 한다. 그리고 이 과정에서 새로운 문화가 이전의 문화를 대체한다. 인간은 집단 유전학을 사용해 차이점을 살펴볼 수 있지만 역사를 살펴보면 문화적 복잡성이 증가하기 위해서는 먼저 인구와 사회적 연결망이 늘어나야 한다는 사실을 알게 된다.

사회적 연결

사회적 연결망은 일종의 동반 상승효과를 불러온다. 이를 통해 서로 연결된 집단은 그렇지 않은 집단들이 할 수 없는 일을 해낸다. 콜럼버스가 세계 역사에 극적인 문화적 변화를 가져올 수 있었던 것은 그가 국제적으로 조직된 교역망에 참여하고 있었기 때문이다. 세계 역사에서 연결망이 넓고 튼튼하게 구축되고 기후까

미

지 잘 맞아떨어졌던 곳에서는 더 놀랍고 새로운 기술이 탄생했다. 하지만 반대로 생각하면 때로는 몇천 년 동안 문화적 복잡성이나 다양성이 전혀 나타나지 않은 곳도 있었다.[38] 고고학 유적지에서 일종의 문화적 공백을 발견하게 되는 것은 단순히 유물이 남아 있지 않아서가 아니라는 뜻이다.[39]

사회가 고립되면 문화적, 유전적 복잡성의 수준이 멸절 위협을 느낄 정도로 떨어지거나 생존 자체가 힘들어질 수 있다. 오스트레일리아 태즈메이니아Tasmania섬의 원주민 사회가 바로 이런 예다. 유럽인이 처음 태즈메이니아섬에 나타났을 때 이 섬은 오스트레일리아 본토와 1만 년 이상 교류가 단절된 상태였다. 섬의 원주민은 고립된 작은 공동체에서 그저 하루하루를 살아가고 있었고 가지고 있는 기술은 24가지쯤으로 간단한 도구를 활용하는 수준이었다. 작은 배를 만들 수는 있었지만, 솜씨가 형편없어 배를 타고 낚시도 할 수 없었다. 또한 문화적, 경제적 고립으로 인해 불을 만들어내는 기술조차 소실된 것으로 추정된다. 눈앞에 있는 배스 해협을 건너면 대륙 본토에 파마-늉아Pama-Nyunga어를 사용하는 원주민이 살고 있었다. 이들은 태즈메이니아섬 원주민과 같은 시기에 수백여 개에 달하는 복잡하면서도 여러 부분이 합쳐진 것 같은 도구와 잘 만들어진 배, 의복 등을 가지고 있었고 다양한 종류의 그물과 작살을 사용해 물고기를 잡고 덫으로 새나 그 밖의 다른 동물들을 사냥했다. 태즈메이니아섬의 도구는 그보다 4만 년 전 유럽에서 쓰이던 도구보다 오히려 훨씬 더 조잡했고 오래전 조상이 본토를 떠나 섬으로 들어올 때보다 기술이 퇴보한 것 같았다. 섬의 고립으로 원주민들의 집단 지능 자체가 완전히 퇴보했고 문화적 진화는 제자리걸음을 한 것이다.

캐나다 극지방의 원주민도 이와 비슷한 일을 겪은 것처럼 보인다. 풍요로운 자연 환경에서 놀라울 정도로 잘 다듬어진 도구를 사용했던 이 숙련된 순록 사냥꾼들은 극지방에 적응한 부족의 일부였다. 약 6만 년 전, 작은 무리를 이루어 험준한 빙하 지대와 바다를 건너 시베리아 대륙에서 북아메리카 대륙으로 넘어왔다.[40] 그리고 4000년 동안 혹독한 극지방의 기후 변화를 거치며 살아남았는데 더는 살 수 없을 정도의 혹한이 닥쳤을 때 날이 잠시 풀린 틈을 타서 남쪽으로 내려가 여러 곳에 흩어져 살기도 했다. 이 극지방 원주민은 작은 부족을 이루며 살았고 총 인구는 모두 합쳐 3000명을 밑돌았다. 캐나다 남부 지역까지 올라와 있던 대단히 복잡한 문화를 갖고 있는 미국 출신 원주민과 때로 비슷한 지역에 살기도 했다. 하지만 이들은 자신만의 사회적 규범 안에서 스스로 문화적 그리고 유전적으로 고립된 삶을 택했다. 현재 캐나다에 살고 있는 이누이트 원주민의 조상이 되는 이들의 DNA는 미국 원주민에게서는 전혀 발견되지 않는다. 시간이 흐를수록 이들의 삶은 피폐해졌다. 근친의 결과로 건강은 점점 나빠졌고 문화는 그저 단순한 형태로 진화할 뿐이었다. 사회적, 기술적 복잡성을 상실하면서 원주민은 퇴보했다. 당시 시베리아 대륙에서 이동을 시작한 새로운 극지방 원주민, 그러니까 툴레Thule 원주민과 비교해도 문

미

화의 수준 차이가 극명하게 드러났다. 심지어 이들은 유전적으로 같은 인종이었다. 고래를 주로 사냥했던 툴레 원주민은 각 마을별로 잘 조직된 공동체를 운영했으며 개 썰매나 동물의 힘줄로 탄력을 더 강화한 활 같은 새로운 기술도 가지고 있었다. 반면, 캐나다 원주민은 20명에서 30명 단위의 작은 마을에서 신석기 시대 수준의 무기로 사냥을 했다. 캐나다 극지방에서 만난 이 두 집단 사이에 어떤 충돌이 있었다는 증거는 남아 있지 않다. 그렇지만 얼마 지나지 않아 원래 살고 있던 원주민은 멸종되고 말았다. 어쩌면 사냥감 경쟁에서 밀렸거나 북극 쪽으로 쫓겨났을 수도 있고 그저 병에 걸려 다 죽고 말았는지도 모른다. 어쨌든 캐나다 원주민의 첫 번째 조상은 이렇게 다른 부족과 제대로 교류를 하지 못하고 사라지고 말았다.

지리적으로 고립된 이들은 세력이 크게 약해지지만 단 하나의 연결망만 형성되어도 문화적 구명줄이 될 수 있다. 선사 시대와 비교하면 극히 최근의 일이지만, 1820년대 그린란드 오지에 살았던 이누이트 원주민은 부족에서 가장 나이가 많고 지식과 경험이 풍부한 사냥꾼만 골라 죽이는 전염병으로 고통받고 있었다. 이 부족은 가장 중요하고 복잡한 도구를 만들 수 있는 장인을 잃게 되었기 때문이다. 특수한 물고기용 작살, 활과 화살, 얼음집인 이글루, 가죽 배를 만드는 기술 없이는 사실상 완전히 고립되어 가장 중요한 사냥감도 확보할 수 없었다. 1862년, 거의 멸절 위기에 처했던 이들을 구원해준 것은 배핀Baffin섬에서 온 다른 이누이트 부족이었다. 이들은 사냥에 나섰다가 우연히 그린란드의 이누이트를 만나게 되었고 중요한 문화적 지식을 다시 전수해주었다. 그린란드의 이누이트는 배핀 원주민의 기술을 그대로 모방하는 방식으로 자신들의 사냥과 여행 기술을 복원했다. 또한 배핀섬 방식의 폭이 넓은 가죽 배 만드는 기술도 새롭게 배웠다. 그렇게 수십 년의 세월이 지나면서 인구가 서서히 늘어났고 그린란드의 다른 이누이트 부족과 다시 교류하게 되면서 이들이 만들어 타던 가죽 배는 본래 그린란드 방식인 폭이 좁은 모습으로 다시 돌아갔다.

문화적 진화가 항상 발전만을 가져오지는 않는다는 것이 이상하게 보일 수도 있다. 그렇지만 생물학적 진화에서도 동일한 현상이 발견된다. 다윈은 일부 따개비가 유전적으로 더 단순한 형태로 진화한다는 사실을 알게 되었다. 대부분의 따개비가 더 복잡한 형태로 진화하는 가운데에서도 일부 따개비는 단순한 형태로 진화한 것이다. 인간의 문화적 진화에서 가장 중요한 것은 인구의 규모와 유대감이다. 인류학자들의 연구에 따르면 인구가 많을수록 복잡한 기술이 더 많이 탄생한다. 또 다른 연구에서는 태평양에 흩어져 있는 여러 섬의 인구 규모, 유대 관계를 낚시 도구의 정교함, 종류와 비교해 살펴보았다.[41] 인구 약 1000명의 말레쿨라Malekula섬은 12가지의 서로 다른 낚시 도구를 가지고 있었고 100만 명 이상의 원주민이 서로 이어져 있는 하와이 제도의 본섬인 하와이섬에는 70여 가지가 넘는 정교한 낚시 도구를 찾아볼 수 있었다.

미

전 세계에서 멸종하지 않고 살아남은 모든 사회나 공동체는 건강을 유지할 수 있을 만큼 다양한 유전자를 충분히 확보하고 있었다. 또한 복잡하게 발전할 수 있는 문화적 학습이 가능할 정도로 크고 충분한 사회적 연결망 역시 구축하고 있었다.[42] 집단의 규모가 커지면 집단 지능도 아울러 성장한다. 더 많은 사람이 모여 의도하지 않게 성공적인 혁신을 이루어내는 것이다. 화살 끝에 깃털을 붙이게 된 과정을 한번 생각해보자.[43] 어떤 사람이 혼자서 화살 깃의 유용성을 깨닫게 되기까지 삶을 1000번 되풀이해 살아야 한다고 가정해보자. 그런데 10명의 사람이 모여 있으면 그중 한 사람이 한평생을 살면서 화살 깃의 유용성을 깨달을 확률은 1퍼센트가 된다. 주어진 조건에 맞춰 계산했을 때 10명이 모여 있을 경우는 100세대, 시간상으로는 2500년이면 화살 깃을 발명할 수 있다. 1000명이 모이면 한 세대 만에 화살 깃을 발명할 확률이 63퍼센트로 증가하며 평균적으로는 40년이 걸린다. 만약 1만 명이 모인다면? 누군가 한 세대가 지나기 전에 화살 깃의 유용성을 깨닫고 화살대에 깃털을 붙이기 시작할 것이다. 그렇지만 인간의 문화적 학습에서 더 중요한 것은 더 많은 사람이 모일수록 지식을 가르칠 수 있는 스승도 더 많이 늘어난다는 사실이다. 조셉 헨리히가 준비한 어느 실험에서는 실험에 참가한 학생들이 각기 다른 다섯 명의 교사에게서 혹은 단 한 명의 교사에게서 영상 편집이나 매듭 묶기를 배우도록 했다. 이 참가자들은 다음 실험 참가자에게 자신들이 배운 기술을 전수하고 기술을 배운 참가자가 또 다른 참가자에게 기술을 전수해주도록 했다. 어떤 기술을 배우든 다섯 명의 교사에게 기술을 배우며 시작했을 경우 실험을 10회 정도 반복했을 때 학생들의 기술이 더 나아졌지만, 단 한 명의 교사에게 기술을 배웠을 때는 기술의 전수가 반복될수록 점점 실력이 떨어지기 시작했다.[44] 다른 과학자도 이와 유사한 결과를 얻어냈다. 단순히 집단의 규모라는 한 가지 조건만 보았을 때도 규모가 작은 집단은 복잡한 기술을 완성하거나 간단한 기술을 복잡하게 발전시키는 역량을 제대로 유지하지 못했던 반면, 규모가 큰 집단은 시간이 지날수록 어느 쪽이든 충분히 잘 해냈다.[45, 46]

자원의 활용에 영향을 미치는 환경적 요소와 형편이 더 좋은 지역으로 쉽게 거주지를 옮길 수 있는 집단의 이동성 역시 문화적 복잡성에서 중요한 역할을 한다. 가뭄이나 흉작, 화산 폭발이나 해일 등이 일어나면 인구는 줄어들고 문화는 붕괴된다. 어떤 경우에는 아예 암흑시대가 이어지기도 한다. 그렇지만 이러한 환경적 요인은 동시에 또 다른 사회적 변화를 불러오기도 한다. 이러한 사회적 변화는 새로운 상호 작용과 사람들의 이주 그리고 기술 전달을 통해 문화적 진화를 가속한다. 인간이라는 종은 처음부터 혁신을 만들어내는 것이 아니라 복제부터 시작하기 때문에 문화적 복잡성을 상실했을 때 그린란드의 이누이트가 그랬던 것처럼 기술적으로 앞서 있는 다른 사람들과 접촉할 수만 있다면 비교적 빠르게 복구할 수 있다. 문화는 다른 부족과 기술을 교환함으로써 문화적 학습을 경험한 세대로부터 빠르게 유익을 얻을 수 있다. 북아메리카 대륙 대평원 지대에 사는 원주민이 야생마를 길들여 이용하는 기술을 배워 거의 눈 깜짝할 사이에 들소 사냥 문화 자체를 바꾸어버린 것을 생각해보자.

교역망, 자원, 유전자, 문화의 전달은 모두 운송 수단과 관련된 기술의 영향을 받는다. 얌나야 부족이 크게 번성할 수 있었던 것은 그들에게 콜럼버스의 범선 같은 역할을 했던 말과 마차가 있었기 때문이다. 로마 제국이 영토 전역에 걸쳐 거미줄 같은 도로망을 건설하자 교역과 혁신에 불이 붙었고 그 영향력은 2000년이 지난 지금까지 계속되고 있다. 로마 제국의 도로를 따라 세워진 도시는 지금도 번영하고 있을뿐만 아니라 기술적으로도 발전되어 있다.[47] 문화적 다양성과 복잡성은 언제나 교역의 거점 지역에서 가장 많이 찾아볼 수 있다.

화폐의 탄생

더 크고 복잡해진 연결망과 사회를 통해 교역이 증가하면서 황금, 비단, 조개껍질 같은 사치품은 교역 물품에서 결코 빠지지 않았다. 이러한 물품은 채무를 기록하는 데 사용되었고 사업의 규모가 성장하면서 필요에 의해 더 많은 채무를 짊어지게 되었다. 북아메리카의 원주민은 조개껍질을 구슬처럼 목걸이에 꿰어 화폐 대신 사용했다. 지금의 뉴잉글랜드 지역을 식민지로 삼은 네덜란드는 원주민의 조개 화폐를 인정했고 이후 영국인이 들어와 세운 은행에서도 많은 조개 화폐가 '대출'되기도 했다. 1637년에서

1661년 사이, 조개 화폐는 뉴잉글랜드 지역의 합법적인 결제 수단이 되어 많은 거래에 사용되었다. 유럽의 상인은 다른 지역에서도 시장을 원하는 방향으로 차지하기 위해 조개껍질을 멋대로 사용했다. 예컨대 아프리카 서부 배냉에서는 수십억 개의 개오지 조개껍질을 퍼부어 엄청난 숫자의 노예를 확보하기도 했다. 시간이 흐르면서 조개 화폐는 북아프리카, 서남아시아, 유럽 등지에서 규격화가 진행되었다. 이 무렵부터는 조개의 아름다움보다 규격화된 크기가 중요한 가치를 지니게 되었다.[48] 금속으로 만든 동전 역시 이와 같은 문화적 과정을 거쳐 탄생했다.

국제적인 교역망과 함께 복잡해진 경제에서 규격화는 중요한 문제였다. 많은 국가에서는 금이나 그와 비슷한 귀금속을 화폐로 사용해 상품과 용역을 구입했고 그 가치는 무게로 계산했다. 사람들은 진짜 금이나 은 덩어리를 가지고 다녀야 했으며 필요한 무게만큼 조금씩 조각을 떼어냈다. 이 외에도 순도의 문제가 상황을 더욱 불편하게 만들었다. 금의 경우 종종 은이나 다른 금속이 처음부터 섞여 있는 경우도 많았고 의도적으로 다른 금속을 녹여 섞을 경우 속이기도 쉬웠다. 그리스의 수학자 아르키메데스는 그 유명한 목욕탕에서의 발견을 통해 왕관이 순금인지 아닌지를 밝혀냈다지만, 실제로 금덩어리를 들고 거래를 하는 입장이라면 확인 과정은 시간도 많이 들뿐더러 성가신 일일 수밖에 없었다. 해결책은 동전의 주조였다. 국가는 직접 발행한 동전의 가치를 확인하고 보장해줌으로써 골치 아픈 순도 문제를 해결할 수 있었다. 덕분에

미

교역은 더 빠르게 진행되었다. 최초의 동전은 2500년 전 지금의 터키와 중국 지역에서 거의 비슷한 시기에 출현한 것으로 알려져 있다. 동전은 순식간에 널리 퍼지면서 국가를 부강하게 만들었다. 소아시아 지역에 있던 고대 리디아 왕국의 왕 크로이소스는 학자들에게 명령해 금에서 은과 같은 다른 금속을 분리해내고 거기에 사자 모양의 인장을 찍어 무게를 표시함으로써 세계 최초로 순금 화폐에 대한 기준을 세웠다. 금속 화폐, 그러니까 동전은 얼마 지나지 않아 일상에서 사용되는 가장 중요한 대량 생산 품목이 되었으며 동전을 사용하는 경제를 크게 변화시켰다.

다음 단계는 그야말로 진정한 혁명에 가까웠다. 동전에 새겨진 규격 표시를 사람들이 별것 아닌 것처럼 생각하게 될 정도로 완전히 새로운 신뢰 관계가 만들어진 것이다. 종이 화폐의 출현은 신뢰에 대한 엄청난 관점의 변화를 요구했다. 종이라는 물질 자체는 아무런 가치도 없을 뿐더러 그 어떤 아름다움도 담고 있지 않지만, 국가의 재무 담당 기관이 부여한 표시가 순금에 찍힌 그것과 같은 가치를 지닌다는 사실을 수용하라고 요구한 것이다. 그러기 위해서는 종이 화폐의 가치뿐만 아니라 그 가치를 그대로 유지할 수 있는 국가 제도의 안정성에 대해 국가적 규모의 신뢰가 필요했다. 최초의 지폐는 7세기 중국에서 뽕나무 껍질로 만들어 사용되었다. 중국 내에서는 빠르게 전파되었지만, 1000년 가까운 세월 동안 유럽에서는 지폐의 출현에 대해 전혀 알지 못했다. 지폐의 한 가지 문제는 위조 가능성이었지만, 그보다 더 큰 문제는 지폐 가치 하락의 관리였다. 지폐에 대한 신뢰는 언제라도 동전과 같은 가치로 교환이 가능하다는 약속에 의해 유지된다. 중국에서 사용되는 동전은 황동으로 만들고 가운데 사각형의 구멍이 뚫린 이른바 '엽전'이 기준이었다. 15세기에 접어들면서 당시 명나라의 황제는 지폐를 너무 많이 찍어냈고 그 결과 가치가 폭락하며 물가가 치솟았다. 1455년, 지폐는 중국에서 완전히 폐기되었고 그 후 수백 년 동안 중국 역사에 등장하지 못했다. 하지만 지폐는 영원히 묻어버리기에는 너무 좋은 기술이었다. 지폐가 없는 근대 경제는 상상하는 것조차 불가능하다.[49]

우리 집에는 해외여행에서 쓰고 남은 외국 돈을 넣어두는 예쁜 유리그릇이 하나 있다. 예전에는 여행을 떠나기 전에 그릇 안을 뒤지며 쓸 수 있는 잔돈을 찾곤 했다. 프랑스 프랑, 유고슬라비아 디나르, 에콰도르 수크레, 서독의 마르크 등. 그렇지만 이제는 대부분의 돈이 그저 과거의 기념품이 되어버리고 말았다. 돈으로 아무런 가치가 없는 쓸모없는 물건이 되고 만 것이다. 여러 나라가 사라지거나 체제가 바뀌면서 돈도 폐지되거나 혹은 새로운 돈으로 대체되곤 했다. 그렇지만 지난 15년 동안 내가 먼지 쌓인 유리그릇 안을 더 이상 찾지 않게 된 결정적인 이유는 대부분의 서구 사회에서 동전과 지폐가 새로운 기술에 의해 밀려났기 때문이다. 이제 돈에서 국적이나 물질적 특성은 완전히 사라졌다. 신용 카드를 긁거나 손짓 한 번으로 인터넷 송금이나 디지털화된 가상 화폐 등을 이용하면 전 세계를 넘나들 수 있다. 이제 교역은 얼굴과 얼굴을 맞대고 아름다운 물건의 교환을 통해 이루어지지 않는다. 의 사소통이나 신뢰와 관련된 평판도 중요하지 않다. 지금은 얼굴 없는 거대한 다국적 기업과 이방인의 인터넷 온라인 주소를 통해 물건을 구입한다.

1996년 프랑스의 사업가 피에르 오미다이어는 옥션웹Auction-Web이라는 이름으로 자신이 운영하는 인터넷 경매 사이트에서 판매자와 구매자 사이의 다툼을 중재하는 일에 신물이 났다. 그는 사용자들이 알아서 긍정, 중간, 부정을 각각 +1, 0, -1로 표시해 평가하고 자신의 의견을 남길 수 있는 제도를 도입했다. 이렇게 인터넷으로 평판을 결정하는 방식은 엄청난 성공을 거두었고 옥션웹을 바탕으로 새롭게 출발한 인터넷 경매 사이트 이베이eBay.com는 한 해 수익만 20억 달러가 넘는 대기업으로 성장했다. 그리고 모든 유형의 사업에서 거래 당사자가 낯선 사람들과의 신뢰를 쌓기 위해 이와 똑같은 기술을 사용하고 있다. 인터넷 송금과 신용카드 사용 내역은 모두 추적이 가능하며 보장과 보험이 확실하기 때문에 각기 다른 나라와 문화권에 살고 있는 낯선 사람들 사이에서 벌어지는 사업이 제대로 진행되는 데 큰 도움을 주고 있다. 우리는 이제 전 세계 어디서나 누구로부터 거의 모든 물건을 구입할수 있지만, 조상들이 그랬던 것처럼 여전히 모든 거래를 할 때마다 서로의 평판과 상품에 부여된 가치에 의존하고 있다.

집단 내부의 가족이나 친구가 아닌 외부인과의 거래는 싸움이 아닌 협력을 해야겠다는 결심과 함께 시작되었다. 처음에는 비슷한 물건을 그대로 교환했고 나중에는 실체가 있는 아름다운 수집품을 통해 일종의 채무를 교환하는 것으로 거래의 형태가 바뀌었다. 그렇지만 인간은 누가 누구에게 얼마를 빚졌고 거래를 할 때 누구를 신용할 수 있는지 등을 기억하는 인지적 계산 작업의 상당 부분을 사회적 제도에 떠넘길 수 있었다. 이제 인간은 훨씬 더 쉽게 거래를 할 수 있게 되었다. 다만 거래에 사용하고 있는 통화에는 더 이상 그 자체로 어떤 가치도 지니고 있지 않다. 따라서 새로운 종류의 집단적 믿음이 필요해졌다. 하지만 생물학적으로 먹을 수도 없는 쓸모없는 물건에 가치를 부여하고 그 물건으로 시작했던 최초의 계약과 거래가 아마도 믿음과 관련된 인류의 가장 큰 도약이었을 것이다.

XI

건축가들

1965년, 두 강이 만나는 곳 근처에 있는 우크라이나의 메지리 치라는 마을에서 한 농부가 지하실을 넓히기 위해 삽으로 땅을 파다가 단단한 무언가를 발견했다. 확인해보니 그것은 매머드의 거대한 턱뼈였다. 농부는 그 턱뼈를 파내려고 했지만 땅속에 묻혀 있는 또 다른 매머드 턱뼈와 서로 맞물려 있다는 정도만 겨우 알아낼 수 있었다. 결국 혼자서는 어쩌지 못하게 된 농부는 전문가에게 도움을 요청했다. 농부의 지하실에서 확인된 것은 줄잡아 150개가 넘는 매머드의 뼈가 서로 맞물려 엉켜 있는 유적지였다. 그 뼈는 네 채의 집을 떠받치고 있는 기둥이자 서까래였다. 나무는 귀하고 동굴은 더 이상 살만한 곳이 되지 못했던 2만 년 전 지어진 놀라운 구조물의 일부였다.

집을 지은 건 빙하와 눈보라 그리고 엄청난 폭풍우 등 인류 역사 상 가장 혹독했던 환경에 지지 않고 맞서 싸웠던 용감무쌍한 공동 체였다. 사냥과 채집을 주로 하는 이 공동체는 얼어붙은 북쪽의 환 경에서 살아남아 이렇게 영원히 지속될 아름다움을 간직한 웅장한 유적을 남겼다. 바로 최초의 기념비적 건축물의 탄생이었다.

이 건축물은 정교한 설계와 기술을 필요로 하는 복잡하고 놀라 운 구조를 가지고 있었다. 둥글게 지어진 각각의 집은 원형으로 단단하게 맞물린 매머드 턱뼈를 바탕으로 세워졌고 그 지름은 대 략 8미터 이상이었다. 40개 가까운 매머드의 상아는 반구형으로 된 지붕과 집 현관을 떠받치는 역할을 했으며 그 중에는 두개골과 연결되는 부위 일부가 남아 있기도 했다. 서로 다른 길이의 상아 들 위로 속이 빈 또 다른 상아를 끼워 길이를 맞추고 서로 단단하 게 묶었다. 모든 작업이 끝나면 완벽할 정도로 튼튼한 집의 뼈대 가 완성되었고 그 뼈대 위에 가죽이나 다른 뼈를 덮을 수 있게 된 다. 시베리아 연안의 사냥꾼 부족은 19세기까지 이와 비슷한 방식 으로 오두막을 짓고 살았다.

이러한 집을 한 채를 지으려면 매머드 한 무리 전체의 뼈가 필 요했을 것이다. 물론 그런 매머드들을 모두 사냥으로 잡은 것 은 아니다. 일부 뼈들을 보면 다른 육식 동물이 살을 발라먹으며 남긴 이빨 자국 등이 남아 있다. 하지만 그 무게만 해도 최소한 100킬로그램은 나가는 매머드의 상아 하나를 두개골에서 뽑아내

미

원하는 곳까지 운반하기 위해서는 놀라울 정도의 조직력과 협동심이 필요하다. 그 집은 그만큼 공동체에게 소중한 존재였기 때문에 정교한 계획과 함께 막대한 시간과 노동력 그리고 자원이 투여된 것으로 보인다. 당시 매머드의 뼈는 크기와 무게를 떠나 그 자체만으로도 대단히 귀중한 자원이었으며 지금의 코끼리 상아와 맞먹는 귀중한 수집품이었다는 증거를 도처에서 찾아볼 수 있다.[1]

집 안으로 들어가 보면 아름다운 보물이 있다. 호박으로 만든 장신구들이며 화석화된 조개껍질 등은 적어도 500킬로미터는 이동해야 찾을 수 있는 것들이다. 이런 보물 중에는 지금까지 발견된 것 중 가장 오래된 것으로 보이는 일종의 타악기도 있었다. 황토색으로 칠해진 북은 매머드의 두개골로 만들었으며 그 옆에는 또 다른 동물의 기다란 뼈로 만든 북채도 함께 있었다. 북채가 닳은 형태로 보아 어떤 식으로 북을 두드렸는지 알 수 있었다. 아마도 어떤 의식이나 공동체 행사에서 사용된 것으로 추정된다. 또한 전문가들은 매머드 상아에 새겨져 있는 세계 최초의 지도도 찾아냈다. 지도에는 위쪽에서부터 시작해 집과 강의 위치 그리고 집 뒤편의 숲으로 보이는 지점까지 그려져 있다. 네 채의 집이 발견된 이곳은 공동체 구성원에게는 특별한 의미가 있었을 것이다. 그들은 야생의 환경에서 빠져나와 자신만의 보금자리를 만든 것이다.

매머드 뼈로 만든 주거지의 주된 목적은 아마도 극심한 추위와 강풍을 견디기 위한 쉼터였을 것이다. 집 자체가 열대 지방에서 진화한 유인원이 북극의 환경에서 살아남을 수 있도록 해준 문화적 적응의 과정이었을 것이다. 집을 짓기 위해서 모두 힘을 합쳐야 했겠지만, 일단 집이 완성되면 한 채에 최대 100명은 들어갈 수 있었다. 일부 고고학자들은 집의 설계와 규모, 구조적 외형에 깊은 인상을 받았다. 그들은 그곳에 거주하던 사람들에게 종교 혹은 사회적으로 중요한 상징이 있었을 것이라고 주장한다. 이와 비슷하게 뼈로 만든 집은 지금까지 대단히 많이 발견되었고 대부분 네다섯 채의 집이 모여 작은 '마을'을 이루고 살았다. 같은 문화권이거나 집 짓는 기술을 배운 또 다른 부족에 의해 지어진 것으로 추정된다. 좀 더 서쪽으로 가면 동굴과 그 입구 위로 돌출되어 흡사 지붕과 비슷한 역할을 하는 석회암이 피난처를 제공해주었기 때문에 일부러 튼튼한 구조물을 만들 필요가 전혀 없었다.

인간은 먼저 자신과 집단의 정체성을 만들기 위해 아름다움을 사용했고 후에 어떤 가치와 의미를 부여했다. 또한 인간은 아름다움을 사용해 둘러싸고 있는 환경을 새로 만들고 정의하기도 했다. 인간은 산이나 동굴 주거지처럼 자연적으로 만들어진 구조물에 일종의 영적인 의미를 부여하고 기념물과 주거지의 개념을 발명했으며 다시 자신의 뜻대로 새롭게 만들어가기 시작했다. 그렇게 인간은 건축가가 되었다. 상징적 의미가 깃들여진 건축물과 집 그리고 정원의 창조자가 된 것이다. 인간은 집단적 생각과 물리적 배경 사이에 있는 공간 어딘가에 인공의 세계를 세우기 시작했다. 인간이 세운 건물은 의미를 담아 의도적으로 만들어졌다. 인간은

미

자연 환경에서 얻은 물리적 재료를 사용해 그것을 재해석해 인간 세상을 구축했다. 이러한 과정에서 인간은 사는 방식을 변화시키고 자연 생태계의 일부로 살아가게 되었다. 인간은 다른 종과 달리 유전자, 기술, 행동을 교환하기 위해 사람들 사이에 밀접한 연결망을 만들고 서로 협력한다. 그렇게 진정한 하나의 세계가 된다.

욕망과 상징

인류가 '보금자리'를 짓겠다는 생각을 처음 하게 된 것은 수십만 년 전의 일이다. 프랑스 남서부에서는 네안데르탈인이 17만 6000년 전에 지은 집터가 발견되었다. 브루니켈Bruniquel 동굴 안쪽에는 부서진 석순 조각을 모아 낮고 둥근 벽 비슷한 것을 만들었던 흔적이 남아 있다. 이 흔적은 최초의 인공적 구조물로 알려져 있다. 이 벽으로 동굴의 내부 공간을 나누어 각자 사용할 수 있는 편안한 보금자리를 만들었거나 의식이나 또 다른 목적을 위해 사용했을 것이다. 또한 그 안에서 불을 사용했던 흔적도 있었다. 인간의 조상은 이렇게 보금자리를 만들면서 동시에 동굴을 꾸미는 식으로 자연적으로 이루어진 구조물을 고쳐 사용하기도 했고 구할 수 있는 재료를 나름의 방식으로 사용하기도 했다. 고고학자들은 나무로 만든 칸막이와 얕은 지붕의 흔적도 찾아냈는데 아마도 추위와 습기를 막기 위해 사용한 것이 분명하다. 지붕을 덮는데 동굴 사자의 가죽을 사용했던 증거도 발견했다.

우리는 보통 사냥과 채집을 주로 하는 사람들이 일정한 거처 없이 떠돌아다녔을 것으로 생각한다. 실제로 그런 경우가 있기는 하지만, 대부분의 부족은 반영구적인 주거지를 가지고 있었고 세대를 이어 살았다. 이러한 주거지에서 하는 야영 생활은 보통 몇 개월 정도 계속되며 그 기간 동안 축제, 종교적 의식, 일상의 대소사를 치렀다. 물론 교역의 중심지로 아주 유용하게 사용되기도 했다. 인류 최초의 야영 생활에서는 야자수 가지나 나무 혹은 대나무 등 식물을 재료로 지금의 천막 역할을 하는 집을 지었으며 시간이 지날수록 허물어지기 쉬웠을 것이다. 야외에 마련한 고대의 반영구적 주거지와 관련한 증거는 서유럽에서 점점 더 많이 발견되고 있다. 주로 규모가 얼마 되지 않는 사냥꾼 무리가 겨울에 다른 큰 무리와 함께 동굴이 제공해주는 쉼터에서 생활했고 여름에는 야외에서 생활했던 것으로 추정된다. 이 같은 야외 주거지에 대해 가장 잘 연구된 사례로는 프랑스 센 골짜기의 뱅스방Pincevent이 있다. 이곳에서는 약 1만 5000년 전 여름을 지내러 온 사냥꾼 무리가 다섯 장의 순록 가죽으로 천막을 만들어 세웠던 흔적이 발견되었다. 비록 제대로 된 토대 같은 것은 전혀 남아 있지 않지만, 천막 안에서 도구 제작자가 도구를 만들기 위해 쪼개놓은 부싯돌 모양을 기초로 구조물의 형태를 부분적으로나마 짐작할 수 있다.

수만 년 이상 사람이 살았던 동굴 같은 영구적 구조물은 인류의 조상이 반쯤 정착한 상태로 안정적인 생활을 누렸음을 보여준다. 놀라울 정도로 세밀하게 그려진 그림이나 조각품은 이러한 최초의 보금자리를 아름답게 꾸며주고 있다. 거기에는 6만 5000년 전 네안데르탈인의 그림과 손에 물감을 묻혀 찍은 그림, 3만 5000년 전 지금의 인도네시아 술라웨시Sulawesi섬에서 만든 조각품이 포함된다. 또한 그 손자국의 크기를 감안할 때 대부분 여성이 손자국을 찍었던 것 같다. 주거지를 편안한 보금자리로 꾸미는 과정에서 인간은 계속해서 주변 환경을 변화시켰다. 숲에서는 나무를 베고 동물을 사냥하다 결국 완전히 인공적인 풍경을 창조하기에 이르렀다. 인간의 육신은 정신적 그리고 신체적으로 보금자리로 바뀐 환경에 반응한다. 인간은 편안함과 안전함을 느끼며 내 집이라고 생각되는 곳에 들어서자마자 포도당 내성, 아드레날린 수치, 호흡, 신진대사 반응 등이 측정 가능한 수준까지 크게 변한다. 이처럼 환경을 통한 자극은 인간의 수면 형태에서 지방 축적까지 모든 측면에 영향을 미치면서 생명 활동을 아주 미묘한 방식으로 변화시킨다.

화톳불을 둘러싸고 인류의 조상들이 나눴던 이야기에는 부족을 하나의 단합된 무리로 묶어주는 이야기와 눈앞에 놓인 생존의 위협에 힘을 합쳐 대항할 수 있도록 해주는 이야기 등이 포함되어 있었다. 대부분 초자연적인 존재에 대한 것들이다. 과거의 조상도 등장하는 신화나 전설은 하늘, 바위, 호수, 언덕 등 주변 환경 중에서도 인상 깊은 요소에 영적인 힘을 부여한다. 세상 모든 만물에 정령이 깃들어 있다고 믿는 문화를 통해 인간은 계속해서 주변의 중요한 장소를 찾아가 경배하고 새로운 힘을 갈구한다. 오랜 세월 동안 많은 공동체에서 기독교나 이슬람교를 믿어왔지만, 그런 곳에서도 특별한 모습의 바위나 완벽한 원뿔 형태의 화산 혹은 표범 같은 아름다운 동물의 힘을 믿는 고대 신앙이 여전히 그대로 남아 있다. 일단 이러한 상징물이 모두에게 의미가 있는 대상이 되면 사람들은 자신들만의 또 다른 장식적 요소를 더하고 치르는 의식에도 포함시킨다. 오스트레일리아 원주민이 그 유명한 울룰루 Uluru, 즉 에어즈 락Ayer's Rock 바위산의 그림을 그리거나 남아메리카 원주민이 표범처럼 차려입는 것이 그 좋은 사례다.

그런 다음 사람들은 자신들만의 기념물을 세우기 시작한다. 인류와 그 문화적 상징을 자연의 세계와 구분하는 과정이 실질적으로 시작된 것이다. 약 1만 2000년 전 터키 남동부 지역에 있는 괴베클리-테페Gobekli-Tepe, 즉 '솟아오른 언덕'에서 사냥과 채집을 주로 했던 한 집단이 세계 최초의 거석 기념비라고 부를 만한 구조물을 세웠다. 5미터 길이의 돌을 깎아 세운 거대한 기둥 위에 직사각형 돌판이 수평으로 올라가 있는 구조물이었다. 이런 구조물이 언덕 꼭대기 위에 한 개도 아니고 여러 개가 원형으로 늘어서 있었다. 이같은 T자 형태 기둥 중 일부에는 아무것도 새겨져 있지 않았지만, 또 다른 기둥에는 문화적으로 중요한 상징임에 분명한 동물의 모습이 3차원 형태로 생생하게 새겨져 있다. 바로 독수리, 여우, 사자, 전갈 같은 동물이다. 이처럼 거대한 규모의 상징물에서 아름다움은 더 이상 소유하거나 거래할 수 있는 수집품의 대상이 아니며 죽은 사람들을 묻는 장소로써 공동체의 단합을 끌어내기 위해 만든 집단적 표시였다.[2]

미

현재 '솟아오른 언덕'과 그 주변은 갈색 먼지만 가득한 황폐한 땅에 불과하다. 수천 년 동안 농사를 지으며 과도하게 땅을 혹사시켰고 최근에는 기후 변화까지 일어났기 때문이다. 그렇지만 풍요로운 낙원이었던 그 시절, 이곳은 동부 지중해 연안과 아프리카에서 동물의 뒤를 따라온 사람들에게 대단히 상서로운 곳이었다. 야생 보리와 밀 등 초목이 무성하고 부드럽게 흐르는 강 위로 기러기며 많은 철새가 몰려들었을 것이며 과일과 견과류 나무는 물론 야생 초식 동물 무리도 넘쳐났을 것이다.

무게만 7톤이 넘는 이 기둥은 어느 떠돌이 부족이 그 자리에서 즉흥적으로 깎아서 세운 것이 아니다. 이 기둥은 사냥과 채집을 하던 부족이 전례가 없는 규모로 동원되어 수세기에 걸쳐 만든 것이다. 이렇게 상징적이면서 화려한 장식의 엄청난 구조물이 세워지려면 수백 명이 넘는 인력이 필요했을 것이며 이들 모두를 먹이고 입히고 재울 공동체의 지원도 필요하다. 작업이 진행되고 그 소문이 퍼져나가면서 더 많은 유목민이 이 일에 참여하기 위해 또는 참배를 하기 위해 몰려든 사람들이 있었을 것이다. 괴베클리-테페는 새로운 기회를 찾고 있던 숭배자, 상인, 이주자를 위한 목적지가 되어주었다. 주변 지역으로 정착지가 확대되었고 늘어나는 인구를 위한 먹을거리며 그 밖의 생필품을 제공하기 위해 1년 내내 쉬지 않고 생산 활동이 진행되었다.

사람들이 모여들어 활동하자 아름다운 것을 만들어내려는 인간의 욕망이 불타올랐다. 집단 의식을 반영하는 거대하고 상징적인 대상이 만들어졌고 최초의 영구적인 집단 정착지가 1만 년 전 출현하게 되었다. 정착민은 인간의 문화적 진화 방향을 바꾸었다. 하나의 사회로서 인간이 서로 대응하는 방법, 즉 연결망의 형성이 영향을 받았고 또한 주변의 다른 생태계와의 역학관계도 바뀌었다.

유목민에서 농민으로

인간의 영구적 정착지는 지역의 자원에 또 다른 압력을 가하게 된다. 다시 말해, 사람들이 쉽게 얻을 수 있는 먹을거리를 모두 소진하면 더 많은 준비와 비용 그리고 노력이 필요한 달갑지 않은 먹을거리 확보에 의존할 수밖에 없게 된다는 뜻이다. 한곳에 모인 수많은 사람은 먹고 살기 위해 야생의 양과 염소를 가축으로 길들이기 시작했고 야생의 곡물이나 과일도 따로 한 곳에서 집중적으로 재배하게 되면서 먹을 수 없고 쓸모없는 초목이 자연스럽게 구별되었다. 과학자들은 괴베클리-테페에서 약 32킬로미터쯤 떨어진 곳에서 최초로 시도된 농업의 흔적을 발견했다. 방사성 탄소 연대 분석 결과 괴베클리-테페가 세워지고 500년이 지난 후 어느 선사 시대 마을에서 세계 최초로 인간에 의한 밀 품종 개발이 이루어졌다는 것이다.

인간은 수천 년 동안 야생에서 자란 풀의 씨앗을 거둬서 사용했고 점차 그 진화 과정에 영향을 미쳐 결국 인간의 입맛에 맞게 변형된 새로운 종을 만들어냈다. 이러한 정착지에서는 입으로 씹어 발효시킨 곡물을 다시 끓였고 이에 따라 유전자의 진화적 선택이

미

이루어지며 몸속에서 알코올을 분해할 수 있게 되었다.[3] 발효와 양조 작업은 곡물에 대한 지식을 한층 더 늘려주었으며 일부 곡물은 따로 저장할 수도 있었다. 곡물을 저장할 수 있다는 발상은 그 자체만으로도 정말 혁명적인 사고의 전환으로 훨씬 더 중요한 실험으로 이어졌다. 사람들은 가장 튼튼하고 껍질을 벗기기 쉬운 씨앗을 골라내 심기 시작했다. 그들의 조상이 야생 늑대를 길들여 가축으로서의 개를 만들어낸 것처럼[4] 이들도 바람에 의해 흩뿌려지는 자연 선택의 적응 과정을 통해 자라난 다양한 씨앗의 유전적 진화에 영향을 주었다. 인간이 낫으로 수확하기 수월하도록 적응한 곡물을 재배하기 시작한 것이다. 인간이 고르고 재배한 새로운 곡물은 단백질이 풍부했고 가루로 만들어져 불 속에서 빵으로 다시 탄생했다. 이 같은 곡물의 가공 과정은 금세 사방으로 널리 퍼져나갔으며 빵은 세계 대부분의 지역에서 대단히 중요한 의미를 차지하고 있기 때문에 지금도 여러 지역에서는 처음 찾아온 손님과 빵을 찢어 함께 식사를 하는 행동을 중요하게 여긴다.

　의미를 담은 사물을 통해 자신을 시각적으로 표현하고자 하는 아름다움에 대한 본능적 충동은 인간을 떠도는 부족에서 거래를 하는 부족으로 그리고 정착한 농민으로 변화시켰다. 그 각각의 단계마다 한 지역에서 머무를 수 있는 사람의 숫자는 점점 더 늘어났다. 한정된 땅에서 사냥과 채집을 할 때보다 농사를 지으면 다섯 배는 더 많은 열량을 확보할 수 있다. 사냥과 채집을 하는 부족은 그 규모가 크지 않으며 머물고 있던 땅에서 더 이상 얻을 것이 없으면 바로 그 땅을 떠난다. 그렇지만 강력한 사회적 유대감을 바탕으로 한 교역을 통해 인류의 조상은 인구를 급격하게 늘릴 수 있었고 한 지역에서 필요한 자원이 고갈되어도 다른 지역에서 공급을 받을 수 있었다. 영구적 정착지가 마련되고 얼마 지나지 않아 농업이 시작되자 수용 가능한 사람의 숫자는 더욱 늘어났다. 최초의 신석기 시대 주민은 어디에 자리를 잡든 사냥과 채집을 주로 하는 부족민의 숫자를 압도하게 되었다.[5, 6] 농업은 대단히 유용한 기술로 전 세계 여러 지역에서 각기 다른 시대에 독립적으로 발명된 것으로 보이며 곧 사방으로 퍼져나갔다. 인간의 세상은 결국 농업을 바탕으로 세워질 수 있었다.

어쩌면 인류의 조상은 괴베클리-테페보다 좀 더 일찍 그와 비슷한 기념물을 세웠는지도 모른다. 다만, 아직 발견되지 않았거나 세월이 흐르면서 파괴되었을 수도 있다. 약 7만 년 전 보츠와나에 있는 라이노Rhino 동굴에서는 정교하게 만든 창날을 불에 태우거나 부수어 평평하고 거대한 바위 앞에 제물로 바쳤고 그 바위에는 인간이 만든 것이 분명한 수백여 개의 둥근 구멍이 뚫려 있었다.[7] 그렇지만 아주 오랜 기간 동안 수많은 인간의 노동력이 필요했을 괴베클리-테페의 그 어떤 부분도 많은 인구를 먹여 살릴 수 있는 환경이 뒷받침되지 못했다면 결코 완성되지 못했을 것이다. 마지막 빙하기 동안 지구 대기에는 역사상 가장 낮은 수준의 이산화탄소만 남아 있었고 광합성이 원활하게 진행되지 못해 지구상에서 자라는 초목의 규모는 평소의 절반에 불과했다. 2만 년 전 이 땅

위에 살았던 유목민이 대기 중 이산화탄소 농도가 180ppm 정도였던 당시에 대규모로 한 곳에 영구적으로 정착해 사는 것은 불가능했다. 자연적으로 이루어진 목초지나 숲만으로는 사람들은 물론 가축도 제대로 건사할 수 없었다. 빙하기 동안 농사를 짓는 것은 불가능했고 사람들이 대규모로 정착 생활을 할 수 있는 것은 오직 농업에 의존할 때뿐이었다.[8]

약 1만 1000년 전, 해류의 순환 형태가 바뀌면서 대기 중 이산화탄소가 새롭게 채워지게 되어 환경도 변화했다. 지구 생태계는 놀라울 정도로 풍요로워졌다. 그로부터 3000년이 채 지나지 않아 대기 중 이산화탄소 농도가 250ppm까지 치솟았고 각종 초목이 크게 번성했으며 토양은 물과 질소를 저장하며 비옥해졌다. 야생의 곡물, 과실, 초목이 크게 늘어나면서 사냥과 채집을 하는 부족은 먹을거리를 구하기 위해 멀리 돌아다닐 필요가 없었고 가축도 좀 더 오래 같은 자리에 머물 수 있게 되었다. 충분한 물자를 안정적으로 공급받을 수 있게 된 인간은 서로 힘을 합쳐 거대한 기념물 조성에 나서게 되었다. 이 작은 걸음을 시작으로 인류는 도시와 제국의 건설자로 변신했다. 아름다움은 인간과 세상을 변모시켰다. 그렇지만 문화적 진화는 환경의 변화를 통해서만 가능했다.

인간은 농업과 정착 생활이라는 문화적 변화를 겪고 난 후 또 다른 문화적 진화를 불러일으켰다. 야생 동물을 길들여 가축이라는 새로운 종을 만들어냈으며 야생 식물을 재배해 농작물이라는 새로운 종을 만들었다. 지금으로부터 5000년 전쯤 인간은 오늘날 존재하는 모든 가축과 농작물을 확보했다. 그 이후 완전히 새로운 길들이기나 재배는 더 이상 발생하지 않았다. 인간은 필요로 하는 열량의 60퍼센트를 밀, 옥수수, 쌀 단 세 가지 곡물로부터 얻고 있다. 이러한 환경적, 문화적 진화는 인간 자체의 유전자 변화로 이어졌다. 적응에 대한 선택을 통해 인간은 곡물을 섭취하고 소화시키고 다수가 모여 있을 때 발생하는 질병을 이겨낼 수 있게 되었다. 5000년 전의 인간도 네안데르탈인과는 달랐지만 현재 인간은 5000년 전 인간과 비교했을 때 유전적으로도 더 많이 다르다. 지난 5000년 동안, 그러니까 불과 150여 세대가 지나는 동안 양성 선택은 인간 진화의 역사에 있어 그 어느 때보다 많이, 최소한 100배 이상 일어났다. 그 변화의 대부분은 식생활과 전염병 때문이었다. 인구 증가가 진화적 영향을 가속화시킴으로써 인간 유전자 중 7퍼센트 이상이 최근에 변화를 경험했다.[9]

그렇지만 초창기 농업은 여전히 불안정한 생활 방식이었고 수많은 사람이 굶주리거나 간신히 살아남는 수준이었다.[10] 주변의 야생 동물은 정착민 때문에 개체 수가 점점 줄었고 만일 수확에 문제라도 생긴다면 새로운 땅으로 옮겨가기는 더 어려워질 터였다. 지금의 터키 지방에 있는 고고학 유적지에서 발견된 증거를 통해 약 9100년에서 8000년 전 사이 출산율 상승으로 인구가 급격하게 팽창한 것을 확인했다. 동시에 탄수화물 위주의 저단백 식생활 때문에 뼈를 통한 감염이나 충치가 증가했다는 사실을 알 수 있었다. 사실 농업의 확산은 처음에는 사회 기반을 뒤흔드는 위협이었다.

농업으로 문제를 겪은 건 건강뿐만은 아니었다. 사회적 안정도 영향을 받았는데 이 같은 사회적 부조리는 여전히 여러 곳에서 찾아볼 수 있다.[11] 8000년 전 이미 하나의 도시를 이루었던 차탈휘위크Çatalhöyük(터키 남부 아나톨리아 평원에서 발굴된 고대 도시 유적지.-옮긴이)의 놀라운 모습을 살펴보자. 지붕 쪽으로 들어가게 되어 있는 진흙 벽돌로 만든 방 하나짜리 집 수백 채가 모여 있던 이 도시는 놀라울 정도로 평등했고 강력한 사회 규범과 질서를 통해 개인적 부의 축적을 막았다. 그런데 6500년 전 이러한 사회 질서에 변화가 일어났다. 각 가정 사이에 불평등이 증가했고 이와 관련해 사회 질서를 따르지 않는 거주민에게 잔혹한 응징이 가해졌다. 이 무렵 사망한 이들의 두개골을 보면 의도적인 공격을 당한 후 회복된 흔적이 보인다.[12]

또한 당시에는 성별에 따른 계층이 출현하기도 했다. 아마도 상체의 힘이 더 강한 남성이 밭에서 쟁기질을 하기에 유리했던 것도 그 이유 중 하나라고 짐작할 수 있다. 다시 말해 남성이 먹을거리 공급에서 중요한 위치를 차지하게 되었기 때문이다. 이렇게 중요한 자원을 좌지우지할 수 있게 되자 남성은 다른 영역도 지배하게 되었다. 1970년, 덴마크의 경제학자 에스테르 보스럽은 전 세계 사회에서 여성이 맡고 있는 역할의 차이를 각 사회가 사용하는 농업 기술과 연관시켜 조사했다.[13] 초창기 농업처럼 끝이 뾰족한 막대기나 괭이처럼 손으로 들고 사용하는 농기구가 많이 사용되고 노동력이 많이 투입되던 시기에는 여성도 적극적으로 농사를 거들었다. 그런데 쟁기의 사용으로 노동력보다 자본이 더 중요해지고 강력한 상체의 힘과 쟁기를 잡는 힘 그리고 필요할 때 쟁기를 뒤로 잡아당기거나 앞으로 끄는 가축을 다루는 힘이 더 중요해졌다. 또한 쟁기는 자녀를 돌보면서 동시에 사용할 수 없었기 때문에 남성은 주로 집 밖에서 쟁기를 사용해 농사를 짓고 여성은 집 안에서 집안일을 돌보는 것이 일종의 공식처럼 자리를 잡았다. 결국 이러한 노동의 분업화는 여성이 있어야 할 '원래의' 자리는 집 안이라는 규범을 만들어냈다. 이 같은 규범은 심지어 경제의 기반이 농업을 벗어난 후에도 계속 이어졌고 집 밖에서의 여성의 모든 활동과 취업에 영향을 주고 있다. 연구에 따르면 아프리카의 경우처럼 과거 경제 기반을 괭이 등을 사용하던 기초적 농업에 두고 있다가 발전한 문화권에서는 쟁기를 주로 사용했던 아라비아반도를 중심으로 한 서남아시아 지방과 달리 남녀가 더 평등하다. 사하라 사막 남쪽에서도 이와 유사한 변화가 일어났는데 가축을 소유하는 일이 흔해지면서 모계 중심의 사회적 규범은 부계 중심의 사회적 규범으로 바뀌게 된다.[14] 오직 가축에 치명적인 체체tsetse 파리(아프리카 원산의 흡혈성 파리의 총칭.—옮긴이)가 들끓어 가축을 사용한 농업이 불가능했던 지역에서만 모계 중심의 사회 체제가 유지되었다. 이처럼 환경으로 인한 압력은 문화에도 영향을 줄 수 있다.[15]

각기 다른 농업 방식은 또 다른 사회적 규범에도 영향을 미쳤다. 여러 땅과 복잡하게 연결된 관개수로를 사용하는 벼농사의 경우 빗물에만 의존하는 밀 농사에 비해 농부들 사이에 협력을 더 필요로 하며 집단적인 의식이 존재해야 한다는 것이 중국에서 진행된 어느 연구의 결과다.[16] 반면, 밀 농사의 경우 좀 더 개인적인 성향이 반영된다. 그야말로 좀 더 '서구적인 사고방식'이라고도 할 수 있다.

어떤 기술이 사용되었든 인류의 조상이 같은 면적의 땅에서 가장 많은 열량을 공급해 줄 수 있는 곡물에 더 의존하게 되면서 사회적 규범은 가부장적 사회를 지향하는 쪽으로 바뀌게 된다. 여성의 평균 수명이 28세 미만이었던 시절, 영유아의 75퍼센트가 사망했고 여성은 부족의 생존을 위해 평생 임신과 출산 그리고 육아만을 반복해야 했다. 유목을 주로 하며 떠도는 부족의 경우 한 번에 한 아이 이상을 돌보는 것이 힘들기 때문에 한 아이가 어느 정도 자랄 때까지 다른 아이를 갖는 경우가 드물었지만, 농업을 주로 하는 사회에서는 매년 쉬지 않고 아이를 출산했다. 아이들도 밭을 일구고 가축을 돌볼 수 있기 때문에 남성은 경제적인 이유로 아내의 임신과 출산 문제에 관여하기 시작했다. 또한 아내의 성생활과 성욕 문제에도 엄격해지기 시작했다. 우선 자신이 생활을 책임지는 아이가 친자임을 확실히 하기 위해서였고 재산이 축적되면서 분명한 친자에게만 유산을 상속해주기 위해서였다. 또한 여성은 결혼을 위한 부족 사이의 여성 교환이라는 관습 때문에 많은 고통을 겪었다. 자신의 부족을 떠나게 된 젊은 여성은 가족의 도움을 전혀 받을 수 없었다. 따라서 평생동안 가까운 곳에 남아 지켜줄 수 있는 남성 친척이 있다면 그 도움을 받기 위해 어떤 식으로든 대가를 치러야 한다는 뜻이었다. 농업을 기반으로 하는 정착 사회에서는 부계 중심의 전사 출신 부족이 점점 더 세력을 확장하게 된다.[17] 남녀가 평등해서 제대로 된 전사 계급이 부족했던 공동체는 부계 중심 부족에게 압도당했고 남성 포로는 모두 학살당하던 시절에 패배한 부족의 여성과 아이는 모두 포로나 노예 신세로 전락할 수밖에 없었다.[18] 간단하게 정리하면 이 무렵부터 여성과 아이는 모두 남성의 소유물이 되고 만 것이다.

농업을 기반으로 하는 정착 사회는 또 다른 엄청난 사회적 반향을 불러일으켰다. 우선 농업은 혈족이나 친척이 아닌 사람들과 훨씬 더 긴밀한 협조를 필요로 했다. 스스로를 지키기 위한 준비 등에 더 단합된 공동의 대응이 필요했던 것이다. 일정 규모의 경작지에 씨앗을 비롯한 여러 자산이 투자되었다면 다른 부족의 침략으로부터 땅과 투자한 자산을 지켜야 한다. 더 큰 마을과 도시를 유지하기 위해 대규모 농업이 필요하다는 것은 대규모의 토목 공사가 수반되어야 한다는 뜻이다. 우선은 관개수로를 건설해야 하며 홍수를 막기 위한 제방을 쌓아야 한다. 때로는 강물을 끌어오기 위해 더 큰 수로를 파야 할 경우도 발생한다. 이러한 토목 공사가 진행되려면 정교한 사전 계획, 노동력의 조직, 완성된 계급 구조, 제도를 바탕으로 한 관리가 필요하다. 이 모든 것은 결국 사회적 연결 관계와 그 안에 있는 구성원의 위치 그리고 구성원의 삶의 기회까지 모두 바꾸게 된다.

사냥과 채집을 주로 하는 부족이 주변 환경으로부터 필요한 것을 그때그때 조달할 수 있다고 생각해보자. 이런 상황이라면 더 많은 생산 활동에 대한 어떤 유익도 없다. 지금 먹을 수 있는 양 이상으로 먹을거리를 조달하기 위해 시간을 쓴다면 어리석은 낭비일 뿐이기 때문이다. 그런데 농업은 완전히 새로운 경제 체제를 만들어냈다. 바로 세금이라는 제도를 통해 상호 보완 과정에서 더 많은 공공 건축물과 사회 기반 시설 건설을 지원할 수 있게 되었고 덕분에 인구가 증가할 수 있었다. 곡물은 정해진 때에 추수하기 때문에 단위 면적으로 계산해 쉽게 세금으로 거둘 수 있으며 또 저장과 거래가 가능해 심지어 화폐를 대신하는 지불 수단이 될 수도 있다. 세금을 납부할 수 있는 사람이 늘어나면서 지배 계층과 함께 새로운 사회 구조가 형성되었다. 이 지배 계층은 국가를 지배하며 잉여 농산물과 세금을 이용해 사회 기반 시설과 군대 그리고 방위 시설 같은 지배 활동을 위한 자금을 조성했다.

땅속에 묻힌 뿌리나 줄기 식물이 주요 농작물인 곳에서는 국가가 형성되지 않는다. 농작물이 눈에 실제로 보이지 않고 수확 시기가 불규칙하면 세금 회피가 훨씬 더 쉽기 때문이다.[19] 농업은 대단히 노동집약적인 산업으로 일단 한 국가가 일정 수준의 농작물 수확과 세금에 의존하면 노동력은 그 자체로 농작물 못지않은 중요한 자원이 된다. 지배 계층은 대규모의 노동력을 유지하기 위해 애를 쓰는 동시에 이 소중한 자원을 무자비하게 관리한다. 평균 수명이 짧았고 질병과 영양 부족이 만연했던 이 시기에는 전쟁을 통한 노예 확보 그리고 채무를 담보로 한 강제 노동 등도 노동력을 유지하며 관리하는 방법이었다. 일부 조세 방법을 보면 가난한 사람을 먹이기 위해 관세 제도가 도입되기도 했는데 보통은 이를 통해 일반 국민의 불만을 잠재우고 충성을 약속받을 수 있었다. 고대 로마 제국에서는 정복한 식민지에 세금을 부과해 모인 자금을 바탕으로 본국 로마의 가난한 시민에게는 무상으로 여러 혜택을 주었다. 물론 로마 시민권이 있는 사람들은 세금도 내지 않았다.[20] 로마 제국 시민 200만 명 중 상당수가 직업이 없이 생활을 했다. 언제든 위험천만한 폭도로 돌변할 수 있는 이들을 달래 준 것은 그 유명한 '빵과 구경거리bread and circuses'(로마의 시인 유베날리스의 풍자시에 등장하는 표현. - 옮긴이) 정책이었다. 가난한 시민에게 무상으로 식량과 오락거리를 제공해주었던 것이다.

국가라는 거대한 기념물

대규모 사회경제적 변화는 농업과 함께 사람들의 삶에도 변화를 가져왔다. 농업에 종사하는 사람은 고된 상황을 참아내며 수확으로 인한 보상을 약속받고 대규모 사업에 시간과 노력을 투자한다. 그렇게 투자한 시간과 노력에 대한 보상은 한참 뒤에야 돌아오기 때문에 신뢰가 필요하다. 아름다움은 이러한 상황에서도 중요한 역할을 한다. 기념비나 기념물은 인간의 희망을 구체적으로 표현한 것이며 결점이 있는 인간이 책임을 미룰 수 있도록 해주는 거대한 권력을 나타내기도 한다. 인간은 바로 여기에서부터 국가

미

라는 개념을 진화시켰다. 국가는 그 자체로 일종의 거대한 기념물이다. 인간은 그 안에서 가치와 의미를 추구하고 또 개인과 집단의 정체성을 하나로 일치시킨다.

가장 거대하고 극적인 기념물 중 일부는 가장 희망이 없는 사람들에 의해 세워졌다. 상식적으로 생각하면 이런 사람들은 자신들의 시간과 자원을 생존을 위해 사용하는 것이 더 옳다. 하지만 이러한 생각은 의미의 가치를 과소평가하는 것이다. 기념물은 인간이 서로 협력하고 있음을 나타내는 구체적인 증거다. 이스터Easter 섬에 있는 거대한 석상을 생각해보자. 조상의 모습을 깎아 만든 일종의 기념비인 모아이Moai는 섬이 겪었던 비극을 소리 없이 말하고 있다. 가장 가까운 대륙인 남아메리카로부터 3000킬로미터나 떨어져 있는 태평양 한가운데 위치한 이스터섬은 사람들이 다른 곳으로 이주하지 않고 끝까지 머무른 지구상의 몇 안 되는 곳 중 하나이다. 지금으로부터 약 1300년 전, 초원 지대의 지형을 읽을 수 있었던 칼라하리 사막의 부시맨 부족처럼 바다의 지형을 '읽을 수' 있을 정도로 높은 문명 수준을 자랑했던 태평양 남부의 또 다른 섬 주민들이 두 척의 통나무배를 하나로 묶어 만든 배를 타고 처음 이스터섬에 도착했다. 그들은 해류의 특정한 흐름을 알아보았고 떠다니는 표류물이며 구름의 형태, 날씨 등을 분석할 수 있었다. 문화적으로 학습된 또 다른 기술을 가지고 있었던 이들은 지금의 뉴질랜드와 피지섬을 포함해 태평양 곳곳에 위치한 교역의 중심지를 항해할 수 있는 능력이 있었다.

16세기 무렵, 이스터섬 주민은 대양을 항해할 수 있는 지식을 상실했고 궁지에 몰리게 된다. 점점 심해지는 환경의 압박은 농지를 황폐하게 만들었고 절망에 빠진 섬 주민은 수백 개가 넘는 거대한 돌 조각상, 즉 모아이를 만들어 세우는 것으로 대응했다. 수호신이라 할 수 있는 모아이가 자신들에게 힘을 주고 하나로 뭉칠 수 있도록 해줄 것이라는 모두의 믿음은 문화적으로 진화된 인간의 생존 적응력 중 하나라고 볼 수 있다. 그렇지만 높이만 21미터에 달하는 모아이를 만들어 세우는 작업 자체가 섬의 황폐화를 더욱 가속화시켰다. 채석장에서 깎아 만든 모아이를 원하는 장소로 끌고 오기 위해 통나무를 받쳐 굴렸는데 그 때문에 섬의 숲이 크게 줄어들었고 토사가 유실되면서 가뭄이 더욱 심해졌다. 결국 기근이 몰려오며 섬의 인구가 크게 줄어들었고 씨족들 사이에서는 전쟁까지 일어났다. 서로의 모아이를 쓰러트리면서 경쟁 씨족을 죽이고 잡아먹었다. 당시의 가장 큰 욕설은 아마도 "네 어미의 살점이 아직 내 이빨 사이에 끼어 있어"였을 것이다. 모아이 조상에 대한 숭배는 1600년 무렵 소멸했고 새 인간Birdman 신앙이 그 자리를 대신했다. 이스터섬은 외부의 영향 없이 하나의 신앙이 또 다른 신앙으로 극적으로 뒤바뀐, 문화적 변화에 대한 아주 놀라운 사례라고 할 수 있다.[21] 새 인간 신앙은 이스터섬의 부족한 환경 자원에 초점을 맞춘 봄철의 숭배 축하 의식이다.[22] 문화적 진화는 환경의 변화를 불러왔으며 그 환경의 변화는 또 다른 문화적 진화로 이어진다.[23]

미

인구가 크게 증가하면 새로운 사회적 제도가 필요해지는 것은 물론이고 사회적 평판도 강화할 필요가 있다. 이 같은 시기에 평판은 인구가 증가할 때 자연스럽게 만들어지는 계급 구조, 사회 내의 작은 공동체에 기반해 형성된다. 그리고 규모의 경제가 만들어져 증가한 인구의 삶을 지탱할 수 있게 된다. 유라시아 대륙의 농경 사회는 북아메리카 대륙과 비교해 불평등이 더 심했다. 이것은 아마도 유라시아 대륙 사람들이 많은 가축을 통해 잉여 노동력을 확보했기 때문으로 보인다. 길들여진 말과 소의 힘은 더 빠르고 광범위하게 경제 성장을 이끌었고 가축 자원에 대한 경쟁이 불평등을 더 악화시켰을 것이다.[24] 이 같은 계급 구조는 부족을 하나로 묶어주는 사회적 맥락과 맞물리면서 사회적 규범, 아름답게 만들어진 상징을 통해 강화되어 권위, 지배층, 관습이나 관행에 대한 도전을 점점 더 어렵게 만든다. 기념물과 상징적 예술 작품은 이 같은 사회적 규범을 반영한다. 부유한 이들의 모습이 신이나 신에 가까운 존재로 묘사되는 건 아주 흔한 일이다. 부유한 지배 계층은 그저 더 많은 토지나 식량만 소유한 것이 아니라 구성원의 생계까지 책임지는 위치에 선다. 논리적으로 생각하면 가난한 이들은 더 무기력해지고 선함이나 신성함과는 더욱 거리가 멀어진다. 따라서 자신보다 더 부유한 이들의 관대함에 기댈 수밖에 없게 된다.

거의 모든 사회에서 사회적 연결망 속 개인의 위치는 줄곧 출생부터 결정되어왔다. 인도의 경우 강력한 신분제인 카스트가 계속 유지되는 것으로 악명이 높다. 카스트는 대단히 엄격해서 같은 계급끼리만 결혼할 수 있도록 강제해 유전체에서도 그 특징이 나타날 정도다.[25] 영국에서도 부모의 사회적, 경제적 지위가 자녀의 미래 직업과 재산을 거의 결정짓는다고 해도 과언이 아니다. 부유한 부모는 자신의 아이를 고급 사립학교에 진학시킨다. 바로 사회적 선택에 대한 비용을 지불하는 것으로 이를 통해 동일한 지배 계층의 연결망에 확실히 자리를 잡게 한다. 이 계층의 사람들은 훗날 영국의 재계, 정치계를 아우르는 사회 지도층을 대부분 차지하게 된다. 물론 이러한 사회적 계층의 또 다른 한쪽 끝에는 반대의 사람들도 존재한다. 프랑스에는 최근까지도 '손도 댈 수 없을 만큼 비천한' 계층인 카고Cagot가 존재했다.[26] 카고는 수백 년이 넘는 세월 동안 열등한 취급을 받았으며 카고테리에Cagoterie라고 부르는 집단 거주 지역에서만 살 수 있었다.

사회가 성장할수록 불평등은 더 큰 문제가 된다. 인간은 모두 본능적으로 공정함을 바라기 때문이다.[27] 일벌은 수벌이나 여왕벌이 되고 싶어 하지는 않지만,(일벌은 모두 암벌이다. 수벌은 일을 하지 않고 오직 여왕벌과의 교미만을 위해 대기한다. - 옮긴이) 인간은 자신이 어떤 위치에 있더라도 삶에서 아름다움, 의미, 행복을 갈망한다. 이것은 일을 할 때도 마찬가지다. 자유에 대한 개인의 욕망과 공익 사이에는 언제나 긴장과 갈등이 존재한다. 수천 년의 세월 동안 사회는 어떻게 하면 불평등한 처지에 놓인 대다수의 사람이 불만을 표출하지 못하게 할지 그 방법을 고민해왔다. 중국의 사상가 공자는 삶의 의미와 자아 표현에 대한 인간 탐구를 통해 더 공정하고 행복한 사회를 만들고자 했다. 공자는 가족의 위계질서를 따라 모든 이가 제자리를 찾는 방식으로 국가와 사회를 운영하자고 제안했다. 하늘의 뜻을 이어받은 황제를 '아버지'로 모시며 나머지 모든 사회의 구성원은 협박이나 위협이 아닌 아버지를 중심으로 한 가족이라는 가치 체계를 통해 통치를 받아야 한다고 설명했다. 여기에서 중요한 것이 바로 서로 느끼는 공감, 명예, 존중, 사랑이다. 인간은 일상적인 행동에서 도덕적 선을 갈고 닦는 법을 배워 살기 좋은 사회를 만들어내는 데 힘을 보탠다. 사회의 구성원 각자가 자신이 하는 행동과 자신이 속한 사회의 주체라는 생각을 갖는 이러한 실천 철학은 소크라테스에서 예수에 이르기까지 세계의 수많은 스승이 설파한 사상의 근간을 이루고 있다. 개인 사이의 관계에 집중함으로써 통제 불능의 상태에 빠진 이 세상을 이해해보려는 시도이기도 했다. 오랫동안 계속해서 사람들의 지지를 받아온 이 집단적인 전언의 본질은 타인에 대한 공감과 친절을 통해서만 본연의 인간성을 유지할 수 있다는 것이다.

자연의 지배자가 되다

농경 문화로의 전환은 지속적인 환경 변화를 불러왔다. 사냥과 채집을 주로 하던 부족이 주변의 환경과 맺었던 일시적인 관계는 완전히 사라졌다. 정착민은 강바닥에서 진흙을 구해 살 집을 지었고 강물이 흐르는 방향을 바꾸었다. 또한 숲을 벌채하고 사방에 가축들을 놓아 기르며 땅도 파헤쳤다. 인간은 신석기 시대에 최초로 대규모의 환경 변화를 불러일으켰다. 그들은 자연적으로 이루어진 광활한 삼림 지대와 늪지대 그리고 초원을 오늘날 우리가 쉽게 볼 수 있는 인공적으로 만든 경작지로 바꾸는 과정을 시작했다. 경작지로 바뀐 땅에서는 얼마 지나지 않아 중요한 영양분이 다 소진되었다. 질산칼륨이나 인산 같은 영양분은 대체하기가 대단히 어렵다. 가장 효과적으로 토질을 회복하는 방법은 숲이나 다른 초목을 불태워 재가 남은 자리를 활용하는 것이다. 이른바 화전이라고 부르는 이 방식은 유럽의 자연 풍경을 뒤바꾸었다. 얼마 지나지 않아 이번에는 사람과 가축의 분뇨가 비료로 이용되기 시작했다. 동시에 최초의 인공 '동굴'을 만들어냈다. 한 번에 여러 가족이 머무는 것도 가능한 널찍한 공동 주택이 유럽 전역에 우후죽순처럼 나타나기 시작한 건 대략 8000년 전부터다.

이런 모습은 자연과 인간의 관계에 대해 인류의 조상이 가졌던 관점을 근본적으로 바꾸었다. 사냥과 채집을 주로 하는 대부분의 공동체는 인간을 생태계의 일부로 여겼다. 문화적으로 진화된 그들의 행동과 기술 역시 우리가 확인한 것처럼 이러한 사고를 반영한다. 예컨대 그들에게는 1년 중 특정 기간이나 혹은 특정 지역에서 사냥을 제한하는 사회적 규범 같은 것이 존재했다. 이것은 아마도 생존과 관련해 손에 넣으면 다시 채워지지 않는 자원은 손대지 않겠다는 실용적인 이유 때문에 그렇게 진화했을 가능성이 크다.

일단 인간이 동식물에 대해 야생 상태에서 상호관계를 유지하지 않고 반대로 소유를 시작하게 되면 인간도 생태계의 일부라고

미

생각했던 관계가 바뀌게 된다. 인간이 처음에는 살아 있는 동물을 신으로 섬기다가 자연의 거대한 구조물로 그리고 다시 인간이 만든 인공적 구조물로 바뀐 뒤 마지막으로 인간의 형상을 한 신을 따르게 된 것처럼 자연과의 관계에 있어서 그 위계질서도 변화가 생겼다. 인간은 영구적인 구조물을 건설해 자연에서 나와 거주지를 옮겼고 도로를 포장했으며 물의 흐름도 바꾸었다. 그 다음에는 자연과 점점 더 확실하게 구분되는 인간만의 세상을 만들어갔다. 인간은 인공적인 환경을 구축해 춥고 축축하고 지저분하고 위험한 자연의 불편으로부터 기쁜 마음으로 벗어났다. 그러는 동시에 생태계의 또 다른 일부를 원하는 방향으로 이끌기로 결정했다. 인위적으로 개입해 농작물과 가축의 품종을 바꾸고 물적 자원의 형태에도 수정을 가한 것이다. 최근에 진행된 한 연구에서는 이런 변화를 어린아이들의 성장 과정과 비교했다.[28] 미국의 대도시인 시카고에서 자라는 아이들과 근교인 메노미니의 아메리카 원주민 공동체에서 자라는 아이가 동물 장난감을 가지고 노는 모습을 비교한 것이다. 다만, 실험 시작 전 메노미니 공동체의 장로가 자연과 관계없는 환경에서 동물과 노는 것은 이치에 맞지 않는다고 지적해 진짜 나무와 풀 그리고 바위가 있는 배경이 추가되기는 했다.[29] 이 연구에 따르면 도시 아이는 동물 장난감을 사람처럼 대한 반면, 원주민 공동체 아이는 장난감이 진짜 동물인 것처럼 상상하며 놀았다고 한다.

일단 인간이 자신의 세계를 건설하게 되자 인간은 자신을 자연과 동떨어져 그들을 지배하는 존재로 여기기 시작했다.[30] 그리고 자연은 인간에게 유용한 자원을 제공할 때에만 가치가 있는 존재로 생각하게 되었다. 이러한 관점은 우리의 환경과 셀 수 없이 많은 다른 종의 진화 궤적에 근본적인 변화를 주게 된다.

우리는 농업 기술이 널리 퍼졌다는 사실을 잘 알고 있지만, 하나의 지식으로 교류된 것인지 아니면 사람들이 이주를 하며 퍼트렸는지 최근까지도 정확히 알지 못했다. 어떠한 유전적 분석도 그럴듯한 해답을 보여주지 못했다. 앞서 언급한 두 방식이 모두 해답인 것처럼 생각되기도 했다. 이른바 비옥한 초승달 지대Fertile Crescent area(동쪽으로 페르시아만의 충적 평야부터 서쪽으로 나일강 유역의 충적 평야까지의 초승달 모양 지대. 이곳에서 농경 문화가 처음으로 시작되었다. – 옮긴이)에서는 농업 지식이 도구 혹은 흑요석 같은 귀중품을 따라 오고 갔던 것으로 보인다. 당시 일부 농부가 지금의 터키 지역을 떠나면서 사용하던 선형 토기, 새로운 씨앗 수확 및 파종 기술, 발효와 양조 기술, 가축 이용 기술 등을 더 춥고 환경이 좋지 않았던 유럽에 전한 것으로 추정된다. 또한 현재 동부 지중해 지역에 있던 농부는 동아프리카 지역으로 이동했을 가능성이 있다. 소말리아인의 DNA 중 삼분의 일이 동부 지중해인의 DNA와 일치하기 때문이다.

이러한 DNA 증거를 통해 터키 근방에 살았던 최초의 농부들이 대략 9000년에서 7000년 전 무렵에 유럽으로 이주했으며 점차 사냥과 채집을 주로 하던 유럽 원주민과 하나가 되어갔다는 사실을 알게 되었다.[31] 보리와 호밀 같은 곡물이 유럽의 북쪽 변경까지 전파되었다는 사실은 대단히 중요하다. 이 최초의 농부는 북아프리카와 서남아시아 지역에서 수백만 년에 걸쳐 진화했고 우기와 건기가 번갈아 나타나는 기후에 적응한 곡물을 갓 빙하기를 벗어난 지역에 가지고 들어간 것이다. 숙련되고 경험이 많은 농부들이 바로 영국의 스톤헨지Stonehenge 같은 장대한 거석 기념물을 세웠다. 이들은 수많은 사람을 끌어모아 인간이 최초로 경작한 농작물과 야생 돼지, 소를 음식으로 제공하며 이 같은 대공사를 해냈다. 이 중에서 야생 소 일부는 가축으로 길들여졌고 나머지는 모두 멸종했다.

암나야 부족이 유럽에 도착했을 때 농경과 목축 문화는 토지를 포함한 사유재산 그리고 혈연관계에 있는 개인과 가족 사이의 재산 상속이라는 개념과 관련된 강력한 사회적 규범 아래 정착되어 있었다. 부분적으로는 이러한 규범 때문에 같은 유럽 안에서도, 심지어 영국 안에서도 각 집단 사이에는 여전히 눈에 보이지 않는 유전적 차이가 존재하고 있었다. 정교하게 만든 영국인의 DNA 지도를 보면 여러 세대에 걸쳐 그다지 넓지 않은 같은 지리적 영역 안에서 서로 결혼을 하고 살았던 조상의 후예들이 여러 집단으로 구별된다는 사실을 알 수 있다.[32] 또한 조상의 계보를 추적하다 보면 계속 밀려들었던 이민자의 흔적도 찾아볼 수 있다. 영국 북부에 위치한 오크니 제도의 주민만 보아도 강력한 노르웨이 바이킹의 유산에 따라 유전적으로 다른 영국인과 완전히 구분된다. 그럼에도 불구하고 경계가 모호해 보이는 또 다른 곳에서 이 같은 유전적 차이가 발견된다는 것은 놀라운 일이다. 영국 남서부의 데번과 콘월은 서기 936년 통일 잉글랜드의 국왕 애설스탠이 타마강을 따라 경계선을 정했을 뿐이지만 두 지역의 사람들은 수백 년에 걸쳐 유전적으로 다른 사람으로 살아왔다. 북부 웨일즈의 조상은 아마도 최초로 영국에 살았던 주민이겠지만 아일랜드나 스코틀랜드인과 연결된 그들의 켈트 문화는 유전자에 반영되어 있지 않다. 때때로 문화적 관습은 사람들 사이에 거래처럼 오가기도 하고 때로는 강요되기도 한다. 사람들은 이주와 통합을 반복하며 그때마다 자신의 기술을 함께 가져간다. 고대의 DNA, 고고학, 고생물학, 언어학 등과 결합된 집단 유전학의 새로운 발전은 인간의 문화적 진화가 어떻게 일어났는지 이전보다 훨씬 더 많은 사실을 알려주기 시작했다. 앵글로 색슨족 이주민이 영국으로 들어와 유전자 공급원을 바꾼 흔적을 통해 어디에 정착해 마을을 이루고 살았는지 알 수 있다. 로마 제국, 바이킹, 노르만족에 이르기까지 이들의 영국 침략은 영국의 문화 역사를 뒤바꿔 놓았지만, 남아 있는 DNA 기록에는 그들에 대한 어떤 흔적도 찾아볼 수 없다.[33]

유럽 전역의 집단 유전학에서도 비슷한 모습을 발견할 수 있다. 유전학자들은 3000명을 대상으로 연구를 진행한 후 이렇게 설명했다.[34] "유럽인의 유전적 변이를 2차원으로 적절하게 요약하는 것만으로도 유럽 지형도가 자연스럽게 만들어진다." 그렇지만 유전적으로 서로 비슷하거나 다른 사람들의 여러 무리, 예컨대 콘

미

월과 데본 사람들 혹은 스리랑카와 스웨덴 사람에 상관없이 유사점과 차이점이 눈에 보이거나 혹은 보이지 않거나 여부와 상관없이 인간은 모두 똑같은 종이며 그 유전적인 차이는 대단히 미미하다는 사실을 기억할 필요가 있다. 살아 있는 모든 인간은 이제 거의 같은 존재라고 할 수 있으며 두 마리의 침팬지보다도 훨씬 더 닮아 있다. 인간은 대략 20만 년 전에야 상대적으로 적은 개체 수로 이 세상에 출현했다. 이후로 일종의 유전적 병목 현상이라고 할 수 있는 개체군 사이의 충돌을 경험했으며 교역망을 따라 수많은 이주와 확산도 이루어졌다. 지금은 지구상의 어떤 인간이라도 DNA의 차이는 평균 0.1퍼센트에 불과하다. 유인원과 비교해서도 유전적 다양성이 현저하게 낮음을 알 수 있다.[35]

인류를 대륙별로 구분하면 개인 간 유전적 변이의 약 90퍼센트 정도가 같은 대륙에서 발견된다. 대륙을 건너 발견되는 변이는 10퍼센트 정도다. 이러한 결과가 나타나는 것은 부분적으로 인류가 서로 이어져 있기 때문이다. 그것도 아주 오래 전 옛날 인류의 조상이 살던 시절이 아닌 비교적 최근에 대한 이야기다. 인간은 공통의 조상을 찾기 위해 가계도를 아주 멀리까지 거슬러 올라갈 필요가 없다. 한번 생각해보자. 내게 아버지와 어머니가 있으면 할아버지와 할머니는 4분이 계시는 것이며, 증조부모는 8분, 고조부모는 16분⋯⋯ 이런 식으로 숫자가 늘어난다. 약 1000년 전, 그러니까 40세대 전까지 거슬러 올라가면 자신에게는 1조 명에 가까운 조상이 존재했던 셈이다. 그런데 지금까지 지구상에 살았던 모든 인간의 수를 모두 합해도 1조 명에 훨씬 못 미친다. 그렇다면 조상이 겹친다고 해야 이 현상을 설명할 수 있다. 다시 말해 세대를 거슬러 올라가면 올라갈수록 각자의 친척이 각자의 조상과 더 깊은 관계가 될 수도 있다. 할머니의 이모할머니는 나의 8촌이 될 수도 있고 동시에 아버지나 어머니의 8촌이 될 수도 있다. 통계학자 조셉 창은 인류의 모든 가계도는 몇 세대만 거슬러 올라가도 모두 하나로 연결될 수 있다는 사실을 밝혀냈다. 대략 여섯 세대 정도만 거슬러 올라가면 충분하다는 것이 그의 주장이다.

유럽인의 조상은 모두 8세기경 서로마 제국의 황제였던 샤를마뉴 대제의 후손이다. 좀 더 정확하게 말하면 지금으로부터 1000년 전쯤 유럽에 살며 후손을 남겼던 사람은 당시 전체 인구의 80퍼센트 정도 되는데 그들이 바로 현재 유럽에 살고 있는 사람의 조상이 된다는 뜻이다. 고작 3000년만 거슬러 올라가도 현재 지구상에 살고 있는 모든 인간의 가장 최근 등장한 공통의 조상을 찾을 수 있다.[36] 이것에 따르면 나는 이슬람교의 창시자인 예언자 무함마드의 후손이 된다.[37] 또한 지구상 거의 대부분의 인간과 마찬가지로 중국의 공자, 고대 이집트의 왕비 네페르티티의 후손이기도 하다. 이것이 어떤 의미인가 하면 나의 자녀가 아이를 낳아 대가 끊어지지 않고 후손이 이어진다면 불과 몇천 년 안에 나는 지구에 살아 있는 모든 인간의 조상이 될 수 있다는 말이다.

인류라는 가족의 밀접한 상호관계와 유전적 유사성은 결국 우리는 모두 여러 핏줄이 섞인 혼혈이며 서로 다른 인종 같은 건 존

미

재하지 않는다는 것을 증명하게 된다.[38] 물론 사람들 사이에 유전적 차이가 존재하지만, 그 영향력은 문화의 영향력과 비교하면 생물학적으로 또 행동에서도 거의 무의미하다. 일반적으로 환경, 문화, 유전적 환경이 모두 조합될 때 변이의 선택이 발생하며 동시에 그러한 변이의 선택이 어떤 식으로 나타나는지 영향을 줄 수 있다. 태평양의 섬에 살고 있는 주민의 경우 그들의 조상은 식량 확보가 대단히 어려운 상황 속에서 장기간 대양을 오갔다. 이러한 문화적 압력에 대한 반응으로 유전적으로 적응된 신진대사를 진화시켰다. 그렇지만 이제 섬 주민의 문화적 형성 과정은 달라졌다. 그들은 이제 예전처럼 대양을 오가지 않으며 열량이 높은 수입 식료품을 먹는다. 여기에 유전적 변이가 결합되자 세계에서 가장 비만 지수가 높은 집단이 되었고 당뇨 수치도 위험 수준까지 상승했다. 신진대사에는 여러 유전자가 관여하며 생활 방식과 관련된 요소는 비만에 대단히 중요한 영향을 끼친다. 피지나 폴리네시아인의 문제에서 유전자가 어떤 영향을 미칠지 몰라도 결국 가장 중요한 것은 문화적 영향력이다.

80퍼센트 정도는 유전자가 좌우하는 체격 문제도 가난한 나라와 부유한 나라 국민 사이의 차이는 크다. 전쟁과 기근을 겪으며 자란 사람은 풍요롭게 자란 자녀들에 비해 일반적으로 체격이 작다. 네덜란드의 경우 지난 2세기 동안의 경제 성장으로 평균 신장이 20센티미터나 커졌고 인도에서는 여자아이나 첫째로 태어나지 못한 남자아이가 평균적으로 체격이 왜소하다. 맏이로 태어난 남자아이를 더 선호하는 문화 때문에 이들의 영양 상태가 좋고 키도 큰 것이다.

그렇지만 남태평양의 한 섬의 경우 유전적 영향이 절대적 요소가 되었다. 1780년 화산이 폭발하며 핀지랩Pingelap이라는 작은 산호섬의 주민이 거의 다 사망하고 20여 명 정도만 살아남은 일이 있었다. 이 섬은 상대적으로 외부와 단절되어 있었고 외부인과의 혼인을 꺼리는 사회적 관습까지 더해져 유전적 변형이 축적되었다. 현재 누적된 근친의 결과로 섬 주민 중 10퍼센트 이상이 심한 색맹으로 세상을 흑백으로밖에 보지 못한다. 색맹증은 낮에는 문제가 되지만, 밤에는 오히려 보통 시력을 가지고 있는 사람보다 사물을 더 잘 구별할 수 있어 밤낚시에 적격이다. 이 사실은 왜 색맹증 유전자가 계속 유지되었는지에 대한 설명이 될 수 있다.

얼마 되지 않은 인구로 고립된 생활을 이어가며 사냥과 채집을 주로 하던 부족 사이에서 발전한 유전적, 문화적 차이는 농업이 시작되면서 사라졌다는 것이 그동안의 통념이었다. 더 많이 모여 살게 되고 많은 교류가 오고 갔을 것이기 때문이다. 그런데 이러한 통념과 달리 파푸아 뉴기니 제도의 사람들은 농업을 시작한 후에도 여전히 유전적 다양성을 보여주고 있다. 유럽, 동아시아, 아프리카의 사하라 남부 지방이 서로 다른 모습을 보이는 것은 아무래도 청동기 시대와 그 뒤에 이어진 철기 시대 때문인 것 같다. 이 무렵 만들어진 교역망을 따라 청동기와 철기 기술이 사방으로 퍼져나갔으며 교역을 위한 여행이 시작되면서 각 지역의 문화도 변화를 겪었다. 시간이 지남에 따라 사람들의 이동을 통해 유전적으로 좀 더 비슷한 지역이 만들어지기 시작했다. 반면, 파푸아 뉴기니 제도는 여전히 유전자와 언어가 대단히 다양하다. 인도유럽어를 사용하던 얌나야 부족이 금속을 다루는 기술을 갖고 들어오기 전의 유럽과 비슷한 양상이다. 이제 유럽에서는 과거 사냥과 채집을 주로 하던 시절의 유산으로 지금까지 남아 있는 언어는 스페인 북동부에서 사용하는 바스크Basque어가 유일하다.

지리적 여건과 환경은 인간이 서로 뒤섞이고 교류하며 문화를 전파하는 데 큰 영향을 미친다. 광대한 유라시아 대륙은 가로로 넓게 퍼져 있다. 따라서 비슷한 위도에 기후도 유사하기 때문에 동쪽에서 서쪽으로 수천 킬로미터에 걸쳐 같은 농업 기술이 사용될 수 있었다. 유라시아인이 북아메리카에 처음 도착했을 때 그들은 유라시아에서와 똑같은 곡물과 가축을 재배하고 키울 수 있었다. 남아프리카와 오스트레일리아도 거리는 멀지만, 재배하는 곡물이나 키우는 가축의 종류는 비슷하다. 그렇지만 아프리카와 남아메리카 대륙은 남쪽과 북쪽 지방이 모두 열대 지방에 속하며 농업 방식과 기술이 새롭게 적응될 필요가 있었다. 물류라는 측면에서 유럽은 아프리카나 남아메리카 대륙에 비해 거미줄처럼 연결된 수많은 수로가 있어 훨씬 더 빠르게 문화를 전파할 수 있었다. 아프리카와 남아메리카 대륙의 강과 산은 쉽게 지나갈 수 없을 정도로 험하고 그 외에도 많은 장애물이 존재한다.

인간이 서로 뒤섞이는 것을 방해하는 작지만 중요한 생물학적 장애물은 전염병에 대한 면역력이다. 이러한 저항력은 유전적인 영향도 받지만 대부분은 환경적 요소의 영향을 크게 받는다. 농업을 통한 정착 생활이 시작되고 조밀하게 모인 많은 사람 사이에서 살아가면 가까이 생활하는 사람이나 동물을 통해 정기적으로 전염병이 발생해 사방으로 퍼져나간다. 퍼지는 전염병에서도 살아남은 사람이나 동물은 자신의 면역 유전자를 후세에 전달하게 된다. 전염병이 유럽과 아시아를 휩쓸 때마다 역사의 흐름이 뒤바뀌었다. 제국이 무너지고 새로운 문화가 일어났다. 천연두를 포함한 치명적인 전염병이 남긴 흥미로운 유산 중 하나가 바로 유럽인이 인간 면역 결핍 바이러스HIV, human immunodeficiency virus에 대한 면역력을 가지고 있을 수 있다는 주장이다.[39] 유럽은 전염병과 오랫동안 싸웠던 경험이 있었기에 오스트레일리아와 아메리카 대륙을 손쉽게 정복할 수 있었다. 원주민은 유럽인이 가져온 천연두, 수두, 독감 앞에 속절없이 무너졌고 전 세계의 지정학적, 문화적 지형도가 변하게 되었다.

반면, 유럽인이 황금, 다이아몬드, 상아 같은 자원을 약탈하기 위해 아프리카와 아시아의 열대 우림 지역 정복에 나섰을 때는 말라리아 같은 풍토병 때문에 큰 어려움을 겪었다. 원주민은 자체적인 면역력에 유전적으로 자주 발생했던 적혈구성 빈혈증이 합쳐져 말라리아를 쉽게 견뎌냈다. 말라리아를 퍼트리는 기생충은 빈혈증에 걸린 사람의 혈액에서는 살아남지 못하기 때문이다. 다만 빈혈증 자체가 혈액이 산소를 충분히 운반하지 못하는 병이기 때문에 빈혈증에 걸린 사람은 체력이 떨어질 수밖에 없다. 참마를 재배하면 모기가 창궐할 수 있는 완벽한 환경이 조성되는데 오래 전부터 참마를 재배했던 아프리카인은 적혈구성 빈혈증의 발생률이 높아도 말라리아로 인한 사망률은 낮다. 여러 번 언급했지만, 인간은 환경을 바꿀 수 있고 그에 따라 유전자도 바뀔 수 있다.

인간 사이에 나타나는 유전적 차이는 점점 줄고 있지만 그것은 인간이 유전적 진화를 멈췄기 때문이 아니라 서로 더 많이 뒤섞이고 있기 때문이다. 과거에 존재한 부족의 고립된 생활은 부족 사이의 혼인, 이주, 교역, 자유분방한 성생활 등으로 막을 내렸다. 심지어 다른 부족과의 혼인을 금지하는 강력한 사회적 규범이 있었을 때도 유전적 증거를 보면 부족 사이의 교류가 계속 이어졌다는 사실을 확인할 수 있다. 말을 가축으로 길들이고 바퀴가 달린 운송 수단을 발명하게 되면서 이런 현상은 더욱 넓게 퍼져나갔다. 그렇지만 19세기가 될 때까지도 유럽에서는 가까운 친척끼리 혼인하는 풍습이 유지되고 있었다. 이때 자전거가 발명되면서 이 같은 풍습은 크게 줄었다.[40] 거리가 멀리 떨어져 있는 이들과도 교제를 할 수 있게 되었기 때문이다. 유럽에서는 제1차 세계 대전이 발발하기 전까지 400만대가 넘는 자전거가 팔려나갔다. 특히 프랑스가 큰 영향을 받았는데 프랑스인의 체격은 더 커졌고 친척끼리 혼인하는 경우도 크게 줄었다.[41] 영국에서도 이와 비슷한 현상이 나타났다.

도시의 발달

인간의 특성이 궁극적으로 표현된 것이 바로 도시다. 도시는 완벽하게 인공적인 환경이며 인간의 문화와 영감을 상징화해 나타내려는 의도로 설계하고 건설된다. 도시는 지구라는 행성의 아름다움을 새롭게 정의한다. 우주에서도 알아볼 수 있을 정도로 지구의 표면을 뒤바꾸는 것이다. 인간의 도시는 아름다움과 의미를 품을 수 있도록 만들어진다. 이를 위해 종종 기능적인 측면도 포기하고 그 자체로 도시 거주민의 삶을 생생하게 드러내 보인다. 파리의 노트르담 대성당이 화재로 소실된 건 2019년 4월의 일이다. 전 세계 사람들은 이 사고에 대해 즉각적으로 강렬한 감정적 반응을 내보였다. 이 비극은 그저 어딘가에 있던 기독교인의 예배 장소나 피난처가 사라졌다거나 혹은 파리 관광 수입에 타격이 되었다는 것 이상의 의미를 갖고 있다. 파리 시민이 대성당의 화재로 인해 느낀 상심은 마치 자신의 일부가 사라진 것에 대한 애도였다. 인간의 유전적, 문화적 유산의 결과물로 수백 년을 버텨온 기념물은 그 유산의 일부를 시각적으로 보여주는 것이다. 이러한 이유 때문인지 화재가 일어난 지 얼마 지나지 않아 수십만 유로에 달하는 복구 성금이 모였다고 한다.

인간은 도시를 거주지로 만드는 과정에서 문화적 진화를 가속화시킨다. 비단길과 대서양 항로가 생각, 사상, 기술, 유전자를 교환하는 중요한 연결망이 되었던 것처럼 도시 역시 이렇게 여러 가지 문화가 오가는 중심지가 되었다. 도시는 다양한 사람을 밀집된 환경 안으로 끌어들여 서로 만나고 반응할 수 있는 기회를 제공하는 일종의 문화 공장 역할을 한다. 교역망이 발달하고 기술이 진화할수록 도시는 더 조밀해지고 긍정적인 의견 교환의 순환 안에서 혁신도 더 많이 나타난다. 13세기에 이르러 영국 런던의 주민은 로마 제국이 영국을 떠날 때 소실된 목골 구조 건축술을 유럽의 상인에게서 다시 배우게 된다.[42] 다시 배운 기술을 바탕으로 고층 건물을 세우면서 인구가 급격하게 늘어나게 되었다. 13세기 말에 이르러서는 시장 거리로 유명했던 치프사이드에 3, 4층 높이의 공동 주택이 즐비하게 늘어서게 되었다.

도시는 다른 모든 사회적 연결망과 마찬가지로 복합적인 효과를 불러일으키며 모든 것이 합쳐진 영향력은 각 부분 영향력의 합을 크게 웃돈다. 예컨대 도시 인구가 100퍼센트 증가하면 창의력은 115퍼센트 증가한다고 한다.[43] 도시는 결코 고립되어 있지 않다. 상인, 외교관, 장인의 연결망이 도시의 밑바탕을 이루며 그들을 통해 새로운 사상과 자원이 다른 곳에서부터 들어온다. 도시의 거리, 사교장 역할을 하는 카페, 대학, 여러 협회나 공동체 등에서는 새로운 사상이 싹튼다. 오늘날 우리가 볼 수 있는 다양한 기술, 문화적 관습, 예술이 바로 도시 안에서 진화했다. 이 유전적 효과는 대단히 강력해서 오랜 세월이 지난 지금까지도 그 후손들에게서 찾아볼 수 있다. 지금으로부터 약 400년 전, 서아프리카의 쿠바Kuba 부족에서 샤암 아-음불이라는 이름의 뛰어난 지도자가 출현했다. 샤암 아-음불은 부족을 통합하고 지금의 콩고 민주공화국의 중부와 남서부 지역에 평화스러운 왕국을 건설했다. 이 거대한 도시 국가가 완성되자 주변의 다른 부족이 모여들었다. 쿠바 왕국은 놀라울 정도로 현대적인 정치 제도를 갖추고 있었다. 헌법, 선거로 선출되는 공무원, 배심원이 참여하는 재판, 공공재의 공급, 사회 복지 제도 등을 제공했다. 특히 예술품으로 유명해져 대단히 부유한 혁신의 중심지로 성장했다. 19세기 말 이곳에 처음 도착한 유럽인은 유럽식에 가까운 정치 제도가 독립적으로 만들어졌다는 사실을 믿지 못했다. 아마도 외부와의 다른 접촉이 있었을 것으로 추측하기도 했다. 이후 벨기에에 의한 식민지화가 진행되면서이 놀라운 거대 도시 국가는 결국 멸망하게 된다. 하지만 그 유산은 끈질기게 살아남아 후손의 DNA 안에 살아 숨 쉬게 되었다. 과거 쿠바 왕국 사람은 다른 지역에 비해 유전적으로 훨씬 더 다양한 모습을 보였으며 다양한 인종과 부족이 모여 있다는 특징이 뚜렷하게 드러나 있다.[44]

도시인은 성별 차이에서부터 음악적 유행에 이르기까지 새로운 사회적 규범을 훨씬 더 자유롭게 만들어낸다. 도시에서는 상대적으로 익명성을 유지할 수 있어 기존 규범을 따라야 한다는 평판에 대한 압력이 약해지고 작은 무리로 모여 있어도 어느 정도 영향력을 발휘할 수 있기 때문이다. 장식에 대한 열망은 재창조의 핵심이다. 지난 수천 년 동안 건물의 바닥, 벽, 지붕을 덮을 때 흔히 사용되었던 진흙을 구워 만든 기와를 떠올려보자. 가정적이고 목가적인 풍경에서 종교적 감상에 이르기까지 놀라울 정도로 다양하

게 표현되는 장식을 보면 시간에 따른 사회 사상의 변화를 발견할
수 있다. 그리고 이러한 장식에 대한 규범은 그 사회의 규범을 구
체적으로 나타낸다고 볼 수 있다. 결국 집단의 정체성을 나타내거
나 혹은 만들어내고 있다고도 볼 수 있다. 668년, 지금의 한국에
서는 신라가 삼국을 통일하고 새로 지은 거대한 건축물을 통해 부
와 권력을 과시하려 했다. 통일 신라의 수도 경주는 18만 호가 모
여 사는 아름다운 계획 도시였다. 모든 집의 지붕은 짚더미가 아
닌 값비싼 기와로 덮어 비와 화재를 막았다. 또한 지붕의 끝을 마
무리할 때는 용이나 도깨비를 형상화해 특별하게 장식한 와당瓦當
이라는 기와를 붙여 새 수도의 세력을 과시하는 상징으로 삼았다.
이러한 건축 기법은 지금까지도 한국 곳곳에서 찾아볼 수 있다.
별것 아닌 것 같은 장식용 기와가 한 국가의 위세를 나타내는 기
념물이 될 수 있는 사례다.

　도시는 아름다움을 창조하고 자연을 극복하려는 인간의 충동을
가장 거창하게 표현하고 있다. 인간은 살고 있는 공간을 아름답게
꾸미고 건축물을 통해 의미를 전달하기 위해 엄청난 노력을 쏟는
다. 메소포타미아 우르의 거대한 지구라트Ziggurat(피라미드 형태의
계단식 신전탑.-옮긴이)에서 아이슬란드 레이캬비크에 있는 하르파
콘서트홀(건물 전체를 철제와 유리로 만든 지역의 랜드마크.-옮긴이)에
이르기까지 값비싼 원자재와 시간을 들여 인상적인 기념물을 만
들어냈다. 어렵게 얻어낸 생존을 위한 적응력을 육신을 뛰어넘어
계속 존재할 아름다운 구조물로, 종국에는 유전자로 승화시켰다.

도시는 인간에 의해 만들어진 환경이며 문화적 압력에 의해 선택적으로 진화되었다. 이렇게 만들어지고 진화된 이 새로운 환경은 다시 인간의 생명 활동과 문화적 활동은 물론이고 자연 세계의 유전적 진화도 바꿔놓았다. 새는 도시 환경에 적응해 더 큰 소리로 울고 먹이를 주는 인간에게 적응해 더 긴 부리를 갖게 되었으며 급기야 깃털도 바뀌었다. 동굴 나방이 유럽에 출현한 지 200년의 세월이 흘렀다. 이 나방은 생존을 위해 도시 가정의 가구 안에서 사는 옷좀나방이 되었다. 인간 역시 도시 생활에 극적으로 영향을 받았다. 인구 밀집과 영양 부족으로 전염병이 창궐했고 사회기반 시설은 오히려 문제를 더 악화시켰다. 고대 로마 제국에서는 납으로 만든 수도관을 타고 전염병과 납의 독성이 사방으로 퍼졌었다. 마찬가지로 2015년 미국 미시건주 플린트에서도 수도관의 납 성분이 크게 문제가 되었다.[45] 현재 도시의 대기 오염 문제는 심장 및 각종 호흡기 질환을 일으키는 주범이 되었고 이로 인해 연간 900만 명 이상이 사망하는 것으로 추정된다. 문화적 진화가 더 나은 기술과 사회 제도를 만들어내지만, 인구가 증가해도 대부분 사람들의 생활 수준이나 평균 수명까지 개선시켜주지 않는다는 사실은 한 번쯤 짚고 넘어갈 필요가 있다. 로마 제국의 위대한 문화적 성취는 사실 제국 시민의 건강에 치명적인 재앙이나 다름없었다. 로마 제국이 영국을 점령하고 있던 기간 동안 영국 남성의 대퇴골 평균 길이가 줄어들었지만 제국이 철수한 후에는 본래 길이로 돌아왔다. "로마인은 생태학적 혼란과 함께 자신들이 이루

미

어낸 발전의 어두운 면에 무기력하게 무릎을 꿇고 말았다."[46] 수많은 사람이 비위생적 환경 속에 빽빽하게 모여 사는 도시 생활 방식 자체가 문제의 주범이기는 하지만 제국의 새로운 연결망이 전염병을 퍼트리는 데 일조한 것도 사실이다. 고고학자들은 회충의 감염 경로를 추적해 로마 제국이 어떻게 확대되었는지 확인할 수 있게 되었다.

위생은 인구 밀도가 높은 지역에서 항상 중요한 문제였다. 도시 생활은 극히 최근까지도 건강과 수명에 심각한 영향을 미쳤다. 도시인의 사망률이 높았기 때문에 외부에서의 지속적인 이주를 통해서만 도시 인구가 겨우 유지될 수 있었다. 1861년 영국의 항구 도시 리버풀에서 태어난 남자아이의 기대 수명은 26세였지만 데본의 시골 마을 오크햄턴에서 태어났다면 56세까지 살았을 것이다. 당시에는 세탁한 옷을 입는 것만으로도 위생 문제를 다 해결할 수 있다고 믿었다. 몸을 씻는 것이 오히려 전염병 같은 치명적 위험을 불러들인다고 믿던 시절로 유럽인은 줄잡아 5세기 이상, 1800년대 후반까지도 결사적으로 몸을 씻지 않으려 했다.[47] 1858년 여름, 거대한 악취the Great Stink[48] 라고도 불렸던, 콜레라를 포함한 일련의 전염병 사태가 런던에서 일어난 후 병균에 대한 개념이 알려지고 위생 문제에 대한 정부의 투자가 이루어진 후에야 사람들은 겨우 자발적으로 그리고 어렵지 않게 물을 확보해 몸을 씻게 된다. 이 때부터 사회적 규범이 바뀌어 사람의 매력은 몸과 그 위에 걸치는 옷이 얼마나 깨끗한가를 기준으로 판단되었다.

청결은 중요하면서도 어렵지 않게 실천할 수 있는 일이 되었으며 이후 공중목욕탕, 화장실, 하수 처리 시설 등이 만들어졌고 아예 인간의 채취를 없애는 일만 전문적으로 하는 산업도 시작되었다.

사냥과 채집에서 농업을 바탕으로 하는 도시 생활로의 문화적 전환이 진행되면서 사회의 계층이 점점 세분화되었고 소수의 지배 계층이 큰 특혜를 누리는 동안 대다수의 일반 시민은 영양과 건강 상태가 더욱 나빠졌다. 물론 생태계도 엄청난 충격을 받게 된다. 서유럽인에게 새로운 사상과 풍요로움을 가져다준 교역은 동시에 흑사병 같은 전염병을 몰고 와 수많은 사람을 죽음에 이르게 했고 그 자체만으로도 환경의 변화를 일으켰다. 인구가 줄어들면서 농업 활동도 잠시 쇠퇴했고 초목이 늘어나 각종 오염 물질이 사라지자 기록적으로 각 지역의 평균 기온이 떨어졌다. 유럽에서 들어온 전염병에 의해 원주민 농부가 몰살당했던 아메리카 대륙에서도 환경적으로 이와 똑같은 일이 일어났다. 영국의 잉글랜드와 웨일즈 지방에서는 흑사병으로 식량 생산이 급감하며 농업은 물론이고 사회 전반의 극적인 변화로 이어졌다. 이전에는 개방된 공유지였던 곳이 사유화되면서 농부는 자영농이 되어 더 많은 권리와 소유권을 주장할 수 있게 되었다. 물론 그로 인해 혁신과 투자도 더 활발하게 이루어졌다. 이전에는 여러 번 경작한 농지는 지력이 회복될 때까지 묵히며 그 위에 가축을 놓아 기르곤 했는데 새롭게 사유화된 토지에서는 윤작 방식을 통한 집중적인 경작이 진행되었다. 처음에는 뿌리가 얕게 내리는 밀 같은 곡물을 재배하고 그 다음은 순무 같은 뿌리 식물을 재배한 후 토양에 양분이 되는 질소를 다시 공급하기 위해 콩과 식물을 재배하는 식이다. 예전에 공동 토지를 사용할 때는 가축이 파헤칠 수도 있는 위험을 안고 뿌리 식물을 굳이 심지 않았다. 네덜란드식 바퀴 없는 새로운 쟁기(정확히는 중국에서 먼저 발명되었다)가 보급되면서 기존에는 소 여섯에서 여덟 마리 정도를 투입해야 했던 늪지대 개간을 한두 마리 만으로도 해낼 수 있게 되었다. 농업 생산량이 크게 증가하면서 당시까지의 최고 수준을 경신했고 여분의 농산물은 확장된 연결망을 따라 거래되었다. 인구가 증가하면서 새로 확보된 노동력을 발판으로 산업 혁명과 오늘날과 같은 세계의 기틀이 마련되었다.

인간은 도시 환경에서 살 수 있는 생물학적 진화를 지금도 겪고 있다. 인간은 도시 생활에서 압박감을 느꼈고 그로 인해 조현병 같은 정신적 문제가 늘어났다.[49] 정신에 문제가 생기면 행동에도 문제가 생기는 법이다.[50] 천식 같은 자가 면역 질환도 무시할 수 없다. 도시 환경은 유전자 외적인 변화를 불러오고 있는지도 모른다. 유전자가 표현되는 방식 자체가 변화하는 것이다. 오염된 도시에서 압박감을 느끼며 살고 있는 여성이 임신을 하면 두뇌와 신진대사 그리고 면역력에 문제가 있는 아이를 출산할 확률이 높다.[51] 무엇보다 이러한 유전적 변화가 다음 세대에도 전달될 수 있다는 문제가 있다.[52] 도시에서는 문화, 유전자, 환경이라는 인간 진화의 3요소가 함께 작용한다. 건강에 대한 이러한 위험에도 불구하고 도시는 여전히 많은 사람을 유혹한다. 도시는 인간 집단의 확장을 상징하며 문화적, 금전적 풍요로움과 관련한 이익을 보여준다.

가상의 도시 역할을 하는 인터넷은 인간이 만들어낸 사회적 연결 관계를 확장하면서 실제 도시와 유사한 문화적 영향력을 미치고 있는지도 모른다. 스티브 잡스는 컴퓨터를 사용하는 것은 걷기만 하던 인간이 자전거를 타게 된 것과 마찬가지라고 말한 적이 있다. 이제 점점 더 많은 이들이 인터넷을 통해 낯선 이들의 도움을 받고 있다. 온라인 상의 접촉을 수학적으로 분석한 바에 따르면 이러한 새로운 연결망은 인종 간의 결혼을 크게 높였고 반대로 이혼을 낮출 것이라고 한다. 사전에 서로가 얼마나 잘 맞는지 확인해볼 수 있기 때문이다. 온라인을 통한 남녀의 만남이 시작된 이래 미국에서는 실제로 서로 다른 인종 사이의 결혼이 크게 늘었다. 그동안 수많은 인간이 침략하고, 떠돌고, 탐험하고, 성지순례를 떠나고, 방랑하고, 식민지를 만들고, 노예를 사거나 팔고, 혹은 노예로 팔리면서 이리저리 이동해왔다. 그리고 전쟁 때문에, 일 때문에, 일확천금을 찾아 고향을 떠나기도 했다. 이제는 인터넷이 지난 수천 년 동안, 그중에서도 특히 최근 몇 세기 동안 이루어진 모든 유전적 혼합 과정을 대신하고 있다. 물론 북반구에 사는 사람 중 피부색이 검은 이들이 겪는 비타민 D 부족 문제처럼 인터넷도 사소한 문제를 일으키고 있다. 그렇지만 한 집단의 내부자와 외부자를 가르는 편견과 친근감이 눈에 보이는 겉모습으로 결정되지

미

않는 상황이 되고 있다. 다시 말해서 사람들 사이의 차이를 설명할 때 '인종'이라는 잘못된 편견을 바탕으로 하는 것은 더 이상 설득력이 없다는 뜻이다.

모든 동물이 먹을거리와 짝을 찾으려는 생물학적 충동으로 움직일 때 인간은 그것 말고도 의미와 목적에 의해 동기를 부여받는다. 우리는 이러한 의미와 목적을 아름다움에서 찾는다. 그리고 지식의 추구 안에서도 찾을 수 있다.

TIME

시간

TIME

무엇을 알고 있다고 어떻게 확신할 수 있는가? 인류의 조상이 남긴 문화적, 생물학적 유산인 현생 인류는 자신의 존재에 대해 고민하고 있다. 우리가 누구이며 시간과 공간의 어디쯤 위치하는지 궁금하다. 우리에게는 우리의 이야기가 있고 그 이야기는 과거를 들려주며 미래를 상상할 수 있도록 해준다. 그렇지만 인간은 현실의 개념과 객관적 진리에 사로잡혀 그런 것을 추구할 수밖에 없다. 인간은 모든 존재를 다 바쳐 손으로 만질 수 없는 시간을 느끼고 알며 또 확인하고 심지어 통제하기 위해 애를 쓴다. 인간은 미래를 알기 위해 자신을 둘러싸고 있는 수수께끼를 관찰하고, 예측하며, 측정하고, 추론한다. 그리고 이러한 과정 속에서 이 세상과 그 안에 살고 있는 자신을 재창조해왔다.

XII

시간을 기록하는 자

1962년, 스물세 살의 한 젊은 프랑스 지질학자가 알프스 산맥의 어느 동굴 깊은 곳에 2개월 동안 홀로 틀어박혔다. 미셸 시프르라는 이 지질학자는 인간의 육체가 햇빛과 같은 외부의 자극이 있어야만 신진대사가 자연스럽게 흐름을 유지하는지 아니면 일종의 생체 시계 같은 것이 존재하는지 확인하려 했다. "나는 한 마리 동물처럼 살아보기로 결심했다. 시계도 없고 시간을 알 수 있는 방법도 전혀 없는 상태로 말이다."

시프르의 실험은 그야말로 인내력의 한계를 시험하는 것이었다. 그가 택한 동굴은 일종의 얼음 구멍으로 45미터 깊이에 S자 형태의 위험천만한 길을 숙련된 등반 기술을 사용해 내려가야만 했다. 필요 장비를 가지고 원하는 위치로 내려가는 것만으로도 여간 위험한 일이 아니었다. 혹시 무슨 일이 생겨도 시프르를 구출하는 일은 거의 불가능에 가까울 정도였다. 그럼에도 불구하고 시프르는 홀로 고립된 채 실험을 시작하려 했다. 게다가 첫 한 달 동안은 무슨 일이 있어도 자신을 구출하지 말라는 부탁까지 한 상태였다. 9주에 달하는 긴 시간 동안 시프르는 자신의 생리적 변화를 비롯해 먹는 것에서 심리 상태까지 모든 것들을 꼼꼼하게 기록했다. 두 명의 연구원이 동굴 입구에 천막을 치고 시프르와 전화선을 연결한 후 24시간 대기했다. 시프르는 잠에서 깨어나면 우선 전화를 걸었고 위에서는 전화가 걸려온 시간을 기록했다.

밤낮을 전혀 분간할 수 없는 상황 속에서도 그의 육체는 얼마 지나지 않아 규칙적으로 잠이 들었다 깨어날 수 있을 정도로 적응을 했다. 그는 춥고 축축한 곳에서 지내는 일이 점점 더 불편하고 힘들어졌지만, 육체뿐만 아니라 정신적으로도 이 새로운 환경에 적응하려 애를 썼다. 시프르는 당시 상황을 이렇게 회상했다.

"장비를 제대로 준비하지 못한 내 불찰도 있었다. 발은 항상 젖어 있었고 체온은 34도 밑으로 떨어졌다. 나는 대부분의 시간을 나의 앞날을 생각하며 보냈다."[1]

이렇게 외롭고 불편한 상황 속에서 입맛도 떨어져 먹을 수 있는 것은 고작 빵과 치즈뿐이었다. 내려올 때 가져온 음반이 두 개 있었지만 이미 지겨워진 지 오래였다. 그 와중에 찾은 유일한 즐거움이 있다면 마치 친구처럼 곁에 있어 주는 거미 한 마리였다. 그렇다면 시간 기록은 어떻게 되어갔을까? 실험 이틀째 날, 이미 시프르의 시간은 실제 시간과 2시간이나 차이가 나고 있었다. 실험 열흘째 날이 되었을 때 그는 낮을 밤이라고 생각했다. 일기장에는 동굴 입구에 있는 동료 연구원의 활기찬 인사로 짐작하건대 그들이 이미 몇 시간 전에 깨어났을 것이라고 기록하기도 했다. 그렇지만 사실 시프르가 잠에서 깨어나 전화를 거는 시간은 거의 매일 한밤중이 다 되어서였다. 시프르는 전화를 할 때마다 맥박을 재면서 대략 120회가 되면 2분 정도 통화를 한 것으로 계산했다. 하지만 실제로는 5분이나 지나 있었다.

시프르는 외로운 시간을 좋아하는 치즈를 먹으며 버텨냈다. 어느 날 갑자기 시프르의 계산으로 24일밖에 되지 않았는데 실험이 끝났다는 연락을 받았다. 지상의 연구원은 계획한 기간이 다 지났다고 말하며 시프르를 데리러 내려왔다. 동굴에서 보낸 시간에 대한 시프르의 계산은 실제 시간과 크게 달랐다. 실제로 보낸 63일 중 대략 3분의 1 이상을 '잃어버린 것' 같은 기분마저 들었다. 시프르가 10분에서 15분가량 깜빡 졸았다고 생각한 것은 실제로 8시간 이상 숙면을 취한 것이었다. 밤인지 낮인지 전혀 분간할 수 없는 어둠 속에서 시프르의 시간은 느리게 흘러갔다. 그렇지만 시프르의 육체는 변함이 없었다. 정신적으로는 혼란스러웠지만 DNA는 동굴 안에서도 지상과 똑같은 시간에 따라 육체를 유지하고 있었다.

인간은 모두 시간의 피조물이다. 인간은 시간과 공간이 어우러진 우주 안에서 진화했고 인간의 육체는 지구라는 행성의 움직임을 따라 적응했다. 인간의 모든 세포는 시계 유전자를 가지고 있어 이 유전자가 마치 진짜 시계 속 톱니바퀴처럼 서로 맞물려 작용하며 유전자 발현이라는 진동을 일으킨다. 이러한 시계가 유전자, 호르몬, 심장 박동, 두뇌 활동, 감정, 신체 기능 등을 조절한다.[2] 인간의 내장은 대략 오전 10시쯤 가장 활발하게 움직이며 고통을 가장 잘 견뎌낸다. 온몸이 최고로 조화로울 때는 오후 2시쯤이다. 오후 5시가 되면 육체적 능력이 최고조에 달해 근육의 힘과 유연성이 최대치에 이르며 심장과 폐도 최고의 성능을 발휘한다. 알코올에 대한 내성은 저녁 8시 무렵이 최고이고 9시쯤 되면 수면 호르몬이 분비되기 시작한다. 그리고 새벽 2시에서 3시 사이에 가장 깊게 잠이 든다.[3] 체온의 경우 새벽 4시에서 5시 사이에 제일 낮아진다. 인간의 육체는 월경부터 임신까지 놀라울 만큼 규칙적으로 생물학적 시간표를 충실하게 따르고 있다.

인간의 육체는 시간을 따르도록 진화했지만, 의식적 마음은 그렇지 않다. 그리고 인간의 문화는 의식적으로 이루어지는 의사 결정을 바탕으로 하고 있다. 시간의 흐름, 그러니까 우리가 속해 있는 태양계의 이동 주기는 인간 문화의 모든 측면에 영향을 미친다. 따라서 인간은 그런 시간을 따르는 인지적 도구들과 의식적으로 시간을 확인하는 문화적 도구를 진화시킬 수밖에 없었다. 복잡하고 순서에 의존하는 기술, 사회적 계층 구조, 단어의 순서와 문장 구조가 의미를 정의하는 언어를 창조하기 위해서는 시간에 대해 완전히 통달할 수밖에 없었다. 그렇지만 시간은 추상적이고 만들어진 개념이다. 인류의 조상은 이러한 시간의 개념을 집단적으로 믿으며 정신적으로 최고의 시간 여행자가 될 때까지 시간을 다룰 수 있는 방법을 배웠다. 그리고 한 번도 직접 경험해보지 못한 것을 포함해 과거의 사건을 떠올릴 수 있는 방법, 상상 속 미래에 대해 자신의 모습을 투영할 수 있는 방법도 배웠다.

지금까지 알려진 바로 인간은 성관계를 통해 새로운 생명이 태어난다는 사실을 이해하고 있는 유일한 동물이다. 인간은 오늘 하고 있는 일이 9개월 뒤에 결과로 나타날 수 있다는 사실을 이해한다. 따라서 혈연관계를 추적할 수 있고 연결망을 확장할 수 있다. 또한 인간은 생명의 유한함, 그러니까 언젠가는 모두 죽는다는 사실을 알고 있다. 시간은 한 번 흘러가면 돌이킬 수 없다는 사실을 '감지'할 수 있는 인간의 능력과 태어나고 죽는 것과 상관없이 삶은 계속 이어진다는 지식을 통해 목적 있는 삶을 추구하려는 욕망을 품게 되는 것 아닐까. 인간은 살면서 그저 생존에만 급급해하지 않으며 세상에 대한 객관적 진실을 갈구한다. 탄생의 원인과 피할 수 없는 죽음에 대한 이러한 지식은 인간에게 문화적 진화를 이뤄낼 수 있는 동기를 오랫동안 부여해주었다. 시간을 완벽하게 이해할 수 있다면 인간은 역사에 대해 알 수 있고 또 장기적으로 진행되는 문화와 환경의 변화에 대한 이해와 함께 미래에 대한 전망도 할 수 있다. 이처럼 인간의 풍부한 맥락 속에서 삶과 문화적 도구 그리고 관습에 대해 이해할 수 있게 되고 이를 통해 의미 있는 집단적인 문화적 지식을 더 많이 끌어낼 수 있다.

인간의 생체 시계를 지구의 자전에 맞춰주는 자고, 깨어나고, 먹는 등 육체의 규칙적인 일상은 인간 정신의 인식이 우주의 보편적인 시간에 맞춰 돌아갈 수 있도록 도와준다. 인간을 둘러싸고 있는 물리적 세계 안에서 삶의 중심을 잡기 위해서 문화적 충동을 따르는 삶을 객관적 실재에 맞출 필요가 있었다. 인간은 시간을 통해 그 작업에 착수했다. 이성적으로 시간을 이해하려고 노력했고 결국 인간이라는 종은 이 과정을 통해 완전히 새로운 궤도에 접어들게 되었다.

시간을 여행하는 종

시간 생물학이라는 새로운 영역을 개척한 시프르의 실험은 인간이 24시간 31분을 주기로 깨어나고 쉰다는 사실을 알려주었다. 인간 육체는 두뇌의 시상 하부 안쪽에서 끊임없이 진동하고 있는 신경 세포에 의해 자동으로 설정된 시간을 따른다. 그리고 이 설정은 보통 햇빛에 의해 수정되어 24시간을 주기로 활동하도록 해준다.

반면, 시간에 대한 인간 정신의 인식은 따로 배워야 할 필요가 있다. 신생아는 그야말로 눈앞에 보이는 현재 속에서만 살기 때문에 대상 연속성에 대한 이해를 배우는 데 몇 개월이 걸린다. 대상 연속성이란 존재하는 물체가 어떤 것에 가려져 보이지 않더라도 사라지지 않고 지속적으로 존재한다는 사실을 의미한다. 그렇지만 인간은 이미 시간의 간격에 대해 선천적으로 인식을 하고 있다. 예컨대 앞서 언급했던 신생아도 20초와 40초의 차이를 알아차릴 수 있다. 심지어 임신 중인 태아도 시간의 흐름을 이해하며 이를 통해 언어 기술을 발전시킨다. 그렇지만 기본적으로 아기는 시간을 초월해 살고 있기 때문에 자신의 경험과 실제로 일어나는 사건을 연결하거나 미래나 과거를 상상하지 못한다. 아기는 무언가를 배울 수 있는 능력이 있어도 오랫동안 기억하는 능력은 아직 없다. 3세에서 4세쯤 되면 비로소 시간 여행을 할 수 있게 되어 정신적으로 어떤 사건 안으로 들어가 거기에서 자신의 감정에 대해 상상할 수 있게 된다. 이러한 시간 여행을 통해 인간은 감정을 조절하는 기술을 개발할 수 있다. 다시 말해, 아직 일어나지 않은 사건을 기대하거나 두려워할 수 있다는 뜻이다. 정신적 시간 여행은 계획을 세울 수 있도록 돕는데 이를 통해 인간이라는 종은 다른 동물과 완전히 다른 모습을 보일 수 있게 된다.

인간은 기억을 통해 시간 여행을 할 수 있다. 또한 문화를 축적해 더 큰 사회적 집단으로 발전할 수도 있다. 과거를 기억해냄으로써 비슷한 상황에서 어떻게 행동했는지 떠올려 다시 반복할 수도 있다. 이 덕분에 모든 것을 새롭게 시작할 필요가 없다. 또한 인간은 시간 여행을 하며 과거뿐만 아니라 미래를 상상할 수 있다. 그렇게 하기 위해서 두뇌의 예측 장치는 복잡한 형태의 기억에 의존하게 되는데 이를 일컬어 일화적 기억이라고 부른다. 이는 오직 인간만 할 수 있는 일이다.[4] 프랑스의 수도 이름처럼 사실을 기억하거나 새로운 기술을 배우는 등 시간을 초월하는 기억의 일반적인 형태와 달리 일화적 기억은 인간이 시간을 자유자재로 넘나들며 과거든 미래든 어떤 사건이라도 선택해 떠올릴 수 있도록 해준다. 일화적 기억은 인간의 기억을 개인의 사정에 맞춰 전후 사정에 따라 관련을 지으며 또 미묘한 방식으로 경험을 통해 무엇이든 배울 수 있도록 돕는다. 인간은 서로 다른 종류의 감정적, 분석적 정보를 하나로 합쳐 앞으로 닥쳐올 미래의 일에 대해 더 나은 결정을 내릴 수 있다. 인간은 이렇게 진화된 인지적 능력을 통해 생존에 중요한 이점을 얻을 수 있으며 다양한 환경 변화에 빠르게 적응하고 계절마다 일어나는 사건이나 얻을 수 있는 먹을거리와 같은 다가올 변화도 예측할 수 있다.

일화적 기억은 언어와 마찬가지로 각기 다른 두뇌 영역 사이의 인지적 연결 관계에 의존하고 있다. 일화적 기억이 구축되고 소환될 때 두뇌를 살펴보면 특별한 연결망이 활성화되는 것을 볼 수 있다.[5] 인간의 가까운 친척인 유인원에게서는 발견할 수 없는 능력이다.[6] 인류의 조상은 최소한 160만 년 전에 이러한 능력을 가질 수 있도록 진화했다고 한다. 고인류학자들에 따르면 당시 돌로 만든 도구를 확인해보니 만들어진 곳에서 몇 킬로미터 정도 떨어진 곳으로 옮겨진 것이라고 한다. 다시 말해 도구를 만든 사람이 다른 기회에 사용할 것을 예상하고 어딘가에 옮겨 두었다는 뜻이다. 다른 영장류는 미래에 대한 계획을 세우지 않는다. 일반적인 영장류는 무언가 먹고 남으면 지금 당장 필요하지 않기 때문에 그 자리에 버린다. 분명히 나중에 배가 고파질 때가 있다는 사실을 경험했음에도 불구하고 그렇게 행동한다. 영장류는 현재 자신이 있는 자리가 아닌 다른 세상에 대해 일종의 모의실험 같은 것을 하지 못한다. 다람쥐처럼 먹을거리를 저장하는 동물은 의식적인 의사결정이 아니라 본능적인 행동에 의존해 그렇게 하는 것이다.

시간에 대한 인간의 경험은 정신, 기억, 감정 그리고 그 시간이 이곳이 아닌 어딘가 다른 공간과 이어져 있다는 생각 등에 의해 활발하게 이루어진다. 시간에 대한 인간의 내부 감각이라고 할 수 있는 이 '정신적 시간'은 실재에 대한 인간 경험의 중심에 위치해 있다. 대부분의 인간에게 시간은 강물처럼 흘러가는 것이다. 뒤로는 이미 일어난 사건이 자리하고 있으며 앞에는 일어날지 안 일어날지 모를 그런 일들이 기다리고 있다. 과거 수십 년 동안 인간은 다양하고 신기한 실험을 통해 감동, 공포, 노화, 고립, 체온, 거부, 주의 등 모든 것이 시간이 얼마나 빨리 흐르는지에 대한 인식에 영향을 미칠 수 있다는 사실을 알게 되었다.[7]

인간은 이 세상과 그 안에 있는 자신의 위치를 이해하기 위해 정신적 시간을 객관적인 실제 시간에 맞춰 조정할 필요가 있다. 인류의 조상은 생존을 위해 피난처, 사냥, 농사, 교류 등을 중시했지만, 무엇보다 계절과 날짜에 민감했다. 인간의 문화 일정은 바로 여기에서 탄생했다. 각종 의식, 행사, 축제 등은 특별히 경사스러운 기념일과 낮의 길이가 짧아지는 겨울처럼 사회적 취약성이 심해지는 계절을 기억하기 위해 진화했다. 결국 시간을 헤아리는 일은 이러한 문화적 활동을 자연의 시계에 맞추기 위한 가장 중요한 요소였다.

시간을 측정하다

인류의 조상이 가장 신뢰했던 시계는 하늘에 있었다. 그들은 별의 지도를 만들기 시작하면서 지도에 대한 자신의 지식 안에서 의미를 찾으려 했다. 밤에 보이는 천체는 계속 움직이며 계절에 따라 제자리를 벗어났다 다시 돌아오기를 반복하지만, 별의 위치는 서로를 바라보며 고정되어 있다고도 볼 수 있었다. 적어도 지구상에서 바라볼 때는 그렇다는 뜻이다. 그리고 매년 똑같은 궤적을 따라 이동했다. 인간은 작은 돌이나 뼈 혹은 사슴의 뿔 조각 위에 달을 기준으로 하는 달력을 새겨 멀리 여행을 떠날 때 사용했다. 예컨대 몇 주 동안 마을을 떠나 사냥을 하거나 유목민이 계절 변화에 따라 이동을 할 때 들고 다니는 휴대용 달력인 셈이다. 특히 프랑스 도르도뉴 지방의 타르도르강 유역에 있는 동굴 유적지에서는 화려한 그림과 함께 만들어진 지 3만 년도 더 된 독수리 뼈로 만든 달력이 발견되었다. 이 달력에는 14일 주기로 모양이 찼다 이울었다 하는 원형의 달, 반달, 그리고 초승달이 새겨져 있었다. 그보다 좀 더 오래된 3만 8000년 전에 만들어진 것으로 추정되는 작은 매머드 상아 조각이 독일의 아흐 계곡에 있는 동굴에서 발견되었는데 이 상아 조각에는 고양이를 닮은 인간이 양팔과 다리를 쭉 펼치고 있고 다리 사이에는 칼 한 자루가 놓여 있는 모습이 새겨져 있었다. 학자들은 이 모습이 오리온 별자리를 나타내고 있는 것으로 추정했다. 상아 조각의 옆면과 뒷면에 있는 86개의 선명한 눈금 표시는 아마도 다산을 상징하는 것으로 보인다.

프랑스의 라스코 동굴에서 발견된 1만 7000년 전의 화려한 천문도는 대단히 놀라운 유물이다. 그 유물에는 29일 주기로 움직이는 달의 움직임을 둥근 점과 사각형 등으로 새겨놓은 것을 비롯해 많은 내용이 담겨 있었다. 이 둥근 점 위로는 13개의 점이 한 줄로 늘어서 있는데 겨울이 오고 플레이아데스Pleiades 별자리(겨울철의 대표적인 별자리. - 옮긴이)가 처음 나타났을 때부터 달의 모양이 바뀌는 것을 보고 이를 계산해 말이 망아지를 가져 쉽게 잡을 수 있을 때를 알려주는 것 같다. 별자리를 나타내는 하늘의 지도는 동굴 벽 전체에 새겨져 있으며 다른 중요한 현상을 나타내는 여러 놀라운 그림 중에도 단연 돋보인다.[8] 이처럼 상세한 천문도를 만든 사람은 당시의 과학자라고 볼 수 있다. 그들은 자연 현상을 객관적으로 관찰하고 측정함으로써 자신이 살고 있는 세계를 이해하려 했다. 라스코 동굴은 어쩌면 별의 움직임을 그려놓은 일종의 선사 시대 천문관이었는지도 모른다.

이런 선사 시대 동굴 그림을 새로운 시각으로 바라보는 고고학자들은 유럽 전역에서 이와 유사한 별들의 지도를 찾아내고 있다. 고대 인간도 우주에 대한 수학적, 과학적인 관찰을 했던 것일까? 사냥과 채집을 주로 했던 인류의 조상은 시간과 공간을 돌아보며 밤하늘을 그림으로 나타내고 그림자 길이의 변화에 따라 태양의 위치를 추적하는 것에서 점점 더 정교해지는 천문 시계를 만들어 낼 수 있을 정도의 기술을 개발했다. 영국의 스톤헨지 역시 어쩌면 태양, 달, 별의 움직임을 관찰하는 관측소였는지도 모른다. 분명 스톤헨지를 세웠던 사람은 천문학, 수학, 건축학과 관련된 지식이 풍부했을 것이다. 그렇지 않고서야 그 중심축이 하지 때 태양이 떠오르는 방향과 정확히 일치하도록 정교하게 계산된 거대한 비석을 어떻게 만들어 세울 수 있었겠는가. 바다 건너 아일랜드 보인 계곡의 뉴그레인지Newgrange는 돌로 쌓아 올린 거대한 무덤 유적으로 스톤헨지보다 더 오래되었다. 그 안에도 역시 당시의 천문학적 지식을 나타내는 유물들이 있었다. 그중에는 80킬로미터 밖에서 파내어 가져온 2000개가 넘는 석영으로 된 판도 포함되어 있다. 땅속 깊이 파묻힌 석실과 거기에 이르는 20미터 길이의 통로는 대부분 칠흑 같은 어둠 속에 잠겨 있지만, 동지가 되어 태양이 떠오르면 입구 위쪽에 나 있는 작은 구멍을 통해 한 줄기 빛이 안으로 들어와 석실을 밝힌다. 그 사각형의 구멍은 흡사 자동차 지붕의 선루프처럼 생겼다. 이 중요한 기념물의 설계자는 분명 시간에 따라 움직이는 태양의 위치와 각도를 완벽하게 이해하고 있었을 것이다.

이러한 거대한 기념물을 세우기 위해서는 막대한 시간과 노력이 들어갔을 것이며 당연히 공동체의 집단적 노력도 필요했을 것이다. 그렇지만 그보다 더 중요한 것은 하늘의 움직임에 대한 정확한 관찰과 그동안 배우고 익힌 지식, 정확한 예측이다. 이 같은 지식이나 기술이 쌓이는 데만도 몇 세대라는 시간이 걸린다. 케냐에서 오스트레일리아에 이르기까지 세계 곳곳에서 유사한 건축물을 찾아볼 수 있다.[9, 10] 그리고 당시의 건축가는 자신이 얻을 수 있는 가치 있는 지식을 생각하며 과학과 관련된 사회 기반 시설에 많은 투자를 했다.

천문학과 관련된 지식은 인류의 조상의 생존을 도운 문화적, 환경적 적응의 과정이라고 볼 수 있다. 인류의 조상은 이를 통해 계절의 흐름에 맞춰 살아가고 언제 어떤 먹을거리를 얻을 수 있을지 예측할 수 있었다. 그리고 오스트레일리아 원주민의 노래의 길이 세대를 따라 전해져 내려온 것처럼 이야기와 노래 속에 이러한 관찰의 결과를 담아 후대에 전해주었다. 오스트레일리아 빅토리아주 북서부에 사는 워게이아Wergaia 원주민에게 전해 내려오는 이야기에 따르면 극심한 가뭄으로 사람들이 굶어 죽게 되었을 때 마핀쿠릭이라는 이름의 한 여자가 먹을거리를 찾아 떠났다고 한다. 한참을 헤맨 끝에 마핀쿠릭은 개미 둥지 하나를 찾아내 영양가 많은 개미 애벌레를 파냈다. 비투르라고 부르는 이 애벌레 덕분에 부족 사람들은 그해 겨울을 넘길 수 있었고 마핀쿠릭은 세상을 떠난 후 목동자리 중 가장 큰 별인 대각성大角星이 되었다. 이후 하늘에 대각성이 보이는 때가 되면 마핀쿠릭이 개미 애벌레를 가져올 때가 왔음을 알려준다는 것이다.

또 다른 오스트레일리아 원주민의 이야기 속에는 일식이나 월

식이 어떻게 일어나는지, 별들의 움직임이 왜 서로 다른지에 대해 알려주고 있으며 달과 조수 사이의 관계도 설명해준다.[1] 플레이아데스 같은 별자리는 전 세계에서 문화적으로 중요한 위치에 오르기도 했다. 플레이아데스 별자리가 유용했던 이유는 일곱 개의 별이 서로 가까이 위치해 밝게 빛나고 매년 같은 계절에 언제나 지평선이나 수평선 위로 떠올라서 일종의 기준이 되었기 때문이다. 이 때문에 7이라는 숫자도 덩달아 길조를 의미하는 숫자가 되었다. 아메리카 대륙의 경우 마야와 잉카 문명에서 매년 수확기에 나타나는 플레이아데스 별자리를 풍요로움과 연결해 생각했고 일종의 천문 관측소를 지어 낮과 밤을 가리지 않고 플레이아데스 별자리를 관찰했다. 미국 애리조나주 북동부의 주니Zuni 부족에게 플레이아데스 별자리는 파종 시기에 그 모습을 드러내기 때문에 '씨앗의 별들'이라 불렸다. 북아프리카의 베르베르Berber인은 이 별자리를 기준으로 동절기와 하절기를 구분해 준비했으며 고대 그리스에서는 지중해에서 안전하게 항해할 수 있는 계절이 돌아왔다는 신호로 삼았다.

천문학은 길을 찾기 위한 가장 중요한 문화적 도구이기도 했다. 많은 동물은 유전적으로 달빛이나 자기장에 의지해 길이나 방향을 찾을 수 있는 능력을 갖추도록 진화했지만, 인간에게는 문화적 진화가 거의 전부라고 할 수 있다. 이렇게 진화한 능력으로 지도라는 개념을 만들어 머릿속에 새겨두었다. 이야기를 통해 전파되는 이러한 지도는 보통 지형적 특성이나 하늘에 떠 있는 별의 위치를 바탕으로 하고 있다. 태평양의 폴리네시아 원주민은 '별을 나침반으로 삼을 수 있는' 놀라운 기술을 발전시켰고 줄잡아 220개가 넘는 별의 움직임을 확인할 수 있었다. 이 특별한 해양 민족은 별이 뜨고 지는 순서를 기억하고 그 속도와 방향, 시간을 계속 관찰해 밤마다 별이 알려주는 길을 따라 항해를 해 광대한 태평양 지역을 종횡무진 휘젓고 다닐 수 있었다.

　인간의 정신적 시계를 자연의 순환과 일정에 맞추고 그 순서를 관찰하고 기억함으로써 인간은 자신과 다른 사람의 삶을 통해 언제든 길을 떠나 지구 전체를 둘러볼 수 있게 되었다. 시간은 인류의 조상에게 일종의 기준 격자基準格子를 주어 광활한 공간 속에서 자신의 위치를 확인할 수 있도록 해주었다. 이것은 실질적으로 응용되어 인간이 서로 만나 미래의 변화를 예측하고 또 과거에 계획하고 실행했던 일에 대해 논의할 수 있도록 해주었다. 이렇게 해서 인간은 시간을 이용해 삶 속에서 마주하게 되는 우연들이 불러오는 혼돈 같은 예측불허의 상황을 줄일 수 있었다. 또한 행동을 할 때 필요한 에너지를 줄일 수 있었음은 물론이다. 예를 들어 사시사철 동식물이 번창하는 열대 지방을 떠나 사계절이 뚜렷한 지역으로 이동한다면 먹을거리를 얻지 못할 때를 대비해 저장을 하는 것은 실질적으로 대단히 유용한 행동이다. 많은 동물은 본능적으로 이런 준비를 할 수 있도록 유전적으로 진화했지만, 여기에서도 인간은 문화적 진화를 통해 계절의 변화로 먹을거리가 부족한 상황에 적응할 수 있는 능력을 키울 수 있었다.

인간이 가진 시간의 개념은 사회 건설을 돕도록 진화했다. 인간은 시간을 활용해 주관적 규범이 아닌 모든 집단 구성원의 동의를 얻을 수 있는 측정 가능한 객관적 규범에 의지하게 되었다. 인간 사회가 더 커지고 복잡해질수록 더 정확한 달력이 필요해졌고 시간을 관리하는 기술은 전문적 기술이 되었다. 모든 문화권에서 천문을 읽을 수 있는 전문가가 크게 대접을 받았고 수확철 같은 특별한 절기를 예측할 수 있는 기술에 대한 존경심은 점점 더 널리 퍼져나갔다. 천문학 전문가는 단지 미래를 예측할 수 있을 뿐만 아니라 미래를 바꿀 수 있는 능력을 가진 마법사로 불리기도 했다.

그러는 사이 시간에 대한 기준을 확립할 필요성도 점점 늘어갔다. 지난 수천 년 동안 하루는 언제 시작해 언제 끝나는지, 1년은 몇 개월이며 심지어 하루가 몇 시간인지에 대한 기준이 모두 다 제각각이었기 때문이다.[12] 천체의 이동 주기에 대한 문제는 하늘의 달이 며칠을 기준으로 움직이는지, 혹은 달이 움직이는 날짜가 그럴듯하게 딱 맞아떨어지거나 심지어 정수整數가 되는 문제와도 상관이 없다. 달을 기준으로 하면 1개월은 29.5306일이 되며, 태양을 기준으로 1년은 평균 365.2422일이 된다. 이렇게 계산을 하면 1년은 다소 애매한 12.3638개월이 되어버린다. 전 세계의 각기 다른 천문학자가 이러한 차이를 조정하고 일반 대중에서 종교인 그리고 공무원까지 편리하고 정확하게 1년을 표시할 수 있는 달력을 만들어내기 위해 할 수 있는 모든 노력을 다했다.[13]

로마인은 새해의 시작을 3월에서 1월로 옮겼고 다른 지역의 달력도 점차 로마의 달력을 따르게 되었다. 영국이 1월 1일을 새해의 시작으로 인정하게 된 것은 1752년의 일이다. 예수 그리스도가 죽은 지 400년이 지난 후 기독교를 국교로 받아들인 로마 제국은 예수가 태어났다고 추정되는 날짜를 새해의 첫날로 다시 조정했다. 또한 당시에는 0의 개념이 아직 만들어지기 전이었기 때문에 기원전 1년 후 바로 기원후 1년이 시작되었다.[14] 시간은 상대적이지만, 정량화할 수 있는 자원으로도 볼 수 있다. 영국에서는 1752년 9월 2일 다음 날을 9월 14일이라고 발표하여 대부분의 유럽 국가들과 달력상의 날짜를 맞추려고 했다.[15] 그러자 런던과 브리스틀에서는 이렇게 '사라진' 날들 때문에 폭동이 일어났다. 현재 그레고리력이 전 세계적으로 사용되고 있지만, 통용되기 전까지 각 사회와 공동체에서는 1개월과 1주를 어떤 기준으로 계산해야 하는지 다양한 의견이 나왔었다. 프랑스에서는 대혁명이 일어난 이후부터 1792년까지는 1주일을 10일로 계산하기도 했다.[16]

천체의 움직임을 기준으로 객관적으로 똑같은 시간을 정확하게 측정하고 경험하면서도 우리는 대단히 다양한 방식으로 자신이 속한 사회의 시간을 분석해왔다. 과학적 진보가 많은 지식을 더해주어도 주어진 정보를 해석하고 사용하는 방법은 결국 문화적 규범과 사회정치적 필요에 의해 좌우되기 때문이다. 수학자와 천문학자 그리고 철학자가 만들어 기원전 45년부터 로마에서 사용되었던 율리우스력은 어쩌면 시간에 대한 유럽의 기존 인식이 순환에서 일종의 선형으로 바뀐 것을 나타내는지도 모른다. 다시 말해,

이때부터 시간의 측정을 천체의 주기에서 분리하는 중요한 변화가 시작되었고 수학 같은 또 다른 추상적 개념으로 가는 길이 닦여지기 시작했다는 뜻이다.

시계의 발달

로마는 산업화된 서구 사회에서 우리가 알아볼 수 있는 방식으로 시간에 맞춰 생활을 꾸려간 최초의 문명이다. 정교하게 만들어진 해시계는 공공장소라면 어디에서든 찾아볼 수 있었고 심지어 개인도 소유하고 있었다. 기원전 1세기 무렵 로마 제국의 건축가이자 기술자였던 비트루비우스는 13가지의 서로 다른 해시계를 소개했다. 희극 작가였던 플라우투스가 "이곳에 해시계를 설치해 나의 하루를 무자비하게 잘게 썰어 조각조각 내어버린 사람을 저주한다!"라고 외친 후 거의 2세기 만의 일이었다.

그렇지만 해가 떠서 질 때까지 생기는 그림자를 기준으로 하는 해시계는 계절에 따라 시간이 달라질 수 있었다. 로마는 하루를 24시간으로 계산하는 법을 고대 바빌로니아 제국으로부터 이어받았는데 바빌로니아의 60진법은 10진법에 비해 2, 3, 4, 5, 6 그리고 12로도 나눌 수 있는 편리한 점이 있었다.[17] 그렇지만 12시간을 낮으로, 12시간을 밤으로 나누게 되자 로마의 1시간이 여름에는 75분, 겨울철에는 45분이 되는 등 정확하지 않게 되었다. 하지만 중력을 이용하는 시계는 잘 설치하면 이런 문제를 피할 수 있다. 예컨대 물시계는 로마의 법정에서 각 변호사의 변론 시간을 조정하는 데 사용되었다.[18] 어쩌면 현대의 법정과 정치 토론회에서 반드시 부활시켜야 할 제도나 기술일지도 모르겠다.[19]

기술은 객관적으로 측정 가능한 우주의 흐름과 이 사회가 똑같이 움직이게 만들 수 있도록 진화했다. 그렇지만 아주 오래전 과거에는 시간을 헤아리는 일이 먹을거리를 확보할 수 있는 때를 알려주는 것처럼 생존의 조건과 관련이 있었다면 이제는 절대적으로 주관적인 사회적 규범이 모든 것을 좌지우지하게 되었다. 기독교 성직자는 하지와 동지, 춘분과 추분의 날짜를 정하기 위해 천문학에 엄청난 시간과 노력을 투자했다. 복잡한 부활절 계산 방법이 그에 따라 달라졌기 때문이다. 기독교 달력과 관련된 정치학은 시간과 인간 사이의 복잡한 관계 그리고 그에 따른 해석을 둘러싼 문화적 규범이 어떻게 만들어졌는지를 잘 보여준다. 기독교에서 가장 중요한 연중 행사인 부활절은 2세기에 들어서고 나서야 비로소 기념일로 인정을 받기 시작했다. 부활절은 원래 기독교가 아닌 이교도들이 봄을 맞이하는 축제에서 변형된 것이다.[20]

기독교에서는 예수 그리스도가 유대인의 유월절 축제를 마치고 십자가에 못 박힌 뒤 사흘 뒤에 부활했다고 믿는다. 유월절은 오늘날로 치면 4월쯤인 유대력 니산월 15일이며 대략 봄의 첫 번째 보름달이 뜨는 때와 맞아떨어진다. 그렇지만 유대인의 달력은 윤일보다는 윤달이 있기 때문에 유월절은 해마다 달라진다. 기독교에서는 부활절이 자신들이 신성하게 여기는 일요일이 되기를 바랐다. 동시에 이 새로운 종교가 유대교와 확실히 구별되기를 바

랐기 때문에 기독교의 부활절은 절대로 유대교의 유월절과 겹쳐
서는 안 되었다. 유월절 축제의 본질과 부활절의 배경을 생각하면
이상한 이야기로 들릴 수도 있지만 이런 모습이 바로 종교 정치인
것이다. 결국 부활절은 춘분이 지난 후 첫 번째 보름달이 뜬 이후
의 첫 번째 일요일로 결정되었다. 만일 보름달이 일요일에 뜬다면
부활절은 그다음 일요일로 미뤄졌다. 천문학과 수학이 동원된 복
잡한 계산 방법이 만들어져야 달, 태양, 별의 움직임을 구체적으로
그려볼 수 있었다. 그래야만 앞으로 다가올 춘분의 정확한 날짜를
알 수 있기 때문에 기독교 성직자는 수 세기 동안 천문학 분야의
관찰과 연구에 많은 지원을 아끼지 않았다. 기독교 달력은 계절의
흐름을 따라잡기 위해 양력과 음력을 모두 사용했지만 특별한 축
제일에 대해서는 달의 움직임을 기준으로 했다.

이슬람 세계에서도 정확한 시간 계산과 달력 그리고 연감 등이
대단히 중요했다. 이슬람교도는 하루에 정확히 다섯 번 메카를 향
해 머리를 조아리고 기도를 해야 했기 때문이다. 또한 메카가 있
는 방향도 확실하게 알아야 했다. 이런 이유로 중세 이슬람 제국
에서는 천문학이 크게 발달했으며 이 시기 발전한 가장 중요한 과
학 기구 중 하나가 바로 천체 관측의다. 천체 관측의는 각도나 기
울기를 이용해 천체의 위치를 측정하는 다목적 장치로 시간을 계
산하고 토지를 측량하며 바다에서 항해할 때는 위도를 계산하기
위한 목적으로 사용되기도 했다.[21]

14세기가 되면서 시간을 헤아리는 일은 마침내 천체의 움직임

과 결별하게 된다. 떨어지는 무게에 의해 당겨지는 톱니바퀴의 회전을 일정하게 조절해주는 장치가 발명되었기 때문이다. 일명 탈진기脫進機라고도 불리는 이 장치를 통해 톱니바퀴가 정확하게 움직이며 한 시간에 한 번씩 종을 칠 수 있게 되었다. (영어에서 시계 장치라는 단어는 '종'을 뜻하는 프랑스어에서 유래되었다고 한다.) 이제는 시계 바늘이 째깍거리는 소리가 인간의 삶에 시간을 알려주는 소리로 자리를 잡았다. 인간은 더 이상 해의 길이에 의존하지 않고 계절에 상관없이 언제나 일정하게 정해진 길이의 시간을 알려주는 기계 장치를 만들어 사용하게 되었다.[22]

영국 서머싯주에 있는 웰스Wells라는 도시에는 14세기에 만들어진 아름다운 시계가 하나 있다. 문자판에는 당시 생각했던 지구를 중심으로 한 우주의 모습이 장식되어 있고 음력에 따른 달의 움직임과 모습도 함께 보여주고 있다. 이 시계는 여전히 정교하게 움직이며 15분마다 시간을 알려준다. 일반 대중에게 시간을 알려주기 위해 만들어진 이러한 시계를 보면 시간이 하나의 중요한 필수품이 되었다는 사실을 알 수 있다. 사람들은 시간이 흘러가는 것을 알 수 있게 되었고 더 정확하게 시간을 알게 될수록 시간의 지배력도 더 커져갔다. 시간에 대한 정략적인 문화적 진화는 다른 영역으로도 확대되었다. 중량, 길이, 화폐 단위, 복식 부기, 원근법, 음악 등에 정교함이 더해졌다. 유럽에서는 세상을 대하는 태도 자체가 변했다. 사람들은 모든 사물을 숫자로 인식하고 분류하기 시작했다. 그리고 사회적 규범 속의 이러한 경향은 계속해서 더 널리 퍼졌을뿐더러 더 강박적으로 변했다. 시간 '낭비'는 그저 어리석은 일이 아니라 죄악으로 인식되기 시작했다.

사회가 더 크고 복잡하게 발전하면서 인간은 시간에 대해 더 확실하게 알게 되었지만 동시에 시간을 통해 그런 사회가 가능해질 수 있었다. 정확한 시간을 알게 되면 시간 '낭비'라는 불확실성이 줄어 교역이 수월해지고 상호 작용과 활동에 들어가는 에너지도 낮출 수 있었다. 상황이 더 복잡해질수록 시간은 점점 더 삶의 모든 측면을 지배하기 시작했다.

시간이 초와 분 단위까지 똑같이 흘러간다는 새로운 인식은 세상을 순서에 따라 흘러가도록 만들면서 일대 혁명을 불러일으켰다. 시계는 광장, 일터, 가정 등 어디에서나 볼 수 있는 존재가 되었다.[23] 사람들은 주머니에 시계를 넣어 다니기 시작했다.[24] 노동 시간은 한 사람이 맡은 바 업무를 끝내는 데 얼마나 걸리는지가 기준이 아니라 사람들이 얼마나 오래 일을 하는지가 기준으로 계산되었다. 이전까지 사람들은 해가 뜨면 일을 하러 나가 필요에 따라 일을 하고 밤에는 쉬었다. 이제는 공장의 각종 기계 장치가 사람에 따라 작업 속도와 작업 시간을 정하면서 모두 같은 시간에 작업을 시작하고 같은 시간에 끝낼 수 있게 되었다. 사람들은 정해진 시간에 일터에 나와 정해진 시간에 일을 끝내고 집으로 돌아갔다. 이제 시간은 곧 돈이 되었다. 시간은 흘러가는 것이 아니라 소비하는 것이 된 것이다. 일사분란하게 통일된 시계의 명령은 인간의 삶의 방식을 극적으로 바꿔놓았다. 언제든 시간을 꼭 알고 있어야 했고 지금이 몇 시인지는 이제 더 이상 자연의 흐름과 상관이 없었다. 과거의 감상에 젖은 예술가들이 자신의 예술 작품 속에서 불평을 늘어놓고 있을 때 인간은 자연이 주는 고유한 흐름에서 벗어나 자신이 일하는 시간에 맞춰 하루의 흐름을 새롭게 정했다.

인간은 시간을 발명함으로써 자신을 둘러싸고 있는 환경을 시간에 따라 변하는 것으로 바꾸었다. 그리고 인간의 문화와 생명 활동도 바꾸었다. 어쩌면 우리는 우리의 자연적인 흐름에 대해 다시 깨닫게 된 것은 아닐까? 자연 세계에 의해 더 많은 외부의 신호와 자극이 만들어지고 육체의 변화에 따른 주기에 더 많이 맞추게 되면서 말이다. 사람들은 플라우투스의 2000년 전 한탄을 다시 한번 떠올렸다. 시간이 우리를 소유하게 되자 이제 삶의 방식에까지 영향을 미치게 되었다. 어린아이는 동물처럼 시간을 초월한 세상을 떠돌며 시간이 얼마나 흘렀는지 전혀 상관없이 놀이에 빠져든다. 그런 아이를 통제하는 건 배고픔이나 피로 같은 생물학적 신호뿐이다. 그런데 문화적 시간이 어떻게 실제의 객관적 시간과 대응하는지에 대한 사회적 규범을 배워가면서 아이들의 생각도 바뀌기 시작한다. 어떤 문화권에서 시간은 성인들조차 여유 있게 누릴 수 있는 존재지만, 산업화된 사회에서 한가함이나 여유는 죄책감으로 이어진다. 시간이 삶을 지배하고 정교하게 조정을 하는 사회의 모국어가 영어라면 시간을 뜻하는 명사인 'time'이 다른 어떤 명사보다도 더 많이 사용된다는 사실을 알 수 있을 것이다. 반면, 남아메리카 아마존 유역에 살고 있는 아몬다와Amondawa 부족 사람들에게는 시간은 물론이고 1년이나 1개월을 뜻하는 단어 자체가 존재하지 않는다고 한다.

1972년 이후 모든 인간은 공식적으로 그리고 범세계적으로 공인된 시간을 따르게 되었다. 그렇지만 여전히 다양한 문화적 시간이 남아 있다. 1990년대에 실시한 실험에서 사회심리학자 로버트 레빈은 전 세계 31개국의 삶의 속도를 비교했다. 예컨대 평균 보행 속도, 시계의 정확도, 우체국에서 우표 한 장을 사는 데 걸리는 시간 등을 참조한 효율성 등이었다. 실험 결과 전 세계에 마치 시차가 존재하듯 서로 완전히 다른 박자에 따라 움직이고 있다는 사실을 확인할 수 있었다.[25] 가장 빠른 속도로 움직이는 국가는 예외 없이 가장 강력한 경제력을 자랑했다. 도시 지역은 외곽보다 더 빠르게 움직였고 열대 지방은 고위도 지방보다 느렸다. 레빈은 뉴기니의 서부 고원 지대에 살고 있는 카파우쿠Kapauku 부족의 경우 이틀 연속으로 일을 하는 법이 없었고 아프리카 남부에서 사냥과 채집을 주로 하는 !쿵 부족은 일주일에 2.5일, 하루 평균 6시간 정도만 일한다는 사실에 주목했다. 전 세계 여러 지역의 사람들은 단순히 한가하기만 한 것은 아니었다. 예를 들어 버스 같은 경우 운행 시간표를 따르는 것이 아니라 사람이 가득 차야 비로소 운행을 시작하기도 했다. 인도에서는 누군가 직장을 포기하고 영적 깨달음과 신비한 통찰력을 찾는 구도의 여정을 선택해도 아무도 이상하게 생각하지 않았다. 이러한 선택이 사회적으로 용인될

뿐더러 사람들은 먹을거리를 갖다주며 그 '여정'을 후원했다. 서구 사회였다면 불법 노숙 같은 혐의로 체포되지는 않았을까. 서구 사람들은 주어진 시간을 생산적으로 사용하지 않는 사람을 의심하며 못마땅하게 생각한다. 일을 하는 사람 입장에서는 바쁘게 보이기 위해 엄청난 노력을 한다. 유럽 문화를 살펴보면 해골을 활용한 사례를 무수히 찾아볼 수 있다. 이것은 시간은 유한하며 인간은 이 세상에서 단 한 번밖에 살 수 없다는 사실을 끊임없이 일깨우기 위해서다.

시간이 지배하게 된 세상

1920년대 미국 벨 연구소의 무선 기술자들은 수정 진동자에 전류를 흘려보내면 확장과 수축을 규칙적으로 반복한다는 사실을 발견했다. 그리고 진자를 이용한 시계와 달리 수정 진동자 시계는 습도, 기온, 진동 같은 주변 환경에 영향을 받지 않았다. 값싸고 정확한 새로운 방식의 시계가 시장에 쏟아져 들어왔고 시간 계산의 정확도가 몇 배는 더 증가했다. 새로운 수정 진동자 시계의 정밀도를 통해 우리는 태양과 지구, 달의 움직임에 맞춘 시간의 길이가 우리가 생각했던 것만큼 그리 정확하지 않았다는 사실을 알게 되었다. 예를 들어 하루의 길이는 조수간만의 차이, 액체 상태로 존재하는 지구 내핵의 움직임, 심지어 바람의 방향에도 영향을 받았다. 이런 부적확성은 1960년대 들어 더욱 심해졌는데 전자의 정확한 박자에 맞춰 진동하는 원자시계를 만들어 사용하게 되자 시간의 오차는 10억분의 1초 단위까지 줄어들었다. 수정 진동자를 사용할 때보다 1000배 정도는 더 정확해진 셈이다.

지구가 한 바퀴 자전을 끝내는 데 걸리는 시간으로 하루를 측정하던 것을 대신해 원자시계가 측정하는 8만 6400초를 사용하게 되었다. 그렇지만 우주의 물리 법칙을 바탕으로 인간의 문화가 만들어낸 시간은 여전히 지구의 생명 활동이 정한 시간을 따르고 있다. 전 세계에서 사용하고 있는 원자시계는 매년 지구의 궤도 변화에 맞춰 시간이 다시 설정된다. 따라서 원자시계가 나타내는 시간과 태양의 움직임은 그리 크게 차이를 보이지 않는다. 국제 지구 자전 좌표국IERS, International Earth Rotation and Reference Systems Service에 있는 시간의 지배자들은 매년 직전 해에 지구가 자전 속도의 차이로 얼마만큼의 시간을 잃었는지 계산해 '윤초'를 더할지 결정한다. 만일 윤초를 사용하지 않는다면 원자시계를 바탕으로 하는 국제 표준 시간은 몇십 년 안에 지구의 실제 시간과 차이를 보이게 될 것이 분명하다.[26]

생물학적 시간에서 문화적 시간을 분리하려는 인간의 노력으로 가정과 도시에서는 인공으로 만든 불빛이 넘쳐나게 되었다. 그리고 자연 세계의 해가 뜨고 지는 주기는 이제 인간과 상관없는 일이 되었으며 동식물은 해가 미처 뜨지도 않은 시간에 깨어나거나 계절에 맞지도 않는 꽃을 피우는 등 혼란을 겪었다. 그 결과는 인간 세포 안의 시계가 알려주는 시간과 위성에서 오는 신호를 받은 스마트폰이 알려주는 문화적으로 해석된 시간 사이의 불일치였다.

인간은 밤늦게까지 일하고 아직 어둡더라도 잠에서 깨야 하며 고위도 지역의 사무실 근무자의 경우 겨울철에는 몇 주 동안 태양을 보지 못할 수도 있다. 인간 중 상당수는 비유하자면 시차로 인한 피로감을 끊임없이 겪으며 살고 있는 셈이다. 이러한 피로감은 암과 우울증을 포함한 건강 문제와 자연 세계와의 관계에 영향을 미친다.

진화가 진행될 정도의 긴 시간 동안 사람들을 고립시켰던 지리적 거리는 여행 시간이 짧아지고 눈 깜짝할 사이에 의사소통이 가능해지면서 저절로 줄어들었다. 그렇지만 쉬지 않고 정확하게 움직이는 시계와 함께 이렇게 빨리 움직이는 세상 속에서의 삶은 인간에게 시간에 대한 새로운 관점을 심어주었다. 인간은 이제 빅뱅과 함께 시작된 시간의 흐름이라는 맥락 안에서 우주 속 우리의 위치와 자신에 대해 이해하고 있다. 지구가 만들어지기까지 걸린 시간에서부터 지구상의 모든 생명체와 인류의 조상들의 관계에 이르기까지 새롭게 알게 된 사실들에 대한 각각의 새로운 통찰력은 기존에 알고 있던 지식을 새롭게 보강해주고 그동안 믿고 있던 문화적 신념과 사회적 정체성을 뒤흔들어놓았다.

1837년 찰스 다윈은 "나는 이렇게 생각한다"라는 문장을 쓰고 그 밑에 가지만 있는 나무 한 그루를 그려 넣은 뒤 다시 그 옆에 생명이 어떻게 영겁의 시간을 넘어 진화했는지에 대해 자신이 생각하는 이론을 몇 줄 적어놓았다.[27] 그로부터 1세기쯤 지난 후 로잘린드 프랭클린의 X선 회절 형상에 기초해 프란시스 크릭이 연필로 남긴 그림 한 장에서 DNA 분자를 형성하는 원자들의 이중 나선 구조가 확인되었다. 이 아름답도록 단순한 '생명의 정수'를 통해 유전 정보가 생명체에서 또 다른 생명체로 전달될 수 있는 것이다. 바위 안에 새겨진 침전물의 축적된 줄무늬 층이 지질학적 연대를 알려주듯 인간의 DNA는 생명체 그 자체의 유전자 연대기라고 해도 과언이 아니다.[28]

1895년 영국의 소설가 허버트 조지 웰스의 《타임머신》이 발표되었다. 아인슈타인이 특수 상대성 이론을 발표하기 10년 전 일이다.[29] 웰스가 이 책을 발표하자 사람들은 시간을 완벽하게 통제하는 가능성을 수학적으로 처음 느끼기 시작했다. 하지만 얄궂은 것은 시간에 대한 모든 새로운 지식에도 불구하고 시간에 대한 통제는 인간의 미래를 미리 계획하고 죽고 난 이후의 세상을 상상하는 것만큼이나 어렵다는 사실을 다시 깨닫게 되었다는 사실이다. 이 것은 어쩌면 생명 활동의 인지적 실패일지도 모르며 문화적으로는 확실히 실패한 것이다.

XIII

이성

그리스 파르나소스 산기슭에 있는 바닷가 근처의 바위에는 갈라진 틈이 하나 있다. 이곳은 최소한 3500년 이상 신성한 곳으로 여겨졌고 신중의 신 제우스에 의하면 그 틈은 지구 중심부까지 이어진다고 한다. 델피 Delphi라고 부르는 이 동굴과 관련된 이야기는 무수히 많다. 그중에는 태양의 신 아폴론이 피톤이라는 이름의 거대한 용을 죽였는데 그 썩어가는 시체의 시큼한 냄새가 사람들을 꾀어 들인다는 이야기도 있다.

전해오는 다른 이야기에 따르면 근처에서 염소를 치던 코레타스라는 사람이 어느 날 염소 한 마리가 평소와 다른 모습으로 동굴 근처에서 비틀대고 있는 모습을 보았다고 한다. 호기심이 생긴

코레타스가 동굴로 들어가니 신성한 기운이 자신 안에 가득 들어
차면서 과거와 미래를 모두 볼 수 있다는 사실을 깨닫게 되었다.
코레타스는 시간 그 자체를 초월해 인간이 볼 수 있는 한계를 뛰
어넘어 어디든 자유롭게 날아갈 수 있었다.

이 이야기가 퍼져나가자 많은 사람이 이곳으로 찾아와 비슷한
영감이나 황홀경을 체험하려 했고 개중에는 그렇게 몽롱한 상태
로 바위틈 사이로 사라져버린 사람도 있었다고 한다. 이윽고 그
자리에는 여신 가이아를 모시는 신전이 세워졌고 마을 사람들은
처녀 한 사람을 골라 여신의 목소리를 대신 전달하는 사제로 삼았
다. 얼마 지나지 않아 신전은 아폴론에게 다시 바쳐졌고 사제들이
신을 대신해 신탁의 말씀을 전했다. 신탁이 내려지는 때는 별자리
의 움직임에 따라 정해졌으며 사제들은 먼저 동굴 안 깊은 곳으로
내려가 문제의 그 신성한 향취에 흠뻑 취했다. 그렇게 무아지경의
상태로 들어간 사제는 격정적인 이야기들을 쏟아내기 시작했고
사람들은 그런 모습을 두려움과 경외심을 품고 바라보았다.

신탁을 전하는 사제의 미래에 대한 지식과 그 숭고한 예언의 능
력은 그저 현재를 살아가기에 급급했던 당시 사람들에게는 거역
할 수 없는 명령이나 다름없었다. 사제는 수세기에 걸쳐 엄청난
영향력을 발휘했으며 각국의 지도자들은 결혼에서 전쟁에 이르
기까지 온갖 문제들의 해답을 이곳에 와서 구했다. 사제가 전하는
신탁은 운명을 바꾸고 삶을 이끌며 죽음을 결정지었다. 사제는 그
야말로 무소불위의 존재였다.

델피 신전의 사제는 미래를 예측하고자 하는 깊은 진화적 충동이 구체화된 것이다. 인간이 미래에 대해 좀 더 정확하게 예측할 수 있다면 자신은 물론이고 후손이 생존할 확률이 더 높아진다. 인간은 시간 여행을 할 수 없기 때문에 미래를 볼 수 있는 다른 도구를 진화시켰다. 예를 들어 사회생활의 향방을 예측하기 위해 상대방의 평판 정보를 이용한다. 그렇지만 자신을 둘러싸고 있는 물리적 환경을 돌아보기 위해서는 지식을 얻는 새로운 방법이 필요하다. 자신이 살고 있는 세상에 대해 더 정확히 예측하고 싶다면 세상이 어떻게 돌아가고 있는지 관찰과 판단을 통해 탐구해 이해해야 한다. 세상에 대한 호기심은 우리를 자극해 학습된 주관적 지식의 바깥쪽을 내다보고 세상을 이성적으로 조사하게 하며 객관적 진실 속에서 의미를 추구하게 한다. 인간은 호기심을 통해 실험과 혁신의 길로 나아간다. 그리고 과학자, 탐험가, 기술자가 된다.

과학은 이론에 대한 예측과 실험을 바탕으로 완성된다. 그리고 과학이 만들어내는 지식을 통해 인간은 더 정확하고 다양한 예측을 하고 기술적 발전을 가속화시킬 수 있다. 비판적 사고와 합리성 그리고 이성을 통해 반복되는 복제가 아닌 혁신적 해결책을 끌어내는 인간의 진화된 역량을 바탕으로 한 이러한 유형의 문화적 진화는 종종 주관적인 지식과 갈등을 빚는다. 그럼에도 불구하고 문화적 진화는 인간이라는 종이 복잡한 문화를 만들어내도록 돕고 학습에 대한 사회적 규범을 좌우해왔다. 이제 대부분의 사람들은 이성을 사용해 미래에 대해 더 나은 결정을 내릴 수 있다고 믿고 있다. 그렇지만 인간이 선택하는 결정이 언제나 합리적인 것만은 아니다.

복제와 혁신

지식은 문화적 진화를 구성하는 핵심이라고 할 수 있다. 지식이 사람들 사이에서 복제되고 전파되어 다음 세대까지 이어지면 생존에 유리하거나 혹은 사회적으로 도움이 되는 예상치 못한 일들이 일어날 수 있다. 시간이 지남에 따라 적응과 관련된 개선이 이루어지는 것이다. 다시 말해 문화적 진화의 과정은 유전적 진화에서 일어나는 돌연변이의 과정과 비슷하다. 그렇지만 인간의 문화적 진화에서 지적인 설계 역시 중요한 역할을 한다. 개인의 의도된 혁신은 문화적 변화의 속도를 극적으로 끌어올릴 수 있다. 어느 외로운 천재가 갑자기 놀라운 혁신을 이루어내는 것은 대부분 있을 수 없는 일이지만, 인간은 문화라는 요람 안에서 이러한 혁신을 만들어낸다.[1] 인간의 혁신은 거의 언제나 타인이 이루어놓은 통찰력을 바탕으로 하고 있다. 종종 이미 존재하고 있는 발명이나 발견 사이에서 새로운 관계를 끌어낼 수도 있다. 오류를 복제하는 과정에서 일어나는 선택의 결과가 아닌 근본적인 혁신이라고 할 수 있는 획기적인 돌파구를 통해 문화적 진화는 단순한 발전 이상의 큰 도약을 가능하게 한다. 일종의 목적의식이 있는 혁신은 좀 더 빠르게 다음 단계로 발전할 수 있다.

많은 동물도 혁신적인 모습을 보여주며 이러한 모습은 두뇌의 크기와도 관련이 있다. 생물학자들은 새로운 동물의 행동에 대해 수많은 사례를 보고하고 있다. 영국의 울새는 부리로 우유병 마개를 뚫어 우유를 마시는 방법을 알아냈고 까마귀는 지붕에서 미끄럼을 탈 수 있다.[2] 동물은 혁신을 통해 진화에 의한 변화로 본능적 행동이 나오는 것보다 더 빠르게 적응할 수 있다. 한 연구에 따르면 새 중에서도 혁신적인 종은 사람들에 의해 새로운 환경으로 옮겨져도 계속 생존할 확률이 훨씬 더 높다고 한다.[3] 인류의 조상은 상대적으로 빠른 속도로 전 세계로 퍼져나갔기 때문에 이러한 혁신을 만들어낼 능력이 꼭 필요했다.

무의식적으로 이루어지는 시행착오의 실험을 통해 지식을 늘리는 방법은 아마도 가장 원시적인 방법일지도 모른다. 결국 두뇌는 일종의 예측 장치로 진화해 두뇌의 주인이 더 잘 생존할 수 있도록 돕는다. 인간이 세상과 더 많은 관계를 가질수록 예측 능력도 더 향상된다. 갓 태어난 아기와 어린아이는 감각을 이용해 주변을 둘러싼 환경을 탐험한다. 주어진 대상을 혀로 맛보고 눈으로 관찰하면서 발로 공을 차면 공이 빠르게 튕겨나가고 얼음은 물보다 차갑다는 사실을 깨닫는다. 그렇지만 문화적으로 적응한 인간의 두뇌는 속도 면에서 창의성을 앞지를 수 있는 복제 위주의 사회적 학습을 우선하는 쪽으로 진화했다. 우리가 보아온 것처럼 자신의 좁은 소견 안에 갇혀 있는 것보다 이미 성공한 결과를 복제하고 타인의 집단적 경험을 바탕으로 예측하는 것이 훨씬 더 효율적

이기 때문이다. 사실 혁신이란 실패할 가능성이 매우 높은 위험천
만한 전략이다.[4] 따라서 먼저 혁신을 추구하는 건 상대적으로 드
문 일이다. 온라인 프로그래밍 경연대회를 관찰하며 문화적 진화
가 실제 상황에서 어떻게 진행되는지 분석한 연구가 있었다.[5] 분
석 결과 최고의 성과를 낸 결과물을 반복해서 복제하는 동안 나타
난 의외의 돌발 상황이 개선으로 이어지는 경우가 압도적으로 많
았으며 먼저 혁신에 도전해 성과를 내는 일은 극히 드물었다. 비
율로 따지면 16:1 정도였다.

혁신이 비록 상대적으로 드물게 일어나지만, 결코 중요하지 않
다는 건 아니다. 왜냐하면 혁신이 없다면 사람들은 결국 이미 좋
은 성과를 낸 해결책을 복제하고 수정하는 일에만 초점을 맞출 것
이기 때문이다. 그렇게 되면 인간의 문화는 시간이 지날수록 다양
성을 잃게 될 것이다. 그러면 사회는 적응을 위한 해결책을 충분
히 확보할 수 없게 되고 인간은 빠르게 변하는 환경 변화 같은 위
기에 취약해질 수밖에 없다. 복제와 혁신이라는 두 개의 문화적
진화 과정이 함께 이루어져야 우리의 집단 지성 안에서 새로운 가
능성과 기능성을 계속해서 끌어낼 수 있다. 의도를 갖고 진행하는
수정은 문화가 축적되는 과정 안에 포함되며 똑같은 선택 압력의
대상이 된다. 그리고 최고의 해결책은 뛰어난 복제 능력을 가진
사람이 있어야 퍼져나갈 수 있다.

그렇지만 개선과 마찬가지로 복제를 통해 이루어지는 혁신은
그 변화의 폭이 크다고 할지라도 결국 인간의 집단 지성이라는 기

반 위에서 만들어진다. 바퀴가 발명된 후 물레, 마차, 전차, 외바퀴 수레, 톱니바퀴, 물레방아 등을 연상하기 쉬워지는 것과 같은 이치다. 특히 기술적 혁신은 물리학과 생물학의 법칙에 의존하기 때문에 과학적 지식이 축적될수록 혁신은 더 가속화된다. 다시 말해, 이 세상에 대한 이성적 이해는 실험과 객관적인 측정을 바탕으로 하고 있다는 뜻이다. 이런 유형의 지적 문화가 성장할수록 인간의 혁신도 점점 더 늘어난다. 따라서 축적된 문화적 진화의 과정 속 지적 설계는 일종의 제동장치와 비슷한 구실을 한다.[6] 문화적 복잡성이 일정 수준 이상은 되어야 혁신이 가능해지지만, 일단 혁신이 이루어지고 나면 사회는 그 발전 속도에 어느 정도 제동을 걸게 된다.

수학은 0의 발명으로부터 시작되었다. 문자로 기록된 최초의 수학 관련 증거는 5000년 전 메소포타미아의 고대 수메르 문명에서 찾아볼 수 있다. 수메르 사람은 숫자, 도량형, 구구단, 기하학 등을 발전시켰고 이것은 바빌로니아와 그리스에서 이어받아 점진적으로 더 큰 발전을 일궈냈다. 7세기경 숫자 0이 발명되자 다른 아라비아 숫자와 함께 0을 십진법의 표시 기준으로 내세워 순식간에 1000에서 1만까지의 숫자를 손쉽게 구분할 수 있게 되었고 더 높은 단위의 계산은 물론 장부 정리와 같은 실용적인 적용이 가능해졌다. 또한 0은 소수점의 발명과 함께 거의 무한대에 가까운 정밀한 계산을 가능하게 만들었다. 뉴턴 같은 과학자는 이를 통해 새로운 물리학의 법칙을 완성할 수 있었다. 기독교 원칙주의

자는 신은 무소불위하고 전지전능한 존재이기 때문에 무한정이나 영원을 나타내는 숫자 0을 악마의 숫자라고 생각하고 1000년 동안 유럽에서 0을 없애려고 했지만 결국 성공하지 못했다.

이성의 몰락과 회복

지난 수천 년 동안 천문학자, 철학자, 수학자, 기술자는 지식을 쌓을 수 있는 각기 다른 방법을 고민하고 이해의 영역을 넓혀왔다. 그리고 그들은 미래라는 아직 알려지지 않은 영역에서 일어날 사건을 더 잘 예측할 수 있게 되었다. 이런 예측은 사전에 시험해보는 일이 가능했는데 결국 사람들은 전해져 내려오는 기존의 독단적 권위나 믿음이 아닌 객관적이면서 진정한 개별적 가치들을 대변하는 법칙을 사용해 계산하고 측정하기 시작했다.

이러한 모습은 문화적 진화의 다른 영역과는 또 다르다. 이 세상을 바라보는 주관적 지식에는 논리적인 우선순위 같은 것은 없다. 만일 누군가 결혼하는 신부는 흰색의 옷을 입어야 한다고 말하고 다른 사람이 흰색은 장례식을 연상시키니 빨간색 옷을 입어야 한다고 주장한다면 이 문제는 순전히 우리가 어떤 믿음을 선택하는가에 대한 의견의 문제가 된다. 문화권에 따라 전통이나 관습은 서로 다를 수 있다. 그렇지만 동양이든 서양이든 중력이라는 개념에 차이가 있을 수는 없다. 중력의 개념은 그저 과학일 뿐이며 서양의 과학과 동양의 과학이 따로 존재할 수는 없기 때문이다. 그렇다고 해서 인간이 그동안 찾아낸 상징적 의미가 모두 사라진다는 뜻은 아니다. 과학이 대답해줄 수 없는 많은 의문에 대해 인간은 여전히 과거부터 전해 내려오는 전통과 여러 문화적 해석 등을 통해 나름의 설명을 찾고 있다. 과연 삶의 의미는 무엇이며 의식이란 무엇인가? 어떤 사람에게 과학은 이렇게 여전히 여러 의문에 대답을 해줄 수 없다는 이유로 적당한 도구가 되지 못하며 또 어떤 사람은 언젠가는 이성을 통해 과학이 해답을 보여줄 것이라고 생각한다. 대다수의 사람이 과학적 주장을 받아들여 활용하지만 그러면서도 또 다른 문제에 대해서는 영적인 설명에 의존하고 별다른 갈등 없이 이 두 가지 방법을 조화시켜 지식을 쌓기도 한다.

일반적인 개념에서 최초의 과학자라고 부를 수 있는 사람은 누구일까.[7] 사제가 받은 신탁 같은 초자연적 예언과 견줄 만한 예측을 한 사람이라면 아마도 탈레스가 최초일 것이다.[8] 탈레스는 약 2600년 전 살았던 고대 그리스인으로 이집트와 바빌로니아 지역에서 공부한 후 돌아와 순수 수학 분야에 새바람을 불러일으켰다. 한 예로 그는 수학적 이론은 진실로 받아들여지기 전에 반드시 증명을 거쳐야 한다는 일종의 규정을 확립했다. 또한 탈레스는 자연현상에 대한 논리적이고 이성적인 설명을 도입했는데 나일강의 범람이나 지진 등은 신의 분노 같은 것과는 전혀 상관이 없다는 사실을 널리 알리기도 했다. 이렇게 증거를 바탕으로 한 농작물 관련 예측은 탈레스를 부자로 만들어주었다. 탈레스는 지금의 터키 지역에 위치했던 고대 도시 밀레투스Miletus에서 날씨의 변화를 관찰해 이듬해 어느 정도의 수확을 거둘 수 있을지 정확하게 예측했다. 어느 해 겨울, 탈레스는 올리브의 풍작을 예상해 선금을 주고 올리브 기름을 짜는 기계를 미리 빌려두었다. 여름이 되자 정말로 풍작이 들었고 농부들은 올리브 기름을 짜려고 나섰지만 기계를 구하지 못하게 되자 결국 탈레스에게 웃돈을 주고 기름 짜는 기계를 빌릴 수밖에 없었다고 한다.

사회를 통한 지식과 혁신의 확산은 객관적인 조사를 막을 수도 또 허용할 수도 있는 사회적 규범의 영향을 크게 받을 수밖에 없다. 고대 그리스인에게 논쟁과 관찰을 통해 지식을 연구하고 배우며 늘 의문을 품고 그 의문을 해결하려 노력한다는 개념은 지적인 삶을 추구하는 문화에 있어 필수적인 요소였다. 기존에 있던 그리스 신화는 새로운 생각과 발견에 의해 지식이 더해져 더욱 풍성한 내용을 갖추게 되었다. 그리스인은 관용, 사려 깊은 생각, 합리성으로 대표되는 자신의 문화를 더욱 풍성하게 발전시켰다. 그렇지만 철학적이고 과학적인 의문은 훗날 등장하는 기독교 교리의 희생양이 되고 만다.

예수 그리스도가 세상을 떠난 후 얼마 지나지 않아 사도 바울이 등장하면서 이성의 몰락이 시작되었다.[9] 바울은 원래 로마 시민권이 있는 유대인으로 초기 기독교인을 크게 박해하는 입장이었지만 훗날 회심을 하게 된다. 바울이 내세운 기독교 교리에 따르면 그리스 철학자는 자신들만의 논리적 접근 방식에만 눈이 멀어 결국 지옥에 떨어지게 될 뿐이었다. 4세기에 이르러 새롭게 로마 황제가 된 테오도시우스는 기독교를 국교로 삼아 성경은 모든 것들의 시작이자 끝이 되었다. 결국 성경에 대한 것은 어떤 의문도 이단 취급을 받게 되었다. 그리스의 전통을 이어받은 로마는 비교적 개방적이고 관용이 넘치는 다원화된 문명이었지만 고착화된 권위의 규칙만을 따르는 모습으로 변하고 말았다. 비단 성경뿐만 아니라 의학에서는 갈레노스(고대 그리스의 의학자, 철학자. 서양 의학에 큰 영향을 주었다. - 옮긴이)나 히포크라테스가, 천문학에서는 프톨레마이오스(고대 그리스의 천문학자, 지리학자. - 옮긴이) 등이 진리가 되었다. 당시를 기점으로 서구 사회는 철학적 이성을 중시했던 고대의 이교도 사회에서 고착화된 교리 중심의 사회로 변하게 된다. 과학적이고 이성적 사고를 분명하게 거부할 뿐만 아니라 기독교 교리를 순수하게 따르지 않는 사람을 서슴지 않고 잔혹하게 처벌하는 사회가 된 것이다.

그리스의 유명한 수학자, 천문학자, 철학자이며 고대 학문의 중심지 알렉산드리아의 위대한 마지막 사상가 중 한 명이던 히파티아는 당대에 보기 드문 여성 학자였지만 기독교 교리의 희생양이 되고 말았다. 히파티아는 플라톤과 아리스토텔레스의 학문을 알리는 인기 강사였으며 학생들에게 수학과 천문학을 가르쳤고 천체 관측의를 만드는 방법도 알려주었다. 널리 존경받는 지식인이었고 당대의 저명한 기독교인과도 교분이 있었지만, 개종은 하지 않았다. 결국 415년, 페트로스라는 이름의 광신도가 이끄는 기독교도 무리가 거리를 지나던 그의 가마를 습격했고 히파티아를 교회 안으로 끌고 들어갔다. 그리고 옷을 벗기고 기와 조각으로 죽을 때까지 때린 후 토막을 내 불에 태워버렸다.[10] 히파티아가 참살당한 이유는 모든 것에 의심을 품고 늘 연구하는 사람이었기 때문이다.

종교적으로 관용적이지 못한 분위기가 고조되면 대부분의 창의성과 기술적 혁신이 줄어든다.[11] 혁신적 사고가 아닌 그저 맹목적인 복제만 중요시하는 규범이 생겨나면 집단적 문화는 위축된다. 좀 더 관용적 분위기가 넘쳤던 고전 시대에 배우고 익히는 일은 크게 존중을 받았고 부유한 상류층과 교역에 종사하는 중산층 중에서 글을 읽고 쓰지 못하는 사람은 없었다. 바로 이들이 거대하고 활기찬 연결망의 일부를 이루었다. 그러다가 5세기 무렵부터 서로마 제국이 무너지면서 교회를 제외하고 문맹률이 치솟기 시작했다. 중세 초기 유럽은 봉건 사회였다. 과학적, 기술적 혁신이 자취를 감춘 이 시대를 이른바 중세 암흑시대라고 부른다. 교회의 성직자는 오래전부터 전해 내려오는 경전에만 매달렸고 과학적 연구나 조사에는 전혀 관심이 없었다. 오랫동안 구축된 모든 연결망이 무너져 내리면서 문화적 진화는 실로 다양한 방식으로 퇴보에 퇴보를 거듭했다. 이 암흑시대 동안 인구수 급감과 고립 등으로 지식을 얻을 수 있는 방법이 극히 제한되었으며 지식의 흐름 자체를 가로막았던 사회적 규범과 제도는 의도적으로 문화적 진화의 속도를 떨어트리게 된다.

그렇지만 좀 더 동쪽으로 가보면 사뭇 다른 사회적 규범을 찾아볼 수 있었다. 여성과 남성 할 것 없이 읽고 쓰는 능력이 크게 가치를 인정받았고 이슬람 세계의 학자는 그리스와 로마 시대의 과학, 의학 기술을 받아들여 페르시아와 인도의 지식을 더했다. 8세기 무렵 아바스Abbasid 왕조의 수도였던 바그다드는 전 세계적인 배움의 중심지였다. 이슬람 제국은 스페인에서 중국 그리고 예멘에서 사하라 사막 서부까지 그 영향력을 미치고 있었다.[12] 유럽, 아프리카, 아시아의 교차점에 세워진 인구 200만의 대도시 바그다드에서는 광범위한 문화, 사상, 경험을 펼칠 수 있었다. 각기 다른 사고방식에 대한 열린 마음의 관용과 연결성 그리고 배움에 대한 강조를 통해 이른바 이슬람 제국의 황금시대는 든든한 과학의 보루 역할을 했다. 약 700년이 넘는 세월 동안 과학과 관련된 국제 공용어는 다름 아닌 아랍어였다.

혁신은 종종 다른 생각 사이에서 유용한 연결 관계를 찾아내는 사람으로부터 나온다. 또한 이때 표준화된 기준이 있으면 큰 도움이 되는데 아랍어를 공용어로 사용함으로써 지식은 더 널리 퍼질 수 있었고 이른바 '깨달음'의 순간도 더 많이 일어날 수 있었다. 중국의 전쟁 포로에게서 종이를 만드는 방법을 배운 것도 바그다드의 아라비아 사람들이었다. 종이 덕분에 일부 지역에서만 사용되던 파피루스나 양피지보다 훨씬 저렴한 비용으로 빠르게 지식을 퍼트릴 수 있었다. 종이와 더불어 더 쉽고 새로운 문자의 등장으로 단순히 글을 쓰고 책을 파는 일만으로도 생계의 유지가 가능할 정도로 정보의 민주화가 이루어졌다.[13] 페르시아 출신으로 이슬람 제국을 통치했던 아부 자파르 알-마문은 이 세상의 모든 지식을 한곳에 모으겠다는 야심만만한 계획을 추진에 옮겼다. 각 문화권의 학자가 환대를 받으며 바그다드로 모여들었고 사자와 전령이 당시 알려진 세상의 끝까지 많은 돈을 들고 달려가 귀중한 문서와 책들을 사들였다. 전쟁에 패한 국가는 항복의 대가로 금이 아닌 자국의 책을 바쳤다. 그야말로 지식과 정보의 가치가 금을 능가하게 된 순간이었다. 대규모 번역 작업을 통해 이런 저작들은 아랍어로 옮겨졌고 '지혜의 집'으로 불린 연구 기관에서 연구를 진행했다. 최종 목표는 1000년 전 불에 타버렸다고 전해지는 당대 최고의 알렉산드리아 도서관에 견줄만한 새로운 도서관 건립이었다. 이 거창한 계획은 단지 시작된 것만으로도 역사 속에서 사라져버렸을지도 모를 고대의 지식을 보존하는 데 큰 도움을 주었다. 사람들이 전 세계로 퍼져나가면서 멸종에서 살아남고 소규모로 흩어져 유전적 다양성을 회복할 수 있었던 것처럼 각지의 도서관, 수도원, 학문을 실천하는 공동체는 문화적 멸종에 대항해 싸울 수 있었다.

유럽이 기독교를 국교로 정했던 테오도시우스 황제의 영향력에서 스스로 벗어나는 데는 1000년이 넘는 세월이 걸렸다. 이슬람 세계로부터 기독교 세계로 새로운 사상이 들어오면서 과학과 탐험 분야에서 유럽의 문예 부흥 시대가 시작되었다. 새로운 시대의 새로운 유럽인은 고대 사상가를 새롭게 발굴하게 되었다.[14] 얄궂은 일이지만 반대로 이슬람 세계는 다시는 예전의 영화를 되찾지 못하고 암흑시대로 접어들게 된다. 서구 사회에서 이렇게 과학적 연구와 조사를 통한 지식의 추구가 막 시작되었을 때 그 중심에서 막강한 영향력을 행사했던 것은 여전히 교회였다.[15] 그렇지만 15세기 중반으로 접어들어 요하네스 구텐베르크가 금속활자를 이용한 인쇄술을 발명하고 여기에 값싸게 등장한 종이가 더해지면서 인쇄기와 인쇄 기술은 전 유럽에서 대중화되었다. 인쇄 기술은 표준화된 형식을 통해 정보를 널리 퍼트렸고 이제 모든 유럽인은 똑같은 내용을 읽을 수 있게 되었다. 그리고 여러 내용을 비교하고 참조하는 일이 훨씬 쉬워졌다.[16] 이제 이전과 비교해 누구나 훨씬 더 쉽게 정보에 접근할 수 있게 되었다. 특히 베네치아 공화국의 출판업자 알두스 마누티우스는 더 작고 값도 저렴한 이른바 8절판(가로 6인치, 세로 9인치 정도로 지금의 일반적인 단행본 크기. - 옮긴이) 책을 선보이기도 했다.[17] 인쇄물의 대중화를 통해 사회적 규범에 대한 전면적인 변화가 일어났고 탐험, 실험, 탐구 활동이 크게 일어나게 된다.[18]

"어떻게든 알고 싶다"라는 말은 자연 과학자의 좌우명이 되었고 세상에 대한 궁금증은 무지의 표시에서 지식에 대한 욕구로 바뀌어 크게 칭찬을 받았다. 15세기 후반이 되자 학자들은 그저 오래된 책에 적혀 있다는 사실만으로 진리라 일컬어지는 것에 대해 의문을 품기 시작했다.[19] 그리고 직접적인 경험을 통해 지식을 얻는 것이 가장 믿을 수 있는 방법이라고 주장하고 나서기 시작했다. 바로 스스로 직접 찾아보라는 것이다. 1660년대부터는 '사실fact'

이라는 단어가 일상적으로 쓰이게 된다.[20]

이성적 사고의 실현

이성적 사고는 하면 할수록 더 익숙해진다. 이러한 발전의 과정
에서 사회적 상호 작용을 통해 인간은 세상에 대한 사실을 알게
되고 그 사실을 어떻게 대해야 하는지 깨닫게 될 뿐만 아니라 동
시에 '후대에 사실을 전달'하게 해주는 인지적 과정을 구축할 수
있게 된다.[21] 다시 말해 문화적 학습은 그 자체로 마치 유산처럼 문
화적으로 후대까지 전해질 수 있다. 더 큰 규모의 집단 지능을 끌
어낼 수 있는 사회적 제도로 진화할 수 있는 사회적 규범이라면
동시에 개인을 더 똑똑하게 만들 수 있다.[22] 얼마나 높은 지적 능
력을 타고날 수 있는가가 아니라 얼마나 사회적인가에 따라 인간
의 문화적 발명이 얼마나 쓸모 있는지 결정된다.[23] 바로 이러한 이
유 때문에 각기 다른 문화적 형성 과정을 거친 수많은 사람이 모
여드는 대학이 새로운 생각과 기술적 혁신의 요람이 된 것이다.

과학적이고 논리적인 추론은 인지적 처리 과정을 위한 도구이
며 세상을 바라보고 이해하는 방법이다. 이성적 사고의 문화적 형
성 과정 안에서 사회적 학습을 경험한 이들은 인지적 도구를 만들
어내고 이를 통해 과학적 지식과 설명을 찾게 된다. 이렇게 이성적
사고가 권위를 갖게 되는 문화적 형성 과정의 결과로 나타나는 것
이 두뇌의 생물학적 변화다.[24] 두뇌의 변화를 겪은 인간은 현재의
상황에 대해 더 많은 의문을 품게 된다. 따라서 그들의 문화는 기

술적, 과학적 변화[25]는 물론 사회적 변화를 더욱 촉진한다.[26]

시간에 대한 개념이나 읽고 쓰는 능력 같은 인간의 인지적 도구 역시 기술적 발전에 도움을 준다. 어린아이가 읽고 쓰는 법을 배울 수 있는 사회는 타인의 의견을 바탕으로 하는 논쟁을 활용해 더 큰 발전을 이룰 수 있다. 다른 생각의 방식을 따르는 과정에서 생물학적으로 두뇌의 인지 경로가 형성되어 때로는 인지적 절충이 이루어지기 때문이다. 수학의 수준이 높아지면 더 많은 수식 안에서 좀 더 복잡한 방법으로 숫자와 부호 등을 사용할 수 있다. 그러기 위해서 종이 위에 수식을 써가며 계산하는 방법이 발전했다. 그렇지만 이보다 더 효율적인 계산 방법은 바로 주판을 이용하는 것이다. 주판은 거의 5000년 이상 덧셈과 뺄셈을 하는 데 사용되었다. 숙련된 주판 사용자는 심지어 디지털 계산기를 사용하는 사람보다 더 빠르게 복잡한 계산을 처리할 수 있다. 일부 지역에서는 아직도 주판을 즐겨 사용한다. 어떤 사람은 머릿속에서 가상의 주판을 만들어 암산을 하는데 서구의 대학생보다도 더 뛰어난 실력을 보여주기도 한다. 이 대학생은 계산을 할 때 숫자를 나타내는 단어를 사용하는 언어적 인지 능력에 의존하는 경우가 많기 때문이다.[27]

과학적 노력에서 육체의 존재는 자주 무시된다. 그렇지만 인간은 기초가 되는 육체적 자아를 떠나 지적인 영역 안을 떠돌아다니는 정신으로만 존재하지 않는다. 인간의 육체는 언제나 정신을 일깨워왔고 서로 함께 진화했다. 인간은 먼저 자신의 감각을 동원해 자연이 제공하는 대상과 직접 부딪히면서 세상을 이해해왔다. 우리는 과학과 합리성에 대한 인간의 문화적 진화를 이끈 것은 아이작 뉴턴이나 찰스 다윈 같은 뛰어난 과학자들이었다고 알고 있지만, 그들 역시 자료, 실험 기구, 측정과 같은 기본적 과정과 준비에 충실했다. 지난 500년 동안 물건을 능숙하게 다루는 장인이나 기계공 그리고 기술자 역시 철학자, 사상가, 과학자 못지않게 많은 과학적 발견을 이루어냈다. 실제로 유럽이 문명의 개화를 이끌 수 있었던 것은 바로 사상가의 이론을 실제로 적용하는 것을 주저하지 않았던 사회적 분위기 탓도 있었다. 하지만 중국 같은 경우 과학에서도 순전히 이론만을 중시하는 문화가 더 강했다. 영국의 과학과 산업 혁명을 이끈 주역 중 상당수는 대학 근처에는 가보지 못한 채 장인의 공방에서 직업 훈련을 쌓은 사람들이다. 예를 들어 존 해리슨은 독학으로 목공과 시계 제작 기술을 익혔고 바다 위에서도 오차가 거의 없는 시계를 만들어 항해술의 발전에 크게 이바지했다. 최초의 실용적인 증기 엔진을 개발한 제임스 와트는 원래 악기를 만들고 수리하던 사람이었다.[28]

과학, 기술, 금융 제도 그리고 다른 모든 분야의 발전은 서로에게 긍정적인 영향을 미치며 새로운 지식에 대한 탐구 열기를 더욱 끌어올린다. 그렇지만 그 모든 밑바탕에는 국가, 제도, 사회적 규범이 자리하고 있다. 과학은 사실상 장기적인 공익사업으로 후원자의 지원을 필요로 한다. 예를 들어 더 정확한 천문학 관련 자료를 원하는 종교 기관, 추수와 관련된 개선된 예측이 필요한 사업가, 세금을 제대로 계산해야 하는 정부 기관이 후원자가 될 수 있다. 과학적 이론이 해당 분야의 과학자에게 인정을 받고 널리 알려질 때까지는 시간이 걸리지만 과학적 노력의 일부로 함께 발전하는 도구나 기술은 그보다는 더 빨리 인정을 받고 다른 분야에 변형되어 응용될 수 있다. 과학은 협력을 통해 완성되며 시간을 비롯한 여러 측정 방식의 표준화는 기술 체계의 안정을 가져오고 전 세계가 상품과 사상을 서로 교환할 수 있도록 해주는 일종의 중요한 합의 구축 과정이다. 따라서 표준화는 기술적 진화를 견인하는 문화적 지렛대 역할을 한다고 볼 수 있다.

인지적 불일치

과학은 기존의 이론을 반박하면서 발전한다. 프톨레마이오스가 지구를 중심으로 한 천동설을 그럴듯하게 주장하기 위해 내세웠던 복잡한 기하학적 장광설은 절대로 만족스럽지 못했지만, 당시의 과학자가 기댈 수 있는 유일한 최선이었다. 결국 더 나은 이론이 등장해 이를 반박할 때까지만 유효했을 뿐이다. 그렇다고 해도 이 세상이 어떻게 움직이는지에 대한 새로운 객관적 의문과 발견이 집단적 무지라는 암흑 속에 갑자기 나타나 한 줄기 빛을 비춰준 것은 아니다. 과학적 이론은 주관적인 설명과 구분하기 대단히 어려울 수 있으며 사람들은 타인의 의견이나 설명을 복제해 그들이 믿고 있는 것을 따라서 배운다. 대부분의 인간은 자신이 들은 과학적이거나 혹은 종교적인 이야기를 반박할 수 있는 자신만의 굳은 신념을 가지고 살고 있지는 않다. 태양계의 중심은 지구라고 생각할 때는 이미 그러한 생각이 종교적이며 문화적인 이야기의 일부를 형성하고 있다. 지구가 단지 태양을 중심으로 돌고 있는 여러 행성 중 하나에 불과하다는 사실이 밝혀졌을 때 인간의 정체성이 근본적으로 흔들리면서 과학 분야에서는 일대 전환이 일어났다. 우리가 살고 있는 이 특별한 행성을 신이 창조해 우주의 중심으로 삼았다는 이야기는 이제 바뀔 수밖에 없었다. 시간이 흐르면서 대부분의 사람은 가장 최근 발견된 과학적 사실을 따르게 되었으며 종교적 설명에도 수정이 가해졌고 신자들의 경우 모순되는 설명은 아예 회피하게 되었다.

특별히 직접 겪은 경험과 반대되는 일이 있으면 그에 대한 생각과 이해를 바꾸는 데 몇 세기가 걸릴 수도 있다. 나는 개인적인 관점에서 지구는 움직이지 않고 태양이 동쪽에서 떠서 매일 지구를 돌아 서쪽으로 지고 있는 것 같다고 생각했었다. 나는 내가 생각하는 것이 틀렸다는 사실을 배워야 했다. 머리로는 태양이 태양계의 중심이라는 사실을 믿고 있지만, 가슴으로는 여전히 갈등을 느낀다. 아무리 생각해도 태양이 낮 동안 움직이고 있는 것 같은데 말이다. 과학적 설명은 여전히 점점 더 복잡하게 느껴지고 감정적 갈등은 더 커지기만 한다. 나도 양자 역학과 중력 그리고 자기장에 대해서 수학적으로는 어느 정도 기본적인 내용을 이해하고 있다. 그렇지만 직관적으로는 전혀 그렇지 못하다. 이런 개념이 나의 인생을 지배하고 있는 건 사실이지만, 이러한 지식과 관련해 내가 이해하고 받아들이는 부분은 또 다른 형태의 문화적 지식과 대단히 다르다. 더 놀라운 일은 단위가 굉장히 크기는 해도 어떻게 보면 똑같이 숫자에 불과한 만과 억 그리고 조 단위 사이의 관계를 대다수의 사람이 제대로 이해하지 못하고 있다는 연구 결과일지도 모르겠다.[29] 이러한 모습은 정부 정책과 결정에 대한 사람들의 관점에 중요한 영향을 미칠 수도 있다. 단위가 큰 숫자에 대한 이해가 떨어지는 것은 우리가 이런 숫자를 다루는 일이 거의 없기 때문이기도 하다. 사실 20 이하의 숫자를 다룰 때와 똑같이 직관적 이해를 바랄 수는 없는 일이니 말이다.

인간은 상대를 구체화해 인지 능력에게 알려준다. 인간의 두뇌는 인식을 통해 만들어낸 모형을 바탕으로 실체를 구축할 수 있도록 진화했지만, 생물학적 그리고 문화적 경험과 환경적 영향이 합쳐져야 이러한 과정이 가능해진다. 두 사람이 동일한 사실을 받아들이는 방법은 완전히 다를 수 있으며 인간의 두뇌는 경험적 지식과 객관적 지식 사이에서 균형을 맞춰 결정을 내려야 한다.

착시 현상은 인간이 눈을 통해 감각적으로 받아들인 정보가 두뇌를 거치며 얼마나 쉽게 진실을 잘못 해석하고 왜곡할 수 있는지 잘 보여준다. 심지어 착시 현상이 일어나고 있다는 사실을 알고 있는 상황에서도 진실에 대한 자신의 인식과 관련해 대단히 방어적인 모습을 보일 수 있다. 지난 2015년, 인터넷 언론 매체인 버즈피드Buzzfeed.com의 한 기자가 줄무늬 치마 사진을 사이트에 올리면서 이런 글을 달았다. "도움을 요청합니다. 이 치마의 줄무늬

색은 흰색과 금색인가요, 아니면 파란색과 검은색인가요? 친구랑 내기를 했거든요." 몇 시간이 채 지나지 않아 이 치마 무늬의 색을 두고 수많은 사람이 설전을 벌이게 되었다. 뿐만 아니라 다른 개인 소셜 미디어에서도 분노 가득한 게시물이 넘쳐났다. 자신과 다르게 세상을 바라보는 타인을 도저히 묵과할 수 없는 사람들이 자기만의 주장을 내세우기 시작한 것이다. 우리가 가장 신성하게 생각하는 것은 무엇일까. 우리는 마음속 생각과 외부의 세계 그리고 육체 사이의 관계, 즉 자신이 생각하는 진실이야말로 정상적인 사람으로 보이게 만드는 근본이라고 믿고 있다. 인간은 자신이 이해하고 있는 진실에 기대어 자신을 정상이라고 생각하는 것이다.

눈에 보이는 환영이나 다른 기이한 현상에 대한 어떤 과학적 설명도 없던 과거에는 이러한 경험이 곧 신이 존재한다는 분명한 증거가 되었다. 최근 일부 과학자가 델피 신전이 있던 자리 주변을 지질학적으로 조사하다가 무너진 신전 바로 아래 두 개의 보이지 않는 단층이 지나고 있다는 사실을 알게 되었다. 땅속의 단층 사이에서 뿜어져 나오는 시큼하면서도 달착지근한 냄새는 사람의 정신을 혼미하게 만드는 효과가 있었고 좀 더 심할 경우 마비 증상까지 불러올 수 있었다. 이 냄새가 바로 고대의 사제가 보았던 신탁의 원인이었던 것이 거의 확실했다. 두뇌의 신경성 수용체의 작용 그리고 눈으로 확인한 자료를 어떻게 처리해 구체적인 형태로 만들어내는지에 대해 더 알게 될수록 인간은 각기 다른 화학물질을 통해 어떻게 진실이 왜곡되고 기이한 종교적 경험이 나타날 수 있는지 상세하게 이해할 수 있다.

인간의 두뇌가 제한된 정보만으로 현실의 또 다른 모습을 그려나가면 대부분은 이를 통해 별다른 생각 없이 무의식적으로 세상에 대한 인식을 구축해나간다. 신경학자인 안토니오 다마지오는 의사 결정에 있어 일종의 '신체적 처리 과정'이 진행된다고 설명한다. 두뇌의 복내측 전두엽 피질이 혈압 변화나 심박수 상승 같은 신체적 신호를 만들어내 과거의 경험을 바탕으로 한 무의식적 결정이 이루어지고 있음을 알린다. 그러면 두뇌는 의식적 추론이 따라잡기 전에 이미 직관적 결정으로 해석한다는 것이다. 앞서 언급한 치마의 줄무늬 색 문제의 경우 야외의 자연광 아래에서 더 많은 시간을 보낸 사람은 흰색과 금색이라고 생각했던 반면, 실내에 오래 있었던 사람은 파란색과 검은색으로 생각하는 경우가 많다는 증거가 제시되었다. 갓 태어난 신생아는 생후 4개월에 이를 때까지 이른바 지각 항등성(친숙한 대상을 볼 때 환경의 변화와 상관없이 시각적 착시를 느끼지 않는 현상. - 옮긴이)으로 인해 혼란을 겪지 않고 언제나 올바른 색을 찾아낼 수 있다. 그렇지만 인간의 두뇌는 주관적인 유사성에 대한 객관적 차이점을 무시하는 법을 배우게 된다.[30]

인간의 문화적 형성 과정은 생명 활동에 영향을 미쳐 현실의 또 다른 모습을 그리게 만들고 결국 정치적 선택, 믿음, 행동에도 영향을 끼친다. 이렇게 되면 자신이 속한 집단은 외부의 신념이나 믿음을 억압하고 가로막는 등의 이른바 부족 효과를 보이거나 혹은 반대로 집단 내부의 의견을 지지하는 식으로 신념 체계를 강화시킨다. 소셜 미디어는 소위 말하는 이러한 거품 효과의 가장 대표적인 사례이다.[31] 그렇다면 우리는 경험한 모습을 믿어야 하는가, 아니면 객관적인 모습을 믿어야 하는가? 결국 한 집단이 의문의 여지없이 옳다고 믿는 사실도 다른 집단에게는 터무니없는 엉터리로 보일 수 있다. 총기의 합법적 소유, 낙태의 권리, 동성애자의 결혼 같은 주제를 생각해보자. 세월을 거슬러 올라가면 주부의 취업, 사회 복지, 골상학 같은 개념을 두고 갑론을박을 벌이던 때가 있었다. 인간은 상식을 기준으로 이 세상을 바라보지만 상식을 바탕으로 한 인식이 언제든 눈을 멀게 만들 수도 있다. 인간은 감각적 직관을 사실로 착각했으며 인간의 제한된 감각으로 만지고 느낄 수 있는 범위를 넘어서는 현상이나 과정에 대해서 계속 불신해왔다. 이러한 현상이나 과정은 인간의 일생으로는 도저히 가늠할 수 없는 영겁의 시간 동안 이루어지는 진화에서 인간의 눈으로는 도저히 알아차릴 수 없고 상상조차 할 수 없는 원자보다 작은 영역 안에서 이루어지는 양자 역학에 이르기까지 다양하다.

아리스토텔레스는 인간을 일컬어 '이성적인 동물'이라고 했지만, 인간은 너무도 자주 이성과 먼 행동을 저지른다. 위성사진이나 지질학 정보 같은 최신 과학 기술을 보유하고 있는 기업도 수맥을 찾기 위해 사람이 직접 수맥 탐사봉이나 추를 들고 돌아다니는 방법을 여전히 사용하고 있음이 최근 공개되자 과학자들은 중세 시대에나 통하던 미신이 21세기에도 사용되고 있다며 크게 격분하기도 했다. 한 사람의 고객 입장에서 이러한 일에 비용을 지불하기란 분명 탐탁지 않을 것이다. 그렇지만 문화적으로 학습된 해결책의 면면을 살펴보면 그 안에서 언제나 이성적이고 합리적인 선택만 있는 것은 아니다.

비판적 사고는 문화적으로 발명된 인간의 도구로 상식적인 믿음과 판단을 바탕으로 주어진 상황을 합리적으로 설명할 수 있도록 돕는다. 그런데 문제는 이성적인 설명이 언제나 분명한 것은 아니며 결정을 내리기 전에 복잡한 계산이나 통계적 분석을 요구할 수도 있다는 사실이다. 따라서 까다로운 문제에 대해 빨리 결정을 내려야 할 필요가 있을 때 종종 본능을 따르기도 한다. 이렇게 하는 것이 인지적으로 덜 힘들고 더 효율적인 방법이 될 수 있기 때문이다. 노벨상 수상자이기도 한 경제학자 대니얼 카너먼은 이러한 두 가지 방법을 두고 무의식적이며 직관적이고 덜 힘든 '빠른 생각', 의식적이며 분석적이고 힘이 드는 '느린 생각'으로 분류했다. 대부분의 인간은 이성에 의해 판단하고 있다고 생각하지만 사실은 빠른 생각에 의지하고 있다고 설명했다.

진화론적 관점에서 보면 빠르고 감정적인 생각과 판단은 이치에 들어맞는 행동이다. 생존을 좌우하는 상황은 결국 빠른 결단을 요구하기 때문이다. 사자와 마주했을 때 달리기로 앞지를 수 있을까 생각한다면 이미 상황은 끝난 것이나 다름없다. 직관적인 결정은 종종 형태의 인식이나 환경적 단서 혹은 유용하다고 증명된 여러 편견을 바탕으로 무의식적으로 이루어진다. 집단의 생존 역시 대부분 빠른 생각에 의지한다. 만일 소방관이나 군인이 도움을 주기 위해 달려가기 전에 잠시 멈춰 서서 자신의 안전을 먼저 생각한다면 자신이 감당해야 할 위험이 너무 크다고 생각할 수도 있다. 그렇지만 일단 위험 속으로 뛰어들어 성공을 거둔다면 그 집단의 생존 확률은 상승한다. 운동선수나 다른 숙련된 예능인이 필요한 기술을 익히고 연습을 한 후에도 동작 하나하나에 대해 의식적으로 신경을 쓰고 판단하려 한다면 제대로 된 솜씨를 발휘할 수 없을 것이다. 감정이란 대단히 유용하다. 결국 위험에 대해 빠르게 반응하도록 만들어주는 것은 공포심이며 위협을 더 확실히 깨달을 수 있도록 상호 작용을 증폭시키는 것은 분노다. 그리고 죄책감 때문에 사회 규범을 벗어나거나 집단의 결속을 위태롭게 만드는 일을 꺼리게 된다. 한 연구에서는 실험에 참가한 학생을 두 명씩 짝을 지어 서로 의논을 해 주어진 돈을 나눠 갖도록 했다.[32] 그런데 실험 전에 일부 학생에게는 신경에 거슬리는 음악을 틀어줘서 조금 짜증이 난 상태를 만들었다. 실험 결과 짜증이 난 채 실험에 참가한 학생이 더 많은 돈을 가져갔다고 한다.

인간에게는 합리성과 증거를 기반으로 하는 의사 결정을 위한 문화적으로 진화한 규범이 있지만, 생물학적 진화는 이러한 문화적 진화를 따라잡지 못했고 인간의 인지 능력은 계속해서 감정에 따라 좌우되고 있다. 그렇지만 진짜 문제는 의사 결정을 할 때 두뇌에서 합리성보다 감정과 관련된 부분을 더 많이 사용하는 것이 아니라 스스로 일종의 자기기만에 빠진다는 사실이다. 심지어 전문가도 편견을 갖게 되기 쉽다. 다시 말해 비용이 많이 들어가는 실수가 저질러질 수 있다는 뜻이다. 특히 인종과 성별을 차별하지 않으며 운이 아닌 능력으로 지금의 위치에 올랐다고 믿는 사람이 있는 조직에서도 비합리적인 편견을 곳곳에서 발견할 수 있다.

인간의 의사 결정 과정은 생물학적, 사회적 환경의 영향을 받는다. 두려움이 주는 심리학적, 생리학적 영향에 대해 생각해보자. 보수적인 정당이나 후보에 표를 던지는 사람은 두뇌에서 두려움을 관장하는 편도체가 상대적으로 더 큰 경우가 많다고 한다.[33] 두려운 감정을 더 많이 보여주었던 3~4세 정도의 아이들이 20년이 흐른 뒤 더 보수적인 정치적 성향을 보이게 되었다는 연구 결과도 있다.[34] 두려움이 주는 효과는 즉석에서 나타난다. 자유분방한 태도를 가진 이들에게 신체적 위협을 가했을 경우 정치적, 사회적 성향이 일시적으로나마 보수적으로 변하게 되었다고 한다.[35] 보수적인 정치인과 이들의 지지자는 이러한 사실을 이용해 이민자를 세균에 비교하며 유권자의 두려움을 자극한다. 이것은 생물학적으로 질병과 그에 따른 전염을 피하려는 방향으로 진화된 인간의 의식을 목표로 하고 있다. 또 다른 연구를 보면 신종 인플루엔자가 유행하던 당시 사람들에게 예방 접종 여부를 확인하고 신종 인플루엔자의 위험성을 알린 뒤 곧이어 이민자에 대한 견해를 물었다고 한다.[36] 그러자 아직 예방 접종을 하지 않은 사람은 예방 접종을 받고 상대적으로 안심하고 있던 사람에 비해 이민자에 대해 반대하는 의견을 더 많이 보였다고 한다. 그 뒤에 이어진 연구에서는 인플루엔자의 위험성을 알린 후 그 자리에서 손 소독제를 제공했다. 그러자 이민자에 대한 편견이 바로 줄어드는 것을 확인할 수 있었다. 안심시키는 것만으로도 유권자의 마음을 좀 더 진보적인 방향으로 바꿀 수 있었던 것이다.[37] 연구진이 사람들에게 어떤 위협이나 위험에도 완벽하게 안전한 자신의 모습을 상상하라고 했을 때 미국의 공화당 유권자는 낙태나 이민자 문제 등에 대해 놀라울 정도로 개방적이고 진보적으로 바뀌었다. 인간의 이성은 감정으로 가득 차 있다. 이러한 모습은 문화적 복잡성에도 영향을 미친다. 예술적 결과물에서 특허 출원에 이르기까지 모든 분야를 살펴본 몇몇 연구에서 확인한 것처럼 보수적 성향의 사회에서 사회적 규범은 더욱 엄격하며 창의성이나 혁신적인 모습도 뒤떨어진다.[38] 기술적 진보는 좀 더 진보적인 사회에서 가장 빠르게 이루어진다.[39]

때때로 이성보다 본능을 따르게 되면 실제로 더 나은 결과가 나올 수도 있다. 왜냐하면 예측 장치가 내는 경보음에 귀를 기울이는 과정에서 인간의 불합리한 인지적 편견이 감정적인 요소를 지닌 복잡한 결정을 내리는 데 도움을 줄 수 있기 때문이다. 예를 들어 통계적 모형은 근본적으로 편견을 담고 있을뿐더러 불완전하거나 혹은 복잡한 실제 세상과 양립할 수 없는 수학적으로 완벽한 가정을 바탕으로 하고 있기 때문에 오류가 발생하지 않을 수 없다. 이러한 이유로 수많은 재무 설계 모형은 2008년의 금융 위기를 제대로 예측하지 못했다. 대부분의 경우 사회적 합의는 의사 결정을 내리는 데 있어 중요한 요소다. 금융권 관계자는 곧 닥쳐올 위기를 우려했음에도 인기 없는 합리적 견해를 내놓는 것에 대한 사회적 비용을 피하기 위해 입을 다물었다. 의견이 완전히 한쪽으로만 몰린 상황에서 대다수의 의견에 반대함으로써 사회적 규범을 거스르려는 사람은 배척당할 위기에 내몰리게 된다. 따라서 이러한 경우 객관적으로 옳은 의견보다 사회적 응집력과 지원망의 유지를 통해 더 크게 동기를 부여받기 때문에 어쩌면 객관적 증거를 거부하는 것이 개인으로서는 합리적인 일이 될지도 모른다.[40]

여전히 부족 문화는 세상을 바라보는 방법에 실제 사실보다 더 많은 영향을 미친다. 인간이 초래한 기후 변화를 예로 들어보자. 여기에는 거의 만장일치에 가까운 전 세계 과학자들의 합의가 있었다. 그런데 미국인들의 의견은 갈라지게 되었고 그 모습이 상당히 이례적이었다. 민주당과 공화당 지지자들은 더 많은 교육을 받았을 경우 기후 변화에 대한 생각이 크게 달라졌다. 공화당 지지자 중 중학교와 고등학교 졸업자의 약 25퍼센트는 기후 변화를 대단히 우려하고 있다고 답했다. 그렇지만 대학교까지 졸업한 경우 그 수치가 8퍼센트까지 줄어들었다.[41] 어쩌면 대단히 납득하기 힘든 결과일 수도 있다. 더 높은 수준의 교육을 받은 공화당 지지자는 그동안 과학적으로 합의된 사실에 대해 잘 이해하고 있는 듯한 모습을 보였기 때문이다. 그렇지만 여론의 입장에서 보면 기후 변화는 더 이상 과학적 문제가 아닌 정치적 문제다. 기후 변화와 관련한 과학적 사실은 상대적으로 새로워지면 기술적으로는 복잡해진다. 그리고 많은 미국인은 자신이 따르는 지도자의 의견을 받아들인다. 바로 정치 지도자들이다. 공화당 지도부는 과학적 사실에는 크게 관심을 가지지 않는다. 더 높은 수준의 교육을 받은 공화당원이라면 기후 변화를 둘러싼 과학적 정보에 더 많이 노출되었을 법도 하지만, 실제로는 공화당이 보내는 편파적인 의견에 더 많이 노출되어 있던 것이다. 이러한 모습이 상황을 더 악화시키고 있다는 사실은 관련 연구를 통해 확인할 수 있다. 《걸리버 여행기》의 저자이기도 한 조너선 스위프트는 1720년 이렇게 지적을 했다. "애초에 상대방이 논리적이지 못하다면 어떻게 논리적 주장으로 상대방의 잘못을 지적하고 고쳐줄 수 있다는 말인가." 인간은 직접 증거를 확인하고 결정하기보다 타인의 의견을 그대로 복제함으로써 지식과 믿음을 쌓아가도록 문화적으로 진화해왔기 때문에 신뢰할 수 없는 모형을 복제하는 이 같은 문제에 취약할 수밖에 없다. 또한 그렇지 않아도 인간은 과학적 문제에 대해 주관적 설명이 아닌 합리적 설명을 더 중요하게 여기도록 문화적으로 배워왔다. 합리적인 의견을 복제하고 있다고 믿도록 쉽게 조종당할 수 있기에 이러한 성향을 바꾸기란 더 어려워지는 것이다.

의사 결정에 있어서 논리적인 추론이 하는 중요한 역할은 실제로 올바른 결정을 내리는 것이 아니라 내려진 결정이 합리적이라고 설득하는 데 있는 경우가 많다. 일부 심리학자는 인간이 자신의 결정을 돌이켜보며 정당한 결정이었다고 주장하고 싶을 때만 논리를 적용한다고 보기도 한다. 그리고 대부분의 경우 결정을 내리거나 선택을 할 때 맹목적 본능에 의지한다는 것이다. 어쩌면 인간의 인지적 편견에도 불구하고 무의식적인 본능이 논리적인 사고 처리 과정보다 더 합리적인 결정을 내릴 수 있을지도 모른다. 무언가 결정을 내릴 때 자신의 주관적 생각을 객관적 추론과 완벽하게 분리할 수 있는 사람은 거의 없다. 인간은 인공 지능에게 이러한 면을 기대하지만, 인공 지능이 논리적이라고 해도 결국 그 사고 처리 과정의 설계자가 허락한 만큼만 논리적이고 객관적일 수 있을 따름이다. 게다가 세상에는 어떤 이유에서든 주관적으로 내려지는 결정이 대단히 많다. 증거를 기반으로 하는 과학은 인간에게 확인 가능한 결과를 근거로 결정을 내릴 수 있도록 도구를 제공한다. 그렇지만 인간의 행동 방식을 결정하는 것은 결국 사회적 규범, 즉 사회가 중요하게 생각하는 가치가 된다. 총기 소유의 권리와 총기 범죄 사이의 상관관계에 대한 증거는 통계적으로만 보면 아무런 문제가 없다. 그렇다 하더라도 미국에서는 대규모 총기 사고가 일어날 때마다 총기를 반대하는 소수 세력도 모든 것을 포기하고 도대체 무슨 일을 할 수 있을지 생각하며 절망한다.

생물학자들은 인간이야말로 자신이 알고 있는 내용과 다르거나 사실이 아닌 정보의 개념을 확대, 재생산하는 유일한 영장류라고 말한다. 다시 말해 다른 영장류는 현재의 상황과 다른 세상의 상태를 이해할 수 없으며 다른 개체가 자신과 다른 방식으로 세상을 바라본다고 도저히 상상하지 못한다는 뜻이다. 그렇지만 인간은 자신이 모르는 무언가가 존재하며 타인이 자신과 다른 의견을 가질 수 있다는 사실을 깨닫고 있다. 여기에서부터 인간은 종종 자신이 합리적이며 이성적인 반면, 나와 의견을 달리 하는 타인은 그렇지 못하다는 결론을 내리게 된다. 그렇지만 타인도 자신과 마찬가지로 합리적이지만 대신 서로 다른 목표와 근본적 신념 그리고 우선순위를 가지고 있다고 생각하는 편이 더 안전할지도 모른다.

과학은 이 세상에 대한 객관적 진실을 알려준다. 반면, 인간의 주관적 설명은 세상에 대한 느낌을 전달해준다고 생각해왔다. 그렇지만 과학은 인간의 주관적 대응과 감정이 일어나는 방식 그리고 이러한 감정이 어떻게 조종당하고 또 기억은 어떻게 재구성되는지에 대해 점점 더 이해시켜주기 시작했다. 인간의 정신이 어떻게 작용하는지에 대해 더 많이 알게 되고 인간을 닮은 인공 지능을 계속해서 개발하게 된다면 의식에서 이야기를 전달하는 부분을 더 쉽게 이해하게 되어 결국 순수하게 합리적인 선택을 할 수 있는 경지에 도달할 수 있지 않을까? 아마도 언젠가는 그렇게 될 수 있을 것이다.

인간이 만들어낸 가장 강력한 슈퍼컴퓨터인 서밋Summit은 인간의 두뇌로 630억 년이 걸릴 2만 조 번의 연산을 단 1초 만에 해낸다.[42] 현재 서밋은 날씨를 예측하는 데 사용되고 있다.

XIV

호모 옴니스

서기 12019년 미국 텍사스. 동틀 무렵 우리는 순례의 여정에 나섰다. 오늘은 산속 깊숙이 들어갈 것이다. 바위 표면에 있는 숨겨진 입구 앞에 도착하자 강철로 된 틀로 둘러싸인 녹색 문이 보인다. 그 너머로는 강철로 된 두 번째 문이 있다. 이 두 개의 문은 먼지와 야생 동물의 침입을 막아주는 일종의 간단한 기밀식 출입구 역할을 한다. 우리는 둥근 손잡이를 돌려 문을 열고 안으로 들어간다. 그리고 문을 다시 꼭 닫는다. 사방은 칠흑처럼 어둡다. 그 어둠을 헤치고 몇백 미터 정도 되는 통로를 따라 걸어간다. 통로의 끝에 이르니 바닥 위로 떨어지는 희미한 빛줄기가 보였다. 고개를 들어 위를 보니 저 멀리 아주 작은 구멍 같은 것이 보인다.

깊이 150미터에 지름이 3.6미터인 수직 통로 끝에 나 있는 구멍이다. 이윽고 우리는 계속해서 이어지는 나선형 계단을 따라 통로 위로 올라가기 시작한다. 통로 바깥쪽을 따라 빙 두르듯 붙어 있는 계단이다. 머리 위로는 아주 희미한 빛이 비춰온다. 산속에 감춰진 이른바 1만 년 시계를 향한 여정은 계단 끝 빛 속에서 마무리된다. 이 시계를 움직이는 것은 태양이다. 우리는 시계가 울리는 소리를 처음 듣게 된 사람이다. 이 시계는 1만 년 전 처음 만들어진 이후 그동안 한 번도 울리지 않았다.[1]

시간의 흐름은 상대적이다. 대륙이 움직이는 속도와 손톱이 자라는 속도는 똑같다고 한다. 인간은 시간을 사건이 얼마나 빠르게 일어나는지에 따라 측정하고 축적된 문화적 진화는 시간이 흐르는 속도를 높인다. 한때 수천만 년이 걸렸던 지질학적 변화가 이제는 불과 몇십 년 만에 이루어지듯 영겁이라 느꼈던 시간도 인간의 수명만큼 줄어들고 있다. 며칠을 가야 닿을 수 있을 정도의 거리로 떨어져 있던 도시는 이제는 몇 시간이면 닿을 수 있다. 사람들끼리 연락하는 데는 1초의 시간도 채 걸리지 않는다. 인구가 두 배로 늘어나는 동안 동식물이 멸종하는 속도는 '자연적인' 속도에 비해 1000배 더 빨라졌다고 한다.

인간은 지구의 시간과 함께 지금까지 참으로 먼 길을 떠나왔다. 5만 년 전, 1000억의 생명이 태어나기 전에 우리는 그저 이 지구상에서 진화를 시작한 얼마 되지 않은 엇비슷한 종 중 하나였다.

이제는 인간만 홀로 남았다. 오늘날 인간이 누리고 있는 기술이나 사회 제도가 자리를 잡기 위해 문화적 복잡성이 만들어질 때까지는 꽤 오랜 시간이 걸렸다. 대부분의 경우 이러한 문명을 이룩할 때까지 인간은 홍적세의 혹독한 환경에 많은 어려움을 겪었다. 잘 알고 있는 것처럼 이렇게 환경이 어렵고 먹을거리가 귀할 때 사회는 문화적으로 더 보수적이 되어가며 혁신은 크게 줄어든다.[2, 3] 개인 또한 논리적이고 창의적인 사고를 요하는 일에 좋은 성과를 보이지 못하며 의사 결정을 할 때 이성보다 감정을 따른다.[4] 인간의 95퍼센트가 이러한 악조건 속에서 사라졌지만, 지금껏 보아온 것처럼 인류의 조상은 빙하기가 절정에 달했던 시기에도 놀라운 문화적 복잡성을 이룩했다. 반면, 환경이 훨씬 나아지면 인지적 수행 능력이 크게 향상되기도 했다. 1만 1000년 전, 훨씬 살기 좋은 환경이 되면서 지구는 안정적인 상태에 돌입했고 홀로세Holocene epoch(약 1만 년 전부터 현재까지의 지질 시대. 현세라고도 한다. -옮긴이)의 온화한 기후가 지구를 덮었다. 다른 인간 종에게는 너무나 늦은 봄날이었지만, 우리는 살아남아 더욱 꽃을 피웠다. 홀로세에는 인류의 조상이 쓸 수 있는 자원이 늘어났다. 이 덕분에 인구가 증가하고 교역망도 크게 확장되었다. 그리고 인간의 문화적 다양성과 복잡성은 더욱 가속화되었다.[5]

인간이 주어진 환경 안에서 이루어내는 모든 효율성, 다시 말해 에너지 흐름을 개선해주는 모든 적응 과정은 결국 인간의 생존율을 높여주며 문화적 진화를 촉진한다. 예를 들어 사회적 복잡성은 사회가 제공할 수 있는 에너지의 양에 따라 좌우된다. 따라서 사회가 그저 인간과 가축의 노동력에만 의존하던 시대에 국가가 할 수 있는 활동은 전쟁, 식량 공급, 안보 정도로 제한되었다. 물론 특별한 예외는 있다. 로마 제국의 경우 주로 노예의 노동력을 바탕으로 900년 이상 번영을 누릴 수 있었다.[6] 물레방아 같은 새로운 에너지 공급원이 생겨나면서 국가는 교역을 확장했고 전쟁보다 부의 확보를 통해 더 크게 세력을 확장할 수 있었다. 석탄을 사용하면서부터 관료 계급의 증가와 함께 완전히 새로운 형태의 복잡한 정부로 진화하기 시작했다. 이러한 복잡한 체제는 그만큼의 효과를 내고 있다. 예컨대 복잡한 에너지 분배 제도 아래에서 지금 우리가 알고 있는 현대 산업 사회가 탄생할 수 있었다.

에너지를 얼마나 쓸 수 있는가는 그 가격에 비례해 달라진다. 혁신도 값싼 에너지가 뒷받침되지 않으면 복잡한 제도가 되는 수준까지 발전하지 못한다. 인류 역사 중 대부분의 기간 동안 에너지는 늘 가격이 만만치 않았다. 조명에 대해 생각해보자.[7] 1800년, 한 사람이 1년 동안 사용하는 평균 광량은 1100루멘시lumen時(빛의 양을 나타내는 단위. 1루멘시는 1루멘이 1시간 동안 주는 빛의 양을 뜻한다. -옮긴이)였다. 그로부터 2세기가 지난 후 그 양은 1300만 루멘시가 되면서 1만 1800배나 증가했다. 이것이 가능할 수 있었던 것은 에너지가 저렴해졌기 때문이다. 1800년에는 매일 2시간 26분씩 희미한 양초를 켜두기 위해서 한 사람이 60시간 이상 고된 노동을 해야만 했다. 초창기 백열전구는 동일한 노동을 해도 겨우 매일 54분밖에 켜둘 수 없었다. 그렇다면 현재와 비교했을 때 에너지 비용이 얼마나 차이가 나는지 살펴보자. 2006년, 영국에서 100만 루멘시의 인공 조명을 사용하는 데 드는 비용은 2.67파운드(약 4000원. - 옮긴이)에 불과했다. 14세기였다면 적어도 3만 5000파운드(약 5200만 원. - 옮긴이)는 필요했을 것이다.[8]

에너지 가격은 규모의 경제, 기술적 혁신, 다른 효율성 등을 통해 더 저렴해지며 다시 경제 발전을 불러온다. 홍적세 기간에는 25만 년마다 전 세계 경제 규모가 두 배로 커졌다. 반면, 홀로세 기간에는 농업의 발전과 함께 900년마다, 그리고 1950년 이후부터는 매 15년마다 경제 규모가 2배로 커졌다. 이에 발맞춰 지난 150년 동안 인구는 10억 명에서 77억 명까지 급격히 증가했다. 그렇다면 이렇게 늘어난 엄청나게 많은 사람은 지금 어디에서 살고 있는 것일까? 바로 도시다. 현재 도시 지역은 지표면의 불과 3퍼센트를 차지하고 있지만, 그 효율적인 사회 제도 안에 머지않아 전 세계 인구의 75퍼센트 이상 거주하게 될 것이다.[9] 도시화를 통해 인간 연결망의 밀도는 전례 없이 증가하고 있다. 새로운 유전자, 문화의 복합체, 통합식 보건 제도, 새로운 자원 확보의 영향 때문인지는 모르겠으나 자발적으로 가족계획을 시행해 처음으로 인구가 줄어드는 등 도시만의 새로운 특성도 만들어내고 있다.[10] 지금 런던에서 태어난 아이는 그 어느 시대보다도 성인이 될 때까지 무사히 자랄 확률이 높으며 어쩌면 100세 이상 살 수 있을지도 모른다.[11] 그리고 가장 크고 가장 밀접하게 연결된 사람들 사이의 관계를 통해 많은 것들을 배우고 가장 위대한 인지적, 기술적 내용을 접할 수 있으며 글을 읽고 쓰고 이해할 수 있다. 이 아이에게 바퀴, 스프링, 지렛대, 분수, 진화, 화폐, 민주주의, 방역 관리, 원근법 등은 너무나 익숙한 개념이 될 것이다. 이렇게 다양한 지식을 바탕으로 오늘날의 인간은 인류 역사상 그 어느 때보다 주어진 문제를 더 효율적으로 해결할 수 있게 될 것이다.[12] 최근 몇십 년 동안 이른바 인간 활동의 '거대한 가속Great Acceleration'(기술 혁명의 결과물이 당초 예상보다 빠르게 현실화되는 현상. – 옮긴이)[13]을 통해 세계화와 기술적 혁신이 빠르게 진행될 수 있었다.

이 책에서 나는 인간이 어떻게 유전자, 환경, 문화라는 진화의 3요소를 통해 계속해서 스스로를 만들어왔는지 그리고 어떻게 스스로의 운명을 개척할 수 있는 놀라운 종이 될 수 있었는지 소개했다. 이제 인간은 아주 예외적인 존재로서 정점에 서 있다. 인간은 초유기체가 되어가고 있다. 이 초유기체를 **호모 옴니스** Homo omnis,(라틴어 'omnis'는 개개인을 포괄하는 모든 사람을 뜻한다. – 옮긴이) 줄여서 '홈니Homni'라고 부르기로 하자.

인류세

홈니를 이해하기 위해서는 먼저 흙 속으로 들어가 가장 단순하면서도 오래된 단세포 유기체이자 점균류의 일종인 아메바를 만나야 한다. 아메바는 6억 년 전부터 진화를 해왔고 남극에서 북극에 이르기까지 흙이 있는 곳이라면 전 세계 어디에서든 살고 있다. 대부분의 경우 아메바는 생활 주기의 대부분을 평범하게 살아가지만 이 단세포 수천 개가 하나로 모여 그 점액 안에서 또 다른 유기체를 만들어 기어가기도 하고 몸을 떨기도 하며 촉수를 길러내고 심지어 미로를 통과하기도 한다. 과학자들은 이러한 단세포 아메바의 집합체를 '사회'라고 표현한다. 각각의 아메바가 모여 공동의 목표를 향해 나아가며 때로는 자신을 희생하기 때문이다. 주변 흙 속에 먹을 것이 부족할 경우 아메바들은 하나로 뭉쳐 빛이 있는 쪽으로 기어간다. 그리고 식물의 줄기 같은 모양으로 변해 흙을 뚫고 지상으로 고개를 내민다. 이후 신체 일부를 단단한 섬유소로 바꾸면서 죽어간다. 그러면 흙 밑에서 살아남은 아메바는 죽은 동료의 몸을 타고 올라가 영양분이 있는 새로운 흙으로 자신들을 옮겨줄 수 있는 생물이 지나갈 때까지 기다린다.

인간의 두뇌는 비록 독립적으로 혹은 물리적으로 이동할 수는 없지만 아메바와 비슷한 점이 있다. 각각의 두뇌 세포 혹은 신경 세포는 지각력이 있다고 말할 수는 없지만 1000억 개의 신경 세포가 하나로 연결되면 인간의 두뇌는 각 부분이 물리적으로 하나로 뭉쳐진 것과 비교했을 때 훨씬 더 대단한 존재로 변신한다. 인간은 생각, 성격, 행동이 어떻게 두뇌의 연결망과 서로 연결되는지 혹은 신경 세포가 어떻게 하나로 연결되어 이러한 과정을 끌어내는지 여전히 정확히 알지 못한다. 그렇지만 인간의 의식이 만들어진 곳은 이처럼 가장 지루하고 재미없는 집합체의 내부다. 인간은 홈니의 집단 지능이 가지고 있는 지성, 창의성, 사회성을 수십

억에 달하는 모든 인간의 두뇌가 서로 연결되어 만든 대화의 축적
물과 비교할 수 있다. 그리고 여기에는 과거에 문화적, 지적 유산
을 남겼던 조상의 두뇌는 물론이고 기술적 발명품인 인공두뇌도
포함되어 있다. 홈니의 세계 제국은 다국적 기업들의 지휘를 받
고 있으며 소셜 미디어를 통해 세계와 소통한다. 세계 각국의 교
역은 미국의 달러화로 이루어진다. 우리는 같은 인터넷에 접속하
며[14] 모든 도시에서 파스타, 피자, 쌀밥을 먹고 청바지를 사고 콜라
를 마시며 껌을 씹고 귀로는 대중음악을 듣는다. 분명 비효율적인
측면도 존재하지만, 홈니는 국제 연합을 통해 통일된 정치적 권
한과 사법 제도를 운영한다. 국가 간 상품의 교역은 세계 무역 기
구WTO, World Trade Organization, 보건 문제는 세계 보건 기구WHO,
World Health Organization의 규정을 따르고 있다. 많은 이들에게 가
족, 혈족, 국가의 의미는 전 세계적으로 연결된 하나의 사회에 속
해 있다는 사실 앞에 점점 그 의미를 잃어가고 있다. 사람들은 이
제 한 국가의 국민이라기보다 세계 시민이라는 사실을 깨달아가
고 있다.[15]

　지금은 서로 다른 문화권의 사람이라도 생물학적으로 큰 차이
를 보이지 않는다. 그렇지만 머지않아 차이가 생길 수도 있다. 향
후 몇십 년 안에 초유기체에 속하지 못한 채 남은 사람들이 문화
적, 기술적 그리고 심지어 육체적, 인지적으로 고립되었다는 사실
을 깨닫게 될지도 모른다. 앞으로는 점점 더 늘어나는 수명과 광
범위한 의사소통 능력을 기본 전제로 인간에 대해 설명하게 될지

도 모른다. 이러한 새로운 규범 밖으로 내몰리면 다른 종류의 인간에 속하게 되어 어쩌면 인간의 또 다른 아종亞種이나 변종 취급을 받게 될지도 모른다. 이제는 석기 시대를 살았던 사람과 대도시 주민 사이의 문화적 차이가 칼라하리 사막의 들개와 도시의 반려견 사이의 생물학적 차이만큼 벌어졌다. 다만 개와 달리 인간은 출신지에 상관없이 어떤 문화적 표현형이 될 수 있다는 사실만은 기억해두도록 하자. 내가 하고 싶은 말은 어떤 문화가 다른 문화에 비해 우월하다던가 아니면 '더 진화되었다'는 것이 아니다. 기술적 복잡성에 의존한다고 해서 그 삶이 사냥과 채집을 주로 하는 사회의 삶보다 더 즐겁고 의미가 있는 것은 아니다. 오히려 그 반대라고 주장하는 사람도 많다는 것을 나도 알고 있다. 그렇지만 어쨌든 과거의 사회는 에너지를 잘 다룰 수 있는 수많은 사람의 산업화된 생활 양식에 의해 점점 밀려나고 있다. 이제 홈니는 그 어느 때보다 서로 비슷한 모습이 되어가고 있다.[16] 인간은 어쩌면 문화와 생명 활동의 다양한 내용과 지식을 계속 유지하는 것의 중요성을 기억해야 할 것이다. 이러한 지식은 과거에도 그랬지만 지금도 미지의 영역으로 들어가고 있는 인간의 생존을 위한 적응의 과정이기 때문이다. 다시 말해 모든 것을 빼앗아가는 초유기체로부터 인간의 권리와 그 터전을 지켜야 한다는 뜻이다.

홈니는 강력한 육체적 존재감을 나타낸다. 각각의 인간과 사회가 주변 지역 환경에 영향을 미치는 반면, 초유기체는 46억 년 지구 역사 동안 일어났던 모든 일을 초월해 인간이 살고 있는 세상을 단번에 바꿀 수 있을 정도로 변화를 일으켜 왔다. 인간이 살고 있는 지구는 또 다른 지질학적 경계선을 넘어서고 있다. 이번에는 인간이 바로 변화의 주역이다. 지질학자들은 이 새롭고 획기적인 시대를 인류세, 즉 인류의 시대라고 부른다. 인간은 과거에 일어났던 획기적인 전환기를 상징하는 대규모의 소행성 충돌이나 화산 폭발에 버금가는 지구물리학적 힘이 되어가고 있음을 깨닫고 있다. 인간의 진화에 영향을 주었던 환경은 이제 그 인간에 의해 근본적으로 변화하고 있다.

단 한 번의 일생 동안 인간은 지구를 뒤흔드는 놀랍고도 경이적인 힘이 되었으며 그 기세가 수그러들 기미 같은 건 전혀 보이지 않는다. 지표면의 40퍼센트는 경작지가 되어 먹을거리를 공급하고 있다. 인간은 전 세계 담수의 75퍼센트를 통제하고 있으며 인간의 손이 닿지 않은 곳은 그 어디에도 없다. 심지어 대기의 온도까지도 조절하고 있다. 인간은 아프리카 대초원의 연약한 영장류에서 지구에 살고 있는 대형 동물 중 가장 많은 개체 수를 갖게 되었다. 인간 다음으로 개체 수가 많은 동물은 바로 인간이 먹고 이용하기 위해 만들어낸 가축이다.

자연 세계를 거침없이 파고드는 인간의 탐욕으로 엄청나게 많은 숲이 사라졌고 수많은 동식물이 멸종했으며 생태계가 파괴되었다. 인간이 파괴한 진화적 다양성을 포유류가 다시 복구하려면 수백, 수천만 년의 세월이 필요할 것이다. 그 기간은 인간이 존재했던 기간보다 족히 10배는 더 긴 시간이다. 게다가 인간은 완전히 분해되기까지 족히 몇 세기는 걸릴 엄청난 쓰레기를 만들어냈다. 대양에서 낚아 올린 생선을 먹으면 생선과 함께 인간이 내다 버린 플라스틱 쓰레기도 함께 먹게 된다. 인간은 끝없이 넓었던 지구의 풍경을 인간이 활동할 수 있을 정도의 범위로 축소시켰다. 그리고 인간이 펼치는 인류세의 결과는 다음 세대가 마주하게 될 것이다. 인간은 미래를 인간만의 것으로 만들었다.[17]

인간의 문화적 진화는 홈니에게 모든 종의 운명을 극적으로 뒤바꿀만한 힘을 안겨주었다. 그렇지만 개개인의 삶을 유전학이나 생물학보다 훨씬 더 크게 좌지우지하는 것은 다름 아닌 홈니의 '커넥톰connectome'(신경 세포 등 뇌의 구성 요소 사이의 연결 관계에 대한 정보의 총체. – 옮긴이), 즉 인간의 집단 지능 연결망 안에서 인간의 위치다. 똑같은 도시에 살고 있더라도 부유한 서구 사회의 명성 있는 가문 출신의 백인 남성이라면 지위도, 재산도 없이 남반구에서 피난을 온 검은 피부의 남성과 사뭇 다른 인생을 살게 될 것이다.[18] 두 사람의 지능 지수와 육체적 또는 정신적 건강 상태, 체력, 정치적 신조, 질병, 자녀의 숫자, 미래에 갖게 될 재산, 기대 수명은 모두 두 사람이 어떤 관계에 연결되어 있는가에 크게 영향을 받는다. 그리고 이런 차이점은 최소한 한 세대 이상 문화적으로 계승될 가능성이 높다. 아메바들이 서로 합쳐졌을 때 어떤 아메바는 그 중심에 자리를 잡고 안전하게 보호를 받았지만 어떤 아메바는 아슬아슬하게 연결된 상태로 위험한 바깥쪽에 노출이 되기도 했었다는 것을 떠올려보자.

인간 진화의 3요소, 즉 유전자와 환경 그리고 문화는 모두 연결망이 형성되는 방식에 영향을 받는다. 이 방식은 또한 인간이 하나의 사회로 어떻게 기능을 하는지도 결정한다. 홈니의 실수는 바로 자유 의지에 대한 인간의 환상을 보여주는 증거다. 그럼에도 불구하고 인간은 자유 의지에 집착한다. 왜냐하면 홈니의 지배력에도 불구하고 인간은 이러한 연결망을 통해 서로에게 영향을 미치며 잠재적으로 홈니라는 야수 그 자체에 영향을 미칠 수 있기 때문이다. 홈니라는 초유기체에서 가장 놀라운 것은 아메바와는 달리 수십억에 달하는 개별적인 존재로 이루어져 있다는 사실이다. 홈니는 자연적 진화 과정에서 아주 특별하게 탄생한 존재이다.

진화론적 관점에서 볼 때 생명의 의미는 유전자를 영구히 보존하는 것이다. 과거 조상의 시대에 문화를 통해 그것이 가능해질 수 있는 성공적인 방법을 찾아 발전시켰다. 그리고 이제 우리는 지구상의 모든 생명체를 지배하는 존재가 되었다. 그렇지만 자주적 결정이라는 인간의 문화적 목표는 인간의 생물학적 목적을 압도하고 있다. 인간은 유전자를 선택할 수 있게 되었고 누구를 살리고 누구를 죽일지 결정할 수 있으며 심지어 인간이라는 종 전체를 멸종시킬 수도 있다. 만일 인간이 살아남으려면 인간의 문화적 진화는 집단 생존에서 전 세계적 규모의 생존으로 이어지는 다음 단계를 밟아야 한다. 바로 홈니의 생존 말이다.

인간이라는 종이 점점 자각해가고 있는 것처럼 인류세에 대한 가장 중요한 교훈은 문화적 진화의 법칙이 인간을 둘러싼 생물학적 진화에도 똑같이 적용된다는 사실이다. 인간이 하나의 종으로서 생태학적 다양성과 복잡성을 유지하려면 인구 수와 연결성을 관리할 필요가 있다. 홈니의 연결망 규모는 기술적, 문화적 복잡성과 다양성의 증가를 통해 홈니에게 이익을 가져다주지만 그만큼 환경을 파괴하고 있다. 지구의 자원은 무한하지 않다. 홈니는 이미 지구가 만들어내는 1차 순 생산량의 25퍼센트를 소모하고 있다.[19] 더 이상 이 상태로 유지될 수 없다. 인간이 얻을 수 있는 것은 점점 더 줄어들 것이다. 문제 해결을 위해 물을 아껴 쓴다거나 탄소 발자국을 줄이려는 개인적인 노력은 거의 효과를 볼 수 없다. 물론 각 개인이 홈니를 다른 방향으로 이끌 수는 있겠지만 인류세에 접어들어 직면하게 된 어려움을 어떻게 헤쳐나갈지는 아직 전혀 알 수 없다. 또한 어려움에 처한 지구는 직접 홈니에게 강력한 영향을 미치게 될 것이다.[20]

인류세는 홍적세에서 홀로세에 이르기까지 진행되었던 지질학적 변동과 비슷한 문화적 변동이 될 가능성이 크다. 그렇지만 앞에서의 지질학적 변동이 수천 년 동안 진행되었던 반면, 문화적 변동은 단 몇 십 년 안에 진행되고 있다. 우리는 아이들이 살아 있는 동안 해수면이 몇 미터 상승하는 모습을 보여줄 수도 있다. 그렇게 되면 인간 세상과 어쩌면 문명까지 모두 사라질 수도 있다. 기온이 단 1도 정도만 변해도 과거에 로마나 마야 제국이 겪었던 것 같은 엄청난 사회적 격동이 발생할 수 있다. 인간은 이미 인류세 기간 동안 비슷한 수준의 기온 상승을 목격했다. 그리고 그 결과는 전쟁, 지역적 분쟁, 수백만 명에 달하는 난민이었다. 인간의 문화는 지금까지 한 번도 보지 못했던 신세계에 새롭게 적응할 필요가 있다.[21]

인간의 생명 활동은 이미 변화하고 있다. 서구 사회에서 남성의 정자 숫자는 절반 이상 줄어들었다.[22] 그리고 성인 남성의 삼분의 일 이상이 비만의 위협에 있음에도 예상치 못한 방식으로 영양실조에 시달린다.[23] 더 열량이 적은 먹을거리를 만들기 위한 산업이 존재한다는 것만으로도 놀랍지 않은가. 수십만 년 동안 이루어졌던 진화가 지금은 완전히 반대 방향으로 가고 있는 것이다.[24]

인간은 기술과 사회적 규범에 이끌려 진화를 계속하고 있다. 인간의 이마는 넓어지고 키는 더 커지며 근시가 발생할 확률이 훨씬 더 높아지고 있다.[25] 다윈의 진화는 보통 문화보다 더 느린 속도로 일어나기 때문에 이러한 변화는 천천히 진행되고 있다. 그렇지만 인간은 이제 유전적 진화의 속도를 높이는 기술도 습득하고 있다. 바로 백신 접종을 통해서 혹은 체외 수정 동안 직접 DNA에 개입할 수 있는 도구를 사용해서다. 지난 2012년 개발된 최신 유전자 편집 기술인 크리스퍼CRISPR, 유전자 가위는 마치 분자 가위 같은 역할을 해 특정 유전자를 잘라내 유전체 안으로 일부를 삽입한다. 그러면 빠르고 쉽게 그리고 정확하게 인간 유전자 지도를 편집할 수 있게 된다. 유전자 편집의 잠재력은 무궁무진하다. 이제 인간은 새로운 생명체를 만들어낼 수 있는 능력을 갖게 되었다. 새로운 작물 품종에서부터 새로운 인간에 이르기까지 한 번에 하나씩 유전자 변환을 만들어낼 수 있는 것이다. 이미 일부 치명적인 상태를 유발하는 유전자를 제거하는 일도 가능해졌다. 언젠가는 죽음의 공포를 완전히 극복하는 날도 오지 않을까. 어쨌든 그렇게 되기 전에 먼저 유전적, 생물학적 특성에 맞춘 맞춤형 치료와 실험실에서 배양한 장기, 조직, 세포가 기대 수명을 늘려줄 것이다.

인간은 인공적으로 만든 신체 부위를 통해 타고난 능력을 계속해서 개선시키고 있다. 머지 않아 닐 하비슨 같은 사이보그를 흔히 볼 수 있게 될 것이다. 인간의 혈액과 장기는 건강 상태를 확인하고 필요한 약물을 전달하는 나노 로봇의 도움을 받게 될지도 모른다. 인간은 점점 더 계획하고 만들어지는 형태로 태어나 성장하게 될 것이다.

두뇌 진화의 정점, 인공 지능

홈니가 진화하면서 초유기체의 생물학적 구성은 점점 더 늘어나는 로봇으로 채워지고 있다. 인간은 이미 약 900만 대의 로봇과 함께 이 지구를 공유하고 있다. 인간의 집단 지능에는 점점 더 많은 인공 지능이 가세하고 있다. 인간은 커다란 두뇌가 요구하는 에너지뿐만 아니라 두뇌 그 자체를 다른 곳에서 조달하고 있기 때문이다. 인간은 인공 기억 장치와 처리 장치에 크게 의존하고 있다. 홈니의 연간 자료 사용량은 이미 400해 비트,[26] 다시 말해 5제타바이트(1제타바이트는 DVD 2500억 장에 달하는 용량이다. - 옮긴이)에 맞먹는다. 그야말로 상상할 수도 없는 숫자의 0과 1이 모여 있는 것이다. 인간은 문화적으로 연산 및 사회적 자원을 통해 점점 더 많이 우리의 인지적 활동에 대한 부담을 벗어나는 방향으로 문화적 진화를 하고 있다. 하지만 어쩌면 이러한 이유 때문에 인간은 점점 더 바보가 되어가고 있는지도 모르겠다. 수천 년 전, 소크라테스는 글쓰기라는 새로운 기술의 영향력에 대해 염려를 했었다. 청년들의 기억력을 감퇴시킬지도 모른다는 이유에서였다.[27] 소크라테스의 생각은 틀리지 않았다. 기계적으로 암기하는 것은 이제 불필요한 일이 되었다. 그렇지만 인간은 추상적 정보를 다루는 것과 같은 분야에서는 일을 더 잘하게 되었는지도 모른다. 산업화된 세상에서 문화적 형성 과정을 통해 인간은 어렸을 때부터 일정한 유형이나 양식을 보고 그 상징과 기준에 대해 생각하게 되었기 때문이다. 이 때문에 인간의 지능 지수는 지난 80년 동안 평균 30 정도 더 올랐다. 이것을 이른바 플린 효과Flynn effect(세대가 지나면서 지능 지수가 증가하는 현상.-옮긴이)라고도 부른다. 반면, 길을 찾는 능력은 크게 퇴보했다.[28]

어쩌면 인공 지능은 인간이 구상할 수 있는 두뇌 진화의 정점을 실현한 것인지도 모른다. 인간이 설계한 연산 과정보다 예측 능력이 뛰어난 것은 없다. 수많은 반복적 업무에서 컴퓨터 프로그램은 이미 인간보다 훨씬 뛰어난 능력을 가지고 있음을 증명했다. 기계로서의 목적은 독립적으로 업무를 수행하고 결정을 내리는 방법을 배우는 것이다. 인공 지능은 엄청난 양의 정보를 처리하는 업무 등에 있어 완벽한 장치다. 인공 지능이 처리한 통계 결과는 주관적 가치보다 더 중요하며 게다가 대부분 인간보다 빠르고 정확하다. 인간은 정보를 기억하거나 확인할 때도 훨씬 더 많은 시간이 걸릴 뿐더러 편견을 가질 수도 있고 피로감과 지루함도 느낄 수 있기 때문이다.

그렇지만 인공 지능이 실수를 한다면 어떻게 될까? 현재 인간의 사회적 규범은 인간의 실수에 대해서는 용납해주지만 기계가 내리는 결정은 언제나 100퍼센트 정확하기를 기대한다. 프로그램을 만들 때 실수나 혹은 자료 자체의 오류로 인공 지능이 잘못 내린 결정에 대한 사례는 이미 대단히 많다. 이런 이유로 우려스러울 정도로 인공 지능이 인간과 비슷한 모습을 보일지도 모르지만, 인간만큼의 책임을 지지는 않는다. 또 다른 문제는 바로 사생활에 대한 문제인데 인공 지능을 최적화하기 위해 인간은 가능한 모든 정보를 인공 지능에게 제공해야 할 필요가 있기 때문이다. 모든 정보나 자료, 즉 우리의 평판이라고 할 수 있는 내용은 시간이 갈수록 몇몇 다국적 기업에 의해 좌지우지되고 있어 언젠가는 우리를 겨누는 칼로 바뀌게 될지도 모른다. 유전체를 확인하는 기업은 엄청나게 많은 개인 자료를 수집하고 있으며 가계도 관련 자료 모음집은 이미 별다른 확인 작업을 거치지 않아도 미국 국민의 60퍼센트 이상을 구별할 수 있다고 한다. 방대한 자료를 통해 호모니는 이제 훨씬 더 효율적으로 지구를 지배할 수 있게 되겠지만, 만일 개인 자료가 더 이상 안전하지 않게 된다면 개인적 비극은 물론 더 큰 사회적 불평등이라는 위험을 감수해야 할지도 모른다. 현재 여러 국가는 국민의 사생활을 얼마든지 들여다볼 수 있다. 중국의 경우 공산당이 일종의 점수 계산용 프로그램을 만들어 국민을 감시하고 행동과 교우 관계 등에 대한 자료를 이용해 '문화적 가치'에 대한 평가를 하기도 한다. 낮은 점수를 받은 사람들은 요주의 대상자 명단에 올라 여행, 취직, 은행 이용에 제약을 받는다.

위에 언급한 사례들은 모두 인공 지능과 관련된 중요하고 실질적인 문제들이다. 하지만 올바르게 관리한다면 충분히 해결할 수 있는 문제이기도 하다. 인공 지능은 그 모든 장단점에도 불구하고 결국 인간을 대체하지는 못할 것이다. 인간은 그 어떤 발전된 로봇보다 능력이 있고 유연하며 또 다재다능하다. 자료를 정리하고 계산하는 능력은 물론 대단한 것이지만, 이것은 결코 인간 지능의 정점이 아니며 실제로 이런 능력이 뛰어나도 다른 상식이나 사회적 지성이 부족한 사람은 종종 인지 장애 진단을 받기도 한다. 그렇지만 많은 인간의 역할이 점점 더 로봇에 의해 대체될 것이라는 사실은 의심의 여지가 없다. 일단 로봇은 인간보다 효율적이다. 지금까지 경험한 것처럼 에너지 효율은 인간의 문화적 진화를 이끄는 중요한 원동력이다. 문제는 인간은 로봇과 달리 일을 하면서 목표, 정체성, 의미를 추구하고 제대로 된 사회 계획이 없이는 불안정하고 비인간적인 상태로 다음 경제 체제로 들어가는 위험을 감수할 수밖에 없다는 사실이다.

현생 인류의 책임

나는 이 책을 쓰기 시작하면서 사실 발전이라는 개념으로서의 인간 역사를 정확하게 이해하지 못하고 있었다. 인간은 유인원으로 비참하기 짝이 없는 생활을 하다가 오늘날에 이르러 편안함과 편리함을 즐기는 행복한 생활을 누리게 되었다. 그렇지만 수천 년에 이르는 기술적 발전에도 불구하고 인간의 평안에 대해 실제로 느낄 수 있을 정도의 개선을 이루어낸 건 불과 몇 세기가 되지 않았다는 사실을 지적하지 않을 수 없다. 몇 가지 기준으로 볼 때 세상은 그 어느 때보다도 살기 좋아졌다. 1500년, 런던 시민은 지금의 인도 빈민가 사람보다 더 나을 것 없는 삶을 살았다. 이제는 전세계 어디를 둘러보아도 1950년 포르투갈만큼 높은 수준의 유아 사망률을 기록하지 않는다. 1800년대부터 보통 사람들의 생활 수준이 크게 상승했다. 이는 대부분 농업과 의학의 과학적 발전이 견인했다.[29] 오늘날 인간은 지금까지의 역사를 통틀어 가장 안전하고 가장 풍족하고 가장 저렴하게 식량을 공급받고 있다.

인간은 여전히 서로 싸우고 있다.[30] 그렇지만 전쟁을 통해 사망하는 비율은 점점 하락하고 있다. 그렇다고 인류가 덜 폭력적이 되었다는 것은 아니다. 다만 인구가 늘어나고 많은 사람이 모여 살면서 조금 더 안전해졌다는 의미이다. 이러한 현상은 다른 영장류에게서도 발견된다. 홉니는 전쟁의 발발 위험을 줄였다. 일부 핵전쟁의 위협이 존재하지만 이제는 모두가 서로 연결되어 있기 때문이다. 경제와 교역은 물론이고 가족과 문화적 관습까지 홀로 독립된 존재가 아니다. 홈니의 세상은 인간에게 더 안전하며 더 나아진 곳이다. 그렇다고 우리의 지속적인 발전이 절대적으로 이루어져야 한다는 확신이나 보장은 어디에도 없다.

나는 언론이 전하는 여러 소식을 볼 때마다 부족 중심주의, 개인의 이익과 공공의 이익 사이의 영원한 긴장처럼 인간이 수천 년 동안 싸워왔던 것과 똑같은 사회적 문제를 보게 된다. 나는 영국이 역사상 가장 위대한 평화적 협력의 선례를 남기려 할 때 벌어졌던 당파 싸움과 분열의 양상을 목도했다. 자유 민주주의 국가에 전체주의가 다시 일어나고, 미국 대통령이 자신을 반대하는 성별과 인종의 국민을 향해 혐오와 증오로 가득 찬 말을 쏟아냈으며, 아프리카와 아시아 그리고 서남아시아에서는 수백만 명이 전쟁과 폭력 사태를 피해 도망쳤다. 또한 환경 재앙을 막기 위한 노력에 전 세계가 미온적인 태도를 보이기도 했다. 모든 기술적 진보에도 불구하고 인간은 사회적으로 여전히 많은 분야에서 퇴보하고 있다. 거대한 다문화 사회가 조화롭고 생산성 있게 살도록 해주었던 사회적 규범이 무너져 내리고 있다. 집단 사이의 불평등은 각자의 이해관계가 반드시 일치하는 것은 아니라는 현실을 보여준다. 서로를 같은 존재로 인정하지 않으면서 기댈 수 없을 정도의 갈등이 쌓여갔다. 인간의 기술은 더 정교하게 발전했지만 과거와 똑같은 사회적 실수를 되풀이하는 것을 멈출 수 없는 것처럼 보인다. 마치 인간의 문화적 연산 작용에 오류라도 있는 것처럼 말이다.

사실 비관이나 절망에도 다 나름의 이유가 있다. 그렇지만 이

것은 상당 부분 관점의 문제다. 어차피 인간은 한정된 시간 속에서 살아갈 수밖에 없다. 따라서 사회적, 정치적 삶의 사소한 것도 인간에게는 거대한 서사극으로 다가온다. 그렇지만 인간의 문화적 진화에 대한 관점에서 짧고 보잘것없는 인생은 그저 거대한 물결 속의 한 방울의 물에 불과한 것은 아닐까. 인간은 인권의 개선이라는 새로운 물결 위에 올라타기 전에 인종 간의 불평등이라는 암흑시대로 퇴보하게 될지도 모른다. 나는 전진과 퇴보를 반복하는 이 흐름이 사실은 더 위대한 발전의 일부가 아닐까 상상해본다. 인간은 어쩌면 더 대단하고 더 나은 어떤 곳으로 계속 흘러가고 있는지도 모른다. 어렵고 힘든 시기에는 인간의 수많은 선행과 개인의 용기를 통해 대단히 짧은 시간 동안 엄청난 사회적 개선을 이루어냈다는 사실을 기억하면 도움이 될 수 있을까. 노예 제도의 폐지, 여성의 권리 확인, 누구나 받을 수 있는 의료 혜택 등은 한때는 생각조차 할 수 없는 일이었지만, 몇몇 선각자들이 주축이 되어 결국 수백만 명의 삶을 바꾸어 놓았다. 홈니는 가늠할 수 없는 힘을 지니고 있다. 한 사람 한 사람 모두 뛰어난 수십억이 모여 만들어진 것이 바로 홈니이기 때문이다. 전 세계 인구의 25퍼센트 이상은 어린아이며 이들은 지금도 인간의 가장 큰 어려움을 해결하는 데 필요한 문화적 지식을 배우고 있다. 아이들은 새로운 기술, 사회적 규범, 의미를 찾는 새로운 방식, 자연의 세계와 상호 작용을 할 수 있는 새로운 방법을 개발할 것이다. 그렇지만 친절하고 협력적이며 포괄적인 문화적 형성 과정 안에서 양육될 때만 인간의 엄청난 잠재력을 깨달을 수 있다. 왜냐하면 인간이 홈니의 일부로 전 지구를 움직이고 있다 해도 각 인간은 여전히 불과 수백 명 남짓한 이들로 이루어진 작은 공동체 속에서 살고 있기 때문이다. 오직 하나밖에 없는 살아있는 행성 지구 위 공동의 인간성을 이해하고 포용함으로써 인간은 선량하고 살기 좋은 인류세를 이룩해낼 수 있다.

인간은 이제 하나의 종으로서 일찍이 볼 수 없었던 유전적, 환경적, 문화적 힘의 정점에 올라 있으며 사실상 지구상의 모든 사람과 하나로 연결되어 있다. 인간은 현재에 잠시 머물고 있는 존재일 뿐이지만 하나로 연결된 정보의 흐름이고 기억이며 영향력 있는 인사이자 장엄한 인간성의 일부이다. 오늘날 인간이 내리는 결정은 광범위한 영향력을 가지고 있어서 훌륭한 조상이 되고 수십억 명의 평안을 상상하며 먼 장래를 내다보는 책임감을 고취시킨다. 이 수많은 사람은 결국 우리가 만들어가고 있는 세상에서 살아가게 될 것이다. 수 세기 전, 북아메리카 대륙의 원주민 이로쿼이Iroquois 부족은 이른바 '7대까지 이르는 책임감'이라는 개념을 만들었다. 어떤 결정을 내리든 그 결정이 장차 7대 후손들에게까지 영향을 미친다는 사실을 기억하라는 뜻이다. 지구가 인간의 것이 된 소중한 몇십 년 동안 인간은 조상들이 가꾸어 놓은 정원을 즐기되 후손을 위한 그늘까지 훔쳐서는 안 된다.

이 글을 쓰고 있으려니 밤하늘 저 높은 곳에서 대단히 선명하게 보이는 별똥별 하나가 내 방 창문을 가로질러 지나갔다. 그것은 사실 국제 우주 정거장으로 지구 밖 우주에 영원히 자리를 잡을 지구 생명체의 또 다른 집이다. 지난 수만 년 동안 인간은 서로 힘을 합쳐 믿을 수 없는 마법 같은 일을 해냈다. 모든 인간은 특별한 존재의 일부분이며 집단 문화의 주요 내용을 반복함으로써 예측할 수 없는 방향으로 나아가게 된다. 물론 그러한 과정에서 새로운 문제가 발생할 수도 있다. 그렇지만 해결책도 함께 나타나리라 기대한다. 결국 문제를 해결할 수 있는 것은 다른 어느 누구도 아닌 인간 자신이니까.

모든 문화적 산물처럼 이 책 역시 과거와 현재를 오가며 쌓인 수많은 사람의 집단적 노력에 의해 탄생했다. 그리고 나는 도서관과 박물관을 세우고 수많은 정보를 이용할 수 있게 해준 사람들에게 특별한 감사의 말을 전하고 싶다. 나는 전 세계 60개 국가의 셀 수 없이 많은 개인과 공동체를 방문해 그 친절함을 통해 수많은 것을 얻을 수 있었다. 우리는 모두 다르지만 모두 똑같은 존재라는 관찰의 결과는 일견 진부하게 들릴지도 모르지만, 그럼에도 불구하고 호기심을 자극하며 기꺼이 한번 살펴보고 싶은 주제이기도 하다.

이 책을 위한 조사 과정에서 전문가로서의 지식을 아낌없이 나누어준 사람들과 수많은 과학자에게 감사의 마음을 전한다. 매기

보든, 마크 토마스, 마크 파젤, 에스케 윌레슬레프와 라네 윌레슬레프, 크리스 스트링거, 로버트 보이드, 니콜라스 크리스타키스, 클라이브 핀레이슨과 제랄딘 핀레이슨, 파노스 아타나소풀로스, 토마스 바크, 주빈 아부탈레비, 데이비드 란드, 몰리 크로켓에게 감사한다.

헬렌 콘포드와 T. J. 켈레허 두 사람은 내 책의 제안서만 읽고 선뜻 베이직 북스를 대표해 계약을 해주었다. 이 두 사람을 포함해 이 책의 완성을 위해 시간을 내어준 모든 사람에게 깊은 감사의 마음을 전한다. 사려 깊은 편집자 빌 워홉과 편집 및 홍보 부서의 로라 스티크니, 미셸 웰시-호스트, 홀리 헌터, 애나벨 헉슬리, 그리고 캐리 나폴리타노 등 많은 이들도 노력을 아끼지 않았다.

내 멋진 친구이자 에이전트인 패트릭 월시가 없었다면 사실 이 책은 시작도 해보지 못하고 끝났을 것이다. 그는 나의 다사다난한 일정 속에서도 끝까지 도와주었으며 언제나 내가 긍정적인 측면만을 바라보도록 격려해주었다. 말이 나온 김에, 마리나 하이드와 이안 던트, 존 크레이스, 그리고 @ManWhoHasItAll을 비롯한 많은 작가의 이름도 언급하고 싶다. 모두 어려울 때 힘이 되어준 작가들이다. 그리고 친절하면서도 엄격했던 친구들이 그들 나름대로 나를 지지해주었다. 졸린 고다드, 헬렌 체르스키, 존 애쉬, 데보라 코헨, 마이클 레니어, 미셸 마틴, 새라 압둘라, 존 윗필드, 샬럿 니콜스와 헨리 니콜스, 메시 애쉬비어, 올리브 헤퍼낸, 카트 맨수어, 브라이언 힐 그리고 누구보다도 든든했던 친구인 조 머천트와

엠마 영에게 감사의 마음을 전한다. 특히 이 두 사람은 내가 올곧은 정신으로 정진할 수 있도록 도와주었다.

긴 시간 책을 써 가는 동안 많은 시간을 함께 하지 못했던 가족에게 미안한 마음뿐이다. 특히 무엇보다도 소중한 킵과 주노, 부모님인 이반과 지나, 그리고 내 반려자 닉이 전해준 사랑과 도움에 진심으로 고마움을 전하고 싶다.

들어가는 글

1. Christakis, N., and Fowler, J. Friendship and natural selection. *Proceedings of the National Academy of Sciences* 111, 10796-10801 (2014).

2. Boardman, J., Domingue, B., and Fletcher, J. How social and genetic factors predict friendship networks. *Proceedings of the National Academy of Sciences* 109, 17377-17381 (2012).

I. 모든 것의 시작

1. 40만 5000년 주기로 지구의 궤도에 변화를 주며 기후에도 영향을 미친다. Kent, D., et al. Empirical evidence for stability of the 405-kiloyear Jupiter-Venus eccentricity cycle over hundreds of millions of years. *Proceedings of the National Academy of Sciences* 115, 6153-6158 (2018).

2. Wolfe, J. Palaeobotanical evidence for a June "impact winter" at the Cretaceous/Tertiary boundary. *Nature* 352, 420-423 (1991).

3. 이 사건에 대한 자세한 설명은 다음 책을 참조할 것. Brannen, P. *The ends of the world* (HarperCollins, 2017). (피터 브래넌,《대멸종 연대기》)

4. DeCasien, A., Williams, S., and Higham, J. Primate brain size is predicted by diet but not sociality. *Nature Ecology & Evolution* 1 (2017).

II. 인간의 탄생

1. 당시 지구상에 존재하는 물의 대부분은 빙하 형태로 묶여 있었다.

2. 새로운 예측 모형에 따르면 인간의 두뇌 크기는 각기 다른 요소에 대응하며 진화를 했다. 비율로 따지면 그 중 생태적 요소가 60퍼센트, 협동 관계가 30퍼센트, 그리고 집단 사이의 경쟁 관계가 10퍼센트를 차지한다. González-Forero, M., and Gardner, A. Inference of ecological and social drivers of human brain-size evolution. *Nature* 557, 554-557 (2018).

3. Huff, C., Xing, J., Rogers, A., Witherspoon, D., and Jorde, L. Mobile elements reveal small population size in the ancient ancestors of Homo sapiens. *Proceedings of the National Academy of Sciences* 107, 2147-2152 (2010).

4. Hublin, J., et al. New fossils from Jebel Irhoud, Morocco and the pan-African origin of Homo sapiens. *Nature* 546, 289-292 (2017).

5. 현생 인류가 아프리카를 떠나기 시작한 것은 약 18만 년 전부터로 추정된다. 이 과정에서 만난 다른 종의 인류와 몇 차례 뒤섞였을 가능성이 있다. 그렇지만 이 현생 인류는 아프리카를 완전히 탈출하는 데 실패해 다시 10만 년이 더 흐른 후에야 이주에 성공하고 후손을 남길 수 있었다. 그 후손이 바로 지금의 인류다. 현생 인류가 최소한 10만 년 전에는 아프리카를 떠났을 거라는 몇 가지 증거들이 있긴 하지만, 그 후 각 지역에서 멸절을 면치 못했다. Harvati, K., et al. Apidima cave fossils provide earliest evidence of *Homo sapiens* in Eurasia. *Nature* (2019) doi:10.1038/S41586-019-1376-2. 파푸아 뉴기니에서는 사람들이 갖고 있는 DNA의 약 2퍼센트 정도가 훨씬 더 예전에 존재했던 현생 인류에게서 온 것으로 추정된다. 아마도 최소한 14만 년 전 아프리카를 떠났던 초창기 대열에 합류해 DNA를 전파했지만, 그들은 곧 사라져버린 것 같다.

6. 두 종족은 서로 뒤섞였다. 따라서 네안데르탈인 어머니와 데니소바인 아버지를 둔 아이가 탄생하게 되었다. Slon, V., et al. The genome of the offspring of a Neanderthal mother and a Denisovan father. *Nature* 561, 113-116 (2018).

7. Lachance, J., et al. Evolutionary history and adaptation from high-coverage whole-genome sequences of diverse African hunter-gatherers. *Cell* 150, 457-469 (2012).

8. 당시 살았던 네안데르탈인의 유전적 다양성을 모두 합쳐도 현재 지구상에 살고 있는 어떤 인간 사회에도 미치지 못한다.

9. Nielson, E., et al. tracing the peopleing of the world through genomics. *Nature*

541, 302-310 (2017)

III. 환경의 변화

1. McPherron, S., et al. Evidence for stone-tool-assisted consumption of animal tissues before 3.39 million years ago at Dikika, Ethiopia. *Nature* 466, 857-860 (2010).

2. 대략 200만 년 전에 일어났던 기후와 초목 생장의 극적인 변화가 인류의 조상이 각기 다른 환경에 다양하게 진화할 수 있는 계기가 되었다고 본다.

3. Gowlett, J., and Wrangham, R. Earliest fire in Africa: Towards the convergence of archaeological evidence and the cooking hypothesis. *Azania: Archaeological Research in Africa* 48, 5-30 (2013).

4. Heyes, P., et al. Selection and use of manganese dioxide by Neanderthals. *Scientific Reports* 6 (2016).

5. 일부 진화 인류학자들은 인간에게 '불을 학습하는 본능'이 있다고 주장한다. 왜냐하면 어린 아이들은 위험한 동물을 대할 때 특별히 가르치지 않아도 주의를 기울이는 타고난 반응을 보이는데 불에 대해서도 같은 반응을 보였기 때문이다. Fessler, D. A burning desire: Steps toward an evolutionary psychology of fire learning. *Journal of Cognition and Culture* 6, 429-451 (2006).

6. Domínguez-Rodrigo, M., et al. Earliest porotic hyperostosis on a 1.5-million-year-old hominin, Olduvai Gorge, Tanzania. *PLoS ONE* 7, e46414 (2012).

7. Perkins, S. Baseball players reveal how humans evolved to throw so well. *Nature* (2013). doi:10.1038/nature.2013.13281.

8. 유전학자들은 몸의 털과 땀샘을 관리하는 유전자를 발견했다. 여기에는 일종의 반비례 관계가 있는 것으로 보인다. 쥐를 통한 실험을 보면 해당 유전자가 활성화되었을 때 털보다 땀샘이 더 많이 발달하는 것을 확인할 수 있었다. 그리고 유전자가 비활성화가 되면 땀샘보다 털이 더 많이 만들어졌다.

9. 지금 나는 거실에서 인터넷을 통해 '사냥'과 채집 활동을 하고 있다. 그저 손가락을 까딱하는 것만으로 나의 오래전 조상이 육체의 힘을 쏟아가며 얻었던 것과 똑같은 분량의 열량을 손에 넣을 수 있다.

10. Domínguez-Rodrigo, M., et al. Earliest porotic hyperostosis on a 1.5-million-year-old hominin, Olduvai Gorge, Tanzania. *PLoS ONE* 7, e46414 (2012).

11. Sakai, S., Arsznov, B., Hristova, A., Yoon, E., and Lundrigan, B. Big cat coali-

tions: A comparative analysis of regional brain volumes in Felidae. *Frontiers in Neuroanatomy* 10 (2016).

12. Daura-Jorge, F., Cantor, M., Ingram, S., Lusseau, D., and Simoes-Lopes, P. The structure of a bottlenose dolphin society is coupled to a unique foraging cooperation with artisanal fishermen. *Biology Letters* 8, 702-705 (2012).

13. Henrich, J. *The secret of our success* (Princeton University Press, 2015). (조지프 헨릭, 《호모 사피엔스, 그 성공의 비밀》)

14. Hung, L., et al. Gating of social reward by oxytocin in the ventral tegmental area. *Science* 357, 1406-1411 (2017).

15. 일부에서는 기후 변화가 일어나면서 포식자의 숫자가 줄어들었다고 주장하지만, 기후 변화에 더 민감한 덩치가 작은 육식 동물의 경우 그 숫자에 아무런 영향이 없었다. 오히려 인간에게 더 위협이 되었다.

16. 불은 또한 의사소통에 있어서도 중요한 역할을 했다. 연기는 날씨만 청명하다면 수십 킬로미터 밖에서도 보이기 때문에 소리보다 더 정확하고 더 멀리 소식을 전할 수 있었다. 불 위에 축축한 풀 등을 쌓아 올려 연기를 피우면 멀리 있는 동료에게 필요한 정보를 전달할 수 있었다. 또 이웃 부족에게는 자신이 적의 없이 그들의 영역 안으로 접근하고 있다는 사실 등을 알릴 수도 있었다.

IV. 두뇌의 진화

1. 켄터키주의 한 조산원이 제왕절개 수술로 자신의 아이를 직접 받았다. *Lexington Herald Leader* (2018). https://www.kentucky.com/news/state/article205079969.html.

2. Fox, K., Muthukrishna, M., and Shultz, S. The social and cultural roots of whale and dolphin brains. *Nature Ecology & Evolution* 1, 1699-1705 (2017).

3. 개미와 마모셋marmoset 원숭이 정도만 신체 크기에 비해 두뇌의 크기가 크다.

4. Suzuki, I., et al. Human-specific NOTCH2NL genes expand cortical neurogenesis through delta/notch regulation. *Cell* 173, 1370-1384.e16 (2018).

5. Caceres, M., et al. Elevated gene expression levels distinguish human from non-human primate brains. *Proceedings of the National Academy of Sciences* 100, 13030-13035 (2003).

6. Burgaleta, M., Johnson, W., Waber, D., Colom, R., and Karama, S. Cognitive ability changes and dynamics of cortical thickness development in healthy

children and adolescents. *NeuroImage* 84, 810-819 (2014).

7. Powell, J., Lewis, P., Roberts, N., Garcia-Finana, M., and Dunbar, R. Orbital prefrontal cortex volume predicts social network size: An imaging study of individual differences in humans. *Proceedings of the Royal Society B: Biological Sciences* 279, 2157-2162 (2012).

8. Tamnes, C., et al. Brain maturation in adolescence and young adulthood: Regional age-related changes in cortical thickness and white matter volume and microstructure. *Cerebral Cortex* 20, 534-548 (2009).

9. Kaplan, H., and Gurven, M. *The natural history of human food sharing and cooperation: A review and a new multi-individual approach to the negotiation of norms* (MIT Press, 2005).

10. Tronick, E., Morelli, G., and Winn, S. Multiple caretaking of Efé (Pygmy) infants. *American Anthropologist* 89, 96-106 (1987).

11. 인간은 협력을 통해 간접적으로 건강상의 유익을 얻는다. 한 개인이 친척의 생식과 생존에 영향을 미칠 수 있는 것이다. Dyble, M., Gardner, A., Vinicius, L., and Migliano, A. Inclusive fitness for in-laws. *Biology Letters* 14, 20180515 (2018).

12. Hamlin, J. The case for social evaluation in preverbal infants: Gazing toward one's goal drives infants' preferences for Helpers over Hinderers in the hill paradigm. *Frontiers in Psychology* 5 (2015).

13. Hamlin, J., Wynn, K., Bloom, P., and Mahajan, N. How infants and toddlers react to antisocial others. *Proceedings of the National Academy of Sciences* 108, 19931-19936 (2011).

14. Noss, A., and Hewlett, B. The contexts of female hunting in central Africa. *American Anthropologist* 103, 1024-1040 (2001).

15. 할머니 효과는 고래에서도 찾아볼 수 있다. 할머니 범고래는 자녀, 손자, 손녀가 모두 성장할 때까지 먹이를 가져와 함께 나눠 먹는다고 한다.

16. Hawkes, K., O'Connell, J., and Blurton Jones, N. Hadza women's time allocation, offspring provisioning, and the evolution of long postmenopausal life spans. *Current Anthropology* 38, 551-577 (1997).

17. 미국의 경우 출산 후 조기에 복귀하는 문화가 형성되어 있어 산모 네 명 중 한 명은 출산 후 2주가 되지 않아 직장으로 복귀한다. 출산 후 불과 일주일 후에 하루 12시간 근무를 하는 경우도 적지 않았다.

18. Hrdy, S. *Mother nature* (Ballantine Books, 2000). (세라 블래퍼 허디, 《어머니의 탄생》)

19. Fonseca-Azevedo, K., and Herculano-Houzel, S. Metabolic constraint imposes tradeoff between body size and number of brain neurons in human evolution. *Proceedings of the National Academy of Sciences* 109, 18571-18576 (2012).

20. 어떤 연구에서는 뉴런의 수를 겨우 860억 개로 정도로 추산하기도 한다. Herculano-Houzel S. The human brain in numbers: A linearly scaled-up primate brain. *Frontiers in Human Neuroscience* 3 (2009).

21. 그리고 이러한 유전적 변화는 필수적이었다. 이러한 유전자에서 돌연변이를 일으킨 사람은 혈액-뇌 장벽을 가로질러 충분한 포도당을 얻을 수 없다. 그렇게 되면 학습 장애, 발작, 두뇌 크기가 줄어드는 소두증 등이 일어나게 된다.

22. Churchill, S.E. Bioenergetic perspectives on *Neanderthal thermoregulatory and activity budgets. In Neanderthals revisited: New approaches and perspectives. Vertebrate paleobiology and paleoanthropology.* Ed. Hublin, J. J., Harvati, K., and Harrison, T. (Springer, 2006).

23. Wrangham, R. *Catching fire* (Profile, 2009). (리처드 랭엄,《요리 본능》)

24. Cordain, L., et al. Plant-animal subsistence ratios and macronutrient energy estimations in worldwide hunter-gatherer diets. *American Journal of Clinical Nutrition* 71, 682-692 (2000).

25. Lamichhaney, S., et al. Rapid hybrid speciation in Darwin's finches. *Science* 359, 224-228 (2017).

26. Bibi, F., and Kiessling, W. Continuous evolutionary change in Plio-Pleistocene mammals of eastern Africa. *Proceedings of the National Academy of Sciences* 112, 10623-10628 (2015).

27. 멕시코의 장님 동굴 물고기 조상의 경우 반대 현상이 일어난 것 같다. 어두운 동굴 속에서 수천 년을 갇혀 지내면서 이 물고기의 두뇌는 에너지를 절약해 생존 확률을 높이기 위해 극적일 정도로 크기가 줄어들었으며 불필요한 시력도 희생되었다.

28. Mitteroecker, P., Windhager, S., and Pavlicev, M. Cliff-edge model predicts intergenerational predisposition to dystocia and Caesarean delivery. *Proceedings of the National Academy of Sciences* 114, 11669-11672 (2017).

29. Shatz, S. IQ and fertility: A cross-national study. *Intelligence* 36, 109-111 (2008).

30. 유베날리스:
어떤 괴물이 이런 음식을 먹는가.
잔치에나 어울릴만한 멧돼지 한 마리를 혼자서 다 먹는단 말인가!

소화도 안 된 공작새가 들어있는 부푼 배를 끌어안고 옷을 벗고 욕탕 안에 들어가다니.
그랬다가는 당장에 그에 상응하는 벌이 내려질 것을.
그대가 늙은이라면 유언 한 마디 남길 겨를 없이 세상을 떠나는 건 시간 문제.
하지만 사람들은 그 소식을 들어도 눈물 한 방울 흘리지 않는구나.
그 장례식조차 흥분한 친구들의 환호 속에 치러질 것인가.

31. 대플리니우스:

이러한 관습이 로마 제국의 도덕을 다 망쳐버렸다. 건강할 때는 아무런 문제가 없는
관습인데도 말이다. 끓는 욕탕에 들어간다고 뱃속에 든 음식이 익게 된다고 설득한
사람이 누구인가. 그 덕분에 몸이 약한 사람은 치료를 받는 신세가 되었고 가장 크게
설득당한 사람은 결국 죽어서 땅에 묻히게 되지 않았는가.

V. 문화라는 지렛대

1. Gómez-Robles, A., Hopkins, W., Schapiro, S., and Sherwood, C. Relaxed ge-
netic control of cortical organization in human brains compared with chim-
panzees. *Proceedings of the National Academy of Sciences* 112, 14799-14804 (2015).

2. Enquist, M., Strimling, P., Eriksson, K., Laland, K., and Sjostrand, J. One cultural
parent makes no culture. *Animal Behaviour* 79, 1353-1362 (2010).

3. Lewis, H., and Laland, K. Transmission fidelity is the key to the build-up of
cumulative culture. *Philosophical Transactions of the Royal Society B: Biological Sciences*
367, 2171-2180 (2012).

4. Simonton, D. K. Creativity as blind variation and selective retention: Is the
creative process Darwinian? *Psychological Inquiry* 10, 309-328 (1999).

5. Henrich, J., and Boyd, R. On modeling cultural evolution: Why replicators are
not necessary for cultural evolution. *Journal of Cognition and Culture* 2, 87-112
(2002).

6. Rendell, L., et al. Why copy others? Insights from the Social Learning Strategies
Tournament. *Science* 328, 208-213 (2010).

7. Tomasello, M. The ontogeny of cultural learning. *Current Opinion in Psychology* 8,
1-4 (2016).

8. Morgan, T., et al. Experimental evidence for the co-evolution of hominin
tool-making teaching and language. *Nature Communications* 6 (2015).

9. Deino, A., et al. Chronology of the Acheulean to Middle Stone Age transition

in eastern Africa. *Science* 360, 95-98 (2018).

10. Munoz, S., Gajewski, K., and Peros, M. Synchronous environmental and cultural change in the prehistory of the northeastern United States. *Proceedings of the National Academy of Sciences* 107, 22008-22013 (2010).

11. Johnson, B. 65,000 years of vegetation change in central Australia and the Australian summer monsoon. *Science* 284, 1150-1152 (1999).

12. Klarreich, E. Biography of Richard G. Klein. *Proceedings of the National Academy of Sciences* 101, 5705-5707 (2004).

13. Wei, W., et al. A calibrated human Y-chromosomal phylogeny based on resequencing. *Genome Research* 23, 388-395 (2012).

14. Powell, A., Shennan, S., and Thomas, M. Late Pleistocene demography and the appearance of modern human behavior. *Science* 324, 1298-1301 (2009).

15. Collard, M., Buchanan, B., and O'Brien, M. Population size as an explanation for patterns in the paleolithic archaeological record. *Current Anthropology* 54, S388-S396 (2013).

16. Wilkins, J., Schoville, B., Brown, K., and Chazan, M. Evidence for early hafted hunting technology. *Science* 338, 942-946 (2012).

17. 질그릇은 기원전 4000년경 농업 기술과 함께 영국에 전파되었는데 처음부터 완전히 완성된 기술이었다. 영국의 경우 금속 가공 기술과 장신구 만드는 기술 역시 처음부터 서서히 발전한 사례는 없다. 질그릇은 사람들이 정착해 무언가를 보관할 용기를 필요로 하게 되면서 농업과 관련해 갑자기 유용한 기술이 되었다. 질그릇과 농업 발전 사이의 관계는 대단히 중요해서 고고학자들은 질그릇의 발견 유무를 두고 농업이 존재했었는지를 가늠하기도 한다.

18. Calmettes, G., and Weiss, J. The emergence of egalitarianism in a model of early human societies. *Heliyon* 3, e00451 (2017).

19. 흙을 구워 필요한 용기를 만들기 위해서는 필요한 연료와 점토를 어디에서 구해야 하는지 그리고 온도 조절은 어떻게 해야 하는지 등의 지식이 필요하다. 또한 용기를 굽는 과정에서 깨지거나 찌그러지는 것을 막기 위한 조개껍질 가루, 섬유, 작은 돌 같은 '첨가물'을 다루는 기술을 포함해 흙을 뒤섞고 모양을 만들고 말리고 장식한 후 제대로 구워내는 기술도 필요하다.

20. 사람들이 처음 금속으로 무언가를 만들기 시작한 건 약 1만 1000년 전부터이며 주변의 지표면에 그대로 드러나 있는 금이나 구리 같은 금속을 사용했다.

21. Miodownik, M. *Stuff matters: The strange stories of the marvellous materials that shape our man-made world* (Viking, 2013). (마크 미오도닉, 《사소한 것들의 과학》)

22. 청동의 발견은 일대 혁명이었다. 청동이 처음 만들어졌을 때는 주석보다는 비소 합금에 더 가까웠다. 그렇지만 비소 연기에는 독성이 있어 사람들을 크게 괴롭혔고 일찍 사망하게 만드는 원인이 되기도 했다. 그리스 신화에서 대장장이의 신인 헤파이스토스Hephaestus는 불과 화산의 신으로도 일컬어진다. 보통은 왜소한 체구에 다리를 저는 것으로 묘사된다. 다른 신에게 업신여김을 받았던 헤파이스토스의 모습은 아마도 비소 중독으로 고생했던 사람의 모습이 그대로 투영된 것으로 생각된다. 후에 고대 그리스에서 건강한 모습으로 바뀌게 된 것도 역시 비소 대신 주석을 사용해 독성 문제를 해결했기 때문이다.

23. 금속은 여러 층이 서로 겹친 결정체로 이루어져 있기 때문에 유연하며 모양을 바꾸기 쉽다. 금속에 열을 가할수록 느슨하게 겹쳐 있던 층이 서로 단단하게 들러붙는데 합금의 경우 결정체가 더 이상 같은 금속 원자로 이루어져 있지 않기 때문에 이런 구조를 방해한다. 여기에 합금 원자가 대신 들어가면 기존의 특성이 변하고 서로 쉽게 겹치는 일도 중단된다. 그렇게 되면 상대적으로 훨씬 더 단단한 금속이 만들어진다.

24. 청동의 가격을 생각해보면 당시 문명은 아직 석기를 사용하던 대다수의 농민을 소수의 귀족과 사제가 지배하던 대단히 귀족적인 문명이었다는 사실을 알 수 있다.

25. 청동 안의 주석과 달리 탄소가 강철 안에서 철 원자를 대신하는 것은 아니다. 하지만 철 원자를 더 단단히 뭉치게 하는 역할을 해 그 결정체 자체를 변화시킨다.

26. "숲속의 나무가 잘려나간다. 목재, 기계, 금속 가공을 위한 나무의 수요는 끝이 없다. 이렇게 숲이 사라지면 새와 짐승도 자연히 사라지게 된다. (중략) 따라서 근처에 살고 있는 사람은 숲과 시냇물과 강이 사라지면서 생활에 필요한 필수품을 조달하는 데 큰 어려움을 겪게 된다." 독일의 의사이자 광물학자였던 게오르기우스 아그리콜라가 1556년 보헤미아 지방을 둘러보며 남긴 글.

VI. 집단 기억 장치

1. Chatwin, B. *The songlines* (Franklin Press, 1987). (브루스 채트윈, 《송라인》)

2. 앞에서 확인한 것처럼 개인의 두뇌보다 집단 기억 장치를 사용해 방대한 문화적 지식을 축적하고 처리하는 편이 시간과 에너지 측면에서 훨씬 더 효율적이다.

3. Bowdler, S. Human occupation of northern Australia by 65,000 years ago (Clarkson et al. 2017): A discussion. *Australian Archaeology* 83, 162-163 (2017).

4. 노래의 길이 어떻게 도움이 되는지 설명하기 위해 다이아나 제임스는 2015년 〈츄쿠

파의 시간Tjukurpa Time〉이라는 보고서를 통해서 피짠짜짜라Pitjantjatjara 부족의 장로급 여인인 응가인차Nganyinytja가 땅에 기록된 부족의 역사를 읽는 법을 배우는 과정을 소개했다. Long history, deep time: Deepening histories of place (2015). doi:10.22459/lhdt.05.2015.

5. 결국 총을 들고 나타난 유럽인의 식민지 침략 자체가 재앙이었다. 오스트레일리아 원주민은 살던 땅을 빼앗겼을 뿐만 아니라 가족은 뿔뿔이 흩어졌으며 그때까지 생존하게 해준 조상과의 연결 고리도 끊어졌다. 불과 몇십 년이 지나지 않아 원주민 공동체는 자신들의 문화는 물론 언어와 고유의 삶까지 모두 상실하고 말았다.

6. 기원전 1만 7000년까지 거슬러 올라가는 여러 증거를 통해 세계 최초로 빵을 만든 것은 이집트인이라고 알려져 있다. 그런데 사실 오스트레일리아 원주민은 이미 3만 년 전 부터 나르두 빵을 만들고 있었다. 그리고 지금의 요르단 지역에서도 1만 4500년 전 야생 곡물로 빵을 만들어 먹었다는 증거가 발견되었다. Arranz-Otaegui, A., Gonzalez Carretero, L., Ramsey, M., Fuller, D., and Richter, T. Archaeobotanical evidence reveals the origins of bread 14,400 years ago in northeastern Jordan. *Proceedings of the National Academy of Sciences* 115, 7925-7930 (2018).

7. Romney, J. Herodotean Geography (4.36-45): A Persian *Oikoumenē? Greek, Roman, and Byzantine Studies* 57, 862-881(2017).

8. Bruner, J. *Actual minds, possible worlds* (Harvard University Press, 1987).

9. Stephens, G., Silbert, L., and Hasson, U. Speaker-listener neural coupling underlies successful communication. *Proceedings of the National Academy of Sciences* 107, 14425-14430 (2010).

10. 물론 계속해서 살펴보게 될 것처럼 그러한 예측 장치가 완벽한 것은 아니다. 하지만 대부분 육체적 접촉에서 이런 예측 장치는 충분히 제 몫을 하고 있다.

11. Heider, F., and Simmel, M. An Experimental Study of Apparent Behavior. *American Journal of Psychology* 57, 243 (1944).

12. Seth, A. Consciousness: The last 50 years (and the next). *Brain and Neuroscience Advances* 2, 239821281881601 (2018).

13. Marchant, J. *Cure: A journey into the science of mind over body* (Canongate Books, 2016). (조 머천트, 《기적의 치유력》)

14. 똑같은 증상을 보이는 환자에게 독일의 의사는 미국 의사에 비해 심장약을 여섯 배 더 많이 처방한다고 한다. Moerman, D., and Jonas, W. Deconstructing the placebo effect and finding the meaning response. *Annals of Internal Medicine* 136,

471 (2002).

15. Phillips D. P., Ruth T. E., and Wagner, L. M. Psychology and survival, *Lancet* 342, 1142-1145 (1993).

16. *World Health Organization Weekly Epidemiological Monitor* 5, 22 (2012). http://applications.emro.who.int/dsaf/epi/2012/Epi_Monitor_2012_5_22.pdf.

17. Kamen, C., et al. Anticipatory nausea and vomiting due to chemotherapy. *European Journal of Pharmacology* 722, 172-179 (2014).

18. 항우울제에 대한 한 임상 실험에서 26세의 한 남성이 약을 마음대로 29알이나 삼킨 끝에 응급실에 실려 왔다. 당시 혈압은 80/40이었다. 남성을 안정시키기 위해 우선 정맥 주사가 연결되었는데 그 후 의사는 남성이 삼킨 것은 사실 모두 위약이었다고 밝혔다. 남성은 이 사실을 알게 되자마자 빠르게 정상으로 돌아왔다. Reeves, R., Ladner, M., Hart, R., and Burke, R. Nocebo effects with antidepressant clinical drug trial placebos. *General Hospital Psychiatry* 29, 275-277 (2007).

19. Meador, C. Hex death. *Southern Medical Journal* 85, 244-247 (1992).

20. Ishiguro, K. The Nobel Prize in Literature 2017. *NobelPrize.org* (2019). https://www.nobelprize.org/prizes/literature/2017/ishiguro/25124-kazuo-ishiguro-nobel-lecture-2017/.

21. Bentzen, J. Acts of God? Religiosity and natural disasters across subnational world districts. *SSRN Electronic Journal* (2015). doi:10.2139/ssrn.2595511.

22. 연구에 따르면 분노와 복수의 신을 따르게 되면 이와 반대되는 효과가 있다고 한다.

23. Inzlicht, M., McGregor, I., Hirsh, J., and Nash, K. Neural markers of religious conviction. *Psychological Science* 20, 385-392 (2009).

24. Peoples, H., Duda, P., and Marlowe, F. Hunter-gatherers and the origins of religion. *Human Nature* 27, 261-282 (2016).

25. Smith, D., et al. Cooperation and the evolution of hunter-gatherer storytelling. *Nature Communications* 8 (2017).

26. Wiessner, P. Embers of society: Firelight talk among the Ju/'hoansi Bushmen. *Proceedings of the National Academy of Sciences* 111, 14027-14035 (2014).

27. Pearce, E., Launay, J., and Dunbar, R. The ice-breaker effect: Singing mediates fast social bonding. *Royal Society Open Science* 2, 150221 (2015).

28. 이러한 경험의 역사는 아마도 아주 오래되었을 것이다. 실험에 따르면 유인원도 영화를 함께 보고 나면 사회적으로 더 가까운 감정을 느낀다고 한다. Wolf, W. and

Tomasello, M. Visually attending to a video together facilitates great ape social closeness. *Proceedings of the Royal Society B* 286 (2019). doi.org/10.1098/rspb.2019.0488.

29. Pearce, E., et al. Singing together or apart: The effect of competitive and cooperative singing on social bonding within and between sub-groups of a university Fraternity. *Psychology of Music* 44, 1255-1273 (2016).

30. Smith, D., et al. Cooperation and the evolution of hunter-gatherer storytelling. *Nature Communications* 8 (2017).

31. Dehghani, M., et al. Decoding the neural representation of story meanings across languages. *Human Brain Mapping* 38, 6096-6106 (2017).

32. Stansfield, J., Bunce, L. The relationship between empathy and reading fiction: Separate roles for cognitive and affective components. *Journal of European Psychology Students* 5, 9-18 (2014).

33. Kidd, D., and Castano, E. Reading literary fiction improves theory of mind. *Science* 342, 377-380 (2013).

34. Sala, I. What the world's fascination with a female-only Chinese script says about cultural appropriation. *Quartz* (2018). https://qz.com/1271372/.

35. Griswold, E. Landays: Poetry of Afghan women. *Poetry Magazine* (2018). https://static.poetryfoundation.org/o/media/landays.html/.

36. da Silva, S., and Tehrani, J. Comparative phylogenetic analyses uncover the ancient roots of Indo-European folktales. *Royal Society Open Science* 3, 150645 (2016).

37. 《이솝 우화》에는 700편이 넘는 교훈적인 이야기가 담겨 있다. 주로 동물이 인간을 대신해서 등장해 이야기를 이끌어 나가는데 종종 사회 체제를 위협하는 내용이 등장하기도 한다. 강력한 권위주의가 횡횡하던 시절에 탄생한 《이솝 우화》에는 보통 몸은 약하지만 영리한 동물이 등장해 강력한 인간을 보기 좋게 속여 넘기곤 한다.

38. https://www.britishmuseum.org/collection/object/Y_EA5645/.

39. Dodds, E. *The Greeks and the irrational* (Beacon Press, 1957). (에릭 R. 도즈, 《그리스인들과 비이성적인 것》)

40. Mathews, R. H. Message-sticks used by the Aborigines of Australia. *American Anthropologist* 10, no. 9, 288-298 (1897).

41. Clayton, E. The evolution of the alphabet. British Library (2019). https://www.

bl.uk/history-of-writing/articles/the-evolution-of-the-alphabet/.

42. Kottke, J. Alphabet inheritance maps reveal its evolution clearly: The evolution of the alphabet. kottke.org (2019). https://kottke.org/19/01/the-evolution-of-the-alphabet/.

43. 읽기와 쓰기 기술이 사라졌던 때와 장소는 많다. 410년, 로마 군단이 영국에서 철수했을 때 영국에서는 읽기와 쓰기 기술이 거의 사라진 것이나 마찬가지였다. 이러한 영국인을 구원해준 것은 아일랜드에서 건너온 선교사로 이들 덕분에 색슨족이 침입해 올 때까지 읽기와 쓰기 기술의 명맥을 겨우 이어갈 수 있었다. 그렇지만 역시 읽기와 쓰기 기술은 극히 일부만이 알고 있었고 대부분의 사람은 여전히 문맹이었다.

44. 《일리아스》와 《오디세이아》가 문자로 기록된 것은 기원전 700년대에 들어서면서부터였다.

45. 페니키아의 상인이 알파벳 문자를 소개한 뒤 그리스 사람이 다시 문자를 읽고 쓰며 학교를 세우고 그 기술을 전파할 때까지는 다시 500년의 세월이 더 필요했다.

46. 이렇게 뛰어난 기억력은 읽고 쓸 수 있는 사람이 적었던 유럽의 일부 지역에서는 20세기까지도 찾아볼 수 있었다.

47. Maguire, E., et al. Navigation-related structural change in the hippocampi of taxi drivers. *Proceedings of the National Academy of Sciences* 97, 4398-4403 (2000).

48. 이 기술은 시간과 공간을 넘어 문화적으로 전달되어 로마 제국 시대, 유럽의 르네상스 시대까지 유행했다. 인쇄 기술이 본격적으로 보급되기 전까지는 암기 기술이 대단히 중요했다.

49. 다만 대단히 복잡하며 철자가 다양하게 바뀌는 히브리어에는 적용하기 힘들다.

50. 인쇄 기술이 보급되기 전 유럽에서는 대부분 양피지를 사용했다. 책 한 권을 만드는 데 소모되는 양피지를 준비하기 위해서는 양이 250마리나 필요했기 때문에 극소수의 상류층만이 책을 만들거나 구입할 수 있었다.

51. DNA 컴퓨터는 실리콘이 아닌 DNA로 만든 논리 회로가 장착된 바이오칩을 사용하게 될 것이다. 이렇게 되면 훨씬 더 많은 자료를 더 저렴하고 더 작은 공간에 저장할 수 있게 될 것이다. 이러한 DNA 컴퓨터는 기존의 컴퓨터처럼 순전히 선형 방식이 아니라 병렬로 계산을 수행할 수 있기 때문에 자료 처리 속도도 훨씬 더 빨라질 것이다.

VII. 인간 존재의 증거

1. Wallace, E., et al. Is music enriching for group-housed captive chimpanzees

(Pan troglodytes)? *PLoS ONE* 12, e0172672 (2017).

2. 기원전 5세기 경, 헤로도토스는 에티오피아 공동체를 '박쥐처럼 말하는' 사람들이라고 묘사했다.

3. Meyer, J. *Whistled languages: A worldwide inquiry on human whistled speech* (Springer-Verlag, 2015).

4. Wiley, R. Associations of song properties with habitats for territorial oscine birds of eastern North America. *American Naturalist* 138, 973–993 (1991).

5. Everett, C. Languages in drier climates use fewer vowels. *Frontiers in Psychology* 8 (2017).

6. 모든 아이들은 자라면서 어떤 언어든 배울 수 있지만, 유전자가 특정한 언어를 더 쉽게 배울 수 있도록 변형되는 적응의 과정을 거쳤을 가능성이 있다. Dediu, D., and Ladd, D. Linguistic tone is related to the population frequency of the adaptive haplogroups of two brain size genes, ASPM and Microcephalin. *Proceedings of the National Academy of Sciences* 104, 10944–10949 (2007).

7. Güntürkün, O., Güntürkün, M., and Hahn, C. Whistled Turkish alters language asymmetries. *Current Biology* 25, R706–R708 (2015).

8. 영어에서 어느 음절이 강하고 약한지 배워야 하는 것에서 알 수 있듯이 말을 할 때 운율과 박자는 대단히 중요하다.

9. Patel, A. Sharing and nonsharing of brain resources for language and music. *Language, Music, and the Brain* 329–356 (2013). doi:10.7551/mitpress/9780262018104.003.0014.

10. Patel, A. Science and music: Talk of the tone. *Nature* 453, 726–727 (2008).

11. Blasi, D., et al. Human sound systems are shaped by post-Neolithic changes in bite configuration. *Science* 363, eaav3218 (2019).

12. Warner, B. Why do stars like Adele keep losing their voice? *The Guardian* (August 10, 2017).

13. 네안데르탈인의 짧은 성대와 넓은 비강을 고려해보면 아마도 고음의 소리를 냈을 것이며 지금의 인간 목소리와는 미묘하게 차이가 있었을 것으로 추정된다. 일부 학자들은 네안데르탈인이 이른바 비연속 모음 소리를 내지 못했을 것이라고 주장한다. 이 주장에 반대하는 의견도 있다. 비연속 모음을 통해 인간은 영어 단어 'beat'와 'bit'을 구분할 수 있다. 실제로 여러 증거에 따르면 네안데르탈인은 호모 사피엔스 이전에 언어를 구사할 수 있을 정도의 진화를 이루었고 따라서 이미 현생 인류가 나

타나기 오래 전에 서로 말을 할 수 있었을지도 모른다.

14. 물론 다른 '언어' 유전자가 더 중요한지에 대해서는 논쟁의 여지가 있다. Warren, M. Diverse genome study upends understanding of how language evolved. *Nature* (2018). doi:10.1038/d41586-018-05859-7.

15. Lai, C., Fisher, S., Hurst, J., Vargha-Khadem, F., and Monaco, A. A forkhead-domain gene is mutated in a severe speech and language disorder. *Nature* 413, 519-523 (2001).

16. Schreiweis, C., et al. Humanized FOXP2 accelerates learning by enhancing transitions from declarative to procedural performance. *Proceedings of the National Academy of Sciences* 111, 14253-14258 (2014).

17. 심지어 어린아이조차도 아무도 부탁하지 않았는데 지나가는 어른이 무언가를 떨어트리면 줍는 것을 도우려고 한다. 그리고 이러한 모습은 계속해서 아이의 사회적 환경에 의해 다듬어진다.

18. Russell, J., Gee, B., and Bullard, C. Why do young children hide by closing their eyes? Self-visibility and the developing concept of self. *Journal of Cognition and Development* 13, 550-576 (2012).

19. Moll, H., and Khalulyan, A. "Not see, not hear, not speak": Preschoolers think they cannot perceive or address others without reciprocity. *Journal of Cognition and Development* 18, 152-162 (2016).

20. Partanen, E., et al. Learning-induced neural plasticity of speech processing before birth. *Proceedings of the National Academy of Sciences* 110, 15145-15150 (2013).

21. Hart, B., and Risley, T. The early catastrophe: The 30 million word gap by age 3. *American Educator* 27, 4-9 (2003).

22. Romeo, R., et al. Beyond the 30-million-word gap: Children's conversational exposure is associated with language-related brain function. *Psychological Science* 29, 700-710 (2018).

23. 푸에르토리코에서 히말라야원숭이를 연구한 연구자는 암컷이 새끼와 특별한 유형의 발성을 이용해 교감한다는 사실을 발견했다. 인간으로 치면 엄마가 아기만을 위해 구사하는 특별한 표현이나 단어라고 할 수 있다.

24. Brighton, H., and Kirby, S. Cultural selection for learnability: Three principles underlying the view that language adapts to be learnable. *Language Origins:*

Perspectives on Evolution (2005). http://www.lel.ed.ac.uk/~kenny/publications/brighton_05_cultural.pdf/.

25. Blasi, D., Wichmann, S., Hammarström, H., Stadler, P., and Christiansen, M. Sound-meaning association biases evidenced across thousands of languages. *Proceedings of the National Academy of Sciences* 113, 10818-10823 (2016).

26. Kirby, S. Culture and biology in the origins of linguistic structure. *Psychonomic Bulletin & Review* 24, 118-137 (2017).

27. Bromham, L., Hua, X., Fitzpatrick, T., and Greenhill, S. Rate of language evolution is affected by population size. *Proceedings of the National Academy of Sciences* 112, 2097-2102 (2015).

28. 범고래의 경우 각기 다른 집단에 속해 있다면 다른 소리를 낸다고 한다.

29. 인류학자 돈 쿨릭의 연구 참조. Pagel, M. *Wired for culture: Origins of the human social mind* (W. W. Norton, 2012).

30. 2018년 헤이 예술 축제Hay Festival 연설 중에서.

31. 색에 이름을 붙일 때 대부분의 문화권에서는 색의 원조를 따라 하는 것으로 시작한다. 예를 들어 오렌지색은 오렌지 열매를 따라 하는 식이다. 1500년대 이후 오렌지 나무가 처음 영국에 선보였을 때 그 특별한 색깔을 사람들은 노란색도 아니고 빨간색도 아닌 그런 색으로 우선 머릿속에 저장했다. 그래서 예전에는 오렌지색을 '노란-빨간색'이라고 말하기도 했다. 제프리 초서Geoffrey Chaucer의 작품에 등장하는 '레이드rayed'라는 말은 당시에는 '레드red', 즉 '빨갛다'라는 뜻이었지만 동시에 오렌지색이나 분홍색을 뜻하기도 했다. '분홍색'의 경우는 장밋빛이 아닌 노란색에 더 가깝게 사용되었다. 15세기 영국에서는 '분홍-노란색'의 싸구려 물감이 대량으로 들어왔는데 지금이라면 그런 식의 작명은 불가능할 것이다. 이 이름은 원래 독일어 '핑큰 pinkeln'에서 유래되었고 그 뜻은 사실 '소변'이었다. 분홍색이 오늘날처럼 연한 붉은 색의 장밋빛을 의미하게 된 것은 우리가 벽을 칠할 때 분홍색의 도료를 만들어 사용하기 시작하면서부터다. 1500년대 후반부터는 노란 오줌색에 가까운 도료를 더 이상 사용하지 않게 되었으니 말이다. 분홍색, 자주색, 오렌지색이라는 개념이 세상에 등장한 것은 불과 몇백 년밖에 되지 않았다.

32. 호메로스는 바다를 일컬어 '포도주와 같은'이라고 묘사한 것으로 유명하다. 그가 장님이었다는 사실을 생각하면 일견 이해가 되기도 하지만, 고대 그리스 문학에서 바다나 하늘을 두고 단순하게 '파랗다'라고 표현한 경우는 한 군데도 없는 듯하다. 그렇다고 해서 그리스 사람들이 지금과는 다르게 색을 바라보았다는 뜻은 아니며, 다만

색조 그 자체가 말하자면 색깔의 명도와 광도만큼 중요했다는 뜻이다.

33. 어쩌면 과거에는 더 흔하게 사용되는 언어적 도구였는지도 모른다. 오래전 스코틀랜드에서 사용했던 게일Gaelic어에는 바다로 흘러가는 가장 가까운 강이 어느 방향에 있는가에 따라 위와 아래를 뜻하는 말이 곧 동쪽과 서쪽, 혹은 서쪽과 동쪽을 의미했었다. 따라서 스코틀랜드 동부 고지대에서는 사람들이 이렇게 말하곤 했다. "동쪽의 부엌으로 가라." 심지어 주방이 말하는 사람 기준으로 서쪽에 있을 때도 그렇게 말했다. 왜냐하면 그 말은 물길이 동쪽으로 흐르고 있는 곳에 있는 부엌으로 내려가라는 의미이기 때문이다. 많은 언어에서 북쪽, 남쪽, 동쪽, 서쪽은 다른 의미와 서로 호환될 수 있다. 예를 들어 영어에서 서쪽으로 가고 있다는 말은 상황이 안 좋아지고 있다는 의미로 사용된다.

34. Boroditsky, L. How language shapes thought. *Scientific American* 304, 62-65 (2011).

35. Correia, J., Jansma, B., Hausfeld, L., Kikkert, S., and Bonte, M. EEG decoding of spoken words in bilingual listeners: From words to language invariant semantic-conceptual representations. *Frontiers in Psychology* 6 (2015).

36. Mårtensson, J., et al. Growth of language-related brain areas after foreign language learning. *NeuroImage* 63, 240-244 (2012).

37. 한 연구에 의하면 과거와 현재 그리고 미래 같은 시제를 구분하는 영어처럼 '미래형' 언어의 화자는 중국어처럼 그렇지 않은 언어의 화자에 비해 30퍼센트 정도 돈을 적게 저축한다고 한다. 아마도 미래를 현재와 구분할 수 있으면 미래가 더 멀게 느껴지기 때문에 돈을 저축할 동기 부여가 약해지기 때문인 것 같다.

38. Abutalebi, J., and Green, D. Control mechanisms in bilingual language production: Neural evidence from language switching studies. *Language and Cognitive Processes* 23, 557-582 (2008).

39. 두 종 이상의 언어를 자유롭게 구사할 수 있으면 치매의 진행도 늦출 수 있다. 치매가 비슷한 수준으로 진행된 두 사람의 두뇌를 살펴보았을 때 두 종의 언어를 구사하는 사람은 그렇지 못한 사람보다 평균 5년 정도 늦게 증상을 보인다고 한다. 왜냐하면 두 종의 언어를 구사하는 능력으로 두뇌를 다시 연결해 사람들의 '인지적 비축분'을 다시 일깨우기 때문이다. 다시 말해 뇌의 일부가 손상을 입어도 두 종의 언어를 구사하는 사람은 여분의 회백질과 또 다른 신경 통로를 갖고 있기 때문에 다시 회복을 할 수 있다. Craik, F., Bialystok, E., and Freedman, M. Delaying the onset of Alzheimer disease: Bilingualism as a form of cognitive reserve. *Neurology* 75,

1726-1729 (2010).

VIII. 문화적 축적

1. Edemariam, A. The Saturday interview: Wikipedia's Jimmy Wales. *The Guardian* (February 19, 2019). https://www.theguardian.com/theguardian/2011/feb/19/interview-jimmy-wales-wikipedia.

2. Giles, J. Internet encyclopaedias go head to head. *Nature* 438, 900-901 (2005).

3. '위키피디언wikipedian', 즉 위키피디아 참여자라는 단어가 옥스퍼드 사전에 실린 건 2012년의 일이다.

4. Nook, E., and Zaki, J. Social norms shift behavioral and neural responses to foods. *Journal of Cognitive Neuroscience* 27, 1412-1426 (2015).

5. Nook, E., Ong, D., Morelli, S., Mitchell, J., and Zaki, J. Prosocial conformity. *Personality and Social Psychology Bulletin* 42, 1045-1062 (2016).

6. Eriksson, K., Vartanova, I., Strimling, P., and Simpson, B. Generosity pays: Selfish people have fewer children and earn less money. *Journal of Personality and Social Psychology* (2018). doi:10.1037/pspp0000213.

7. 각각의 관점에서 보면 만일 한 사람이 다른 한쪽에 대해 증언을 하지 않으면 그 사람은 1년 혹은 3년을 감옥에서 보내게 된다. 그런데 증언을 한다면 자유의 몸이 되든지 아니면 2년을 감옥에서 보내게 된다.

8. 자신이 속한 집단이 얼마나 협력하는가에 따라 개인도 그만큼 서로 협력하게 된다는 사실은 사냥과 채집을 주로 하는 집단의 연구에서도 밝혀졌다. Smith, K., Larroucau, T., Mabulla, I., and Apicella, C. Hunter-gatherers maintain assortativity in cooperation despite high level of residential change and mixing. *Current Biology* 28, 3152-3157.e4 (2018).

9. Shirado, H., Fu, F., Fowler, J., and Christakis, N. Quality versus quantity of social ties in experimental cooperative networks. *Nature Communications* 4 (2013).

10. Crockett, M., Kurth-Nelson, Z., Siegel, J., Dayan, P., and Dolan, R. Harm to others outweighs harm to self in moral decision making. *Proceedings of the National Academy of Sciences* 111, 17320-17325 (2014).

11. Baillargeon, R., Scott, R., and He, Z. False-belief understanding in infants. *Trends in Cognitive Sciences* 14, 110-118 (2010).

12. Dunbar, R. Neocortex size as a constraint on group size in primates. *Journal of*

Human Evolution 22, 469-493 (1992).

13. 던바 공동체의 첫 번째 단계는 평균 다섯 명 정도로 이루어지는 '친밀한 친구'이며 15명 정도 되는 '가까운 친구' 그리고 직계 및 방계 가족들을 포함해 50명까지 늘어나는 '혈족' 그리고 인간이 일반적으로 감당할 수 있는 150명의 '공동체'로 이어진다. 다만 인간의 지인 규모는 500명을 넘어설 수 있으며 1500명 정도의 얼굴까지는 알아볼 수 있다고 한다.

14. Dunbar, R. Do online social media cut through the constraints that limit the size of offline social networks? *Royal Society Open Science* 3, 150292 (2016).

15. Jenkins, R., Dowsett, A., and Burton, A. How many faces do people know? *Proceedings of the Royal Society B: Biological Sciences* 285, 20181319 (2018).

16. Henrich, J., and Henrich, N. Culture, evolution and the puzzle of human cooperation. *Cognitive Systems Research* 7, 220-245 (2006).

17. 감시당하는 줄 모르고 있는 범죄자를 추적하는 방법도 있고 또 경찰이나 공개적인 감시 제도처럼 경고의 의미로 존재를 공공연히 드러냄으로써 범죄를 미연에 방지하는 방법도 있다. 사람들을 효과적으로 통제하기 위해 두 가지 방법을 모두 사용하는 경우도 있다.

18. Watts, J., et al. Broad supernatural punishment but not moralizing high gods precede the evolution of political complexity in Austronesia. *Proceedings of the Royal Society B: Biological Sciences* 282, 20142556-20142556 (2015).

19. Whitehouse, H., et al. Complex societies precede moralizing gods throughout world history. *Nature* 568, 226-229 (2019).

20. Lang, M., et al. Moralizing gods, impartiality and religious parochialism across 15 societies. *Proceedings of the Royal Society B: Biological Sciences* 286, 20190202 (2019).

21. Brennan, K., and London, A. Are Religious People Nice People? Religiosity, Race, Interview Dynamics, and Perceived Cooperativeness. *Sociological Inquiry* 71, 129-144 (2001).

22. Chuah, S., Gächter, S., Hoffmann, R., and Tan, J. Religion, discrimination and trust across three cultures. *European Economic Review* 90, 280-301 (2016).

23. 당혹스러움도 밀접한 관계가 있지만, 외부의 감시자가 필요하다.

24. Benedict, R. *The chrysanthemum and the sword. Patterns of Japanese culture* (Houghton Mifflin Harcourt, 1946). (루스 베네딕트, 《국화와 칼》)

25. Brass Eye. youtube.com/watch?v=f3xUjw2BCYE/.

26. Cole, S., Kemeny, M., and Taylor, S. Social identity and physical health: Accelerated HIV progression in rejection-sensitive gay men. *Journal of Personality and Social Psychology* 72, 320-335 (1997).

27. 두뇌의 작용을 살펴본 결과 이러한 요소가 학습과 관련된 두뇌의 흥미를 자극할뿐더러 그런 사람을 모방하는 쪽이 좀 더 이익이라는 걸 알고 하는 행동이라는 사실이 밝혀졌다.

28. Henrich, J., and Gil-White, F. The evolution of prestige: Freely conferred deference as a mechanism for enhancing the benefits of cultural transmission. *Evolution and Human Behavior* 22, 165-196 (2001).

29. 명품 제조사는 자신들의 제품을 이용해주는 대가로 사회 유명 인사에게 많은 비용을 지불한다. 그런데 만일 어떤 유명 인사가 어떤 식으로든 위신이 깎이는 행동을 한다면 그 사람 자체에 대한 평판이 내려가고 명품 제조사도 서둘러 관계를 끊으려 한다. 그래서 이러한 예기치 못한 사고를 대비하기 위해 제조사는 일종의 '보험'을 드는 경우가 많다. 해당 유명 인사의 평판이 좋지 않다면 보험료는 더욱 올라가게 된다. 언제 어느 때 불미스러운 일이 일어날지 모르고, 그렇게 되면 제조사가 입는 피해도 더 커지기 때문이다.

30. 고대 그리스인이 특히 경멸했던 것이 과도한 오만이나 자신감이었다. 《일리아스》에 등장하는 신이 드물게 민감한 반응을 보인 인간의 약점 중 하나가 바로 이러한 오만이나 자신감이었다. 오늘날에는 풍자의 단골 소재가 되기도 한다.

IX. 공동체와 소속감

1. Hunter, M., and Brown, D. Spatial contagion: Gardening along the street in residential neighborhoods. *Landscape and Urban Planning* 105, 407-416 (2012).

2. 얼굴의 비대칭은 종종 기생충 감염을 통해 일어나며 발달 장애와도 관련이 있다.

3. Langlois, J., and Roggman, L. Attractive faces are only average. *Psychological Science* 1, 115-121 (1990).

4. Joshi, P., et al. Directional dominance on stature and cognition in diverse human populations. *Nature* 523, 459-462 (2015).

5. Lewis, M. Why are mixed-race people perceived as more attractive? *Perception* 39, 136-138 (2010).

6. Burley, N. Sex-ratio manipulation in colour-banded populations of zebra

finches. *Evolution* 40, 1191 (1986).

7. 창백한 피부가 빠르게 퍼져나간 이유에 대한 또 다른 이론으로는 생존에 유리하다는 점도 있다. 진화 유전학자 마크 토마스는 아이들이 태어날 때는 모두 다 성인보다 피부가 희고 창백하다는 데 주목했다. 피부색을 어둡게 만드는 멜라닌은 태양에 노출되면 그에 따른 반응으로 만들어지기 때문인데 어린아이들의 창백한 피부와 눈동자는 성인들의 보호 본능을 끌어낼 수 있다고 지적한다. 이것만으로도 생존에 유리하게 작용할 수 있다는 것이다. 이러한 흥미로운 주장을 좀 더 확대해 보면 결국 인간이 털 없이 사회에 의지하고 성인이 될 때까지 상대적으로 어린 시절이 길며 조금 성장한 후에도 어린아이 같은 행동을 버리지 못하는 생명체로 계속 진화한 것도 이러한 이유와 관련이 있을지도 모른다.

8. Ishizu, T., and Zeki, S. Toward a brain-based theory of beauty. *PLoS ONE* 6, e21852 (2011).

9. Little, A., Jones, B., and DeBruine, L. Facial attractiveness: Evolutionary based research. *Philosophical Transactions of the Royal Society B: Biological Sciences* 366, 1638-1659 (2011).

10. Brown, S., Gao, X., Tisdelle, L., Eickhoff, S., and Liotti, M. Naturalizing aesthetics: Brain areas for aesthetic appraisal across sensory modalities. *Neuro-Image* 58, 250-258 (2011).

11. Jacobsen, T. Beauty and the brain: Culture, history and individual differences in aesthetic appreciation. *Journal of Anatomy* 216, 184-191 (2010).

12. 연구자들은 막대기 인형이 무리에서 어미가 되기 위한 일종의 연습 상대라고 생각한다. 암컷 침팬지들 사이에서 이런 현상이 더 많이 발견되기 때문이다. Kahlenberg, S., and Wrangham, R. Sex differences in chimpanzees' use of sticks as play objects resemble those of children. *Current Biology* 20, R1067-R1068 (2010).

13. Dart, R. The waterworn Australopithecine pebble of many faces from Makapansgat. *South African Journal of Science* 70, 167-169 (1974).

14. Joordens, J., et al. Homo erectus at Trinil on Java used shells for tool production and engraving. *Nature* 518, 228-231 (2014).

15. d'Errico, F., Henshilwood, C., Vanhaeren, M., and van Niekerk, K. Nassarius kraussianus shell beads from Blombos Cave: Evidence for symbolic behaviour in the Middle Stone Age. *Journal of Human Evolution* 48, 3-24 (2005).

16. 깨끗한 성생활과 관련된 사회적 규범은 더 큰 사회로의 적응의 일환으로 진화했을 가능성이 크다. 일부일처제는 성행위로 전파되는 질병을 줄여 임신과 출산에 문제가 발생하지 않도록 해주며 태어난 아이에 대해서는 아버지가 양육의 책임을 지는 것으로 집단 안에 받아들여지도록 돕는 장치다.

17. 찰스 다윈은 이 문제에 대해 이렇게 기록했다. "나는 분명 여성이 일반적으로 도덕적 품성에서는 남성보다 우월하지만 지적인 면에서는 열등하다고 생각한다." 다윈의 이론은 당시의 시대상을 반영하고 있지만 물론 사실과는 거리가 있다.

18. 침팬지는 상하 구분이 분명하며 대단히 공격적인 수컷이 주도하는 공동체를 이루며 살고 있다. 그 결과 침팬지는 기술이 전수될 수 있을 정도로 어른을 충분히 볼 기회가 거의 없다. 반면, 보노보는 상당히 평등한 사회적 집단을 이루고 있으며 다툼도 훨씬 적고 문화와 행동에 있어서도 어느 정도 협력적인 모습을 많이 보여준다. 암컷 보노보는 심지어 혈연관계가 아닌 다른 암컷과도 끈끈한 유대 관계를 맺고 있으며 때로는 파리를 쫓아내는 등 출산 과정도 돕는다.

19. 심지어 여성이 여성을 표현할 때도 이러한 문화에 영향을 받는다. 소설가이자 미술 평론가인 존 버거는 자신의 유명한 저서 《다른 방식으로 보기》에서 이러한 점을 지적했다.

20. Rothman, B. *The tentative pregnancy* (Pandora, 1988).

21. 예컨대 일부 태평양 섬의 주민은 타인의 마음이 '불투명하다'라고 생각한다. 타인이 어떤 생각을 하고 어떻게 느끼는지 아는 것은 불가능하다는 의미이다. 그 결과 사람들은 종종 어떤 잘못이 실수나 사고의 결과일 때도 먼저 스스로 크게 반성을 한다.

22. Centola, D., and Baronchelli, A. The spontaneous emergence of conventions: An experimental study of cultural evolution. *Proceedings of the National Academy of Sciences* 112, 1989–1994 (2015).

23. Touboul, J. The hipster effect: When anticonformists all look the same. *arXiv* (2014). arXiv:1410.8001v2.

24. 이 사람은 자신의 사진을 허락 없이 도용해 무분별하게 똑같은 유행을 따른다는 인상을 심어주었다고 항의했지만, 잡지에 실린 사람은 전혀 다른 사람이었다. *The Register* (2019). http://www.theregister.co.uk/2019/03/06/hipsters_all_look_the_same_fact/.

25. Akdeniz, C., et al. Neuroimaging evidence for a role of neural social stress processing in ethnic minority-associated environmental risk. *JAMA Psychiatry* 71, 672 (2014).

26. 미국의 철학자 케네스 버크는 이렇게 기록했다. "인간은 말, 행동, 성조, 순서, 형상, 태도 등을 똑같이 모방해서 그 사람의 언어를 말할 수 있어야 상대방을 설득할 수 있다."

27. Hein, G., Silani, G., Preuschoff, K., Batson, C., and Singer, T. Neural responses to ingroup and outgroup members' suffering predict individual differences in costly helping. *Neuron* 68, 149-160 (2010).

28. 부족 중심주의는 대단히 강력한 원동력이 되며 또한 우리가 믿는 신조차 사회에 어울리는 모습으로 만든다. 예수는 북유럽에서는 금발에 푸른 눈을 가진 것으로 묘사하지만, 에티오피아에서는 검은 피부로, 남아메리카의 아이마라Aymara 부족은 자신과 비슷한 모습으로 묘사한다. 다만 이슬람교는 특이하게도 신이나 교조 무함마드의 모습을 겉으로 드러나도록 나타내거나 표현하는 일을 엄격히 금하고 있다. 이렇게 되자 전통파인 수니파가 이끄는 이슬람 국가에서는 무언가를 표현하거나 묘사하는 데도 괴상한 타협점을 찾을 수밖에 없다. 예를 들어 도로 표지판의 경우 머리가 없는 사람 형상이 방향을 알려주는 식이다. 시아파 이슬람 국가의 경우 이보다는 훨씬 더 개방적이고 자유롭다. 15세기와 16세기에 페르시아 방식의 화려하고 세밀한 그림이 한창 인기일 때 수니파와 시아파 모두 무함마드를 비롯해 사람의 모습을 있는 그대로 자세하게 표현하는 방식이 주류 화풍이 되었어도 아무도 문제 삼지 않았다.

29. 이러한 효과는 대단히 강력해서 어떤 부족의 이야기는 수백 년 동안 그대로 남아 영향력을 미치기도 하고 집단적 분노와 증오를 언제든 불러일으키는 수단이 되기도 한다. 따라서 영국의 유럽 연합 탈퇴 찬성파는 트라팔가르 해전이나 아쟁쿠르 전투 등 수백 년 전에 있었던 유럽 대륙과의 전쟁을 자꾸 들먹이기도 한다. 미국의 경우 남부의 백인 우월주의자는 남북 전쟁 당시 남부 연합의 깃발을 종종 내건다.

30. Dunham, Y., Baron, A., and Carey, S. Consequences of "minimal" group affiliations in children. *Child Development* 82, 793-811 (2011).

31. Pope, S., Fagot, J., Meguerditchian, A., Washburn, D., and Hopkins, W. Enhanced cognitive flexibility in the seminomadic Himba. *Journal of Cross-Cultural Psychology* 50, 47-62 (2018).

32. Draganski, B., et al. Changes in grey matter induced by training. *Nature* 427, 311-312 (2004).

33. Gomez, J., Barnett, M., and Grill-Spector, K. Extensive childhood experience with Pokémon suggests eccentricity drives organization of visual cortex. *Nature Human Behaviour* (2019). doi:10.1038/s41562-019-0592-8.

34. Gislén, A., Warrant, E., Dacke, M., and Kröger, R. Visual training improves

underwater vision in children. *Vision Research* 46, 3443-3450 (2006).

35. Ilardo, M., et al. Physiological and genetic adaptations to diving in sea no-mads. *Cell* 173, 569-580.e15 (2018).

36. Park, D., and Huang, C. Culture wires the brain. *Perspectives on Psychological Science* 5, 391-400 (2010).

37. Blais, C., Jack, R., Scheepers, C., Fiset, D., and Caldara, R. Culture shapes how we look at faces. *PLoS ONE* 3, e3022 (2008).

38. Nisbett, R., Peng, K., Choi, I., and Norenzayan, A. Culture and systems of thought: Holistic versus analytic cognition. *Psychological Review* 108, 291-310 (2001).

39. 그렇지만 일부 지역에서는 이러한 차이가 사라지지 않는 곳도 있다. 일본에서도 외지고 험한 홋카이도는 미국의 농업 전문가의 지도에 따라 몰락한 사무라이가 정착해 개척을 시작했는데 150년이 지난 지금도 개척 정신이 여전히 남아 사회적 규범을 형성하고 있다. 홋카이도 주민은 좀 더 개인적으로 집단주의 성향이 적으며 일본인보다 미국인에 가까운 행동을 보인다.

40. Oota, H., Settheetham-Ishida, W., Tiwawech, D., Ishida, T., and Stoneking, M. Human mtDNA and Y-chromosome variation is correlated with matrilocal versus patrilocal residence. *Nature Genetics* 29, 20-21 (2001).

41. Cohen, D., Nisbett, R., Bowdle, B., and Schwarz, N. Insult, aggression, and the southern culture of honor: An "experimental ethnography." *Journal of Personality and Social Psychology* 70, 945-960 (1996).

42. Ellett, W. The death of dueling. *Historia* 59-67 (2004).

43. 그런데 어쨌든 이슬람교의 계율에는 남성의 동성애에 대한 처벌이 정확하게 명시되어 있지 않으며 항문 성교에 대해서는 네 명의 각기 다른 증인이 있어야 그 행위가 있었다는 사실이 성립된다. 또한《코란》을 보면 천국에서는 신실한 이슬람교도를 위해 젊고 아름다운 남성이 '술을 따라주기 위해' 기다리고 있다고 묘사하기도 한다.

44. Saudi religious police target "gay rainbows." *The France 24 Observers* (2015). https://observers.france24.com/en/20150724-saudi-police-rainbows-gay-school/.

X. 장신구와 보물

1. 지금의 아이티와 도미니카 공화국.

2. 은을 캐내는 과정에서 800만 명에 달하는 원주민과 아프리카 노예가 희생되었다.

3. 지금의 인도네시아.

4. Ricardo, D. *On the principles of political economy and taxation* (John Murray, 1817). (데이비드 리카도, 《정치경제학과 과세의 원리에 대하여》)

5. 집단의 규모와 구조 그리고 이익과 비용이 모두 일치할 때 유전자나 세포 같은 생물학적 체계가 보여주는 것처럼 협동은 결국 노동의 분업화로 이어진다.

6. Burk, C. The collecting instinct. *Pedagogical Seminary* 7, 179-207 (1900).

7. Gelman, S., Manczak, E., and Noles, N. The nonobvious basis of ownership: preschool children trace the history and value of owned objects. *Child Development* 83, 1732-1747 (2012).

8. Hood, B., and Bloom, P. Children prefer certain individuals over perfect duplicates. *Cognition* 106, 455-462 (2008).

9. Vanhaereny, M. Middle Paleolithic shell beads in Israel and Algeria. *Science* 312, 1785-1788 (2006).

10. 장의 미생물군유전체처럼 집단 수준으로 움직일 수 있게 진화된 것으로 추정되는 생물학적 혹은 생태학적 체계는 많이 존재한다.

11. Findeiss, F., and Hein, W. Lion Man 2.0—the experiment. YouTube (2014). https://youtu.be/hgbvT9_pjzo/.

12. 마지막 빙하기의 혹독했던 환경 조건으로 털이 없고 신체적으로도 약했던 인류의 조상은 몇 번이나 생존의 한계에 도달했다. 어느 때인가는 전체 인구가 1만 명이 채 되지 않았던 때도 있었다. 1만 명이라면 지금의 침팬지 숫자보다도 더 적은, 멸종 위기종에 가깝다.

13. 같은 환경에서 현생 인류에 대한 수용 능력이 네안데르탈인의 10배가 되었다는 뜻이다.

14. 지금까지 발견된 가장 오래된 악기는 이른바 홀레 펠스Hohle Fels 동굴의 피리로 3만 5000년 전 유럽 독수리의 날개 뼈로 만든 것이다.

15. Clarkson, C., et al. Human occupation of northern Australia by 65,000 years ago. *Nature* 547, 306-310 (2017).

16. Liu, W., et al. The earliest unequivocally modern human in southern China. *Nature* 526, 696-699 (2015). 이들은 이른 이주로 멸절했다.

17. 아마도 대형 동물의 지방이 포함된 뼈를 태워 난방을 하면서 오래 생존할 수 있었던 것 같다.

18. Beall, C. Two routes to functional adaptation: Tibetan and Andean high-altitude natives. *Proceedings of the National Academy of Sciences* 104, 8655-8660 (2007).

19. 아프리카 전역에서는 적어도 90만 년 동안 피부 색깔이 대단히 다양했다. 색소 침착과 관련된 많은 유전자는 현생 인류가 아프리카를 떠나기 아주 오래 전에 진화했다. Crawford, N., et al. Loci associated with skin pigmentation identified in African populations. *Science* 358, eaan8433 (2017). 예를 들어 사냥과 채집을 주로 하는 보츠와나의 산San 부족의 피부 색이 밝은 이유는 그들이 유럽인의 피부를 눈에 띄일 정도로 밝게 만들어주는 것과 똑같은 변형 유전자를 갖고 있기 때문이다. 유럽인의 밝은 피부색은 아프리카에서 진화된 유전자의 분포에 그 기원을 두고 있을뿐더러 일부 새롭게 얻은 유전자와도 관련이 있다. 네안데르탈인의 피부색은 대단히 다양했으며 일부 유전자는 더 밝고 어두운 색소 모두와 관련이 있어 지금의 유럽인 유전체로 이어졌다. Dannemann, M., and Kelso, J. The contribution of Neanderthals to phenotypic variation in modern humans. *American Journal of Human Genetics* 101, 578-589 (2017).

20. 유럽에서 가장 흔하게 찾아볼 수 있는 창백한 피부 변종은 불과 2만 9000년 전 근동 지방에서 들어온 돌연변이다. 이 변종은 이주하는 농부와 함께 탄자니아와 에티오피아를 포함한 동아프리카로 들어갔고 유럽을 거쳐 북쪽의 스칸디나비아와 스코틀랜드로 퍼져 불과 몇천 년 전부터 흔하게 볼 수 있게 되었다.

21. 학자들은 아프리카인이 유럽으로 들어오면서 옷을 입을 필요성을 느끼게 되었다고 생각했다. 그 결과 피부가 외부로 노출이 거의 되지 않았고 자외선도 더 약해져 창백한 피부와 관련된 유전자가 선택된 것은 아닐까. 고대의 DNA를 분석할 수 있는 새로운 기술의 위력으로 실제로 이런 이론을 검증할 수 있게 되었다. 그리고 밝혀진 사실은 예상과 조금 달랐다.

22. Olalde, I., et al. Derived immune and ancestral pigmentation alleles in a 7,000-year-old Mesolithic European. *Nature* 507, 225-228 (2014).

23. 언어학자들이 재구성한 결과 원래의 인도유럽어에는 바퀴와 관련한 단어가 다섯 개 있었고 이를 통해 바퀴가 얌나야 부족의 중요한 기술이었다는 사실을 알 수 있다. 그중 두 단어는 말 그대로 그냥 '바퀴'를 뜻하고 하나는 '축'이며 다른 하나는 가축과 수레를 연결하는 막대라는 뜻을 가지고 있다. 그리고 나머지 하나는 동사로 탈것을 타고 움직이는 행위를 뜻한다. 이 단어를 통해 초기 인도유럽어의 역사가 5500년 전으로 거슬러 올라간다는 사실을 알 수 있다. 바로 이 무렵부터 러시아의 대초원 지역

과 폴란드, 메소포타미아까지 이르는 전 지역을 포함한 유라시아 대륙 서쪽에서 완전한 모양과 형태의 바퀴, 수레 모형, 마차의 그림과 조각 등이 모습을 드러내기 시작했다.

24. Long, T., Wagner, M., Demske, D., Leipe, C., and Tarasov, P. Cannabis in Eurasia: Origin of human use and Bronze Age trans-continental connections. *Vegetation History and Archaeobotany* 26, 245-258 (2016).

25. 1997년, 기원전 2만 6900년경의 것으로 보이는 대마로 만든 끈이 당시 체코슬로바키아에서 발견되었다. 이 끈은 대마를 사용한 최초의 사례로 기록되어 있다.

26. 젖당 분해 효소에 대한 유전자 암호가 젖 안에 들어있는 젖당을 분해한다.

27. 젖당 분해 효소가 없는 성인이 동물의 젖을 마시면 설사, 위경련을 일으킬 수 있다.

28. 칠레의 국민은 염소젖을 마실 수 있도록 진화하고 있다.

29. 열대 지방의 경우 멜라닌 색소가 다른 어떤 선택적 장점보다 더 중요하지만, 각기 다른 피부 색깔이 전 세계에서 나타났다. 최근의 분석에 따르면 피부색이 검은 사람은 비타민 D를 몸 전체로 운반하는 데 도움을 주는 유전자를 갖고 있으며 북부 유럽인은 피부 속 비타민 흡수를 늘려주는 유전자를 갖고 있다고 확인되었다. 젖당을 분해하는 효소를 지속시켜주는 유전자 역시 전 세계 일부 사람들에게서 발견된다.

30. Kristiansen, K., et al. Re-theorising mobility and the formation of culture and language among the Corded Ware culture in Europe. *Antiquity* 91, 334-347 (2017).

31. Rascovan, N., et al. Emergence and spread of basal lineages of Yersinia pestis during the Neolithic decline. *Cell* 176, 295-305.e10 (2019).

32. Goldberg, A., Günther, T., Rosenberg, N., and Jakobsson, M. Ancient X chromosomes reveal contrasting sex bias in Neolithic and Bronze Age Eurasian migrations. *Proceedings of the National Academy of Sciences* 114, 2657-2662 (2017).

33. 개와 늑대를 숭배하는 얌나야 부족은 장례 때 종종 망자의 목에 들개 이빨로 만든 목걸이를 걸고 몸에는 늑대 가죽을 둘러 매장했다.

34. 로마 건국 신화의 두 주인공 로물루스와 레무스는 늑대 젖을 먹고 자랐다. 아마도 들개 이빨과 늑대 가죽을 두른 얌나야 출신 반란자와 관련이 있는 것으로 보인다.

35. https://www.nature.com/articles/nature25738/.

36. 보테인Botain 같은 부족.

37. 칼로 자른 누에고치와 직기의 파편 등 비단과 관련된 최초의 증거는 6000년 전 것으로 밝혀졌다.

38. 흥미롭게도 고고학적 기록에 따르면 조개껍질로 만든 목걸이는 아프리카와 근동 지역에서 7만 년 전쯤부터 사라졌다. 작은 조각품이나 정교하게 다듬은 뼈로 만든 도구와 무기 같은 다른 문화적 혁신도 함께 자취를 감췄다. 그로부터 3만 년이 흐른 뒤 개인 장신구와 함께 아프리카와 근동 그리고 최초로 유럽과 아시아에서 다양한 형태로 다시 모습을 드러내게 되는데 이런 현상은 어쩌면 완전히 새롭고 독립적인 개체군이 혁신과 함께 나타났고 또 이를 통해 더 다양해진 환경을 더 효율적으로 이용하는 일이 가능해졌다는 증거일지도 모른다. 문화적 혁신의 일시적인 실종은 7만 3000년 전에서 6만년 전으로 이어지는 혹독한 기후의 영향으로 인구가 줄었던 것과 관련이 있을 수 있다. 그로 인해 사람들이 서로 고립되고 사회적 연결망과 교역망이 끊어진 것이다.

39. Collard, M., Buchanan, B., and O'Brien, M. Population size as an explanation for patterns in the Paleolithic archaeological record. *Current Anthropology* 54, S388-S396 (2013).

40. Raghavan, M., et al. The genetic prehistory of the New World Arctic. *Science* 345, 1255832-1255832 (2014).

41. Kline, M., and Boyd, R. Population size predicts technological complexity in Oceania. *Proceedings of the Royal Society B: Biological Sciences* 277, 2559-2564 (2010).

42. 개인적으로는 해외여행을 통해 도로와 인터넷으로 한 집단이 다른 수많은 집단과 이어질 때 일어나는 변화와 그 결과로 이루어지는 새로운 기술과 기회의 빠른 증가를 목격했다. 그 반대 현상도 보았는데 전쟁이나 자연재해로 인해 고립되면 인구가 줄고 특히 젊은 세대가 사라지는 현상이 나타나며 기술적으로도 점점 쇠퇴한다.

43. Henrich, J. *The secret of our success* (Princeton University Press, 2015).

44. Muthukrishna, M., Shulman, B., Vasilescu, V., and Henrich, J. Sociality influences cultural complexity. *Proceedings of the Royal Society B: Biological Sciences* 281, 20132511-20132511 (2013).

45. Derex, M., Beugin, M., Godelle, B., and Raymond, M. Experimental evidence for the influence of group size on cultural complexity. Nature 503, 389-391 (2013).

46. 인류학자의 연구로는 이런 학문적 갈등을 어느 쪽으로도 해결하기 어렵다. 논쟁은 지금도 계속 이어지고 있다. Derex, M., Beugin, M., Godelle, B., and Raymond, M. Derex et al. Reply. *Nature* 511, E2-E2 (2014).

47. Dalgaard, C., Kaarsen, N., Olsson, O., and Selaya, P. Roman roads and per-

sistence in development | VOX, CEPR Policy Portal. Voxeu.org (2018). https://
voxeu.org/article/roman-roads-and-persistence-development/.

48. 심지어 20세기에 들어서까지도 우간다에서는 별보배 조개껍질에 세금이 부과되었다.

49. 2016년 11월 8일, 세계 7위의 경제 대국인 인도의 나렌드라 모디 총리는 불과 "4시
간 뒤 사실상 모든 현금이 퇴출될 것"이라는 발표를 한다. 인도 정부의 이 '통화 포기'
실험은 현금을 비축하고 있던 이들의 탈세를 막기 위한 조치였다. 인도에서는 전체
인구의 단 1퍼센트만 소득세를 내고 있다. 하지만 이 실험은 재앙으로 끝을 맺었다.
1000루피, 500루피 고액권 지폐가 폐지되면서 순식간에 인도 현금의 86퍼센트를 사
용할 수 없게 되었다. 당시 인도 경제는 90퍼센트 이상 현금에 의존하고 있었기 때문
에 현금으로는 주택은 물론 먹을거리도 구할 수 없었다. 은행 앞에는 사람들이 길게
늘어섰고 경찰들이 출동했다. 직원들에게 더 이상 현금을 지급할 수 없게 된 사업체
는 문을 닫을 수밖에 없었고 인도 경제는 위축되었다. 아직 인도에게는 너무 성급하
고 갑작스러운 시도였다. 결국 몇 개월 뒤 모디 총리의 개혁안은 폐지되었지만, 인도
는 당시를 기점으로 다른 선진국과 같은 디지털화의 길을 따르고 있다.

XI. 건축가들

1. 약 3만 4000년 전에 살았던 높은 지위로 추정되는 한 남성의 무덤이 러시아 숭기르
에서 발견되었다. 남성 주변에서는 25개의 매머드 상아 팔찌와 3000여 개의 구슬도
함께 발견되었다.

2. 케냐의 투르카나를 포함해 세계 곳곳에서 비슷한 기념물이나 상징물이 발견된다.
Hildebrand, E., et al. A monumental cemetery built by eastern Africa's first
herders near Lake Turkana, Kenya. *Proceedings of the National Academy of Sciences*
115, 8942–8947 (2018).

3. 최초의 알코올은 곡물보다 과일을 발효해 만들어졌을 확률이 크다. 나무를 깎아 만든
최초의 그릇이나 용기는 수십만 년 전에 만들어졌다. 개인적으로는 열대의 밀림 속
에서 처음 무화과나무를 보았던 일을 평생 잊지 못할 것 같다. 땅에 떨어져 썩어 있
던 무화과 주변에는 원숭이에서 야생 돼지까지 술에 취한 동물이 잔뜩 몰려 있었다.

4. 인간에 의한 환경 변화가 멸종이 아닌 새로운 종의 추가를 가져온 것은 아마도 유
럽에서 일어난 일일 것이다. 바로 유럽산 회색 늑대를 길들여 집에서 기르는 가축
의 개념인 개로 만들어낸 것인데 이를 통해 인간은 친구이자 보호자, 심지어 추운 밤
몸을 덥힐 수 있는 친구를 얻었다. 이 과정은 사람의 일생동안 진행되었을 것이다.
1959년, 러시아의 과학자 드미트리 벨랴예프가 실시한 유명한 실험에서 가장 잘 길

들여진 야생 여우를 선별적으로 교배시켰더니 몇십 년 안에 새롭게 길들여진 다양한 여우가 태어났다. 그렇게 30세대 정도 교배가 이어지자 그 후 태어난 야생 여우의 절반 이상이 이미 길들여진 상태로 태어나게 되었다. 그리고 2006년에는 사실상 모든 여우가 야생성을 잃었다. 이러한 '인공적인' 가축화는 축 늘어진 귀와 달라진 털 색, 꼬리 흔들기, 인간과 눈을 맞추는 능력 등 신체적으로 달라진 모습을 보여주었다. 이러한 중에서도 공격성에 대한 유전자는 털 색깔과 같은 다른 특성들에 대한 유전자들과 함께 유전된다는 사실도 밝혀졌다. 유럽인의 조상은 이렇게 가축화된 개를 거느리고 사냥에 나섬으로써 네안데르탈인보다 유리한 위치에 설 수 있었을 것이다.

5. Bocquet-Appel, J. When the world's population took off: The springboard of the Neolithic demographic transition. *Science* 333, 560–561 (2011).

6. 요르단 지방에는 현재 아인 가잘Ain Ghazal 유적지라고 부르는 마을이 1만 년 전에 존재했다. 마을의 집은 돌로 만들어졌고 벽은 하얀색 회반죽으로 발랐으며 지붕은 목재로 되어 있었다. 이 마을의 주민은 1미터쯤 되는 커다란 눈 모양이 새겨진 둥근 사당 같은 것을 만들고 숭배를 했으며 사람이 죽으면 두개골을 장식으로 쓰기 위해 목을 베고 시신은 집 밑에 묻었다.

7. Coulson, S., Staurset, S., And Walker, N. Ritualized behavior in the Middle Stone Age: Evidence from Rhino Cave, Tsodilo Hills, Botswana. *PaleoAnthropology* 18–61 (2011).

8. Sage, R. Was low atmospheric CO_2 during the Pleistocene a limiting factor for the origin of agriculture? *Global Change Biology* 1, 93-106 (1995).

9. 인류의 조상의 소화기 계통은 그때 먹었던 야생 및 재배 식물의 유형에 따라 다양하게 달라졌고 생존율이 상승하는 쪽으로 적응했다. 후손들은 그 조상이 농부였는지 아닌지에 따라 확연히 다른 유전적 차이를 보인다. 알코올을 만들어낸 문화적 진화 역시 일부 사람에게서 유전적 변화를 일으켰다. 중국의 경우 대략 9000년 전부터 쌀로 술을 빚어 마셨다. 대부분의 중국 사람들, 특히 남부 지방의 경우 99퍼센트가 알코올을 효율적으로 분해할 수 있는 변형된 유전자를 갖고 있다. 이 변형된 유전자 ADH1B는 알코올 중독을 막아주지만 술을 많이 마시면 안면 홍조와 구역질 그리고 어지럼증 같은 전혀 예상하지 못했던 부작용을 보여주었다. 왜냐하면 간이 알코올을 분해하는 방식이 바뀌었기 때문인데 그 과정에서 아세트알데히드acetaldehyde의 양이 증가한다.

10. Shennan, S., et al. Regional population collapse followed initial agriculture booms in mid-Holocene Europe. *Nature Communications* 4 (2013).

11. Kohler, T., et al. Greater post-Neolithic wealth disparities in Eurasia than in North America and Mesoamerica. *Nature* 551, 619-622 (2017).

12. Çatalhöyük research project. *Çatalhöyük Research Project* (2019). catalhoyuk. com/.

13. Boserup, E. *Woman's role in economic development* (George Allen and Unwin Ltd., 1970).

14. Holden, C., and Mace, R. Spread of cattle led to the loss of matrilineal descent in Africa: A coevolutionary analysis. *Proceedings of the Royal Society of London. Series B: Biological Sciences* 270, 2425-2433 (2003).

15. Alesina, A., Giuliano, P., and Nunn, N. On the origins of gender roles: Women and the plough. *Quarterly Journal of Economics* 128, 469-530 (2013).

16. Talhelm, T., et al. Large-scale psychological differences within China explained by rice versus wheat agriculture. *Science* 344, 603-608 (2014).

17. 독일에서 발견된 탈하임 무덤Massaker von Talheim에서는 7000년 전 사망한 34명의 농업 부족민이 발견되었다. 남성, 여성, 아이 모두가 머리에 도끼를 맞고 죽은 뒤 서둘러 매장된 것으로 보인다.

18. 규모가 작은 사회에서 남성 사망 원인의 60퍼센트는 전쟁이다.

19. 다만 잉카 제국에서는 감자 수확량을 바탕으로 하는 조세 제도를 운용했다.

20. 이로 인한 세수 부족을 채우기 위해 로마 황제 베스파시아누스는 심지어 가죽 가공 공장에서 사용하는 오줌에도 세금을 부과했다.

21. 이와 비교될만한 사례가 10세기경 아이슬란드에서 일어났다. 당시 엄청난 화산 폭발이 일어나자 당시 바이킹 주민은 이를 일종의 '계시'로 해석하고 기독교로 개종을 하게 된다.

22. 특별한 종류의 갈매기가 낳은 알을 찾아 무사히 가져오는 시험도 있었다.

23. 그렇지만 19세기 이 섬을 발견한 유럽인에 의해 가장 크게 운명이 뒤바뀌게 된다. 1860년대에는 페루에서 노예 상인이 대부분의 성인 남자를 잡아갔는데 거기에는 이들의 전통 문자인 롱고롱고Rongorongo 문자를 읽을 수 있는 사람도 포함되어 있었다. 롱고롱고 문자는 하와이를 중심으로 한 태평양 여러 섬 사이에 존재했던 유일한 문자였다. 이 문자를 읽거나 쓸 수 있는 사람이 하나도 남지 않게 되자 롱고롱고 문자는 얼마 지나지 않아 영원히 해독할 수 없는 문자가 되어버렸다. 비극은 여기에서 그치지 않았다. 노예 상인은 섬에서 끌고 온 노예를 어쩔 수 없이 풀어주면서 일부러 천연두에 감염된 사람을 포함시켰고 섬의 주민은 사망한 주민을 제대로 처리하지 못하는 수준까지 줄어들었다. 1870년에 되자 이스터 섬 주민의 97퍼센트가 사망했고

겨우 111명만 살아남았다.

24. Kohler, T., et al. Greater post-Neolithic wealth disparities in Eurasia than in North America and Mesoamerica. *Nature* 551, 619-622 (2017).

25. Basu, A., Sarkar-Roy, N., and Majumder, P. Genomic reconstruction of the history of extant populations of India reveals five distinct ancestral components and a complex structure. *Proceedings of the National Academy of Sciences* 113, 1594-1599 (2016).

26. 교회에서 카고는 전용 입구를 사용해야 했다. 그리고 지금도 최소한 60개가 넘는 피레네 산맥 근처 교회에는 '카고' 전용 입구가 그대로 남아 있다. 또한 성수도 따로 담긴 곳을 이용했고 영성체를 받을 때는 따로 자루가 긴 나무 숟가락을 이용했다. 카고가 마을에 들어갈 때는 마치 전염병 환자가 종을 흔들듯 종을 흔들며 자신들이 나타났음을 알려야 했다. 카고는 장사를 하거나 다른 직업을 갖지 못했고 대부분 겨우 관을 만드는 일을 하는 게 고작이었다. 또한 보통의 농부처럼 맨발로 다니는 것도 금지를 당했다. 이 때문에 발이 물갈퀴처럼 되어 있다는 괴담이 퍼져나갔다. 또한 외출을 할 때는 잘 보이는 곳에 거위 발을 달고 다녀야 했다. 카고는 심지어 카고가 아닌 사람 옆에서 함께 음식을 먹는 것조차 허락받지 못했다. 같은 접시에 담긴 음식이라도 집어먹었다가는 본보기로 손을 잘라 교회 문에 못으로 박아놓기도 했다.

27. Kanngiesser, P., and Warneken, F. Young children consider merit when sharing resources with others. *PLoS ONE* 7, e43979 (2012).

28. Washinawatok, K., et al. Children's play with a forest diorama as a window into ecological cognition. *Journal of Cognition and Development* 18, 617-632 (2017).

29. Donnell, A., and Rinkoff, R. The influence of culture on children's relationships with nature. *Children, Youth and Environments* 25, 62 (2015).

30. 이에 대해 뉴질랜드에서 새로 제정된 법에서는 이례적으로 마오리 원주민 공동체의 의견을 따라 국립공원과 수계에 공식적으로 인성을 부여했다.

31. Broushaki, F., et al. Early Neolithic genomes from the eastern Fertile Crescent. *Science* 353, 499-503 (2016).

32. Leslie, S., et al. The fine-scale genetic structure of the British population. *Nature* 519, 309-314 (2015).

33. 그 이유는 이른바 유전적 부동 때문이다. 일단 후손이 거의 남아 있지 않거나 혹은 아직 사례가 확인되지 않았을 수도 있다. 이 때문에 고고학에서 유전학까지 고대의 이동 문제를 이해하려면 다양한 증거의 줄기가 필요하다.

34. Novembre, J., et al. Genes mirror geography within Europe. *Nature* 456, 98–101 (2008).

35. Prado-Martinez, J., et al. Great ape genetic diversity and population history. *Nature* 499, 471–475 (2013).

36. Rohde, D., Olson, S., and Chang, J. Modelling the recent common ancestry of all living humans. *Nature* 431, 562–566 (2004).

37. 아마 자이다Zaida라는 이름의 이슬람 왕국 공주의 딸 핏줄을 통해서일 것이다.

38. Hellenthal, G., et al. A Genetic atlas of human admixture history. *Science* 343, 747–751 (2014). And have a play on this: World ancestry. Admixturemap. paintmychromosomes.com (2014). https://admixturemap.paintmychromosomes.com/.

39. Duncan, S., Scott, S., and Duncan, C. J. J. Reappraisal of the historical selective pressures for the CCR5-32 mutation. *Journal of Medical Genetics* 42, 205–208 (2005).

40. Jones, S. Steve Jones on Extinction. Edge.org (2014). https://www.edge.org/conversation/steve_jones-steve-jones-on-extinction/.

41. Robb, G. *The discovery of France* (Macmillan, 2007).

42. 1254년 파리를 찾은 잉글랜드의 왕 헨리 3세는 '한 층에 방이 세 개 이상 있고 게다가 4층 이상이나 되는 건물의 외벽이 회반죽으로 맵시 있게 칠해져 있는 것을 보고' 큰 충격을 받았다고 한다. Salzman, L. *Building in England* (Clarendon Press, 1952).

43. Bettencourt, L., Lobo, J., Helbing, D., Kuhnert, C., and West, G. Growth, innovation, scaling, and the pace of life in cities. *Proceedings of the National Academy of Sciences* 104, 7301–7306 (2007).

44. van Dorp, L., et al. Genetic legacy of state centralization in the Kuba Kingdom of the Democratic Republic of the Congo. *Proceedings of the National Academy of Sciences* 116, 593–598 (2018).

45. 납은 몸 안으로 쉽게 흡수되며 다양한 문제를 일으킬 수 있다. 예를 들어 빈혈, 지능지수 퇴보, 행동 장애 등이다. 임신 중 납에 노출되면 태아의 머리 크기가 줄어든다고 한다. 20세기에 들어서 납은 휘발유에 지속적으로 첨가되었는데 이 때문인지 범죄와 반사회적 행동이 크게 증가했다.

46. Harper, K. *The fate of Rome: Climate, disease, and the end of an empire* (Princeton University Press, 2017).

47. 주요 종교 가운데 유일하게 기독교만 위생 관념을 가르치지 않는다는 점은 대단히 흥미롭다.

48. 무더위 때문에 템즈강으로 흘러 들어가던 하수와 오물의 악취가 더욱 심해졌다.

49. Vassos, E., Pedersen, C., Murray, R., Collier, D., and Lewis, C. Meta-analysis of the association of urbanicity with schizophrenia. *Schizophrenia Bulletin* 38, 1118-1123 (2012).

50. Peen, J., Schoevers, R., Beekman, A., and Dekker, J. The current status of urban-rural differences in psychiatric disorders. *Acta Psychiatrica Scandinavica* 121, 84-93 (2010).

51. Kubota, T. Epigenetic alterations induced by environmental stress associated with metabolic and neurodevelopmental disorders. *Environmental Epigenetics* 2, dvw017 (2016).

52. Serpeloni, F., et al. Grandmaternal stress during pregnancy and DNA methylation of the third generation: An epigenome-wide association study. *Translational Psychiatry* 7, e1202 (2017).

XII. 시간을 기록하는 자

1. Foer, J. Caveman: An interview with Michel Siffre. *Cabinet Magazine* (2008). https://www.cabinetmagazine.org/issues/30/foer.php/.

2. 암을 비롯한 각종 병원균의 활동과 수많은 질병도 각자 고유한 박자와 흐름에 맞춰 움직인다.

3. 수면 시간이나 주기는 연령대에 따라 다르다. 예컨대 십 대 청소년은 늦게 자고 늦게 일어나며 노년층은 반대로 행동한다. 아마도 집단의 생존을 위한 적응 과정에서 여러 연령대가 뒤섞인 집단에서 반드시 한 사람 정도는 밤에 자지 않고 불침번을 서야 했던 과정이 반영된 것 같다.

4. 미국 어치새나 다람쥐 원숭이에 대한 연구를 보면 이들도 앞날을 예측할 수 있는 어떤 요소를 지니고 있음을 알 수 있다.

5. Young, J., et al. A theta band network involving prefrontal cortex unique to human episodic memory (2017). doi:10.1101/140251.

6. Templer, V., and Hampton, R. Episodic memory in nonhuman animals. *Current Biology* 23, R801-R806 (2013).

7. 이와 관련한 더욱 자세한 내용은 다음의 책이 훌륭하게 안내해줄 것이다. C. Ham-

mond, *Time warped: Unlocking the mysteries of time perception* (Canongate, 2012). (클라우디아 해먼드,《어떻게 시간을 지배할 것인가》)

8. 라스코 동굴 벽화를 보면 황소, 새 인간, 나무 위에 앉아 있는 새 등이 그려져 있다. 각 그림은 여름철이면 북반구 하늘에서 볼 수 있는 가장 빛나는 세 개의 별을 뜻한다. 바로 여름의 대삼각형the Summer Triangle인 베가Vega, 데네브Deneb, 그리고 알테어Altair다. 이 그림이 그려졌을 무렵 이 지역 하늘은 단 한 번도 지평선 아래로 내려간 적이 없었을 것이고 봄이 시작될 때 특히 더 밝게 보였을 것이다. 이 동굴 입구 근처에는 장엄한 모습의 황소가 그려져 있고 그 어깨 근처에 플레이아데스 별자리가 걸려 있다. 황소 몸 안의 점들은 아마도 그 지역에서 볼 수 있는 별들을 나타내고 있는 것 같으며 오늘날 기준으로 황소자리의 일부를 구성하고 있다.

9. Lynch, B., and Robbins, L. Namoratunga: The first archeoastronomical evidence in sub-Saharan Africa. *Science* 200, 766-768 (1978).

10. 오스트레일리아에는 워디 유앙Wurdi Youang이라고 부르는 바윗덩이를 삼각형 모양으로 배치해 놓은 곳이 있다. 1만 2000년 전에 만들어진 것으로 추측되는 이곳은 춘분과 추분, 하지와 동지, 1년 동안 해가 지는 위치를 표시한 일종의 지도다. 주변 땅이 계단 모양으로 깎여 있었던 흔적이 있는 것으로 보아서 계절의 흐름을 정확하게 파악할 필요가 있었던 농업 공동체를 위한 것으로 추정된다.

11. 오스트레일리아 최북단 아넴 랜드에 전해 내려오는 원주민의 이야기에는 달과 조수 사이의 관계를 설명하는 내용이 담겨 있다. 밀물이 들어오면 떠오르는 달을 바닷물이 채우고 달에서 물이 빠져나가면 그것이 곧 썰물이며 달은 3일 동안 빈 상태가 된다. 그러다 다시 한번 바닷물이 차오르며 달을 채우게 된다.

12. 나는 이 글을 2018년 6월, 밤 10시에 쓰고 있다. 그런데 에티오피아 출신인 내 친구 메시에게는 2010년의 13월 중 10월에 해당하는 날이다. 히브리 달력으로는 5778년 새벽 4시인데 히브리인의 하루는 해가 지는 것으로 시작되기 때문이다. 이슬람교의 히즈리Hijri 달력으로는 1439년 제10월Shawwal이다. 힌두교 달력이라면 5119년 새벽 4시일 것이다. 중국식으로는 4716번 개의 해다.

13. 고대의 중국인과 바빌로니아인, 중세 스웨덴인이 생각해낸 해결책은 1년 12개월 달력과 1년 13개월 달력을 19년 주기로 바꿔 사용하는 것이었다. 음력으로 235개월은 양력으로 19년과 거의 동일하기 때문에 이렇게 하면 양력으로 219년마다 고작 하루 정도만 차이가 날 뿐이다. 유대인의 달력은 이 달력과 아주 비슷한 반면, 고대 이집트 달력은 1년을 12개월로, 1개월을 30일로 계산하고 매년 마지막 날에 다시 5일을 더해 종교적 축일로 삼았다. 이집트의 왕 프톨레마이오스 3세는 매 4년마다

하루를 더하는 방식의 윤년 제도를 도입했는데, 200년 후 로마인들이 만든 율리우스력도 이 방식을 따랐다.

14. 또 다른 곳에서는 하늘에서 벌어지는 사건을 따라 새해를 시작하곤 했다. 이집트에서는 시리우스별이 나타나는 때 새해가 시작되었다. 또 서태평양 트로브리안드섬에서는 특별한 벌레가 알을 낳기 시작하는 것 같은 자연 현상을 새해 시작의 기준으로 삼기도 했다. 마야 제국의 경우 1년을 365일로 정하고 정교하고 복잡한 달력을 통해 자신들이 시간과 상호작용을 하며 그 흐름에 영향을 줄 수 있다고 믿었다. 그래서 지금 우리가 사용하는 달력만큼 정확한 태양력을 계산할 수 있었지만, 몇 개월이 빠지거나 들어가는 일이 반복되었다.

15. 로마 교황 그레고리오 7세가 1582년 도입한 달력으로 실제 태양력과 1주일 정도 차이가 났던 율리우스력을 수정했지만, 가톨릭을 믿지 않았던 유럽인에게 반발을 샀다. 새로운 달력을 따르려면 열흘 정도가 사라지게 되었고 여러 가지 복잡한 이유 때문에 영국에서는 1세기 이상 그레고리력 채택을 미뤘다. 그러다 마침내 달력을 유럽 대륙과 통일하려 하자 11일의 차이가 나게 된 것이다.

16. 로마 제국은 일주일을 8일로 계산했고 콘스탄티누스 대제가 기독교로 개종을 한 후에야 비로소 유대인들이 사용하는 7일 주기로 바꾸게 된다. 페루의 잉카 제국 역시 일주일이 8일이었다. 인도네시아 발리섬, 콜롬비아 보고타 원주민은 일주일을 3일로 계산하며 서아프리카 원주민에게 일주일은 4일이다. 또한 히타이트에서 몽골까지 유라시아의 유목 부족은 일주일을 5일로 계산했으며 고대 중국에서는 10일이었다.

17. 모두 다 수메르 문명의 유산이다.

18. 물시계의 문제는 그리스에서 '물 도둑'이라고 부를 정도로 물을 계속 공급해야 하는 것 말고도 물의 흐름을 일정하게 유지하기 위해 수압 또한 일정해야 한다는 것이었다.

19. '시간 낭비'라는 말은 라틴어로 '아쿠암 페데레aquam pedere', 즉 '물 낭비'다.

20. 이오스트레Eostre는 고대 북유럽 신화에 등장하는 봄의 여신이다.

21. 그렇지만 육지에서 멀리 떨어진 바다를 항해하는 선박 입장에서 경도는 여전히 측정이 불가능한 영역이었다. 떠나온 항구의 시간과 지금 현재 배가 있는 곳에서의 시간을 비교할 수 있을 정도로 대단히 정밀한 시계가 필요했기 때문이다. 이 경도의 문제는 결국 유럽인 입장에서는 대양을 가로질러 유라시아 대륙 너머로 자신들의 지식을 확장하는 일이 대단히 위험천만하다는 사실을 의미했다. 그래서 한때 경도 문제를 해결하는 일에 많은 상금이 내걸리기도 했다.

22. 물론 실제 태양의 움직임에 맞춰 시간을 계속 다시 맞춰야 하는 불완전한 시계였다.

23. 1583년 젊은 갈릴레오는 피사의 어느 성당에서 천장에 매달려 흔들리고 있는 촛대

를 바라보다가 진자가 오가는 데 걸리는 시간은 오로지 매달린 줄의 길이에 달려 있다는 사실을 깨달았다. 그는 이 원리를 이용해 당시 가장 정확한 시간 측정 기구인 진자시계를 만들게 된다. 그렇지만 실제로 완전한 형태의 진자시계를 구상한 것은 1750년대의 영국 요크셔의 시계 장인 존 해리슨이었다. 100일 동안 오차가 1초 남짓한 해리슨의 B형 혹은 H4형 시계는 해양 개척사에 혁명을 몰고 온다. 대양에 나가서도 경도를 측정하는 일이 가능해졌고 새로운 땅이 발견되었으며 중요한 과학적 발견이 쏟아졌다. 위치의 좌표와 시간 사이의 중요성은 오늘날까지도 계속해서 이어져 지금은 GPS 위성 장치를 통해 정확한 시간을 제공하고 있다.

24. 휴대용 시계의 발명과 유행을 통해 우리는 초 단위로 시간을 확인하게 되었다. 이 때문에 더 바빠지게 되었는지도 모른다. 작품 속에서 시간을 다루는 걸 좋아했던 작가 루이스 캐럴은 엘리스를 통해 시간이 확장된 꿈의 세계를 돌아다니는 모험을 펼치게 한다. 예컨대 엘리스는 하루 종일 차를 마시는 모임에 끼게 되는데 영원히 차 마시는 시간에만 고정되는 형벌을 받는 자리였다. 캐럴은 자신이 다녔던 옥스퍼드 대학교 크라이스트처치 칼리지의 학장을 떠올리며 흰 토끼 주인공을 만들었다. 학장은 저녁 식사에 종종 늦게 나타나 주머니에서 회중시계를 꺼내 "내가 늦었군, 늦었어. 이거 정말 미안하게 되었군 그래"라고 말했다고 하는데 당시에는 학장이 와야 비로소 학생들도 저녁 식사를 할 수 있었기 때문이라고 한다.

25. Levine, R., and Norenzayan, A. The pace of life in 31 countries. *Journal of Cross-Cultural Psychology* 30, 178-205 (1999).

26. 그런데 이 윤초가 더해질 때마다 시간에 절대적으로 의지하고 있는 세상도 큰 혼란을 겪는다. 예를 들어 지난 2012년에 윤초를 제대로 계산하지 못하는 바람에 일부 항공사의 예약이 제대로 진행되지 못했다.

27. "나는 시간이 지남에 따라 자연 선택을 통해 새로운 종이 만들어지면 그 뒤를 따라 다른 종이 점점 더 줄어들다가 결국에는 멸종할 수밖에 없다고 생각한다. 이렇게 개선과 수정의 과정을 겪고 있는 종과 가장 가까운 경쟁 관계에 있는 종이 아마 가장 큰 피해를 입게 될 것이다."

28. 우리의 DNA는 우리에게는 특별할지 몰라도 양치류 식물이나 매머드 혹은 지금까지 세상에 나타났던 1000억 명 이상의 사람 누구의 DNA와도 비교가 가능하다. 이런 비교 유전체학 그리고 집단 유전학은 우리가 우리의 공통의 조상들을 방문하는 시간 여행을 할 수 있도록 해주는 장치다.

29. 시간과 관련한 가장 최근의 과학적 발견은 우리가 직관적으로 생각하는 시간과 사뭇 달라서 상상으로도 불가능한 일이 가능해질 수 있을 것 같을 정도다. 이른바 다중

우주나 시간의 얽힘 혹은 거꾸로 흐르는 시간 등의 모형은 직관적으로는 받아들여지지 않을뿐더러 우주가 실제로 어떤 모습인지 우리가 이해할 수 있도록 도와주지도 않는다. 그래서 많은 이들이 계속해서 또 다른 문화적 방식으로 지식을 추구하고 있다.

XIII. 이성

1. Pluchino, A., Biondo, A., and Rapisarda, A. Talent versus luck: The role of randomness in success and failure. *Advances in Complex Systems* 21, 1850014 (2018).

2. Goldman, J. Friday fun: Snowboarding crow [video]. *Scientific American Blog Network* (2019). https://www.blogs.scientificamerican.com/thoughtful-animal/friday-fun-snowboarding-crow-video/.

3. Kark, S., Iwaniuk, A., Schalimtzek, A., and Banker, E. Living in the city: Can anyone become an "urban exploiter"? *Journal of Biogeography* 34, 638-651 (2007).

4. 실패의 비용을 줄이는 것이 곧 혁신을 불러일으키는 전략이다.

5. Miu, E., Gulley, N., Laland, K., and Rendell, L. Innovation and cumulative culture through tweaks and leaps in online programming contests. *Nature Communications* 9 (2018).

6. 여기서 말하는 제동장치는 기계의 움직임을 한쪽 방향으로만 제어하며 반대편으로는 움직이지 못하도록 하는 장치다.

7. '과학자'라는 용어는 1834년 이후에야 비로소 사용되기 시작했다.

8. 탈레스의 제자 중에는 피타고라스와 아낙시만드로스도 있었다. 아낙시만드로스는 지중해 바깥으로 나가본 사람들의 이야기를 종합해 세계 지도를 완성하려 했었고 번개와 천둥은 대기와 구름이 격렬하게 충돌을 해서 생기는 현상이라고 설명했으며 비는 바닷물이 증발했다가 다시 떨어지는 것이라고 말했다. 또한 그는 인류의 조상이 물고기와 비슷한 생명체라고 추측하며 생명의 근원에 대해 진화론적 개념을 내세우기도 했다. 아낙시만드로스는 세상의 모든 물질이 똑같은 재료로 만들어졌다는 이론을 주장했는데 1세기쯤 후 철학자 데모크리토스도 같은 주장을 펼쳤다. 그는 많은 곳을 여행한 수학자이자 물리학자이기도 했으며 러더포드보다 이미 2300년 가량 앞서서 물질의 원자 이론을 제시하기도 했다.

9. Freeman, C. *The closing of the western mind: The rise of faith and the fall of reason* (Alfred A. Knopf, 2003).

10. "거의 유일하게 남은 사실상 마지막 학자로서 히파티아는 지적 가치, 정밀한 수학,

금욕적 신플라톤주의, 정신의 중요한 역할, 도시 시민의 절제력과 중용을 옹호했다."
Michael Deakin, *Hypatia of Alexandria* (Prometheus Books, 2007).

11. Cinnirella, F., and Streb, J. Religious tolerance as engine of innovation. CESifo Working Paper Series No. 6797 (2018).

12. 바그다드는 인구 100만 명을 넘긴 최초의 도시였다. 티그리스강과 유프라테스강 사이에 자리를 잡은 바그다드는 유럽, 아시아, 아프리카를 잇는 천연의 중심지였다. 바그다드의 학자는 과학적 접근 방식으로 명성이 높았다. 당대의 유명했던 과학자 이븐 알-하이삼은 자신의 책《광학에 대하여Book of Optics》에 이렇게 적었다. "과학자의 글을 조사하는 사람의 사명은 무엇일까? 만일 그의 목적이 진실을 배우는 것이라면 자신이 읽은 모든 것을 반대하고 나설 수 있는 그런 사람이 되어야 한다. (중략) 그리고 할 수 있는 한 모든 방법을 동원해 자신이 읽은 것을 공격해야 한다. 물론 그 과정에서 비판적인 조사를 수행할 때 스스로에 대한 의심을 계속해서 품어 편견이나 관용 어느 쪽에도 빠지지 않도록 조심해야 한다." 공학이나 발명과 관련된 실험은 그의 또 다른 책《독창적 장치에 대하여Book of Ingenious Devices》에 잘 나타나 있다. 이 책은 많은 삽화를 통해 자동 장치며 마술 장치 등을 포함한 여러 기계 장치에 대해 설명하고 있다. 여기에 등장하는 피리 부는 인형은 아마도 인간이 미리 정해놓은 대로 움직이는 최초의 기계 장치일 것이다.

13. 손으로 복사한 원고를 일종의 조립 생산 방식으로 책으로 만들면서 이슬람의 출판업자는 몇 세기 동안 유럽의 어느 누구도 따라갈 수 없을 만큼 많은 판본을 만들어낼 수 있었다.

14. 그 기간 동안에도 물론 꺼지지 않는 불빛이 있었다. 샤를마뉴 대제의 궁정에는 잉글랜드 북부 출신의 철학자이자 교육자인 알퀸이 있었고 알프레드 대제는 교육의 가치를 누구보다도 중요하게 여겼다. 그렇지만 12세기가 되어서야 비로소 과학과 기술 분야에서 중요한 발전이 이루어졌다.

15. 기독교가 시도했던 과학적인 연구와 조사는 사실 거기서 끝이 아니었다. 종교를 통한 영적인 존재를 믿는다고 해서 굳이 과학적 접근 방식을 가로막을 필요는 없었고 세계의 수많은 과학자가 자신들이 믿고 있는 신에게 더 가까이 가기 위해 의문에 대한 탐구를 추구했다. 데카르트는 수학과 논리와 추론을 통해 우주의 정체를 규명하기 위해 노력했고 그는 이 일을 일종의 종교적 사명으로 생각했다. 가톨릭교회는 과학적 방식에 대해 적대적이었지만 그런 반면, 정교한 천문학에 있어서는 가장 중요한 후원자 역할을 해왔다. 유럽 전역의 수십여 개가 넘는 교회며 성당 역시 중세 암흑시대 동안 천문 관측소 역할을 했으며 그들 중 상당수는 태양의 빛이 건물 바닥에

남북 자오선을 그릴 수 있도록 의도적으로 창문 등을 배치했다.

16. 새로운 분류 기준에 따라 출판업자는 과학과 인문학 사이를 계속 세분해서 필요한 내용을 더 쉽게 찾을 수 있도록 만들었다. 지식인들은 더 이상 이전의 분류법에 의존하지 않고 모든 필요한 정보를 알아서 찾아볼 수 있게 된 것이다. 이런 과정 속에서 사실에 대한 현대적인 개념이 탄생하게 된다. 즉, 사실이란 확인하고 시험해볼 수 있는, 믿을 수 있는 정보라는 뜻이 되었다. 프랑스의 사상가 몽테뉴는 "갑자기 몇 개월 안에 더 많은 책을 살펴볼 수 있게 되었다. (중략) 그것도 이전의 학자들이 평생 동안 보았던 것보다 더 많은 책을 말이다"라고 썼다. 그리고 필연적으로 이전보다 갈등, 다양성, 모순이 훨씬 더 잘 보이게 되었다.

17. 책의 가격이 점점 내려가고 크기도 작아지면서 사람들은 책을 더 많이 갖고 싶어 했다. 따라서 시장은 크게 확대되었다. 또한 읽고 쓸 수 있는 능력에 대한 가치 역시 여전히 높았으며 사람들이 믿고 신뢰할 수 있는 정보를 발행하는 인쇄소도 크게 늘어나게 되었다.

18. 그와 동시에 성경을 적혀 있는 그대로 읽을 수 있는 사람들이 늘어나면서 새로운 종교 근본주의가 싹트게 된다.

19. 이탈리아의 철학자 마르실리오 피치노, 저술가 피코 델라 미란돌라 같은 사람들이 대표적이다.

20. 영국 왕립 학회가 세워진 건 1660년의 일이다. '설명되지 않는 사실'을 직접 찾아 확인할 목적을 위해서였다.

21. Heyes, C. Grist and mills: On the cultural origins of cultural learning. *Philosophical Transactions of the Royal Society B: Biological Sciences* 367, 2181–2191 (2012).

22. Henrich, J. Why societies vary in their rates of innovation: The evolution of innovation-enhancing institutions. *Innovation in Cultural Systems: Contributions from Evolutionary Anthropology*, Altenberg Workshops in Theoretical Biology, Konrad Lorenz Institute, Altenberg, Austria (2007). https://pdfs.semanticscholar.org/8684/a4f1b3eae05dcff3ba1f03c5678c3359c215.pdf/.

23. Muthukrishna, M., and Henrich, J. Innovation in the collective brain. *Philosophical Transactions of the Royal Society B: Biological Sciences* 371, 20150192 (2016).

24. Mackey, A., Whitaker, K., and Bunge, S. Experience-dependent plasticity in white matter microstructure: Reasoning training alters structural connectivity. *Frontiers in Neuroanatomy* 6 (2012); and Qin, Y., et al. The change of the brain activation patterns as children learn algebra equation solving. *Proceedings of the*

National Academy of Sciences 101, 5686-5691 (2004).

25. Stanovich, K. Rational and irrational thought: The thinking that IQ tests miss. *Scientific American Mind* 20, 34-39 (2009); and Bloom, P., and Weisberg, D. Childhood origins of adult resistance to science. Science 316, 996-997 (2007).

26. 이런 이유 때문인지 지적인 논쟁이 벌어질 때 여성과 다른 집단은 배재되었고 그들의 사상과 발명품은 다른 사람들의 공적이 되었다. 심지어 논리적으로 설명할 수 없는 잘못된 설명이 악의를 품은 사람들에 의해 널리 퍼지기도 했다. 이러한 과정에서도 일종의 의견 교환이 일어났는데 사회적 소외는 인지 능력과 학습 능력 그리고 성취에 유의미한 영향을 미치기 때문이다.

27. Frank, M., and Barner, D. Representing exact number visually using mental abacus. *Journal of Experimental Psychology: General* 141, 134-149 (2012).

28. 증기 엔진을 발명한 토머스 뉴커먼은 원래 대장간 직공이었다.

29. 10억은 100만의 1000배이며 1조는 100만의 100만 배다. 100만 초는 대략 12일이고, 10억 초는 대략 32년이다.

30. 우리는 또한 각기 다른 원숭이의 얼굴을 구분해낼 수 있는 것과 같은 유아 시절의 여러 능력도 잃어버렸다.

31. 우리는 이런 통로를 이용해 현실에 대한 비슷한 인식을 갖고 있으면서 자신에게 의문을 제기하지 않는 타인에게 말을 건다. 그렇게 하면 할수록 자신의 생각만 극단적으로 고집하게 되고 타인에 대한 관용이 사라지며 그러다 결국 손쉽게 조종당하게 된다.

32 Filipowicz, A., Barsade, S., and Melwani, S. Understanding emotional transitions: The interpersonal consequences of changing emotions in negotiations. *Journal of Personality and Social Psychology* 101, 541-556 (2011).

33 Kanai, R., Feilden, T., Firth, C., and Rees, G. Political orientations are correlated with brain structure in young adults. *Current Biology* 21, 677-680 (2011).

34 Block, J., and Block, J. Nursery school personality and political orientation two decades later. *Journal of Research in Personality* 40, 734-749 (2006).

35 Nail, P., McGregor, I., Drinkwater, A., Steele, G., and Thompson, A. Threat causes liberals to think like conservatives. *Journal of Experimental Social Psychology* 45, 901-907 (2009).

36. Huang, J., Sedlovskaya, A., Ackerman, J., and Bargh, J. Immunizing against prejudice. *Psychological Science* 22, 1550-1556 (2011).

37. Napier, J., Huang, J., Vonasch, A., and Bargh, J. Superheroes for change: Physical safety promotes socially (but not economically) progressive attitudes among conservatives. *European Journal of Social Psychology* 48, 187-195 (2017).

38. Harrington, J., and Gelfand, M. Tightness-looseness across the 50 United States. *Proceedings of the National Academy of Sciences* 111, 7990-7995 (2014).

39. Gelfand, M., et al. Differences between tight and loose cultures: A 33-nation study. *Science* 332, 1100-1104 (2011).

40. 이런 식으로 정체성 정치identity politics(인종, 종교, 젠더 등 집단 정체성을 기반으로 하는 배타적인 정치 행위 또는 사상.-옮긴이)가 이성의 적이 될 수 있다.

41. Newport, F., and Dugan, A. College-educated Republicans most skeptical of global warming. Gallup (2015). https://news.gallup.com/poll/182159/college-educated-republicans-skeptical-global-warming.aspx/.

42. Oak Ridge National Laboratory launches America's new top supercomputer for science. US Department of Energy (2018). https://www.energy.gov/articles/oak-ridge-national-laboratory-launches-america-s-new-top-supercomputer-science/.

XIV. 호모 옴니스

1. Introduction: 10,000 Year Clock—the long now. Longnow.org (2019). http://longnow.org/clock/.

2. 야생의 영장류가 인간에게 사로잡힌 영장류에 비해 훨씬 호기심이 적고 혁신성도 떨어진다는 연구와도 관련이 있을 수 있다.

3. Runco, M., Acar, S., and Cayirdag, N. Further evidence that creativity and innovation are inhibited by conservative thinking: Analyses of the 2016 presidential election. Creativity Research Journal 29, 331-336 (2017).

4. Mani, A., Mullainathan, S., Shafir, E., and Zhao, J. Poverty impedes cognitive function. *Science* 341, 976-980 (2013).

5. Ziegler, M., et al. Development of Middle Stone Age innovation linked to rapid climate change. *Nature Communications* 4 (2013).

6. 로마 제국도 수력의 힘을 이용하고 심지어 석유와 석탄도 사용했지만, 역시 대부분은 인간 노예의 노동력에 의존했다. 당시 로마 제국 인구의 40퍼센트 이상이 노예였으며 기원후 150년경 노예 공급이 어려워지자 결국 문명이 더 이상 발전하지 못하고

그저 이전의 수준만 겨우 유지할 수밖에 없었다.

7. Nordhaus, W. Do real output and real wage measures capture reality? The history of lighting suggests not. *Economics of New Goods* 58, 29-66 (1997).

8. Fouquet, R., and Pearson, P. The long run demand for lighting: Elasticities and rebound effects in different phases of economic development. *Economics of Energy & Environmental Policy* 1 (2012). It's nicely visualized here: The price for lighting (per million lumen-hours) in the UK in British pound. *Our World in Data* (2012). https://ourworldindata.org/grapher/the-price-for-lighting-per-million-lumen-hours-in-the-uk-in-british-pound.

9. 1800년에는 도시 거주 인구가 전체 인구의 3퍼센트에 불과했다.

10. Hellenthal, G., et al. A genetic atlas of human admixture history. *Science* 343, 747-751 (2014).

11. 1세기 전에는 평균 수명이 대략 50세였고 지금은 80세 이상이다. 1800년에 여성 한 명이 평균적으로 출산하는 자녀의 숫자는 6명이었고 지금은 2명에 조금 못 미치며 일부 국가에서는 1명대에 불과하다. 또한 문화적으로 만들어진 사회적 불평등은 실제로 생물학적인 영향을 미치고 있다. 전 세계적으로 보면 아이들 5명 중 1명은 발육 부진에 시달리고 있으며 인도의 경우 거의 40퍼센트에 육박하고 있다.

12. 그렇지만 이렇게 빠른 속도로 이루어지는 혁신은 지식의 수명이 줄어드는 것을 의미한다. 전문가의 지식이 쓸모없어지는 데 걸리는 시간이 너무 짧아지는 것이다.

13. Steffen, W., et al. *Global change and the earth system: A planet under pressure* (Springer, 2004).

14. 중국, 러시아 그리고 다른 나라가 계속해서 디지털 장벽을 세우고 있으며 지정학적 국경선 안에서 디지털 주권을 강력하게 주장하고 있다.

15. 세계 시민권이 신흥 경제국의 국민 사이에서 점점 더 중요한 화제가 되어간다는 사실은 BBC 월드 서비스 미디어 센터에서 실시한 설문 조사에서도 확인할 수 있다. https://www.bbc.co.uk/mediacentre/latestnews/2016/world-service-globes-can-poll/.

16. Rozin, P. The weirdest people in the world are a harbinger of the future of the world. *Behavioral and Brain Sciences* 33, 108-109 (2010).

17. 산업화된 세상, 홈니의 인류세에 태어난 아이는 일종의 환경적 원죄를 짊어지고 태어났다고도 할 수 있을 것이다. 살아 있는 동안 계속해서 자연 세계를 착취하며 모든 사람을 위해 환경을 더 나쁘게 만들 것이기 때문이다. 아니면 혹시 우리의 구원이 될

수도 있지는 않을까? 인류는 과도한 협력을 통해 서로 힘을 합쳐 환경 파괴를 막을 수도 있지만 이러한 환경 파괴를 처음 일으키는 것도 바로 인간의 협력이다.

18. 불평등이 만연한 미국의 도시에서 분명하게 확인할 수 있다. 동시에 상대적으로 평등한 북유럽 국가에서도 일어나고 있는 일이다.

19. Krausmann, F., et al. Global human appropriation of net primary production doubled in the 20th century. *Proceedings of the National Academy of Sciences* 110, 10324-10329 (2013).

20. 담수와 광물 자원이 점점 고갈되어가고 온난화 시대로 접어들면서 우리의 문화는 물과 연료 그리고 자원을 소비하는 형태에서 홈니의 지구 공장 안에서 자원을 순환하는 형태로 바뀔 필요가 있다. 이렇게 해서 과거 수천 년 동안 우리가 해온 생산에서 폐기로 이어지는 선형적 모형도 끝나게 될 것이다.

21. 이누이트 부족에게는 지금 목도하고 있는 환경 변화를 나타내는 말이 있다. "우기아나크투크uggianaqtuq"라는 이 말은 '이상하게 행동한다'라는 뜻이다.

22. Levine, H., et al. Temporal trends in sperm count: A systematic review and meta-regression analysis. *Human Reproduction Update* 23, 646-659 (2017).

23. Ralston, J., et al. Time for a new obesity narrative. *The Lancet* 392, 1384-1386 (2018).

24. 그렇지만 세계 여러 지역의 사람들은 여전히 필요한 만큼의 적절한 영양분을 제대로 섭취하지 못하고 있다. 따라서 그들의 두뇌도 생물학적, 사회적, 문화적 결과물을 만들어낼 수 있는 충분한 잠재능력까지 도달하지 못한다.

25. Foster, P., and Jiang, Y. Epidemiology of myopia. *Eye* 28, 202-208 (2014). Every additional year in education increases myopia: Mountjoy, E., et al. Education and myopia: Assessing the direction of causality by Mendelian randomisation. *BMJ* k2022 (2018).

26. 40,000,000,000,000,000,000,000.

27. "학생들의 영혼 속에 망각이 생기는 것은 기억력을 사용하지 않을 때 일어나는 일이다. (중략) 그렇게 되면 많은 것들을 듣지만 배우는 건 하나도 없을 것이며 겉으로는 박식한 듯 보이지만 알고 있는 건 하나도 없게 된다. 그리고 그저 현실성 없는 지혜를 내보이는 성가신 친구가 될 뿐이다."《파이드로스Phaedrus》중에서 소크라테스와 파이드로스의 대화. 기원전 370년 경에 소크라테스의 제자인 플라톤이 받아 적었다고 한다.

28. Must, O., and Must, A. Speed and the Flynn effect. *Intelligence* 68, 37-47

(2018); and Clark, C., Lawlor-Savage, L., and Goghari, V. The Flynn effect: A quantitative commentary on modernity and human intelligence. *Measurement: Interdisciplinary Research and Perspectives* 14, 39-53 (2016).

29. 다만 20세기에 일어난 대규모 기근은 비과학적인 신조를 따랐던 정치가가 그 원인이었다.

30. 1960년 이후 최소한 180여 차례의 내전이 일어났다.

TRANSCENDENCE

초월

2021년 1월 6일 초판 1쇄 | 2021년 3월 10일 3쇄 발행

지은이 가이아 빈스 **옮긴이** 우진하
펴낸이 김상현, 최세현 **경영고문** 박시형

책임편집 김선도 **디자인** 임동렬
마케팅 양봉호, 양근모, 권금숙, 임지윤, 이주형, 유미정, 전성택
디지털콘텐츠 김명래 **경영지원** 김현우, 문경국
해외기획 우정민, 배혜림 **국내기획** 박현조
펴낸곳 (주)쌤앤파커스 **출판신고** 2006년 9월 25일 제406-2006-000210호
주소 서울시 마포구 월드컵북로 396 누리꿈스퀘어 비즈니스타워 18층
전화 02-6712-9800 **팩스** 02-6712-9810 **이메일** info@smpk.kr

쌤앤파커스(Sam&Parkers)는 독자 여러분의 책에 관한 아이디어와 원고 투고를 설레는 마음으로 기다리
고 있습니다. 책으로 엮기를 원하는 아이디어가 있으신 분은 이메일 book@smpk.kr로 간단한 개요와 취
지, 연락처 등을 보내주세요. 머뭇거리지 말고 문을 두드리세요. 길이 열립니다.